浙江省重点(系列)教材

机械制图

吴百中　主　编

徐姗姗　蔡伟美　郑道友　副主编

ZHEJIANG UNIVERSITY PRESS
浙江大学出版社

图书在版编目（CIP）数据

机械制图／吴百中主编．—杭州：浙江大学出版社，2013.7（2017.7重印）
ISBN 978-7-308-11752-4

Ⅰ．①机… Ⅱ．①吴… Ⅲ．①机械制图—教材 Ⅳ．①TH126

中国版本图书馆CIP数据核字（2013）第142869号

内容简介

本书共分为八章必修和四章选学，内容包括职业导航、课程导入、绘图预备知识及技能、正投影的基本原理、简单立体三视图的绘制方法、组合体三视图的绘制方法、机件常用表达方法、标准件与常用件的规定画法、零件图的绘制与阅读方法、装配图的绘制与阅读方法、选学内容一：轴测图、第三角投影法简介、展开图、焊接图和附录。其中选学章节供不同专业教学过程中机动选择使用。

本书各章内容分别按教学内容导航、作图原理和方法、学习项目三段式编写。针对高职学生学习和就业特点，本书编写过程中力求通过增加图片、图例，简化描述过程，以实现通俗易懂的要求。同时增加了徒手绘图方法和训练的内容，以求提高学生的徒手绘图的能力。

本书既作为高等职业技术院校机电产品设计、制造大类专业的教材，也可用于机电相关专业岗位培训教材，同时可供从事机械工程技术工作人员参考。

机械制图

吴百中　主　编
徐姗姗　蔡伟美　郑道友　副主编

责任编辑　杜希武
封面设计　刘依群
出版发行　浙江大学出版社
（杭州市天目山路148号　邮政编码310007）
（网址：http://www.zjupress.com）
排　　版　杭州好友排版工作室
印　　刷　浙江省良渚印刷厂
开　　本　787mm×1092mm　1/16
印　　张　16.25
插　　页　74
字　　数　614千
版 印 次　2013年7月第1版　2017年7月第2次印刷
书　　号　ISBN 978-7-308-11752-4
定　　价　48.00元

浙江大学出版社发行中心联系方式：（0571）88925591，http://zjdxcbs.tmall.com

前 言

本书根据浙江省高等职业技术教育机电产品设计、制造大类专业教学改革需求，结合参编院校教学经验，在熔入项目化教学理念的基础上编写的，同时编写了与教材配套使用的《机械制图习题集》。

为了使学生明确学习目的，提高学习兴趣，本书编写了职业导航、课程导入等内容。各章内容分别按教学内容导航、作图原理和方法、学习项目三段式编写，学习项目内容可根据专业不同进行选择。整书共由八章必修内容和四章选学内容组成，用书院校可根据专业侧重不同选择选学内容。针对高职学生学习和就业特点，本书编写过程中力求通过增加图片、图例，简化描述过程，以实现通俗易懂的要求。同时增加了徒手绘图方法和训练的内容，以求提高学生的徒手绘图的能力。

此外，我们发现，无论是用于自学还是用于教学，现有教材所配套的教学资源库都远远无法满足用户的需求。主要表现在：1）一般仅在随书光盘中附以少量的视频演示、练习素材、PPT文档等，内容少且资源结构不完整。2）难以灵活组合和修改，不能适应个性化的教学需求，灵活性和通用性较差。为此，我们提出了一种全新的教学资源。称为立体词典。所谓"立体"，是指资源结构的多样性和完整性，包括视频、电子教材、印刷教材、PPT、练习、试题库、教学辅助软件、自动组卷系统、教学计划等等。所谓"词典"，是指资源组织方式。即把一个个知识点、软件功能、实例等作为独立的教学单元，就象词典中的单词。并围绕教学单元制作、组织和管理教学资源，可灵活组合出各种个性化的教学套餐，从而适应各种不同的教学需求。实践证明，立体词典可大幅度提升教学效率和效果，是广大教师和学生的得力助手。

本书由温州职业技术学院吴百中教授担任主编，徐姗姗、蔡伟美和浙江工贸职业技术学院郑道友三位老师担任副主编。具体编写分工如下：温州职业技术学院徐姗姗老师编写第一章、第二章、选学内容一和负责习题集统稿，蔡伟美老师编写第四章、第五章和第八章，夏征盛老师编写第六章和附录，吴百中老师编写职业导航、课程导入、选学内容三和四，浙江工贸职业技术学院郑道友老师编写第三章和第七章。限于编写时间和编者的水平，书中必然会存在需要进一步改进和提高的地方。我们十分期望读者及专业人士提出宝贵意见与建议，以便今后不断加以完善。请通过以下方式与我们交流：

- 网 站：http ://www.51cax.com
- E-mail ：book@51cax.com
- 致 电：0571－28811226，28852522

杭州浙大旭日科技开发有限公司为本书配套提供立体教学资源库及相关协助，本书编写过程中还承蒙参编院校的领导和老师的大力支持，许多专家和同行提供了许多宝贵意见和建议，编者在此表示衷心感谢。

最后，感谢浙江大学出版社为本书的出版所提供的机遇和帮助。

编　者

2013 年 5 月

目　录

职业导航

（工作内容与机械制图的关系）

职业导航
（工作内容与机械制图的关系）

高职机电产品设计与制造大类专业毕业生就业去向

- 产品设计
（绘图）
- 零件加工
（看零件图）
- 检验零件
（图纸为依据）
- 装配调试
（看装配图）
- 生产管理
（看懂图纸）

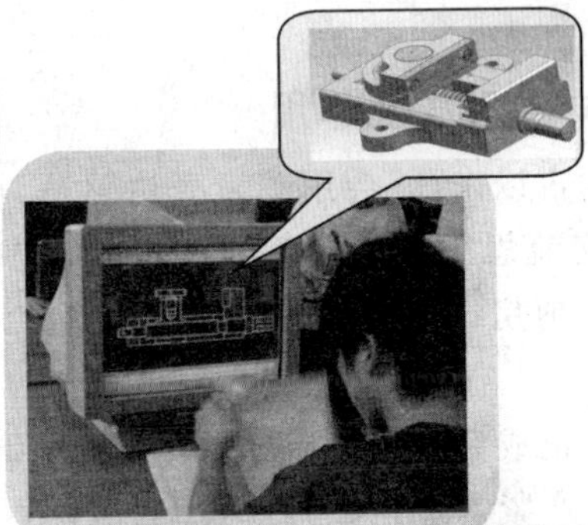

课程导入

一、图样的形成及作用

人类自远古以来，就会用图来表达感情、记录事物、研究问题和交流思想。早在2000多年前，古人就建造了规模恢弘的阿房宫，如果没有图纸交流设计思想，是无法施工的。

图1 阿房宫(仿)

但图学真正成为一门严谨的技术基础科学，与工程技术和工业生产紧紧地连在一起，却只有两百多年的历史。它是随着科学的发展、工程技术的进步，工程结构物和机器设备的日益精密以及生产规模的逐渐扩大而发展壮大乃至日臻完善的。

在工程技术上，为了准确地表达工程对象的形状、大小、相对位置及技术要求，通常用一定的投影绘图方法和有关技术规定将工程对象表达在图纸上，得到了图样。图样是工程技术界共同的技术语言，在机械设计与制造过程中，设计者通过图样来表达设计思想。机械图样表达机器零、部件或整台机器的形状、结构及制造要求，生产者通过图样及技术文件来了解设计要求并组织生产或施工，即“按图施工”。所以说图样是交流技术思想的重要工具，是加工和检测零件，装配、安装、检验和调试机器的依据，每一个从事工程技术的人员都要掌握绘制和阅读工程图样的基本理论知识和技能。

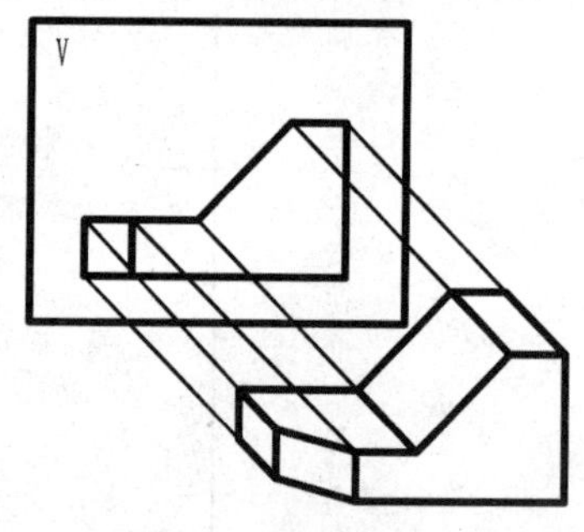

图2 投影绘图

二、课程的学习内容及要求

1. 本课程的研究内容及专业地位

《机械制图》是一门研究如何绘制和阅读机械图样的专业技术基础课程。主要讲述正投影法的基本原理和形体的表达方法，介绍国家标准《技术制图》、《机械制图》的基本内容，讲述绘制和阅读机械图样的基本方法。通过本课程的学习，为学习和掌握后续专业技术课程、职业技能及将来参加实际技术工作打下基础。

2. 本课程的主要任务和要求

本课程作为职业技术基础课程其主要任务为：

(1)掌握用正投影方法表达空间物体形状、结构的基本理论和方法。

(2)培养较强的空间想象能力。

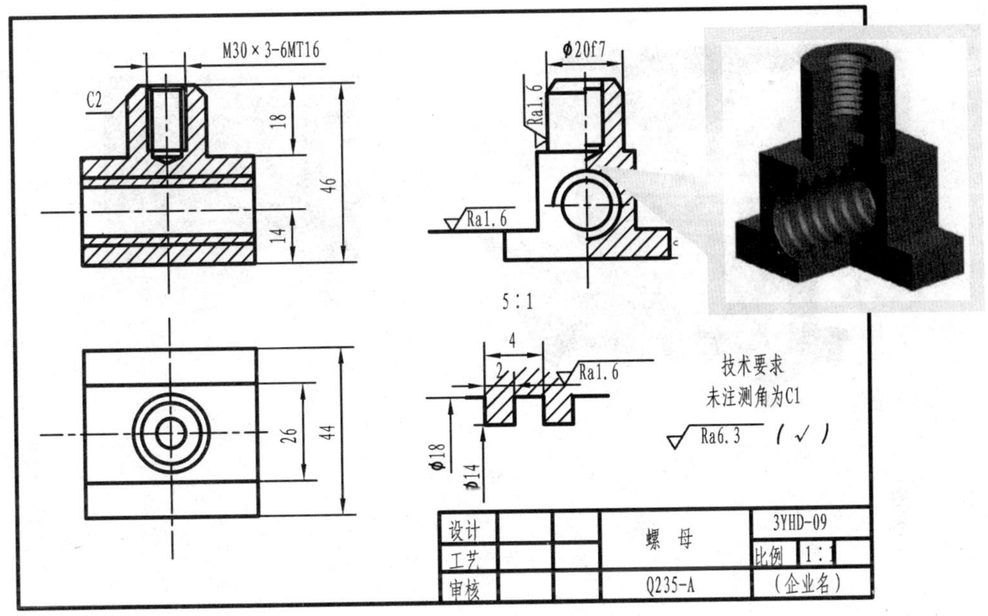

图 3　零件图示例

(3)掌握绘制和阅读机械图样的基本技能。

(4)培养认真负责的工作态度和耐心细致的职业习惯。

3. 本课程的学习方法和注意事项

本课程理论与实践结合紧密,应用技能要求高,在学习过程中注意做到:

(1)重点掌握正投影法的基本原理和作图方法,注意图形和它所表达的物体之间的对应关系,由物画图,由图想物,认真观察,分析不同形体的投影特点和投影规律。

(2)正确掌握绘图仪器和工具的使用方法,努力提高图面质量和绘图速度。

(3)认真完成一定数量的练习或作业,通过读图、绘图训练,培养一丝不苟的工作态度和严谨细致的工作作风。

(4)学习和严格遵守国家标准,同时逐步培养查阅有关标准的能力。

三、机械工程制图技术的发展

机器或机构通常由若干个零件按一定的装配关系和技术要求装配而成,设计机械产品的一般步骤是,根据设计任务要求进行总体方案设计、运动和动力学分析、零件工作能力计算和结构分析、绘制总装配图,然后根据总装配图、考虑结构工艺合理性及生产条件等因素设计零件结构、选定材料、绘制零件工作图。

20 世纪以来,由于电子技术的飞速发展,数控技术普及到各个领域,使古老的绘图技术注入了新的活力。从 50 年代诞生第一台计算机绘图仪开始,就进入了以手工操作为主向半自动化和自动化猛进的变革时期;进入 70 年代后,绘图技术向计算机数控方向发展,引起了图学的各个分支和工农业生产以及科学技术等诸多方面的巨大反响。

随着计算机辅助设计技术的广泛应用,传统的机械设计过程发生了很大变化,现代机械设计工程技术人员可用 CAD 软件进行机械产品的三维设计,可直接利用三维数据、应用有限元技术对机械结构进行运动和动力学分析,并可将三维设计结果转化为零件二维图纸。

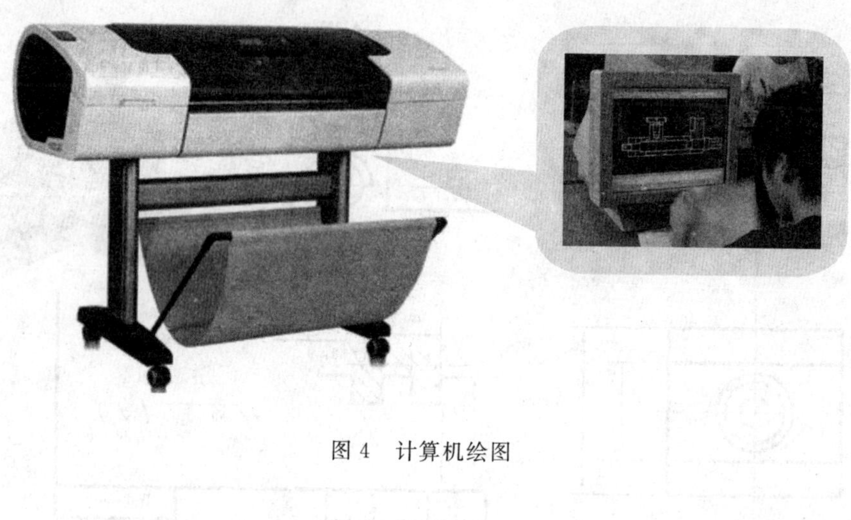

图 4　计算机绘图

第一章　绘图预备知识及技能

教学内容导航

机械图样作为工程界的共同语言，是表达设计意图、指导机件加工制造、进行技术交流的重要工具，其通用性和规范性是绘图学习中的基本要点。国家标准《技术制图》和《机械制图》是我国颁布的两项重要的技术标准，它统一规定了生产和设计部门必须共同遵守的制图规定，是绘制、阅读技术图样的准则和依据。本章将主要介绍国家标准关于制图的一般规定，内容包括图幅及其格式、比例、字体、图线和尺寸标注，绘图工具及使用方法，几何作图，平面图形的绘制。通过本章学习，要求掌握国家标准有关制图的一般规定、绘图工具的正确使用、能绘制平面图形并标注尺寸、掌握徒手绘图的基本方法和技能。

中华人民共和国国家标准

GB/T 4458.1—2002
代替 GB/T 4458.1—1984

机械制图　图样画法　视图

Mechanical drawings—General principles of presentation—Views

(ISO 128-34:2001, Technical drawings—General principles of presentation—Part34: Views on mechanical engineering drawings, MOD)

2002-09-06 发布　　2003-04-01 实施

中华人民共和国国家质量监督检验检疫总局　发布

预备知识及技能

1.1　国家标准关于制图的一般规定

国家标准简称“国标”，用汉语拼音字母“GB”表示强制性国家标准，GB/T 表示推荐性国家标准，GB/Z 表示指导性国家标准。如 GB/T 14689—2008 为图纸幅面及格式的标准，其中 14689 表示该标准的编号，2008 表示该标准是 2008 年颁布的。绘制图样时必须严格遵守国家标准的相关规定。

1.1.1　图纸幅面及格式(GB/T 14689—2008)

1. 图纸幅面尺寸

图纸幅面是指由图纸宽度和长度组成的图面。绘制技术图样时，应优先采用表 1-1 中所规定的图纸基本幅面。

表 1-1　图纸幅面及图框尺寸　　(mm)

幅面代号	A0	A1	A2	A3	A4
B×L	841×1189	594×841	420×594	297×420	210×297
e	20	10			
c	10	5			
a	25				

注：符号尺寸含义见图 1-1 和图 1-2。

必要时，允许使用加长幅面的图纸。其幅面尺寸由基本幅面的短边成整数倍增加后得到。具体可参考 GB/T14689—2008 中的规定。

2. 图框格式

图框是指图纸上限定绘图区域的线框。在图纸上必须用粗实线画出图框。图框格式分为不留装订边和留装订边两种，但同一产品的图样只能采用同一种图框格式。

留装订边的图纸，其图框格式如图 1-1 所示，其周边尺寸 a 与 c 按表 1-1 中选取。装订时一般采用 A4 幅面竖装(图 1-1(a))或 A3 幅面横装(图 1-1(b))。

不留装订边的图纸，其图框格式如图 1-2 所示，其周边尺寸相同，按表 1-1 中的 e 选取。

3. 标题栏(GB/T10609.1—2008)

绘图时，必须在每张图纸上画出标题栏，其格式按 GB/T10609.1—2008 的规定，如图 1-3 所示。标题栏的外框线一律用粗实线绘制，其右边与底边均要求与图框线重合；标题栏的内部分格线均用细实线绘制。

标题栏的空格必须按规定内容填写 1。制图课一般要求填写姓名、时间、单位、图名、图号、比例、零件材料等内容。

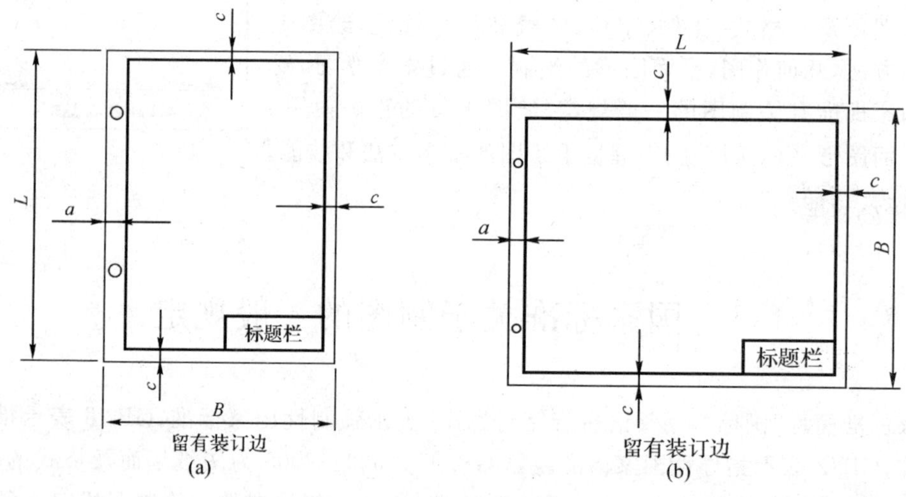

图 1-1 留装订边的图框格式

4. 看图方向

标题栏一般画在图纸的右下角，如图 1-1、1-2 所示，在此情况下，看图方向与标题栏的文字方向一致。

为利用预先印制好的图纸，允许以如图 1-4 所示位置为绘图与看图方向。此时，标题栏应在图纸的右上角，并必须在图纸下方绘制方向符号。

方向符号是一个用细实线绘制的等边三角形，其大小及所处位置如图 1-5 所示。

为图样复制和缩微摄影时定位方便，均应在图纸各边长的中点处分别画出对中符号。对中符号用粗实线绘制，长度从纸边界开始伸入图框内约 5mm，如图 1-4 所示。当对中符号处在标题栏范围内时，则伸入标题栏部分省略不画，如图 1-4(b)所示。

1.1.2 比例(GB/T 14690—1993)

比例是指图样中图形的线性尺寸与其实物相应要素的线性尺寸之比。绘图时，优先选

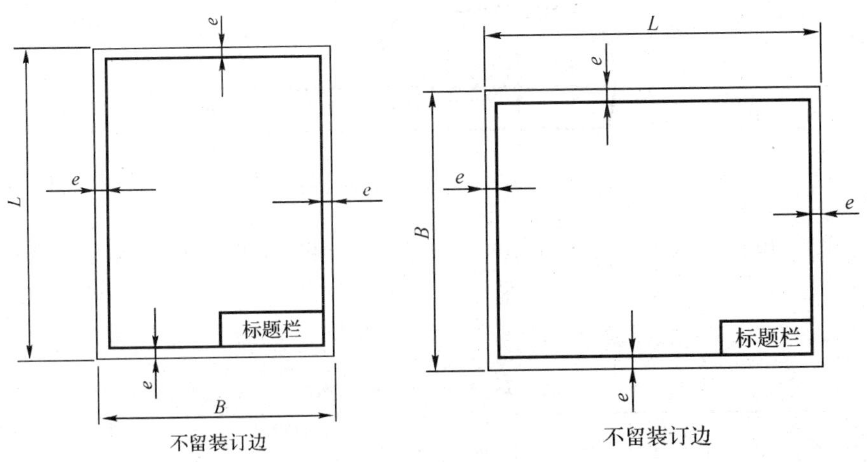

图 1-2　不留装订边的图框格式

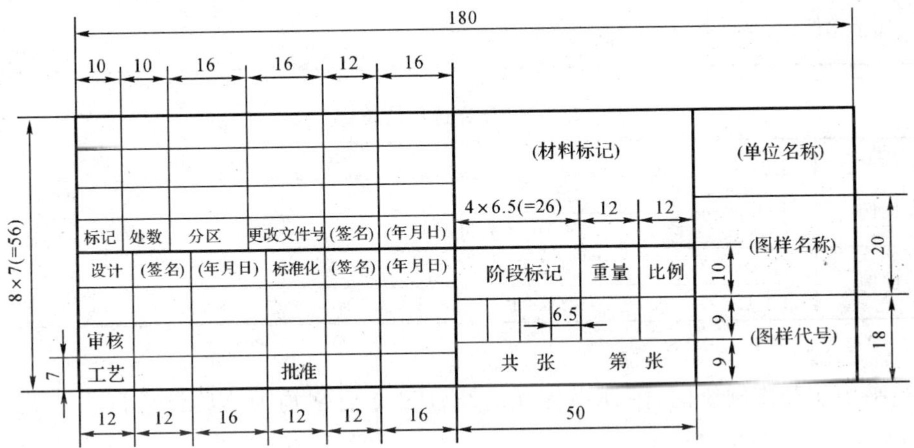

图 1-3　标题栏的格式及尺寸

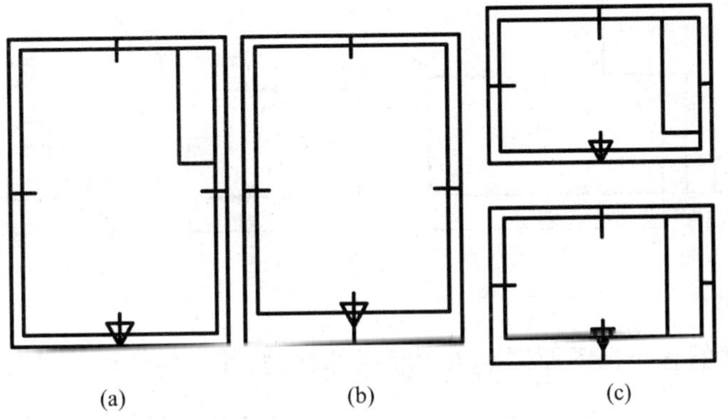

图 1-4　预先印制图纸标题栏的位置

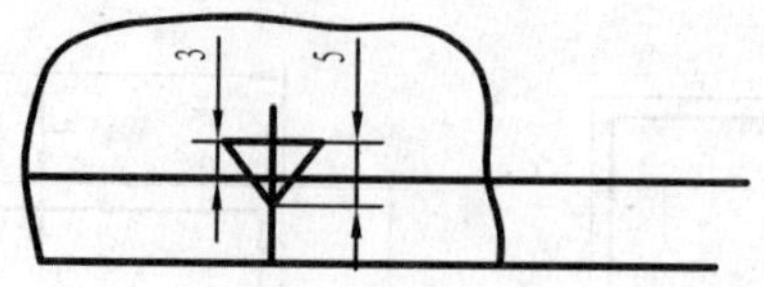

图 1-5　方向符号

用 1∶1 的比例，以便于从图中看出物体的真实大小。根据机件的具体情况，考虑合理利用图幅及图样应用场合等因素[1]，可适当采用放大或缩小的比例，但其值应在表 1-2 所规定的系列中选取。必要时，也允许选取表 1-3 中的比例。

表 1-2　优先选用的比例

种　类	比例		
原值比例	1∶1		
放大比例	5∶1	2∶1	
	5×10^n∶1	2×10^n∶1	1×10^n∶1
缩小比例	1∶2	1∶5	1∶10
	1∶2×10^n	1∶5×10^n	1∶1×10^n

表 1-3　允许选用的比例

种　类	比　例				
放大比例	4∶1	2.5∶1			
	4×10^n∶1	2.5×10^n∶1			
缩小比例	1∶1.5	1∶2.5	1∶3	1∶4	1∶6
	1∶1.5×10^n	1∶2.5×10^n	1∶3×10^n	1∶4×10^n	1∶6×10^n

注：表 1-2 与表 1-3 中 n 为正整数

不论采用何种比例绘图，图样中标注的线性尺寸数字均为实物的实际大小，如图 1-6 所示。

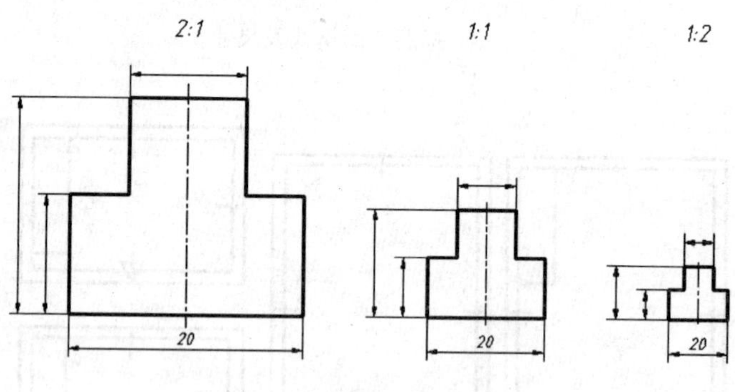

图 1-6　以不同比例画出的图形

绘制同一机件的各个视图原则上采用相同的比例，并在标题栏的"比例"一栏内填写，如 1∶1，1∶500，20∶1 等。必要时，可在视图名称的下方标注比例，如 $\frac{I}{2:1}$，$\frac{A}{1:100}$，$\frac{B-B}{2.5:1}$等。

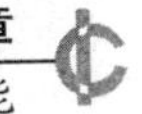

1.1.3 字体(GB/T 14691—1993)

为保证图样的质量,避免出差错,国家标准规定图样中书写的汉字、字母、数字必须做到字体工整、笔画清楚、间隔均匀、排列整齐。字体高度(用 h 表示)的公称尺寸系列为:1.8,2.5,3.5,5,7,10,14,20mm。字体高度代表字体的号数。

1. 汉字

图样上的汉字应写成长仿宋体,并采用国家正式公布推行的简化字。汉字高度 h 一般不应小于 3.5mm,其字宽一般为 $h/\sqrt{2}$。

长仿宋体由仿宋体演化而来,字的框架由正方形变成长方形。其特点是:字体工整,笔画清楚,间隔均匀,排列整齐。书写仿宋体的要领是:横平竖直,注意起落,结构匀称,填满方格。书写时要注意基本笔画的运笔方法,如表 1-4 所示,同时要注意汉字的结构布局,分配好每个字各组成部分的恰当比例。

表 1-4 汉字的基本笔法

名称	点	横	竖	撇	捺	挑	折	勾
基本笔画及运笔法	尖点 垂点 撇点 上挑点	平横 斜横	竖	平撇 斜撇 直撇	斜捺 平捺	平挑 斜挑	左折 右折 斜折 双折	竖勾 左曲勾 右曲勾 平勾 竖弯勾 包勾 横折弯勾 竖折弯勾

常用的长仿宋体汉字如图 1-7 所示。

10号字

字体工整 笔画清楚 间隔均匀 排列整齐

7号字

横平竖直 注意起落 结构匀称 填满方格

5号字

技术制图机械电子数控模具编辑件计算仿宋班级学院职业工程自动化微绘

3.5号字

螺纹齿轮轴承零件图装配图绘制识读比例字体尺寸阶梯旋转全半局部断面剖视图标注表达

图 1-7 长仿宋体汉字示例

2. 字母和数字

字母和数字分 A 型和 B 型。A 型字体的笔画宽度(d)为字高(h)的 1/14,B 型字体的笔画宽度(d)为字高(h)的 1/10。同一图样上,只允许选用一种型式的字体。

字母和数字可分为斜体与直体两种。斜体字的字头向右倾斜,与水平成 75°。图样上一般采用斜体字。用作指数、分数、极限偏差、注脚等的数字及字母一般采用小一号的字体。

字母和数字的字体如图 1-8～图 1-12 所示。

ABCDYFGHIJKLMNOPGRSTUVWXYZ

abcdyfghijklmnopgrstuvwxyz

图 1-8　拉丁字母示例

$\alpha\ \beta\ \gamma\ \delta\ \eta\ \theta\ \kappa\ \lambda\ \mu\ \nu\ \pi\ \phi$

图 1-9　希腊字母示例

0123456789

图 1-10　阿拉伯数字示例

I II III IV V VI VII VIII IX X

图 1-11　罗马数字示例

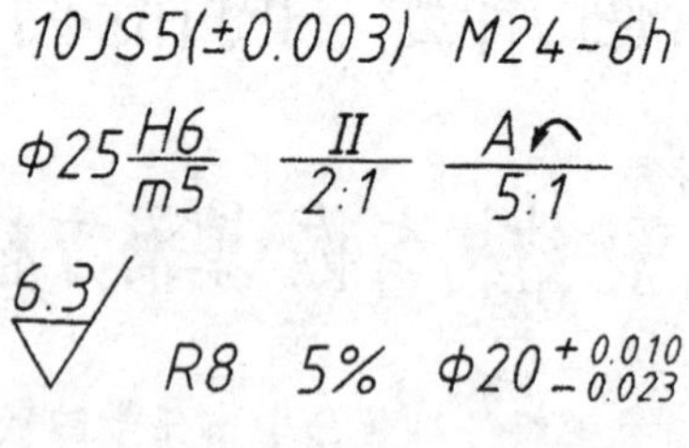

10JS5(±0.003)　M24-6h

$\phi 25\frac{H6}{m5}$　$\frac{II}{2:1}$　$\frac{A}{5:1}$

6.3　R8　5%　$\phi 20^{+0.010}_{-0.023}$

图 1-12　字母和数字综合应用示例

采用计算机绘图时其字体规定参照 GB/T13362.4-92 执行，即数字、字母一般应斜体输出，汉字输出时一律采用直体。字体高度与图幅之间的选用关系见表 1-5。

表 1-5　字体高度与图幅的选用关系　(mm)

图幅	A0	A1	A2	A3	A4
汉字字高 h	7	5	3.5		
字母与数字的字高 h	5	3.5			

1.1.4 图线(GB/T 17450—1998,GB/T 4457.4—2002)

1. 线型和线宽

画图时,应采用国家标准规定的图线型式,如表 1-6 所示。

表 1-6 线型及其应用

代码 No.	线型名称	图线型式	一般应用
01.1	细实线		过渡线、尺寸线、尺寸界线、指引线和基准线、剖面线、重合断面轮廓线、短中心线、螺纹牙底线、表示平面的对角线、范围线及分界线、重复要素表示线、辅助线、不连续同一表面连线、成规律分布的相同要素连线、网格线
	波浪线		断裂处的边界线、视图与剖视图的分界线
	双折线		断裂处的边界线、视图与剖视图的分界线
01.2	粗实线		可见轮廓线、相贯线、螺纹牙顶线、螺纹长度终止线、齿顶圆(线)、剖切符号用线
02.1	细虚线	2-6　1-2	不可见轮廓线
02.1	粗虚线		允许表面处理的表示线
04.1	细点画线	10-25　2-3	轴线、对称中心线、分度圆(线)、孔系分布的中心线、剖切线
04.2	粗点画线		限定范围表示线
05.1	细双点画线	10-20　3-4	相邻辅助零件的轮廓线、可动零件的极限见 P12 图 1-13 的轮廓线、成形前轮廓线、剖切面前的结构轮廓线、轨迹线、毛坯图中制成品的轮廓线、特定区域线、中断线

所有线型的图线宽度 d 应按图样的类型和尺寸大小在下列系数中选择:0.13,0.18,0.25,0.35,0.5,0.7,1,1.4,2。目前,机械制图国家标准采用两种图线宽度,粗线和细线的线宽比例为 2∶1。表 1-6 中各线型中的短画、短间隔、点、长画等线素的长度宜分别符合 $6d$、$3d$、$\leqslant 0.5d$、$24d$ 的规定。

图 1-13 是图线应用示例,具体可参考 GB/T4457.4—2002。

2. 图线的画法要点

(1)线宽选择应根据图幅大小、所表达机件复杂程度、绘图比例和缩微复制要求等因素全面考虑。对于 A2、A3、A4 幅面,手工制图时粗线线宽可采用 0.7mm,计算机绘图时粗线

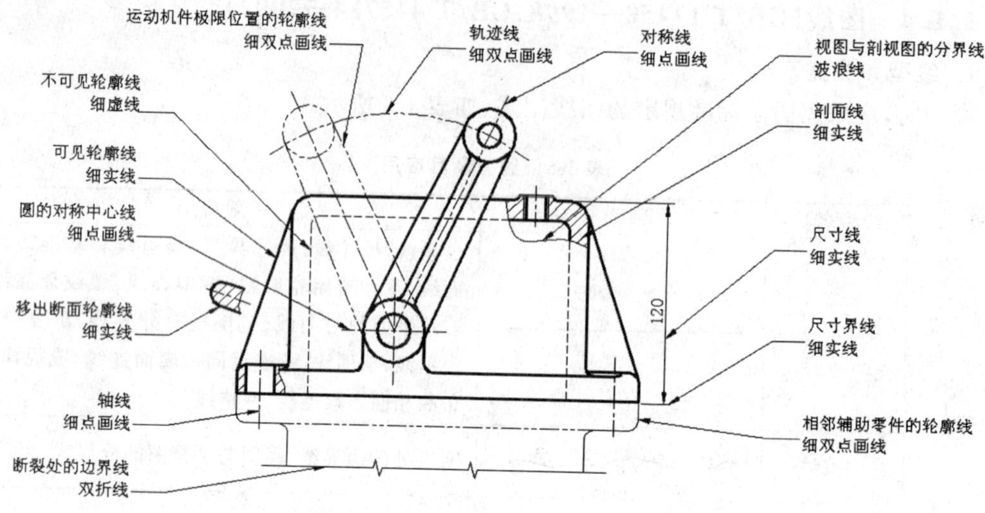

图 1-13　图线应用示例

线宽可采用 0.5 或 0.35mm。对于 A0、A1 幅面，手工制图时粗线线宽一般采用 1mm，计算机绘图时可采用 0.7 或 0.5mm。细线宽度按粗线宽度的 1/2 选用。

(2)在同一图样中，同类图线的宽度应基本保持一致。虚线、细点画线及细双点画线的线段长度间隔应大致相等，与图形比例无关，建议按表 1-6 的尺寸绘制。

(3)两平行线之间的距离应不小于粗实线的两倍宽度，最小距离不小于 0.7mm。

(4)应注意图线接头(相接、相交、相切)处的具体画法，如表 1-7 所示。

表 1-7　图线在接头处的画法

图线间关系	图线画法	图例
图线相接	细虚线为粗实线的延长线时，粗实线画到分界点，留空隙后画细虚线	正　误

续表

图线间关系	图线画法	图例
图线相交	细虚线、细点画线相交或与其他图线相交时，均应在画线处相交，而不应在空隙处相交	

(5)绘制圆的中心线时，圆心应是细点画线的画线交点，细点画线首末两端应是画线，且应超出轮廓线2～5mm，如图1-14(a)所示。

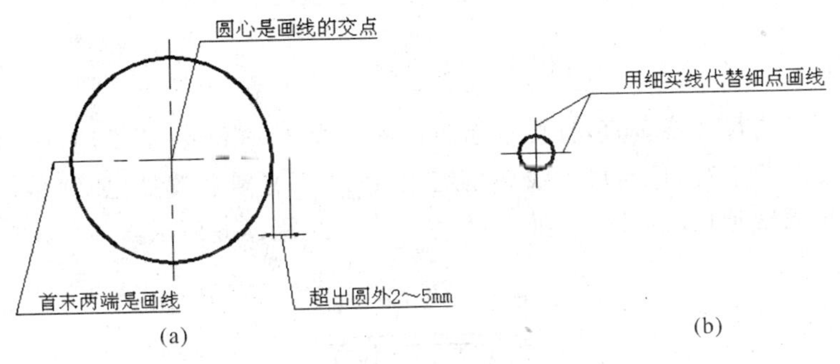

图 1-14　圆的中心线的画法

(6)在较小图形上绘制细点画线或细双点画线有困难时，可用细实线代替，如图1-14(b)所示。

1.1.5　尺寸注法(GB4458.4—2003，GB/T 16675.2—1996)

图样中的图形只能表达机件的形状，机件的大小和相对位置关系则必须通过图样中的尺寸来表达。尺寸是图样中的重要内容之一，是制造和检验机件的直接依据，尺寸的遗漏或错误将给生产带来困难和损失。所以尺寸标注必须严格遵守相关国家标准的规定。

1. 基本规则

(1)机件的真实大小应以图样上所注的尺寸数值为依据，与图形的大小、比例及绘图的准确度无关。

(2)图样中(包括技术要求和其他说明)的尺寸凡以毫米为单位时，不需标注计量单位的代号“mm”或名称“毫米”，如果采用其他单位，则必须注明相应的单位符号，如m、cm、°等。

(3)图样中所标注的尺寸为该图样所示机件的最后完工尺寸，否则应另加说明。

(4)机件的每一尺寸，一般只标注一次，并应标注在反映该结构最清晰的图形上。

(5)在保证不致引起误解和不产生理解多义性的前提下，力求简化标注。

2. 尺寸的基本要素

一个完整的尺寸一般由尺寸界线、尺寸线、箭头和尺寸数字组成，如图1-15所示。

(1)尺寸界线

尺寸界线表示尺寸的起止范围，用细实线绘制。尺寸界线一般自图形的轮廓线、轴线或对称中心线引出，尽量引画在图外。也可直接借用轮廓线、轴线或对称中心线为尺寸界线。

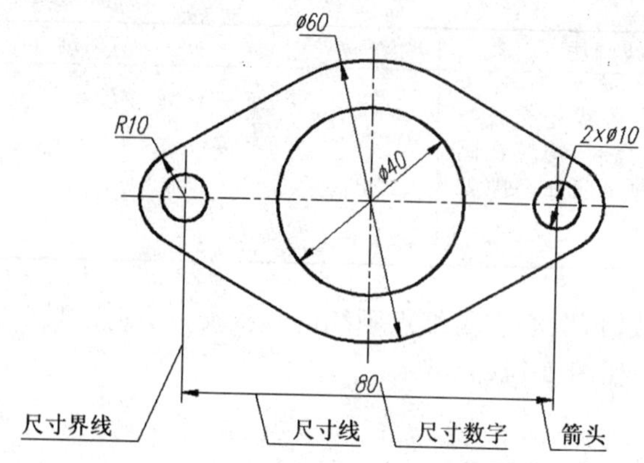

图 1-15　尺寸的基本组成

尺寸界线通常与尺寸线垂直，且要求超出尺寸线约 2～3mm。必要时允许倾斜，但此时两尺寸界线仍应互相平行，且与尺寸线夹角应画成 60°。光滑过渡处(如圆角)标注尺寸时，需用细实线将轮廓线延长，自其交点处引尺寸界线。如图 1-16 所示。

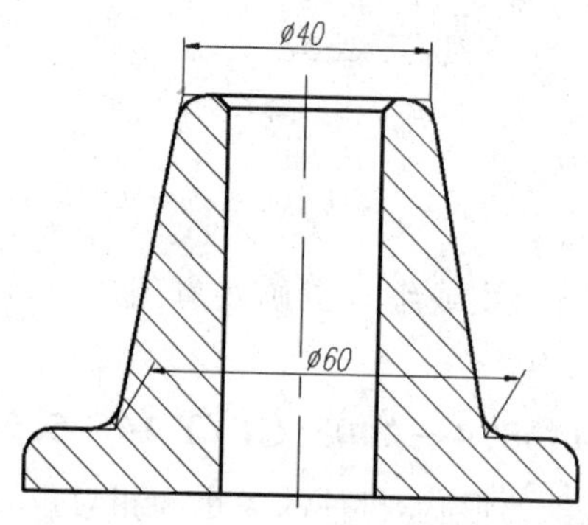

图 1-16　尺寸界线的画法

(2)尺寸线

尺寸线表示尺寸度量的方向及长短，必须用细实线单独绘制在尺寸界线之间。尺寸线不能借用图形中任何图线，一般也不得与其他图线重合或画在其延长线上。

尺寸线不应互相交叉，并应避免与尺寸界线交叉。

图 1-17 所示为尺寸线的错误画法。

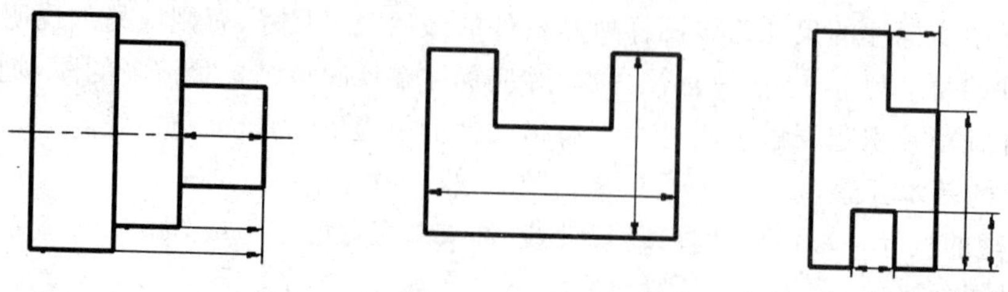

图 1-17　尺寸线的错误画法

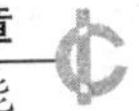

(3)箭头

箭头是机械图样中的尺寸线终端的一般形式。(注:国标规定的另一种尺寸线终端形式是斜线,主要用于建筑图样。同一图样上只能采用同一种尺寸线终端形式。)

国标规定箭头的长度≥6d,如图 1-18(a)所示。图样中箭头尖端必须与尺寸界线接触,串列尺寸时注意箭头对齐。同一图样中箭头的大小应一致。图 1-18(b)所示为箭头的常见错误画法。

图样中箭头尽量画在所注尺寸的区域之内,如图 1-18(a)所示。当尺寸线太短而没有足够位置画箭头时,允许将箭头画在尺寸线外边,如图 1-19(a)、(b)所示。标注连续小尺寸可用圆点代替箭头,如图 1-19(c)所示。

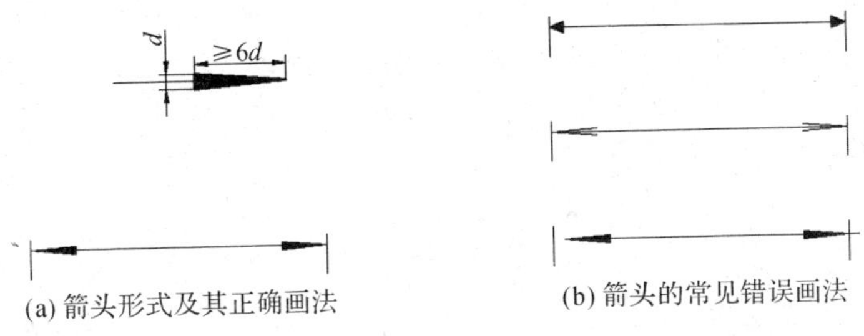

(a) 箭头形式及其正确画法　　(b) 箭头的常见错误画法

图 1-18　箭头的形式与画法

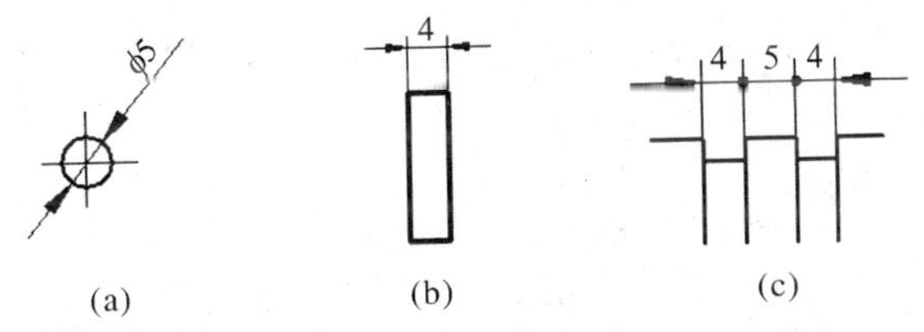

(a)　(b)　(c)

图 1-19　小尺寸标注时箭头的位置和画法

(4)尺寸数字

尺寸数字表示机件的实际大小,采用标准字体书写,同一图样上尺寸数字字高要求一致。尺寸数字不允许被任何图线通过,否则,必须将该图线断开,如图 1-20 中的尺寸 45。

3. 尺寸的基本标注方法

(1)线性尺寸

线性尺寸的尺寸线应与所注线段平行,其间隔不应小于 5mm。多个互相平行的尺寸,从小到大依次向外排列,避免交叉,相互间隔尽量保持一致,一般约为 5～10mm,如图 1-20 所示。

线性尺寸的数字通常注写在尺寸线的上方,如图 1-20 所示,也允许注写在尺寸线中断处,如图 1-21(c)所示。尺寸数字的注写方向如图 1-21(a)所示,水平方向的尺寸数字字头向上,垂直方向的尺寸数字字头向左,倾斜方向的尺寸数字字头保持向上趋势。应尽量避免在图示 30°范围内标注尺寸,当无法避免时,可按图 1-21(b)所示的形式标注。

(2)圆和圆弧尺寸

圆和大于半圆的圆弧,一般标注直径尺寸,在尺寸数字前面加注直径符号“ϕ”。标注时

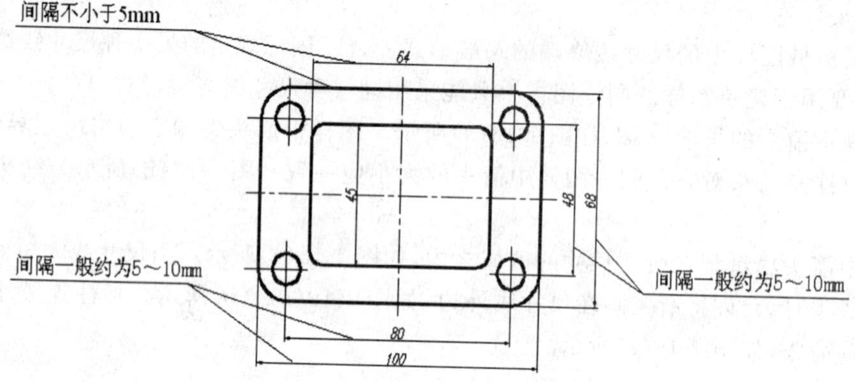

图 1-20　线性尺寸的尺寸线画法

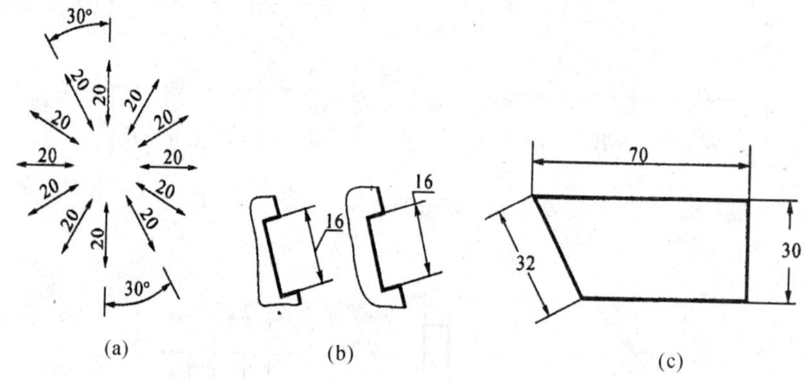

图 1-21　线性尺寸的数字注写方法

应以圆周为尺寸界线，尺寸线通过圆心，如图 1-22(a)所示。圆弧直径尺寸线应画至略超过圆心，只在尺寸线一端画箭头，箭头指向并止于圆弧，如图 1-22(b)所示。

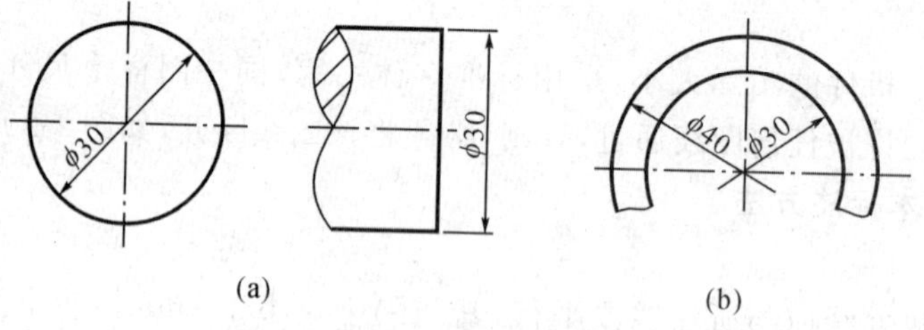

图 1-22　直径尺寸标注

小于或等于半圆的圆弧，一般标注半径尺寸，在尺寸数字前面加注半径符号“R”。标注时尺寸线应从圆心出发引向圆弧，并只画一个箭头，如图 1-23 所示。

当圆弧半径过大或在图纸范围内无法标出圆心位置时，可按图 1-24(a)的折线形式标注；当不需标出圆心位置时，则只需画出靠近箭头的一段尺寸线，如图 1-24(b)所示。

当圆弧半径过小或没有足够位置在尺寸界线之间画箭头或注写尺寸数字时，可按图 1-25 所示方式进行标注。

图 1-23 半径尺寸标注

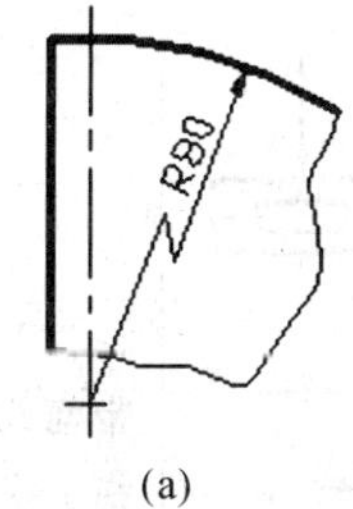

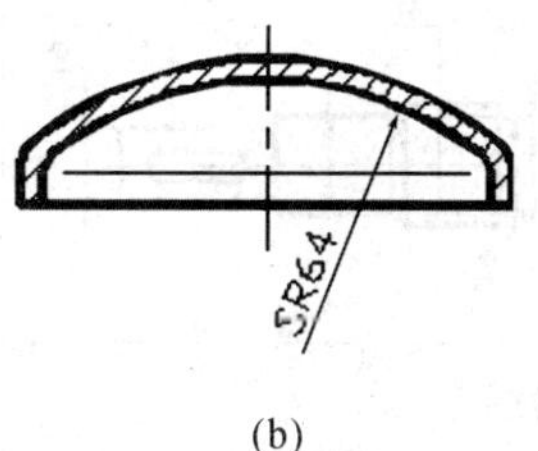

图 1-24 圆弧半径过大或在图纸范围内无法标出圆心位置的标注方式

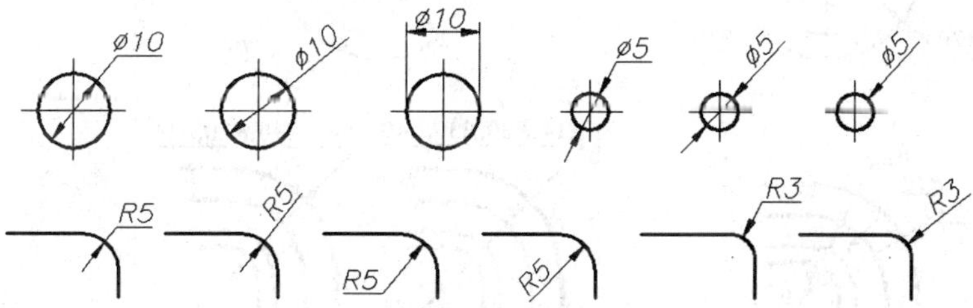

图 1-25 圆弧半径过小或没有足够位置在尺寸界线之间画箭头或注写尺寸数字的标注方式

(3)角度尺寸

角度尺寸的尺寸界线应沿径向引出，尺寸线画成以该角的顶点为圆心的圆弧，如图 1-26(a)所示；角度数字一律水平书写，一般注写在尺寸线中断处的上方或外边，也可引出标注，如图 1-26(b)所示。

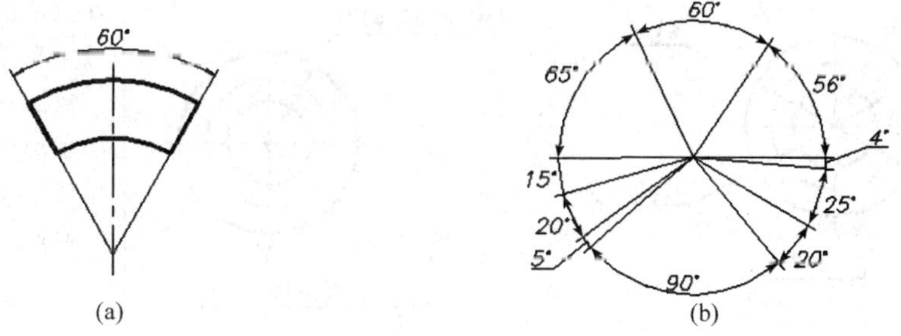

图 1-26 角度尺寸标注

4. 尺寸的简化注法

表 1-8 所示的尺寸简化注法摘自 GB/T16675.2—1996《技术制图简化表示法第 2 部分：尺寸注法》。采用本标准时，GB/T44458.4-1984《机械制图尺寸注法》同样有效。

表 1-8　尺寸的简化注法

项目	简化前	简化后	说明
尺寸线终端形式			标注尺寸时，可使用单边箭头，其箭头偏置方向通常按水平尺寸左上右下，垂直和倾斜尺寸上右下左的原则。
指引线上标注尺寸	φ, M, φ, φ, φ, φ, φ	φ, φ, φ, φ, M, φ, φ	标注尺寸时，可采用带箭头或不带箭头的指引线。
	6×φ2.5, φ100, φ120, φ70	6×φ2.5, φ120, φ100, φ70	
共用尺寸线的标注	R20, R30, R40, R14	R14,R20,R30,R40　R40,R30,R20,R14	一组同心圆弧或圆心位于同一直线上的多个不同心圆弧，采用共用尺寸线标注时应注意依次注写的尺寸数字顺序与箭头指向一致。一组同心圆或同轴的台阶孔也可共用尺寸线标注
	R30, R22, R12	R12,R22,R30	
	φ60, φ120, φ100	φ60, φ100, φ120	
	φ12, φ10, φ5	φ5, φ10, φ12	

续表

项目	简化前	简化后	说明
形状相同零件的尺寸标注	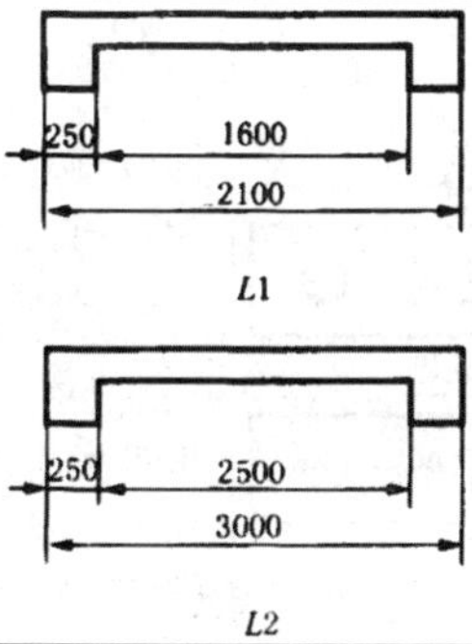 250 1600 2100 L1 250 2500 3000 L2	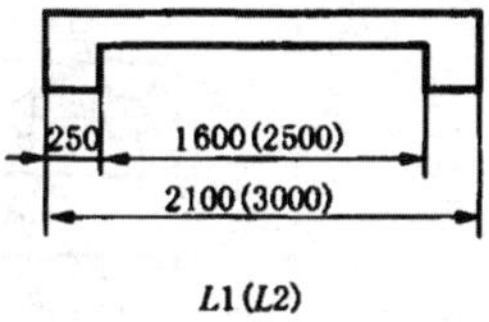 250 1600(2500) 2100(3000) L1(L2)	两个形状相同但尺寸不同的零件，可共用一张图纸表示，此时应将另一件的名称和不同尺寸列入括号中。
	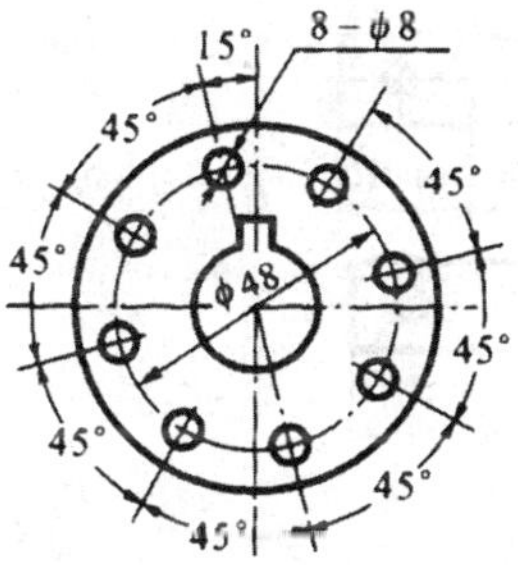 15° 8-φ8 45° 45° 45° 45° 45° 45° 45° φ48	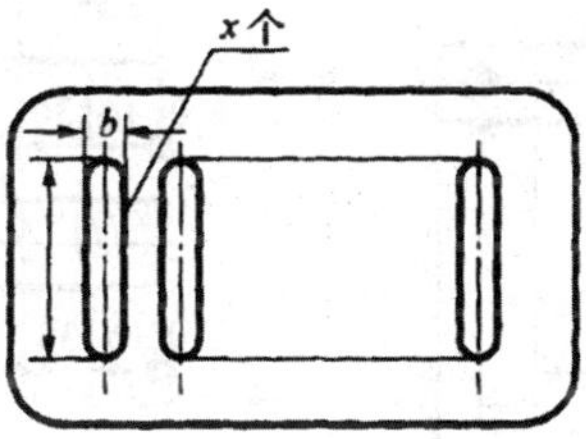 x个 b	尺寸相同的孔槽等成组要素，可仅在一个要素上注出其尺寸和数量。
成组要素		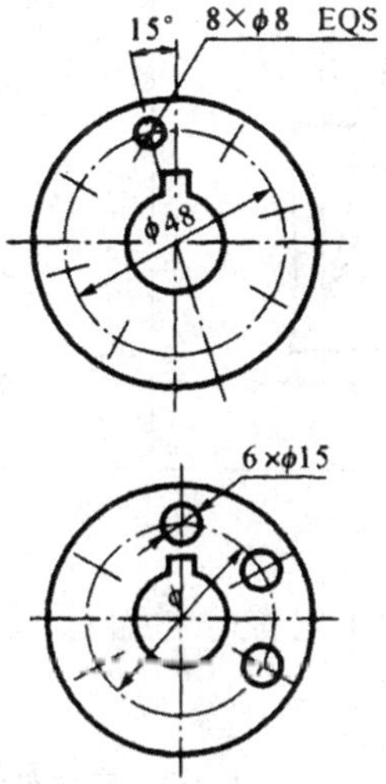 15° 8×φ8 EQS φ48 6×φ15	当成组要素的定位和分布情况在图中已明确时，可不标注其角度，并可省略“EQS”。
		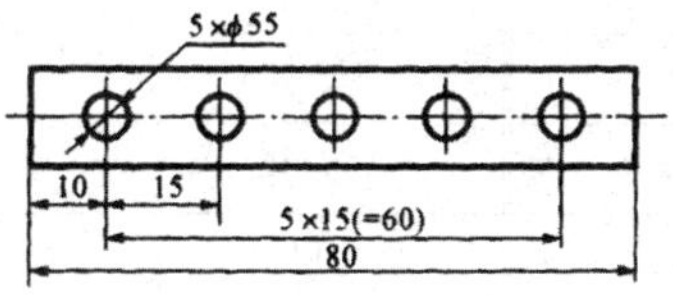 5×φ55 10 15 5×15(=60) 80	间隔相等的链式尺寸，可只注出一个间距，其余用“间距数量×间距＝距离”的形式注写。

续表

项目	简化前	简化后	说明
成组要素		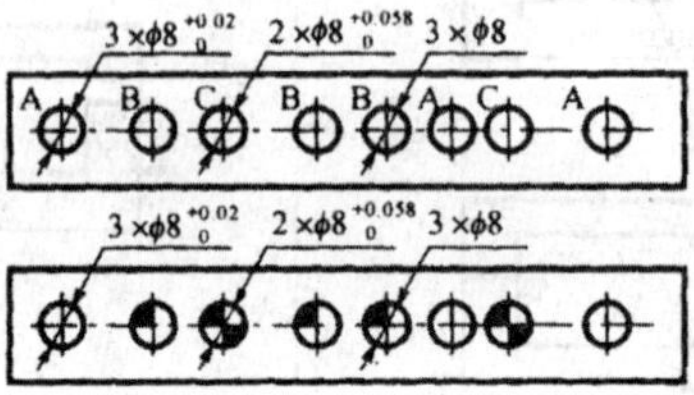 3×$\phi8^{+0.02}_{0}$ 2×$\phi8^{+0.058}_{0}$ 3×$\phi8$ A B C B B A C A 3×$\phi8^{+0.02}_{0}$ 2×$\phi8^{+0.058}_{0}$ 3×$\phi8$	同时有几种尺寸数值相近而又重复的要素(如)孔时,可采用标记(如涂色)的方法,也可采用标注字母或列表的方法来区别。
同一基准出发的尺寸标注	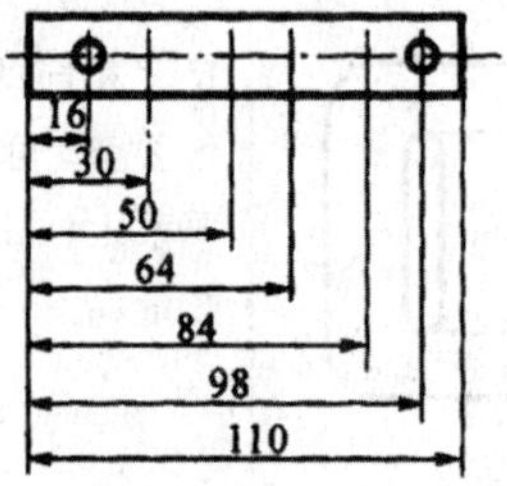 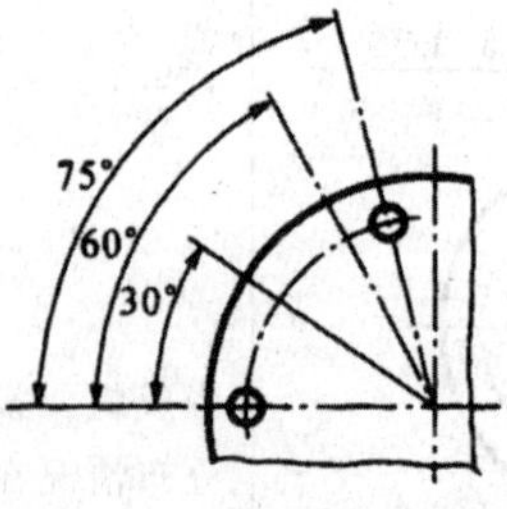 16 30 50 64 84 98 110 75° 60° 30°	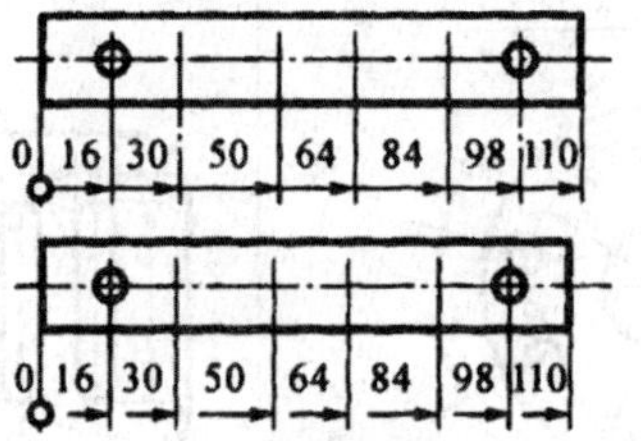 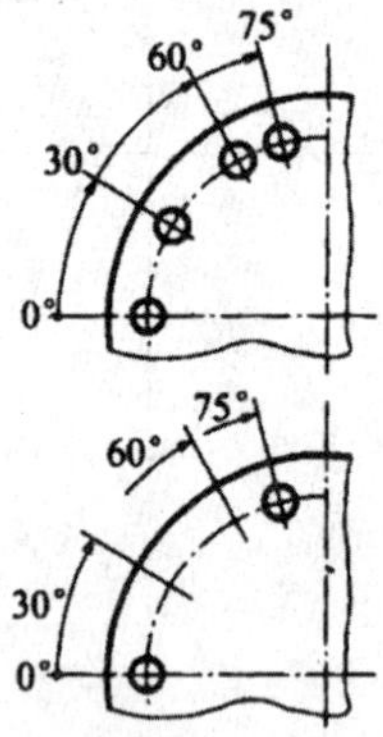 0 16 30 50 64 84 98 110 0 16 30 50 64 84 98 110 75° 60° 30° 0° 75° 60° 30° 0°	从同一基准出发的尺寸按左图(简化后)的形式标注

5. 常用符号和缩写词

标注尺寸时,应尽可能使用符号和缩写词。表 1-9 列出了机械制图常用的符号和缩写词。

表 1-9 常用符号和缩写词

名称	符号或缩写	名称	符号或缩写	名称	符号或缩写
直径	ϕ	正方形	□	深度	↧
半径	R	厚度	t	沉孔或锪平	⌴
球直径	Sϕ	45°倒角	C	埋头孔	⌵
球半径	SR	参考尺寸	( )	均布	EQS

图 1-27 是使用符号和缩写词简化标注的图例。

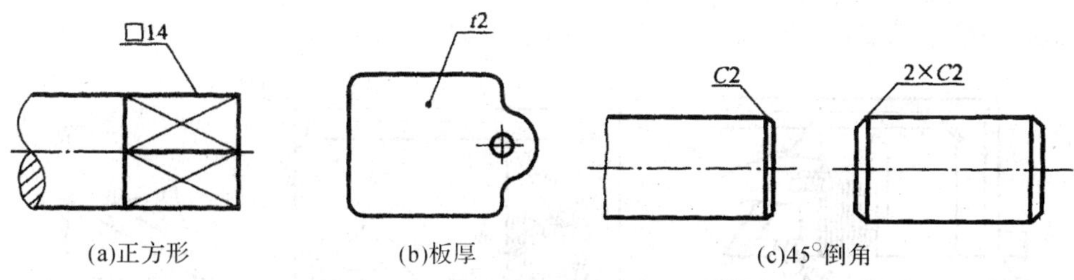

图 1-27　用符号和缩写词简化标注

1.2　手工绘图工具及使用方法

为保证绘图质量，提高绘图速度，必须正确而熟练地使用绘图工具。下面介绍手工绘图时一些常用制图工具的使用方法。

1.2.1　图板、丁字尺

图板是用来铺放及固定图纸的矩形木板（图 1-28）。常用的图板规格有 0 号、1 号和 2 号。图板表面要求平坦光洁、软硬适中。图板左右两边为导边，必须平直。

丁字尺主要用于配合图板画水平线，也可与三角板配合使用，绘制特殊角度线。它由尺头和尺身组成。作水平线时，用左手扶住尺头，使尺头的内侧边紧贴图板左侧导边，上下移动丁字尺至画线位置，再用左手按紧尺身，自左向右沿尺身工作边画线，如图 1-28 所示。

图 1-28　图板和丁字尺

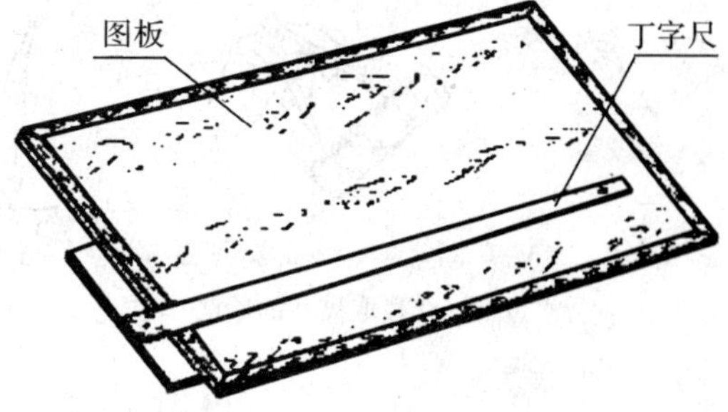

图 1-29　用丁字尺画水平线

1.2.2　三角板

一副三角板有 45°和 30°(60°)各一块。可用于配合丁字尺画竖直和特殊角度斜线，如图 1-30 所示，图中箭头标示画线方向。

1.2.3　分规、圆规

分规是用来截取尺寸、等分线段和圆周的工具。分规的两针尖并拢时应对齐，如图 1-31(a)所示。分规的使用手法，如图 1-31(b)～(d)所示。

圆规主要用于画圆和圆弧。圆规的附件有钢针插脚、铅芯插脚、鸭嘴插脚和延伸插杆，

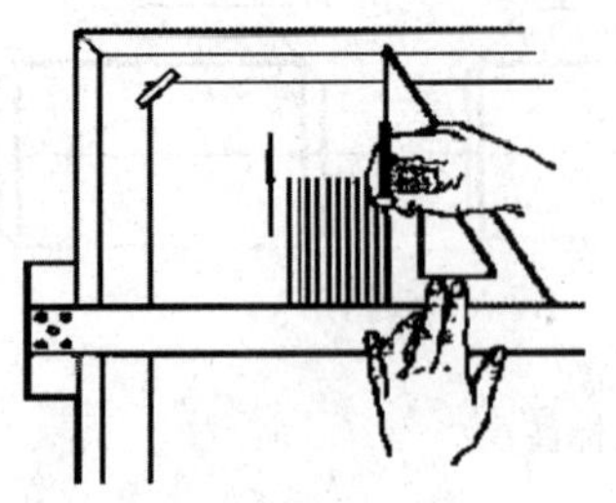

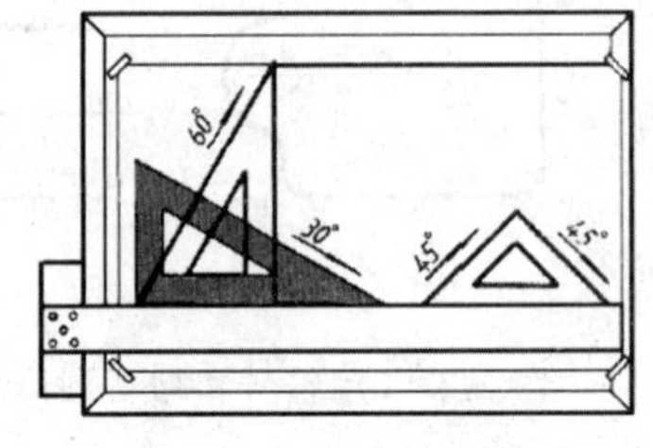

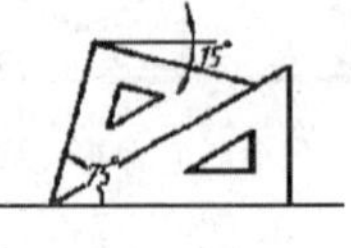

图 1-30　画竖直线和倾斜线

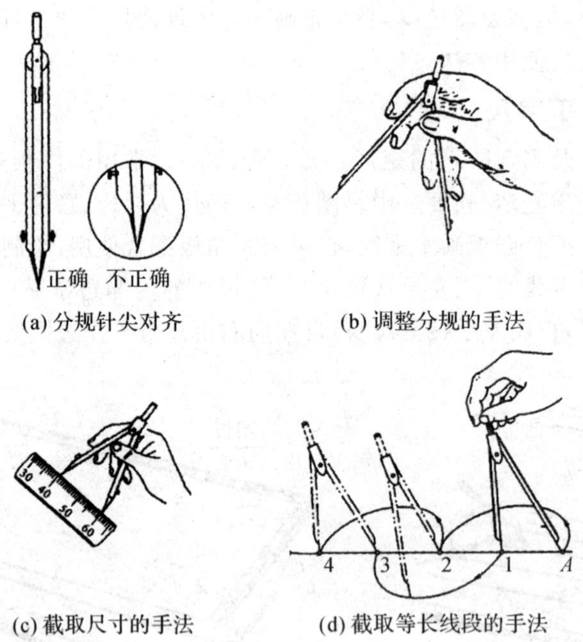

(a) 分规针尖对齐　(b) 调整分规的手法

(c) 截取尺寸的手法　(d) 截取等长线段的手法

图 1-31　分规及其使用方法

如图 1-32(a)所示。画圆时应注意，圆规钢针使用有台阶的一端，且钢针比铅芯稍长些，如图 1-32(b)所示。圆规的使用手法，如图 1-32(c)～(e)所示。

1.2.3　铅笔

铅笔一般根据铅芯的软硬不同，分为 H～6H、HB 和 B～6B 共 13 种规格，其中 6H 的铅芯最硬，6B 的铅芯最软。机械制图中常用 H 或 2H 的铅笔画底稿线和加深细线，用 HB 或 H 的铅笔写字，用 B 或 2B 的铅笔画粗实线。

铅芯的常用的削磨形状如图 1-33 所示。一般 H 或 2H 铅芯磨成圆锥形，HB 铅芯磨成钝圆锥形，B 或 2B 铅芯磨成圆锥形或四棱柱形。

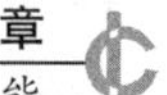

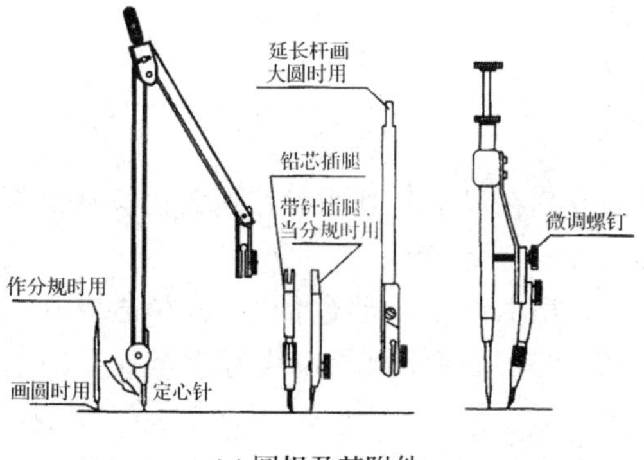

(a) 圆规及其附件

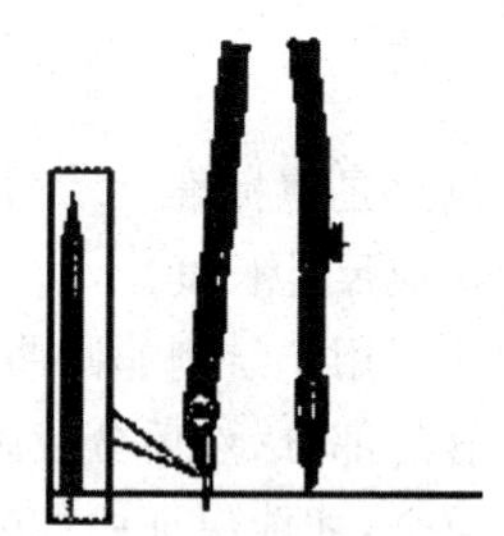

(b) 针脚比铅芯稍长

(c) 将针尖扎入圆心，沿画线方向适度倾斜，做等速运动

(d) 画大圆时圆规两角垂直纸面

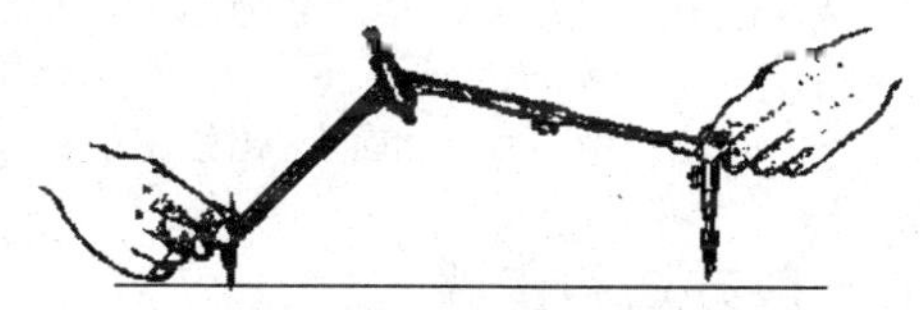

(e) 接延伸插杆用双手画大圆

图 1-32　圆规及其使用方法

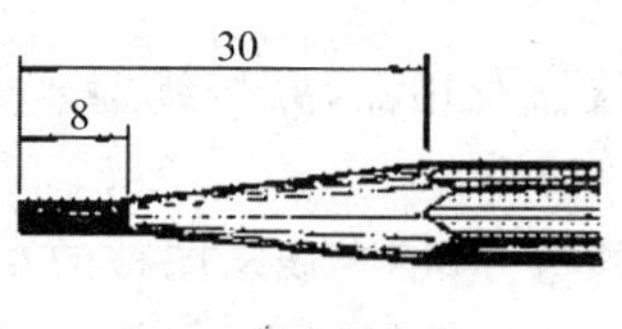

(a) 削出铅芯

(d) 磨成四棱柱形的铅芯

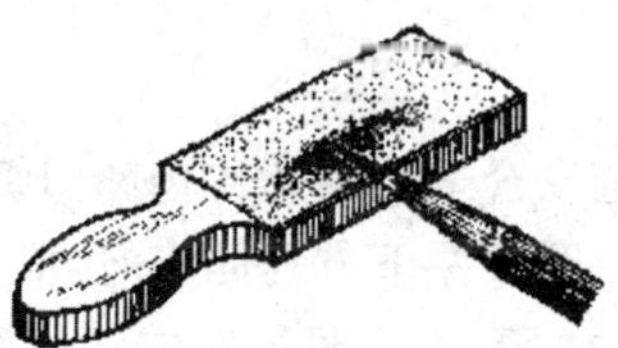

(b) 在砂纸上修磨

(c) 磨成圆锥形的铅芯

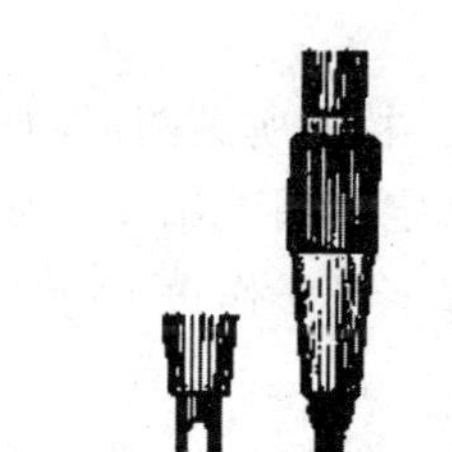

(e) 四棱柱磨斜的圆规铅芯

图 1-33　铅芯的形状及其使用

1.2.4 其他绘图工具和用品

除上述基本绘图工具外，其他常用绘图工具还有比例尺、曲线板、模板等，如图 1-34 所示。

比例尺是将标准尺寸刻度换算成比例刻度刻在尺上。画图时按所需比例从比例尺上直接量取对应尺寸长度。

曲线板用于绘制非圆曲线。使用时应先定出曲线上足够数量的点，在选择曲线上曲率与其吻合的部分，然后分段画出各段曲线。应注意画相邻两段曲线时应至少有三个点间的一小段重合，才能保证曲线的光滑连接。

模板上制有各种不同尺寸和形状的专用图形，如六角、圆、椭圆、字格等。绘图时可直接从模板上描绘图形。模板作图快速简便，但作图时应注意对准定位线，绘图笔垂直于纸面，沿图形孔的周边绘制。绘图时一般还需准备橡皮、小刀、砂纸、胶带纸和擦图片等绘图用品。

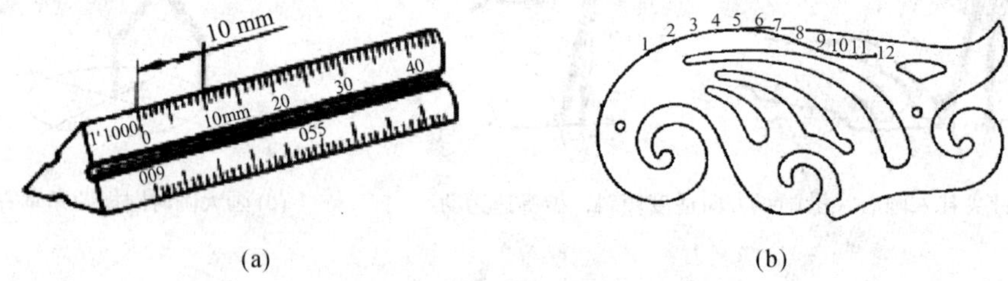

图 1-34　其他常用绘图工具

1.2.5 绘图的一般方法和步骤

为保证绘图质量，提高绘图速度，除了必须熟悉制图标准，正确使用绘图工具，还应掌握正确的绘图方法和步骤。手工仪器绘图的方法和步骤如下。

1. 画图前的准备工作

(1)准备工具。画图前应准备好绘图工具、仪器及用品，并按线型要求削好铅笔备好铅芯。

(2)准备工作环境。将图板放置在光线充足的地方，使光线从图板的左前方射入；所需要的工具放置在便于画图之处；将图板、丁字尺、三角板擦拭干净，作图过程中应经常清洁，以免弄脏图纸。保持图面清洁。

2. 绘制底稿

(1)选比例，定图幅。根据所画图形的要求，选取合适的画图比例和图纸幅面。

(2)固定图纸。将选定的图纸用胶带纸固定在图板左下方。固定时，应用丁字尺校准摆正图纸，使其水平边与丁字尺工作边平行，图纸的右、下边与图板对应边的距离应大于一个丁字尺尺身宽度。

(3)画图框及标题栏。按国标规定的幅面尺寸，先用细实线画出幅面线及图框和标题栏的底图。标题栏采用国家标准规定的格式。

(4)布置图面。图形在图纸上布置的位置应尽量匀称，不宜偏置或过于集中于某一角。要考虑到注写尺寸和有关文字说明等有足够的位置

(5)绘制底稿图线。先由定位尺寸画好图形的所有基准线和定位线，再按定形画出主要

轮廓线，然后画细节。画底稿线时要"轻细准"，宜选用稍硬的铅笔(H或2H)，尽量画得轻、细，以便擦拭和修改。量取尺寸要精确，相同尺寸一次量取集中画出，以减少测量时间和确保画图准确度。

(6)标注尺寸。应将尺寸界线、尺寸线和箭头画出，尺寸数字和符号可在描深后进行。尺寸标注力求正确、清晰，符合国家标准。对于较简单图形，该步骤也可不作底稿，全部在图线描深后一次性完成。

3. 铅笔描深

描深前要仔细核对底稿，修正错误，擦净多余的底稿线或污迹。描深时，应根据不同线型选择不同型号的铅笔，并保证线型符合国家标准的规定。

描深图线要注意"分先后"，一般顺序如下：

(1)描深不同线型：先粗后细、先实后虚；

(2)描深圆(弧)和直线：先圆后直；

(3)描深同心圆或大小圆弧连接：先小后大；

(4)描深直线：先水平后竖直再斜线；

(5)描深水平线：先上后下；

(6)描深竖直线：先左后右；

当图形、图框和标题栏的图线全部描深后，还需仔细检查有无错漏。

4. 填写标题栏和文字说明

标题栏内各栏认真填写，一般采用10号、7号和5号字。

1.3 平面图形手工绘制的基本方法

1.3.1 几何作图

机件的轮廓多种多样，但它们的图样基本上都是由直线、圆、圆弧或其他曲线组合而成的。因此，熟练地掌握几何图形的基本作图方法，是绘制好机械图形的基础。

1. 平行线和垂直线。

用两块三角板可以作已知直线的平行线或垂直线，具体方法如图1-35所示。

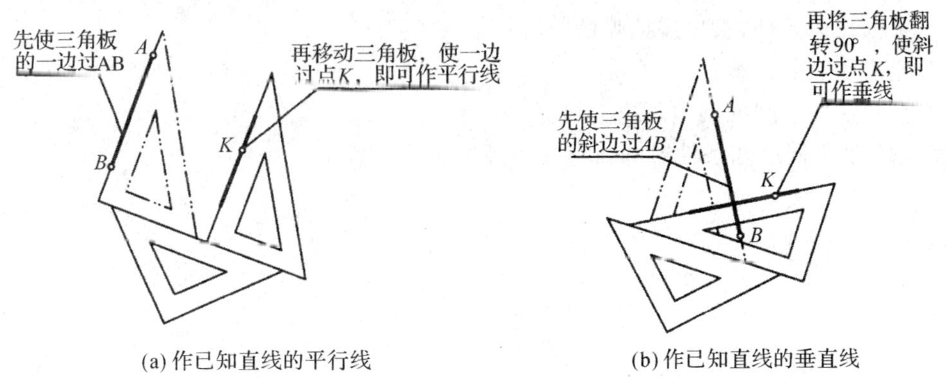

图1-35 作平行线和垂直线的方法

2. 等分直线段

等分直线段 AB 的作图方法如图 1-36 所示，步骤如下：

(1)过端点 A 任作一直线 AC，用分规以任意相等的距离在 AC 上量取等分点 C1、C2、C3

(2)连接 C3 和 B 点，过 C1、C2 分别作线段 C3B 的平行线 C1B1、C1B2，B1、B2 即为直线段 AB 的三等分点。

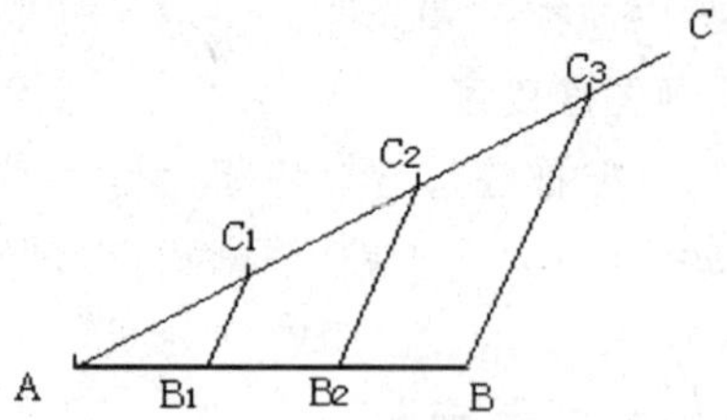

图 1-36　等分直线段

3. 圆的内接正六边形

圆的内接正六边形的作图方法有两种。

方法一：用圆规完成，如图 1-37(a)所示。分别以点 A、B 为圆心，以原圆的半径为半径画圆弧，截原圆得六等分点 1、2、3、4，依次连接六点 A、1、2、B、3、4 即为圆的内接正六边形。

方法二：用 60°三角板配合丁字尺完成，如图 1-37(b)所示。用 60°三角板连接弦 21、45、23、65，用丁字尺直接连接弦 16 和 34。

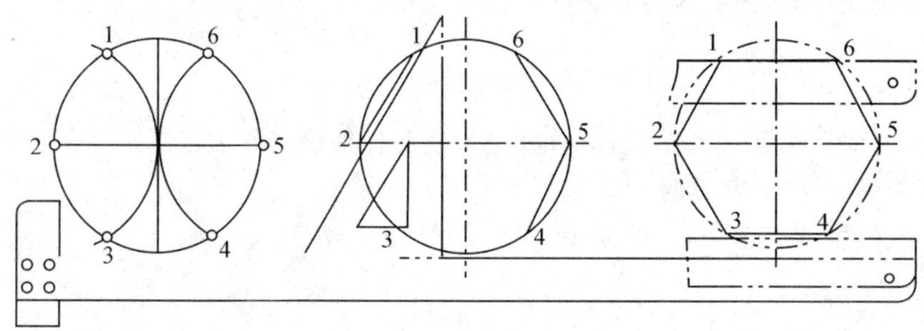

图 1-37　作圆的内接正六边形

4. 圆弧连接

用一个已知半径的圆弧同时与两个已知线段(直线段或曲线段)彼此光滑过渡(即相切)，称为圆弧连接。此圆弧称为连接弧，两个切点称为连接点。为保证光滑连接，必须正确地作出连接弧的圆心和两个连接点，且两被连接的线段都要正确地画到连接点为止。

圆弧连接的作图要点是根据已知条件准确地定出连接圆弧的圆心及切点。其基本作图方法和步骤是：

(1)根据几何条件，求出连接弧的圆心；

(2)定出切点的位置；

(3)在两连接点间准确地画出连接弧。

表 1-10 是不同已知条件时圆弧连接的画法。

表 1-10 圆弧连接的画法

已知条件	作图步骤	几何原理
两直线	(a) (b) (c) (d)	与已知直线相切，其圆心轨迹是与该直线距离 R 的平行线，切点是过圆心的直线的垂足。
	(a) (b) (c) (d)	
两圆	(a) (b) (c) (d)	与已知圆相切，其圆心轨迹是已知圆的同心圆，轨迹圆半径为已知圆和切圆的半径和（外切）或差（内切），切点在两圆心连线或延长线上。
	(a) (b) (c) (d)	
	(a) (b) (c) (d)	
一直线和一圆	(a) (b) (c) (d)	

5. 斜度和锥度

斜度是指一直线(或平面)相对另一直线(或平面)的倾斜程度。其大小以该两直线(或平面)之间夹角的正切来表示;通常写成 1:n 的形式,即斜度=tanα=H:L=1:n,如图 1-38(a)所示。斜度的作图方法如图 1-38(c)、(d)所示。

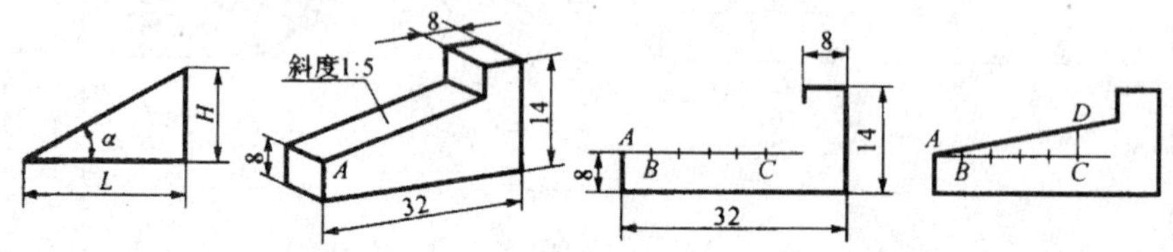

图 1-38　斜度及其作图方法

斜度符号如图 1-39(a)所示,h 为尺寸数字的高度,符号的线宽为 h/10。标注斜度时,符号的倾斜方向应与斜度的方向一致,如图 1-39(b)～(d)所示。

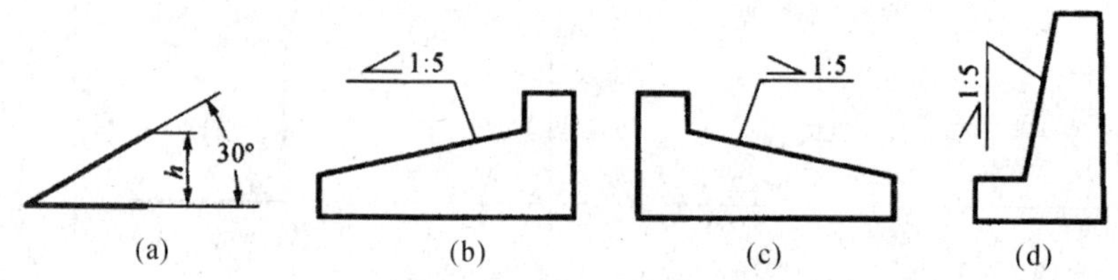

图 1-39　斜度符号及其标注

锥度是指正圆锥体的底圆直径与其高度之比,对于圆锥台,则为底圆与顶圆的直径差值与其高度之比,并写成 1:n 的形式,即锥度=2tanα=(D-d)/L=1:n,如图 1-40(a)所示。锥度的作图方法如图 1-40(c)、(d)所示,注意图中 DE 为一个单位长度,AC 为三个单位长度。

锥度符号如图 1-41(a)所示。标注时锥度符号的方向应与锥度方向一致,如图 1-41(b)～(d)所示。

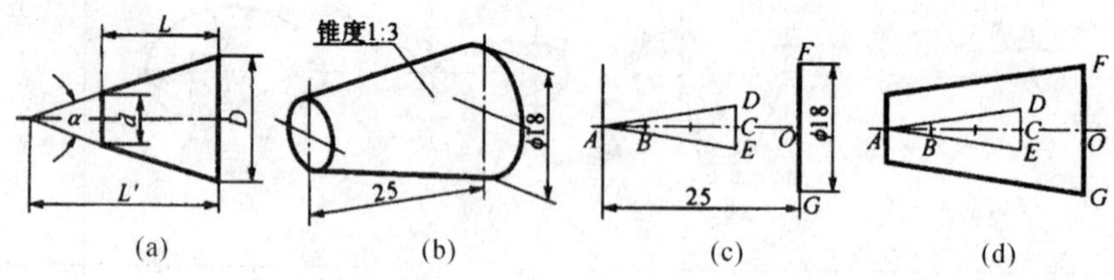

图 1-40　锥度及其作图方法

1.3.2　平面图形的画法

平面图形是由一些基本几何图形(线段或线框)构成的。有些线段根据给定尺寸可以直接画出,有些则需要分析尺寸,确定线段连接关系,找出潜在几何条件才能画出。平面图形的画法与其尺寸密切相关。正确分析平面图形中各尺寸的作用及平面图形的线段构成,才能确定正确的作图步骤和正确、完整地标注尺寸。

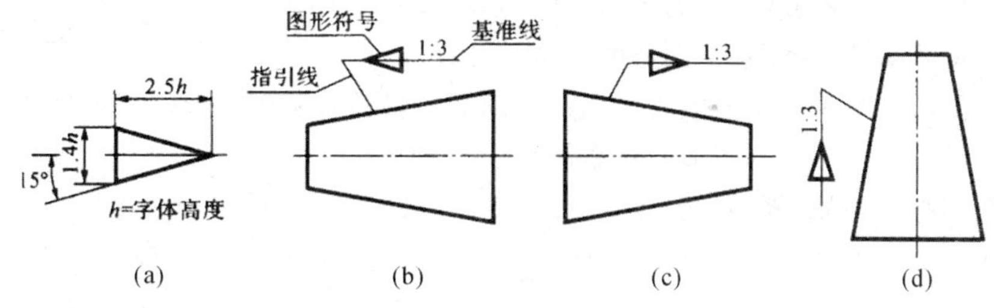

图 1-41　锥度符号及其标注

1. 平面图形的尺寸分析和线段分析

平面图形在长、宽方向各需一个尺寸基准，即尺寸标注的起始位置。尺寸基准通常是圆或圆弧的中心线、图形的对称中心线或主要轮廓线等。

平面图形的尺寸分为两类：定形尺寸和定位尺寸。定形尺寸指用于确定平面图形中各几何元素形状大小的尺寸。定位尺寸指用于确定平面图形中各几何元素相对位置的尺寸。通常确定几何图形所需定形尺寸和定位尺寸个数一定。

平面图形的线段(直线、圆弧)，一般根据其所标注尺寸的数量分为三类：已知线段、中间线段和连接线段。已知线段是指平面图形中定形和定位尺寸均齐全的线段。中间线段是指平面图形中定形尺寸齐全，但缺一个定位尺寸的线段。连接线段是指平面图形中只有定形，没有定位尺寸的线段。画平面图形时，已知线段可以按所注尺寸直接画出，中间线段通常需分析其与相邻已知线段的连接关系，增加一个几何条件作图得出；而连接线段通常需分析其与相邻已知线段的连接关系，增加两个几何条件作图得出。

2. 平面图形的作图步骤

画平面图形时，应对其进行正确的尺寸分析和线段分析，分清已知线段、中间线段和连接线段，然后根据各自特点用不同的方法绘出。画图时底稿的基本步骤是：

(1)画尺寸基准线，并根据定位尺寸画出各位置线；

(2)画已知线段；

(3)画中间线段；

(4)画连接线段

(5)整理并检查全图后，加深图线；

(6)标注尺寸。

3. 平面图形的尺寸标注

平面图形尺寸标注的基本要求是：正确、齐全、清晰。即尺寸标注应遵循国家标准规定，尺寸数值不能写错或出现矛盾；尺寸不遗漏，不重复；所注尺寸配置在图形明显处，标注清楚，布局整齐。

平面图形中所注尺寸应是独立确定图形形状或图形要素之间相对位置的尺寸，不能标注切线等连接线段的定型尺寸。尺寸排列应做到整齐、匀称，并尽量标注在图形以外，以免与其他图线混淆。标注同向尺寸时，小尺寸在内，大尺寸在外，间隔均匀，避免尺寸线与尺寸界线相交；或排在同一直线上，箭头相互对齐。

平面图形的尺寸标注可按图形分解法完成，一般步骤是：

(1)分析平面图形构成,将平面图形分解为几个简单的子图形;

(2)确定尺寸基准,标注各子图形的定位尺寸;

(3)将子图形分解为基本图形要素(直线、圆弧),标注各基本图形的定位尺寸;

(4)分别标注齐全各基本图形的定型尺寸;

(5)检查、调整、补漏、删多。

1.4 徒手画图方法

徒手图也称为草图,它是以目测估计图形与实物的比例,按一定画法要求徒手(或部分使用绘图仪器)绘制的图。草图具有广泛的用途,在设计、维修、仿造、计算机绘图等场合常借助草图来记录或表达技术思想;现场测绘一般也是先徒手画出草图,再据其画出正规的图样;学习过程中图样识读时可借助徒手画帮助完成形体认读过程。在计算机绘图技术日益发展、普及、实用化的今天,掌握徒手画图的方法显得尤为重要,绘制草图是工程技术人员必须具备的一种基本技能。

绘制草图通常不固定草图图纸,以便能随时转动图纸使画图顺手。但草图不是潦草的图,虽为目测估计、徒手绘制,但不能马虎,其基本绘制步骤与仪器绘图相同。草图的基本要求是要保证图形正确、比例匀称、线型分明、字体工整、图面整洁。草图绘制时容易因图形某些部分比例关系失真而报废。因此画草图时要注意随时将图形中细小部分与已拟定的总体尺寸比例作比较,以达到局部与整体的协调。初学者可使用方格纸练习画图。

要画好草图,需要经常地、有意识地练习,还必须掌握基本图线的徒手画法。

(1)直线的徒手画法

画线时以小指靠着纸面。画短线时以手腕运笔,画长线时以手臂动作。眼睛注视线段终点,以眼睛的余光控制运笔方向,轻移手腕使笔尖沿要画线的方向作近似直线运动。画倾斜线时,通常将图纸斜放,或侧转身体,使要画的直线成顺手方向,其运笔方向如图 1-42 所示。

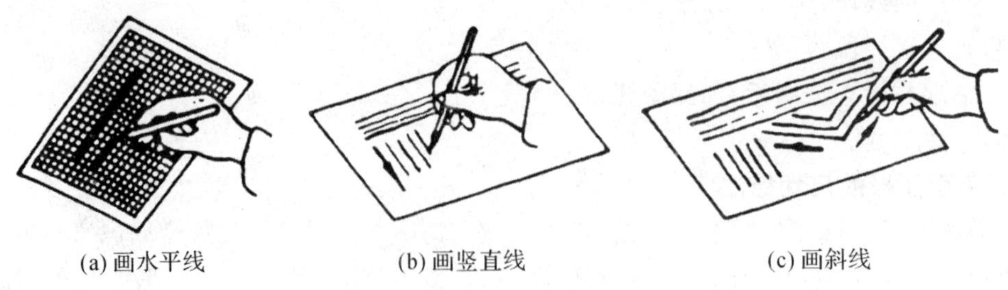

(a) 画水平线　(b) 画竖直线　(c) 画斜线

图 1-42　直线的徒手画法

(2)常用角度的徒手画法

画 30°、45°、60°等常用角度时,可按两直角边的近似比例关系,定出两端点后,连成直线。如图 1-43。

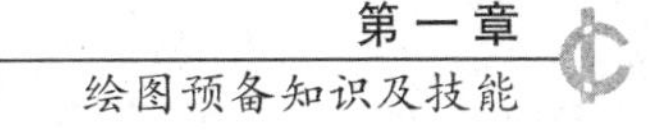

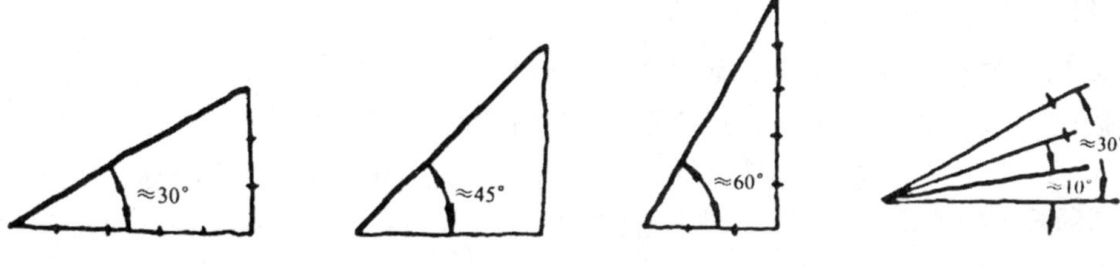

图 1-43　常用角度的徒手画法

(3)圆的徒手画法

画较小圆时，线在中心线上按半径目测定出四个象限点，然后徒手将各点连接成圆。画较大圆时，通过圆心加画两条约 45°斜线，按半径目测定出八点，连接成圆。如图 1-44。

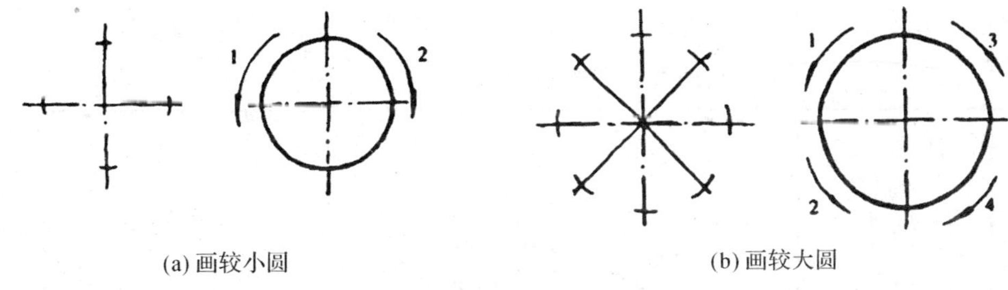

图 1-44　圆的徒手画法

(4)圆角和圆弧连接的徒手画法

画圆角和圆弧连接时，根据圆角半径大小，在分角线上定出圆心位置，从圆心向分角线两边引垂线，定出切点位置，并在分角线上定出圆弧上的点，然后过这三点作圆弧，如图 1-45(a)。直角的圆弧连接(1/4 圆弧)可利用圆弧与正方形相切的特点画出，如图 1-45(b)。

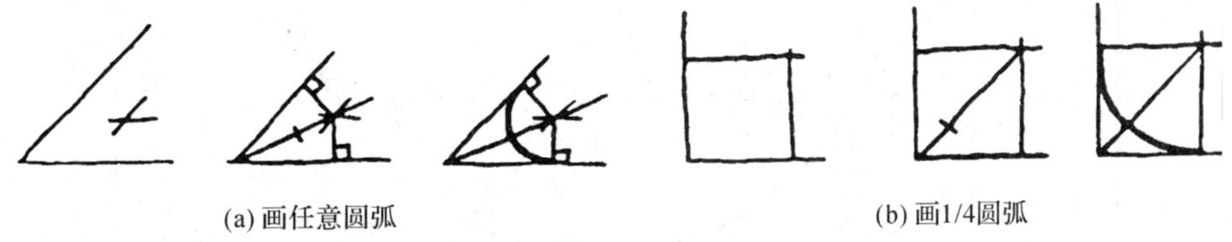

图 1-45　圆角和圆弧连接的徒手画法

(5)椭圆的画法

画椭圆时，先画椭圆长短轴，定出长短轴顶点，再以此四顶点画辅助矩形，最后完成椭圆与矩形相切，如图 1-46(a)。也可利用椭圆与菱形相切的特点画椭圆，如图 1-46(b)。

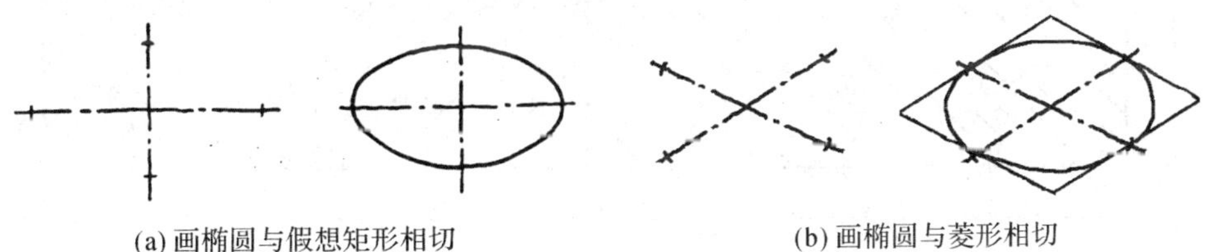

图 1-46　椭圆的徒手画法

学习项目 平面图形绘制

任务 1:绘制图 1-47 的圆盘和剖面图形。

分析:该图是对绘图基本知识和技能的首次综合应用,应按绘图的一般方法和步骤,画图前做好准备工作,包括绘图工具、仪器以及工作环境的准备。画图过程中应时时注意强调图样绘制的规范性要求,底稿“轻细准”,描深“分先后”,认真完成学习任务。如图 1-47 是做好准备工作后画图的具体过程。

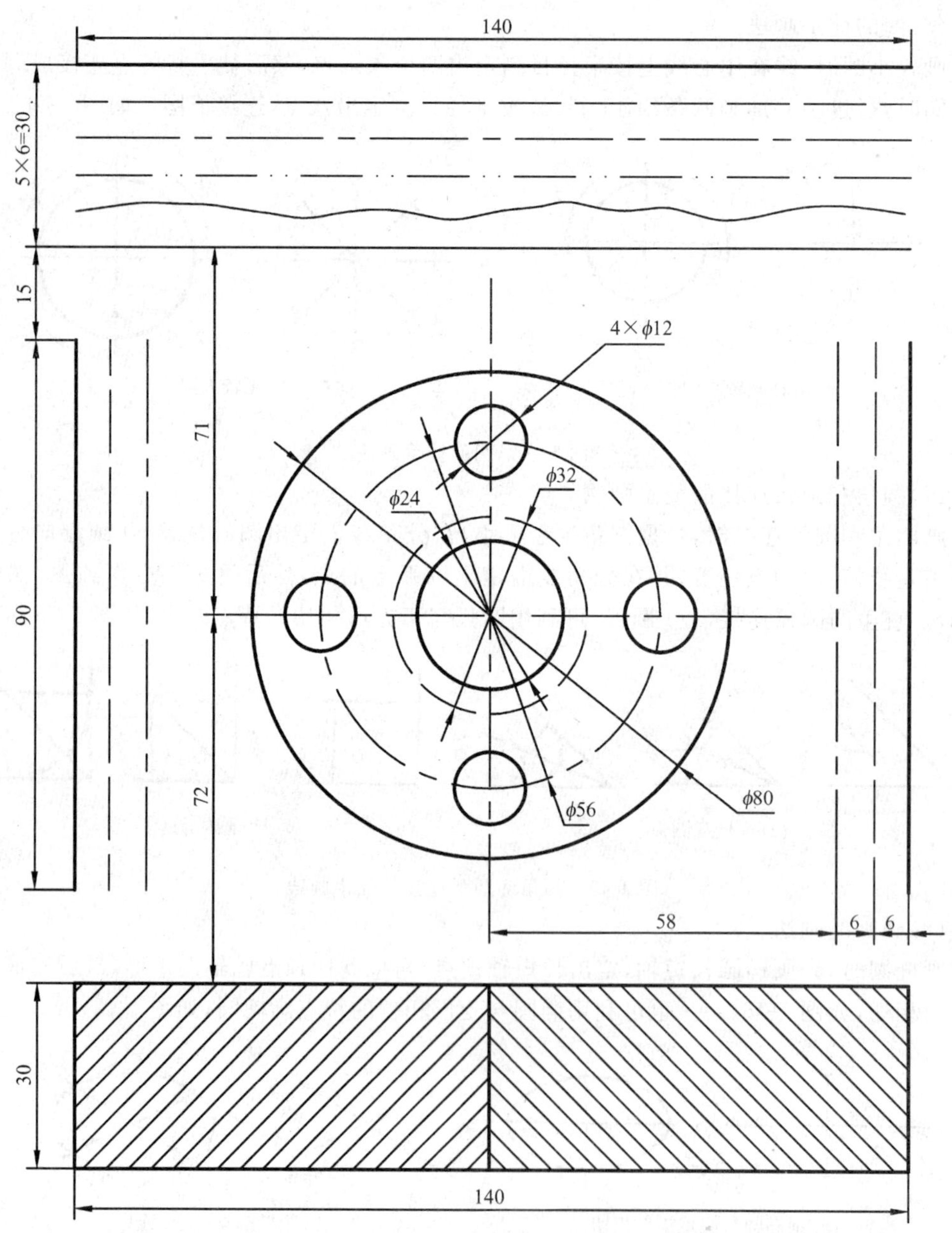

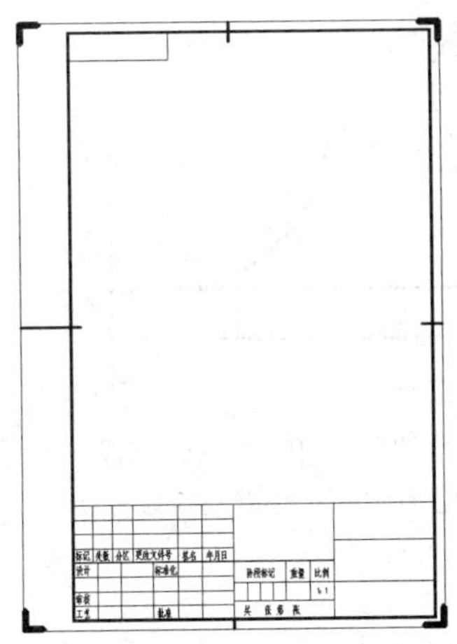

(a) 优先选择绘图比例为原值比例1:1，根据图样大小选择A4图幅，图框线和标题栏预先印制的则无需另行绘制。

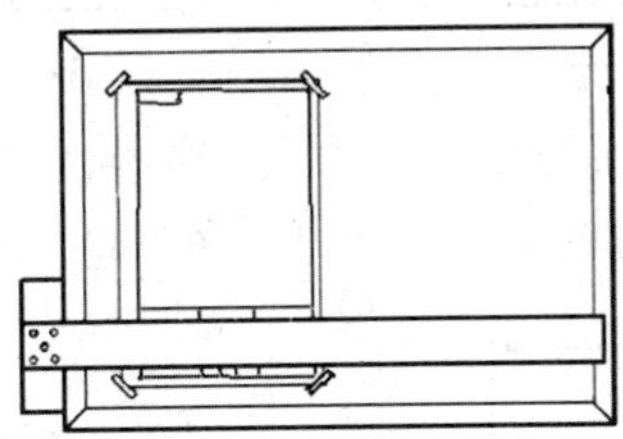

(b) 将图纸置于图板偏左上方适当位置，使纸边与丁字尺工作边平行后，用胶带纸将图纸四角固定在图板上。

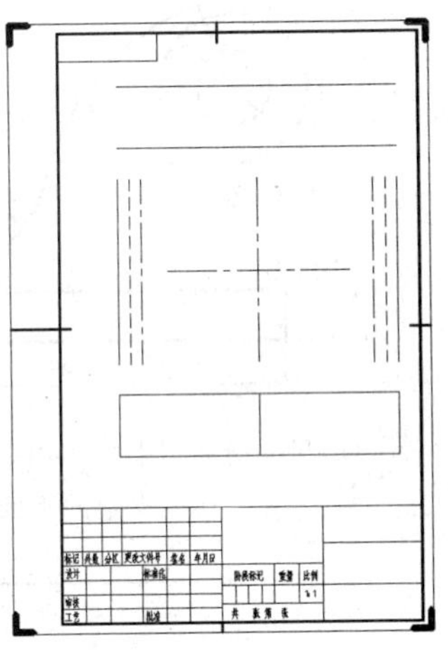

(c) 布局，画出中心线、图形各部分的基准线、端面线等，图面布置要注意匀称、美观。

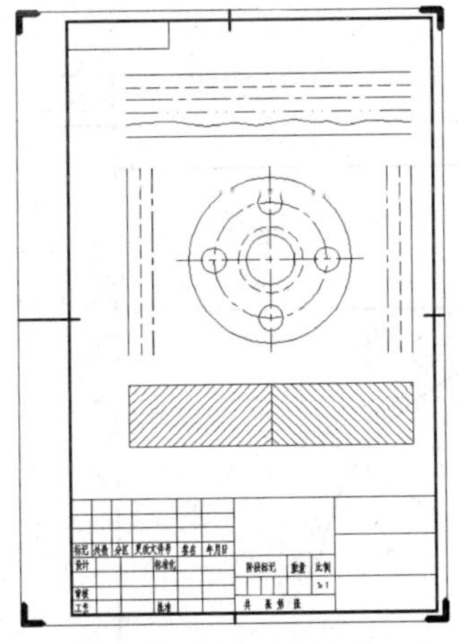

(d) 绘制底稿图线，用H(或2H)铅笔，底稿要轻、细、准。

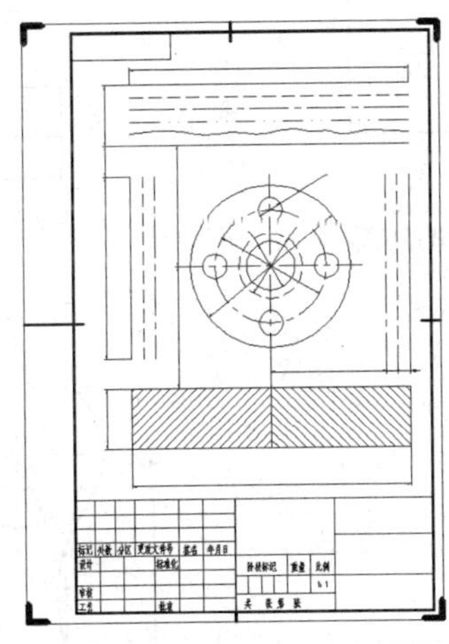

(e) 检查底稿图线后，抄注尺寸界线和尺寸线，绘制箭头，注意尺寸的正确和齐全。

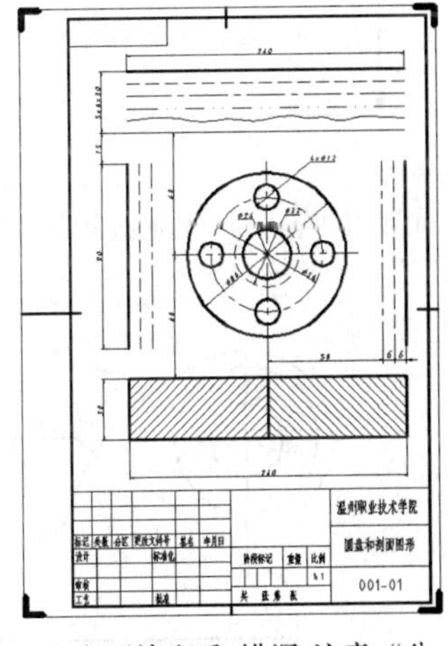

(f) 全面检查后，描深，注意"分先后"；抄注尺寸数字，填注标题栏，完成全图。

图 1-47　圆盘和剖面图形的绘图过程

任务 2：绘制图 1-48 支架的平面轮廓图并标注尺寸.

分析：该平面轮廓图中有较多图线及连接画法，需要先对图形进行正确的尺寸和线段分析，才能确定正确的作图步骤和正确、完整地标注尺寸。如图 1-49～图 1-51 是对该支架的平面轮廓图进行尺寸分析和线段分析后，按"已知线段-中间线段-连接线段"顺序绘图，再按图形分解法完成尺寸标注的过程。

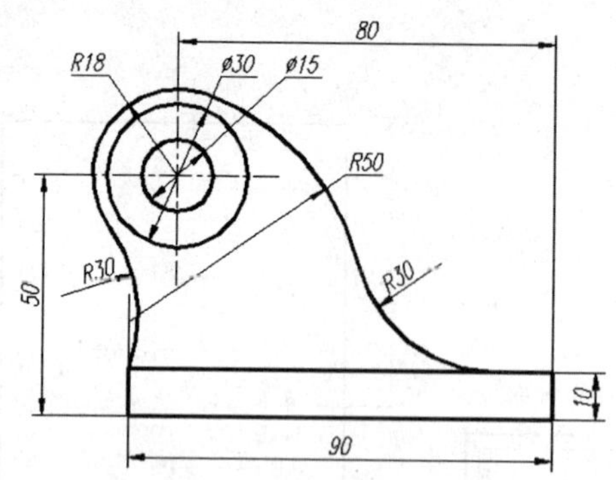

(a)尺寸分析(圈出尺寸区分定形定位)

图 1-48　支架的平面轮廓图

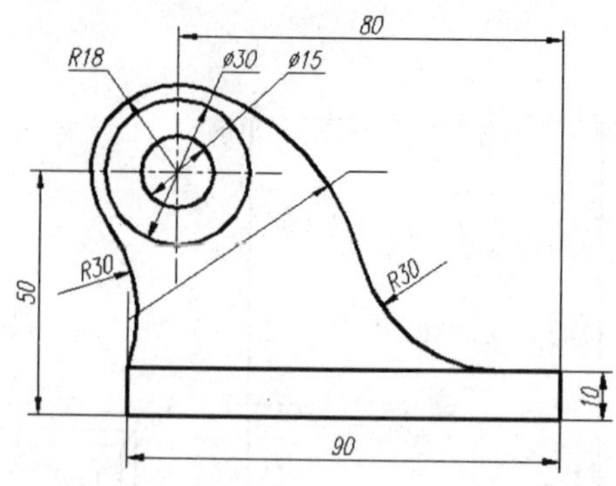

(b)线段分析(引注已知、中间、连接线段)

图 1-49　支架轮廓的尺寸分析和线段分析

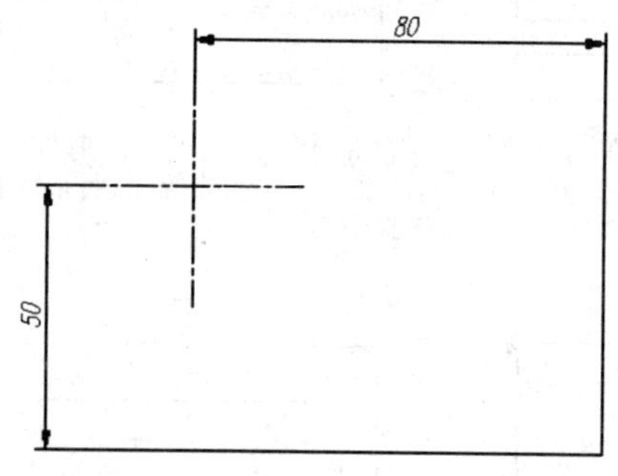

(a)画尺寸基准线，并根据定位尺寸画出各位置线

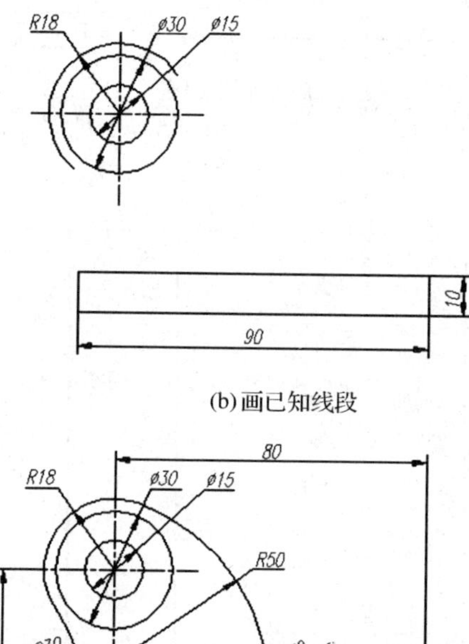

(b)画已知线段

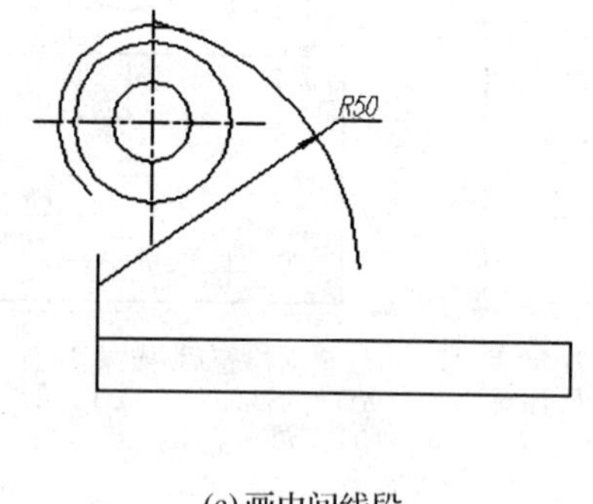

(c)画中间线段

(d)画连接线段

图 1-50　绘制支架轮廓图

思考与总结

图样作为工程界交流的语言，其通用性和规范性要求正日益受到重视。国家标准关于制图的一般规定是我们在今后的制图过程中都必须严格遵循的准则，目前即需要掌握其中包括图幅及格式、比例、字体图线和尺寸标注等内容的重要规定。绘图的基本方法和步骤是我们在今后的制图过程中都应该能正确且熟练应用的基本技巧，目前即可从第一张图纸起步，注意正确使用绘图工具和仪器，培养良好的绘图习惯，为今后的学习和工作打下良好基

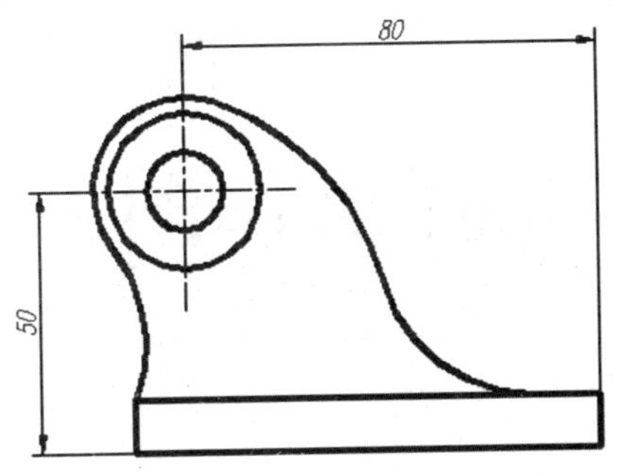

(a)确定尺寸基准，标注定位尺寸

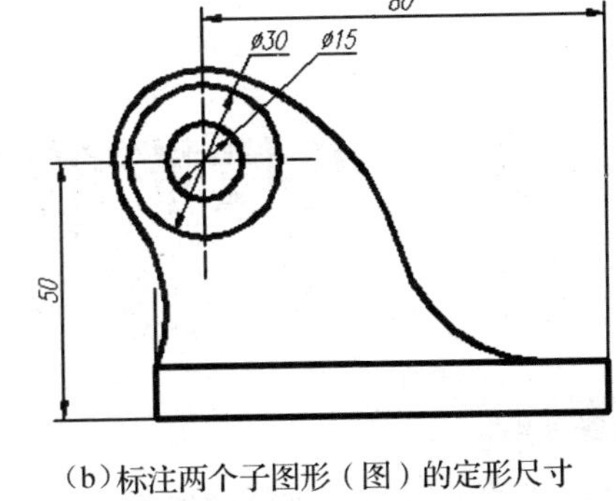

(b)标注两个子图形（图）的定形尺寸

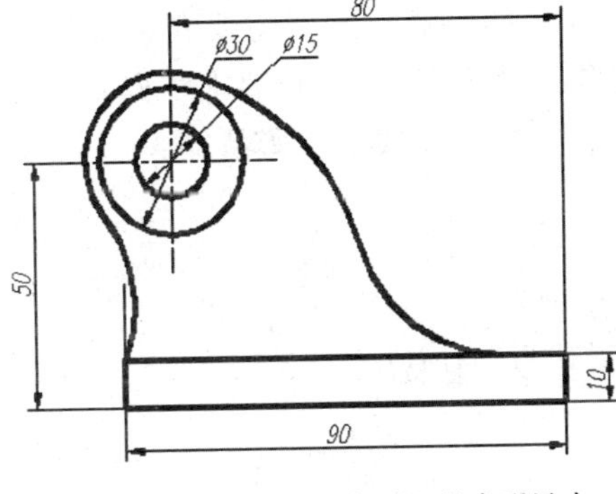

(c)标注第三个子图形（矩形）的定形尺寸

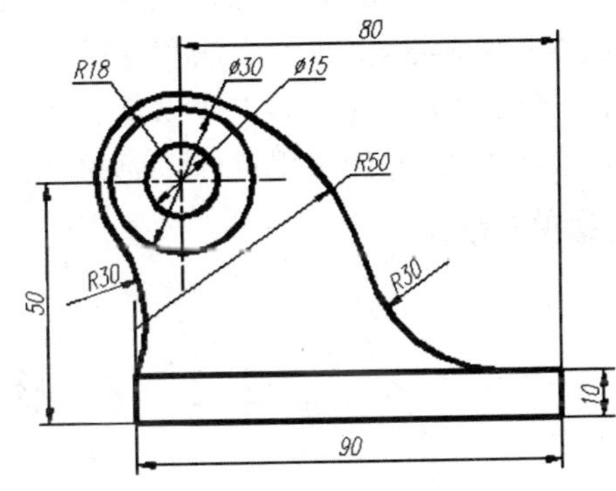

(d)标注第四个子图形的定形尺寸

图 1-51　支架轮廓图的尺寸标注

础。徒手画是绘制机械图样的基本技能，在计算机绘图基本普及的今天，徒手画又被赋予了更新的意义，有意识的徒手画练习应在平时练习中即受到重视和强化。

本章学习过程中需要通过绘制完整图样来理解和应用上述要求。平面图形的分析、绘制和标注尺寸是理解和综合应用上述要求的较好手段。通过仪器绘图或徒手画图的方式练习不同平面图形的分析和绘制、标注的过程，将有助于提高自己的分析和绘图能力。在绘图过程中要注意图样的正确性和规范性要求。

思考题：

1. 标准代号：GB，GB / Z，GB / T 之间有什么区别？
2. 在绘制图样中图形的角度时，其大小是否也按照绘图比例放大或缩小？
3. 各种图线中，细双点画线是用来表达什么内容的？
4. 图样上尺寸标注的基本规则有哪些？

第二章　正投影的基本原理及作图方法

教学内容导航

机械图样的绘制和识读需要掌握机件立体的投影方法和规律。点、线、面是组成机件立体的基本几何元素，其投影方法和规律是绘制机械图样的基础。本章主要介绍投影法基本知识、三视图的形成和投影规律以及点、线、面的投影规律。通过学习，要求掌握简单立体三视图的绘制方法，并能运用点、线、面的投影规律分析立体表面线面投影特征。

预备知识及技能

2.1　投影法的基本知识

2.1.1　投影法

物体在阳光或灯光的照射下，在地面或墙面上会产生影子，人们对这种自然现象加以抽象研究，总结出一种在平面上（二维）表达空间物体（三维）的方法，称为投影法，如图 2-1 所示。

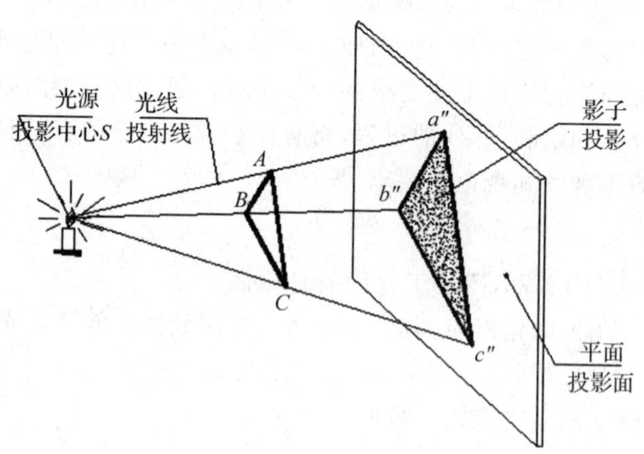

图 2-1　投影法（中心投影法）

所谓投影法就是投射线（如光线）通过物体向选定的面（如地面或墙面）投射，并在该面上得到物体图形的方法。根据投影法得到的图形称为投影图，简称投影，得到投影的面称为投影面。

2.1.2 投影法分类

根据投射线的不同情况，投影法分为中心投影法和平行投影法。

1. 中心投影法

投射线汇交到一点（投影中心）的投影法，称为中心投影法。图 2-1 所示即为中心投影法。中心投影法不能真实地反映物体的大小、形状，但有立体感，称为透视图，常用于体现物体的外观。

2. 平行投影法

假设将图 2-2 中的投影中心 S 移到无穷远处，则所有的投射线就相互平行。这种投射线相互平行的投影法称为平行投影法。投射线与投影面倾斜时的平行投影法称为斜投影法，如图 2-2(a)。投射线与投影面垂直时的平行投影法称为正投影法，如图 2-2(b)。

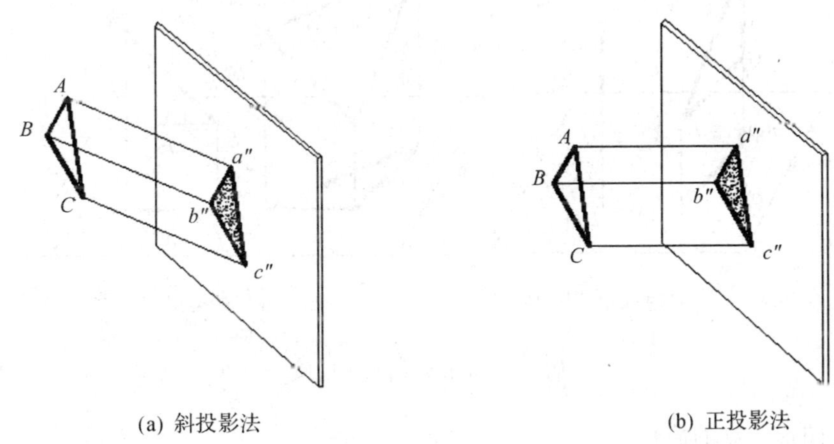

(a) 斜投影法　　(b) 正投影法

图 2-2　平行投影法

由于正投影法能真实地反映物体的大小、形状，投影的大小与物体到投影面的距离无关，机械图样主要采用正投影法绘制。斜投影法主要用于绘制轴测图。

2.1.3 正投影的基本性质

物体上的直线、平面相对于投影面的位置有三种情况：平行、垂直、倾斜（既不平行，也不垂直）。如图 2-3，被切去左上角的六面体向 H 面投影，其上的直线和平面，因相对于投影面的位置不同而呈现相应的投影特性。

1 真实性

当物体上的平面图形（或棱线）与投影面平行时，其投影反映实形（或实长）。如图 2-3(b)，物体上的平面三角形 ABC 平行于 H 面，其投影 abc 反映实形；物体上的直线 AB 平行于 H 面，其投影 ab 反映实长。这种投影性质称为真实性。正投影的真实性非常有利于在图形上进行度量。

2. 积聚性

当物体上的平面图形（或棱线）与投影面垂直时，其投影积聚为一条线（或一个点）。如图 2-3(c)，物体上的平面 AGF 垂直于 H 面，其投影 $a(g)f$ 积聚为一条直线；物体上的直线 BE 垂直于 H 面，其投影 $b(e)$ 积聚为一个点。这种投影性质称为积聚性。正投影的积聚性

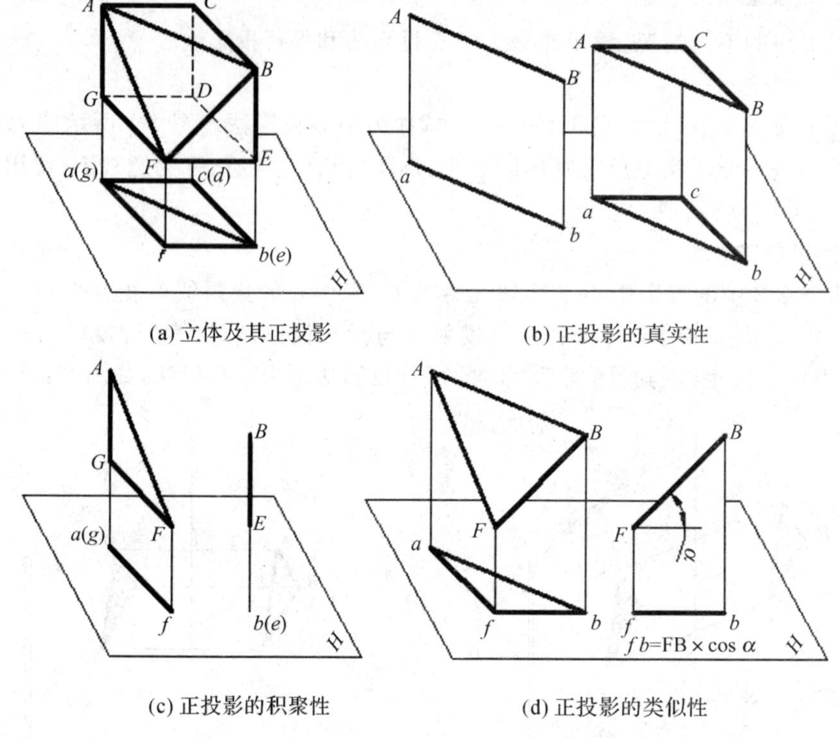

(a) 立体及其正投影　　(b) 正投影的真实性

(c) 正投影的积聚性　　(d) 正投影的类似性

图 2-3　正投影的基本性质

非常有利于图形绘制的简化。

3. 类似性

当物体上的平面图形(或棱线)与投影面倾斜时,其投影仍与原来形状类似,但平面图形变小了,直线段变短了。如图 2-3(c),物体上的平面图形 ABF 倾斜于 H 面,其投影 abf 面积缩小但边数不变;物体上的直线 BF 倾斜于 H 面,其投影 bf 为长度变短的直线段。这种投影性质称为类似性。正投影的类似性,有利于看图时想象物体上几何图形的形状。

2.2　三视图的形成和投影规律

2.2.1　三视图的形成

点的一个投影不能确定点在空间的准确位置,物体的一个投影也不能充分表达其形状大小,如图 2-4。物体的形状是由长、宽、高三个方向的尺寸确定的,必须采用多面投影,结合多个方向投影结果才能唯一确定。

三投影面体系是用于绘制机械图样的基本投影体系,由三个相互垂直的投影面组成,分别是正立投影面(正面 V)、水平投影面(水平面 H)和侧立投影面(侧面 W),如图 2-5。三个投影面 V、H、W 相交的投影轴 OX、OY、OZ 分别可用于度量物体长、宽、高方向的尺寸大小。

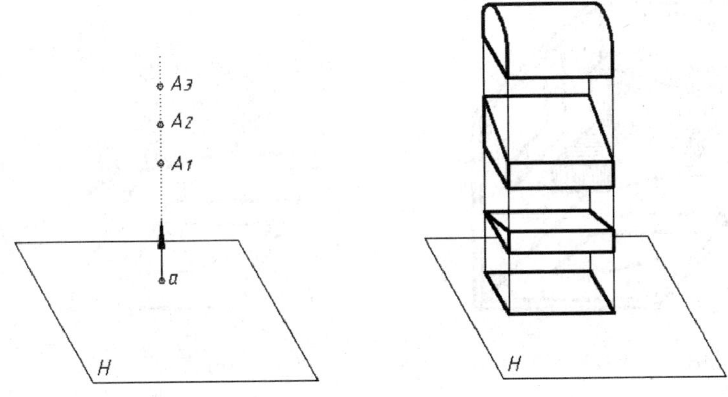

图 2-4 单面投影不能确定空间物体的情况

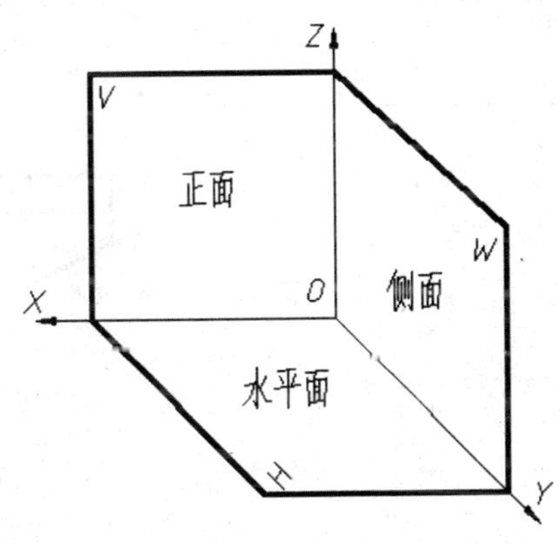

图 2-5 三投影面体系

将物体置于三投影面体系，用正投影法向三个投影面投影，如图 2-6(a)，就获得物体的三面投影图。

为方便在图纸上画图和看图，需要将三面投影展开在同一平面上绘制。如图 2-6(b)，规定正面投影不动，水平投影绕 OX 轴向下旋转 90°，侧面投影绕 OZ 轴向右旋转 90°。展开后的三面投影位于同一平面上，如图 2-6(c)。为画图方便，将投影面的边框去掉，即得到三视图，如图 2-6(d)。物体在正面 V 的投影称为主视图，在水平面 H 的投影称为俯视图，在侧面 W 的投影称为左视图。在机械图样中，三视图通常不画出视图的边框和投影轴，不写视图的名称，要按视图的位置识别。

2.2.2 三视图的投影规律

根据三视图的形成过程，如图 2-6(d)，主视图能反映物体的长度和高度，俯视图反映物体的长度和宽度，左视图反映物体的高度和宽度。画图时，以主视图为基准，俯视图在主视图的下方，左视图在主视图的右侧。主、俯视图上的长度尺寸要对正；主、左视图上的高度尺寸要平齐；左、俯视图上的宽度尺寸要相等。“长对正、高平齐、宽相等”即三视图投影的三等规律，是画图和看图的依据。

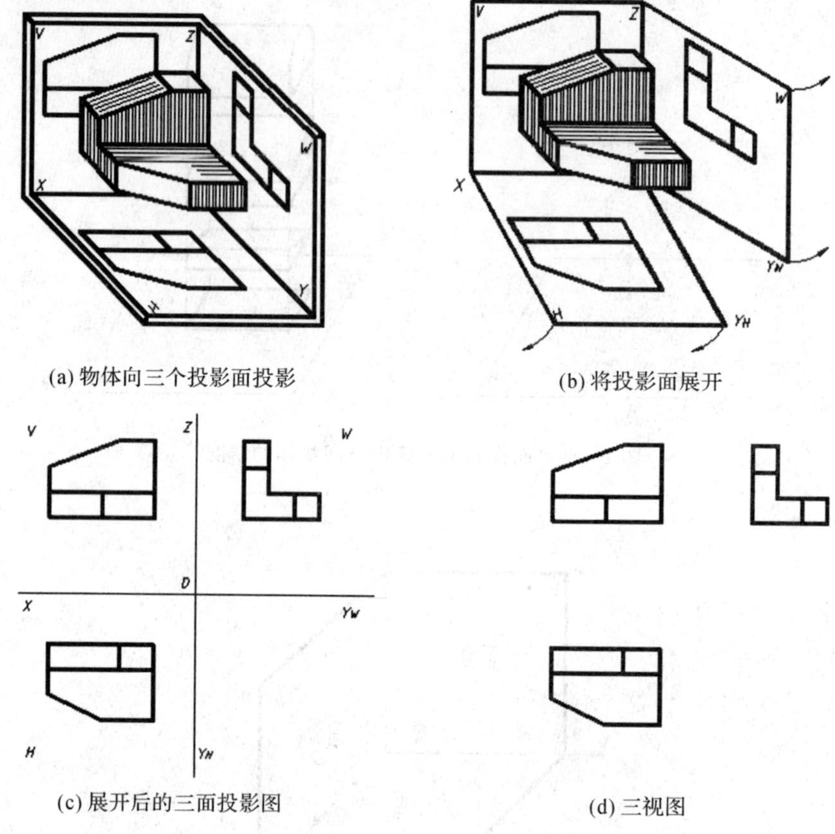

(a) 物体向三个投影面投影　(b) 将投影面展开

(c) 展开后的三面投影图　(d) 三视图

图 2-6　三视图的形成

物体的长、宽、高三个方向的尺寸与其上、下、左、右、前、后六个方位之间存在联系，物体上各部分的相对位置在三视图上均存在对应关系，如图 2-7。

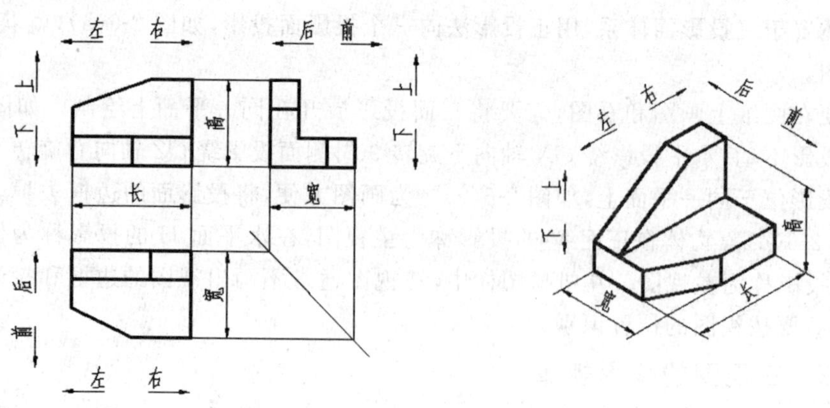

图 2-7　三视图与物体间的方位关系

2.2.3　三视图的作图方法和步骤

绘制三视图时要严格遵循“三等规律”，按规定配置主视图、俯视图、左视图的具体位置。

三视图的作图方法和步骤如下：

(1)分析物体的形状特征和结构组成。将物体分解为基本形体，并分析其相对位置。

(2)选择主视图的方向。其原则是尽可能反映物体的形状结构特征，并使物体上的主要表面和棱线多处于平行或垂直于投影面的位置。选择主视图时也应考虑其余两视图的虚线尽可能少。

(3)画三视图基准线。基准线是画三视图的布局线，一般选择是物体底面或大表面或对称面的投影位置，三视图间的距离要适当。

(4)画各基本形体的三视图。从特征明显的视图着手，三个视图配合作图，必要时需要分析线面位置关系，分别画出各个面的投影。

(5)综合检查并加深。通过分析物体总体形状，并检查各表面的平面形状及投影，去除多余线条，查漏补缺，完成三视图。

2.3 点线面的三视投影

立体机件由平面、直线、点组成，物体的视图就是组成物体的点线面的投影的集合。因此，掌握点线面的投影特点，对绘图和读图具有普遍的意义。

2.3.1 点的投影

点是构成物体的最基本的元素。如图2-8，空间点 A 在三投影面体系中的三面投影分别是水平投影 a、正面投影 a'、侧面投影 a''，点的三面投影规律是：

(1)点的正面投影和水平投影的连线垂直于 OX 轴，即 $aa' \perp OX$；

(2)点的正面投影和侧面投影的连线垂直于 OZ 轴，即 $aa'' \perp OZ$；

(3)点的水平投影到 OX 轴的距离等于该点的侧面投影到 OZ 轴的距离，即 $aaX = a''az$。

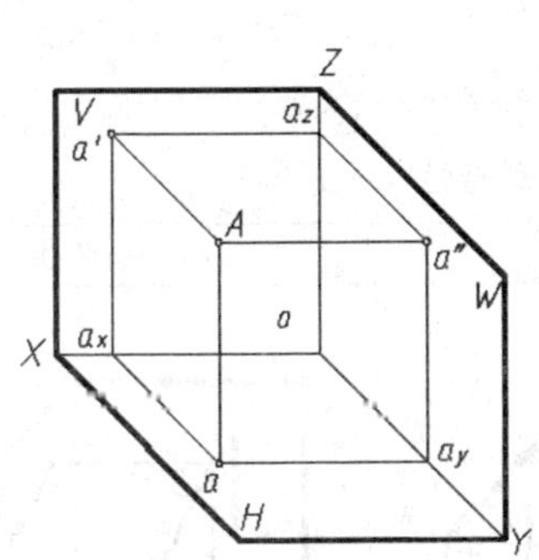

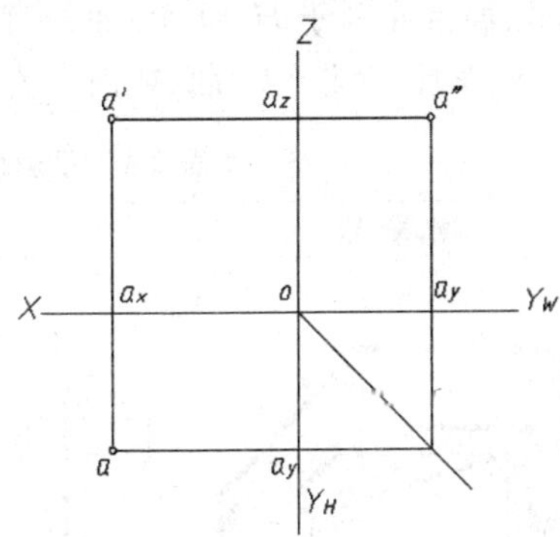

图2-8 点的三面投影

据此，知道点的两个投影，即可求出该点的第三投影。作图时，可用过原点 O 的 45°斜接线作为辅助线。

2.3.2 直线的投影

空间两点确定一条直线，直线的投影可由直线上任意两点的同面投影连线来确定，如图 2-9。

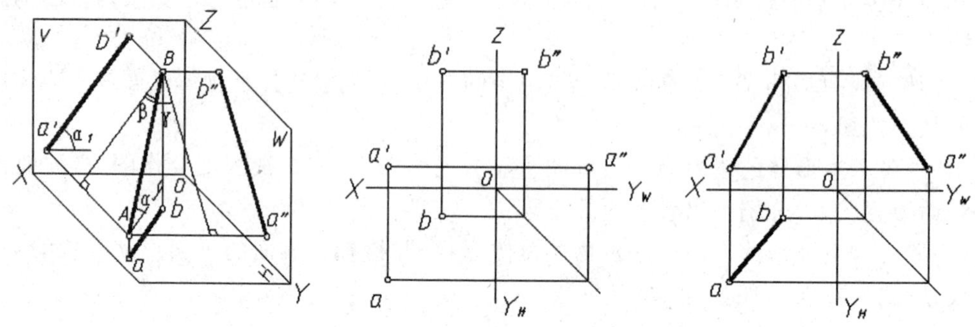

图 2-9　直线的投影

直线的投影一般仍为直线，特殊情况下积聚为点。根据正投影的基本性质(图 2-3)，直线的投影特性是：

(1)直线平行于投影面时，投影反映实长(真实性)；

(2)直线垂直于投影面时，投影积聚为一点(积聚性)；

(3)直线倾斜于投影面时，投影仍为一直线，但投影长度小于实长(类似性)。

在三投影面体系中，直线根据其相对于投影面的位置分为三类：投影面平行线、投影面垂直线和投影面倾斜线。

1. 投影面平行线

平行于一个投影面且与另两个投影面倾斜的直线称为投影面平行线。其投影特性如表 2-1。

平行于 H 面且倾斜于 V 面、W 面的直线称为水平线；

平行于 V 面且倾斜于 H 面、W 面的直线称为正平线；

平行于 W 面且倾斜于 H 面、V 面的直线称为侧平线。

表 2-1　投影面平行线的投影特性

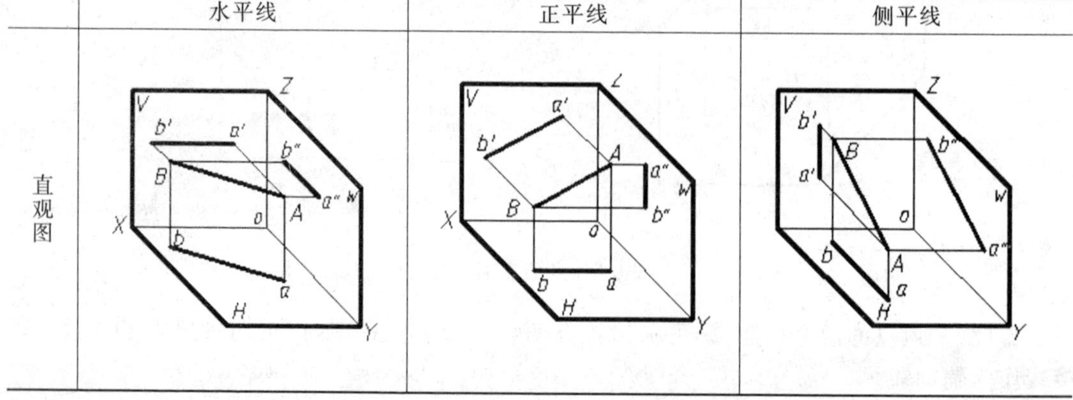

	水平线	正平线	侧平线
直观图			

续表

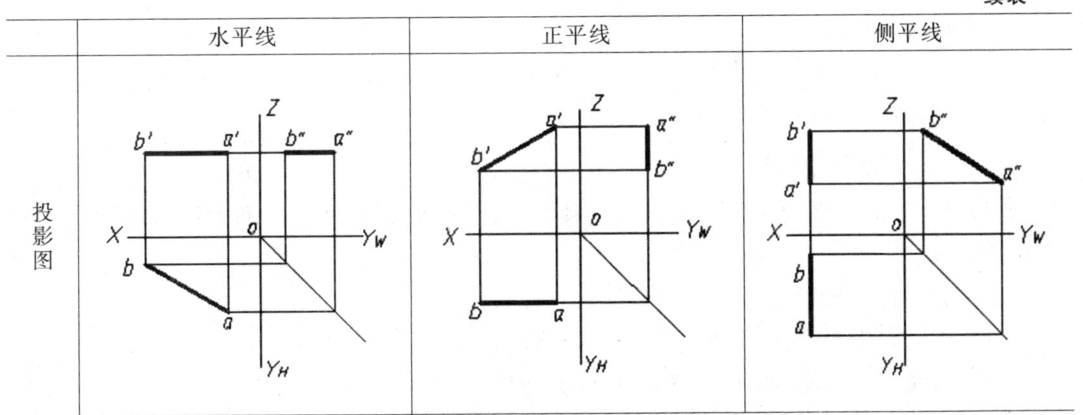

	水平线	正平线	侧平线
投影图			
投影特性	1. 在直线平行的投影面上的投影倾斜于投影轴，其长度反映直线实长； 2. 直线在另两个投影面上的投影分别平行于相应的投影轴，且长度缩短。		

2. 投影面垂直线

垂直于一个投影面而与另两个投影面平行的直线称为投影面垂直线。其投影特性如表2-2。

垂直于 H 面的直线称为铅垂线；

垂直于 V 面的直线称为正垂线；

垂直于 W 面的直线称为侧垂线。

表 2-2　投影面垂直线的投影特性

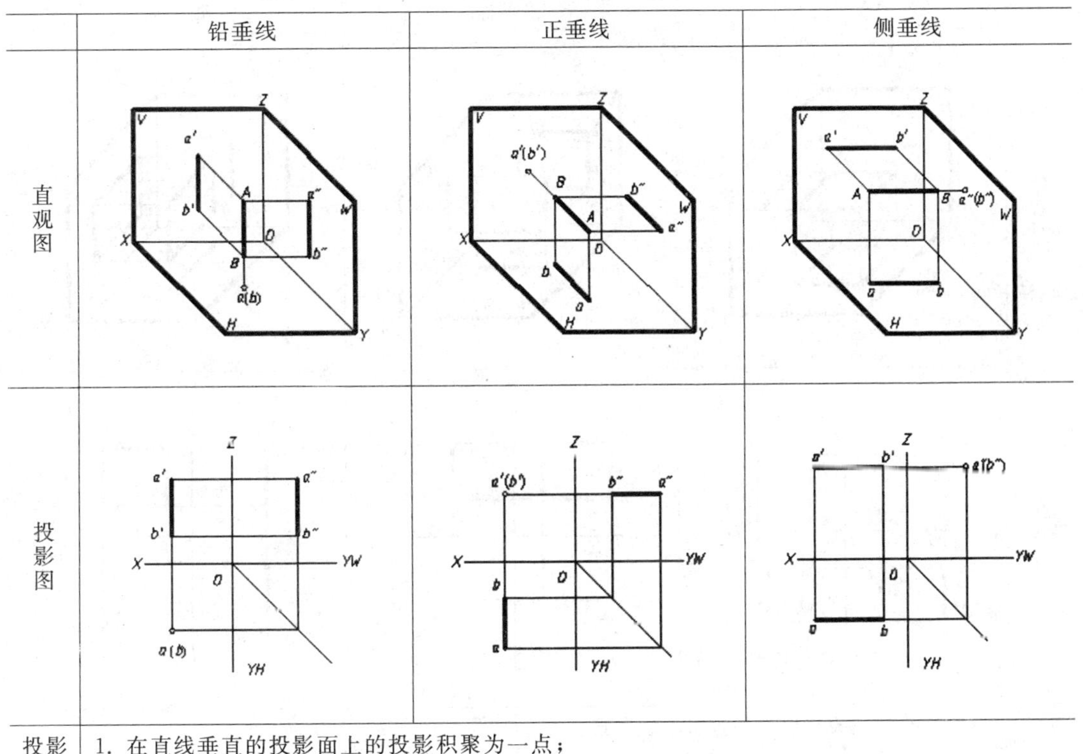

	铅垂线	正垂线	侧垂线
直观图			
投影图			
投影特性	1. 在直线垂直的投影面上的投影积聚为一点； 2. 在另两个投影面上的投影分别垂直于相应的投影轴，并反映实长。		

3. 投影面倾斜线

与三个投影面都倾斜的直线称为投影面倾斜线，也称为一般位置直线。图 2-9 所示即为投影面倾斜线，其三面投影都与投影轴倾斜，且长度都缩短。

2.3.3 平面的投影

平面对投影面有平行、垂直、倾斜这三种相对位置，根据正投影的基本性质(图 2-3)，平面的投影特性是：

(1)平面平行于投影面，投影是实形(真实性)；

(2)平面垂直于投影面，投影成直线(积聚性)；

(3)平面倾斜于投影面，投影是类似形(类似性)。

在三投影面体系中，平面根据其相对于投影面的位置分为三类：投影面平行面、投影面垂直面和投影面倾斜面。

1. 投影面平行面

平行于一个投影面而与另两个投影面垂直的平面称为投影面平行面。其投影特性如表 2-3。

平行于 H 面的平面称为水平面；

平行于 V 面的平面称为正平面；

平行于 W 面的平面称为侧平面。

表 2-3 投影面平行面的投影特性

	水平面	正平面	侧平面
直观图	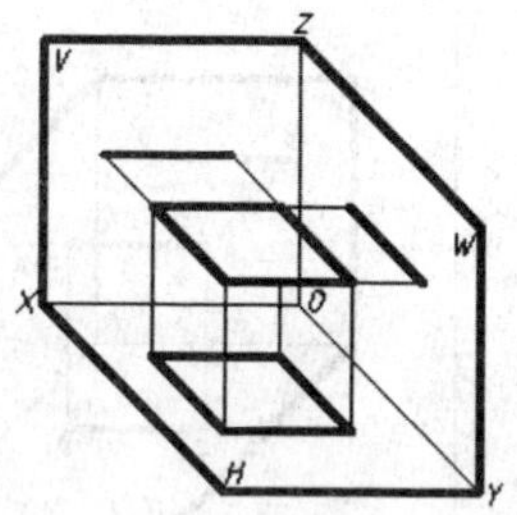 V Z W X O H Y	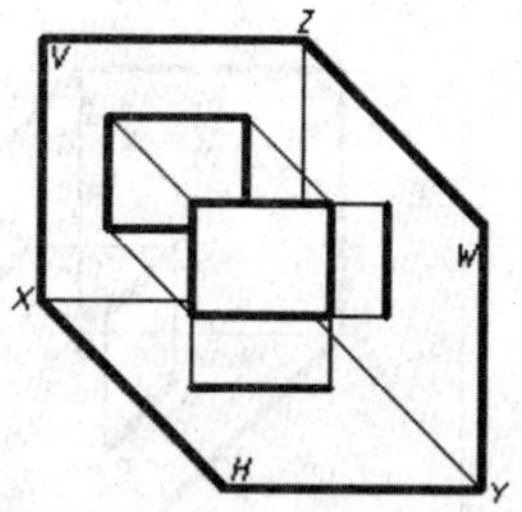 V Z W X H Y	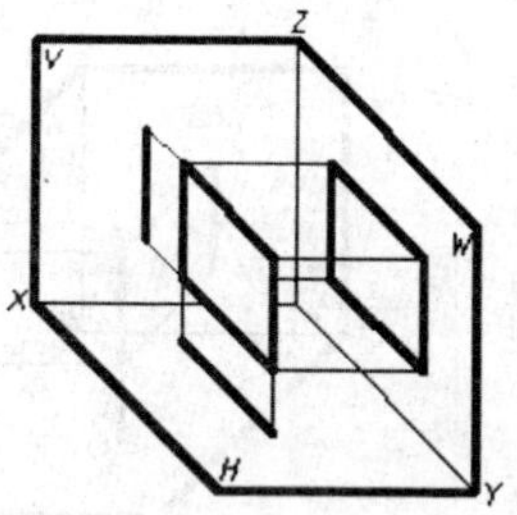 V Z W X H Y
投影图	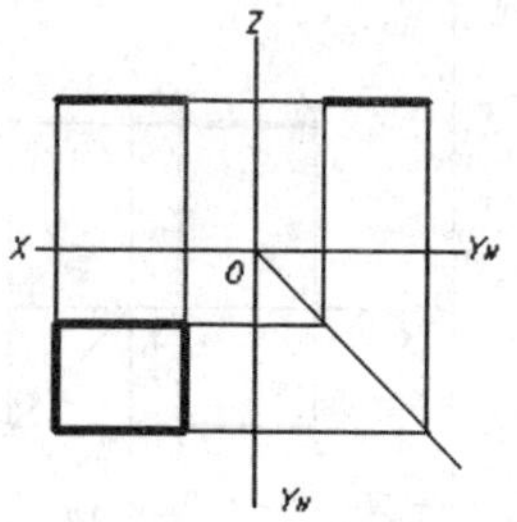 Z X O Y_W Y_H	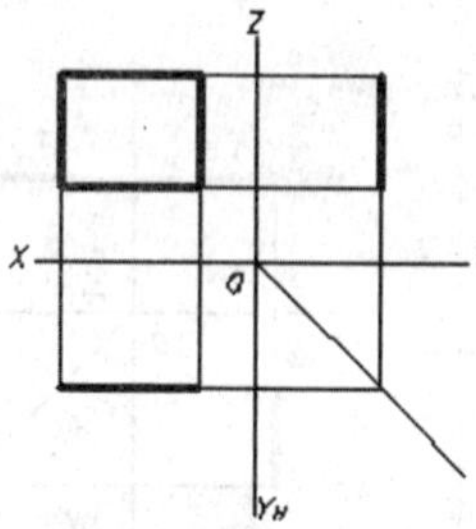 Z X O Y_W Y_H	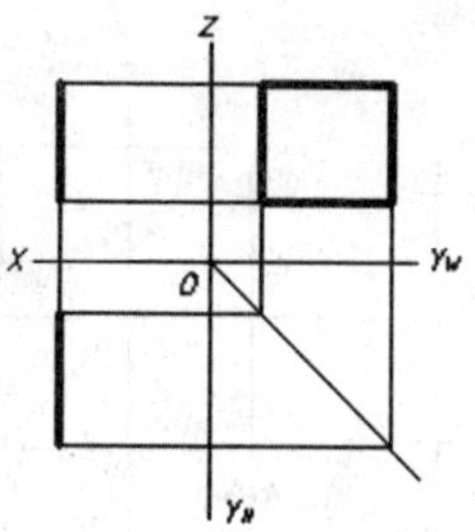 Z X O Y_W Y_H
投影特性	1. 平面平行的投影面上的投影反映实形； 2. 在另两个投影面上的投影积聚为直线，并分别平行于相应的投影。		

2. 投影面垂直面

垂直于一个投影面且与另两个投影面倾斜的平面称为投影面垂直面。其投影特性如表2-4。

垂直于 H 面的且倾斜于 V 面、W 面的平面称为铅垂面；

垂直于 V 面的且倾斜于 H 面、W 面的平面称为正垂面；

垂直于 W 面的且倾斜于 H 面、V 面的平面称为侧垂面。

表 2-4　投影面垂直面的投影特性

	铅垂线	正垂线	侧垂线
直观图	V Z W X O H Y	V Z W X O H Y	V Z W X O H Y
投影图	Z X O Y_W Y_H	Z X O Y_W Y_H	Z X O Y_W Y_H
投影特性	1. 在平面垂直的投影面上的投影积聚为一倾斜于投影轴的直线； 2. 在另两个投影面上的投影是缩小的类似形。		

3. 投影面倾斜面

与三个投影面都倾斜的平面称为投影面倾斜面，也称为一般位置平面。如图 2-10，其三面投影都是原平面图形的类似形，面积缩小，但多边形边数及各边平行性不变。

2.3.4　点、线、面的相对位置关系

1. 两点的相对位置

两点的相对位置可通过其同面投影之间的坐标关系判别。如图 2-11，V 面投影能反映两点的上下、左右关系，H 面投影反映出两点的左右、前后关系，W 面投影反映出两点的上下、前后关系。如图 2-11，点 B 在点 A 的下方、右方和前方。

若两点的一组同面投影重合，则这样一对空间点，被称为对该投影面的重影点。重影点的这组重合的同面投影，被称为重影。如图 2-11，点 A 和点 C 是正面 V 上的重影点，A 在 C 的正前方，故 C 点的正面投影不可见，规定用带括号的小写字母表示为(c')，正面投影 a' 和(c')是重影。

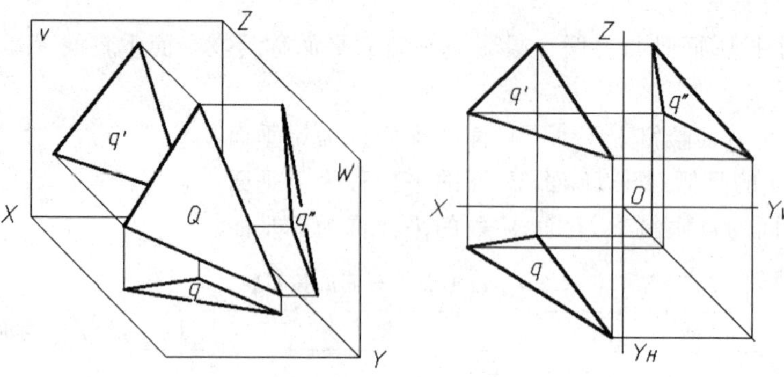

图 2-10　投影面倾斜面

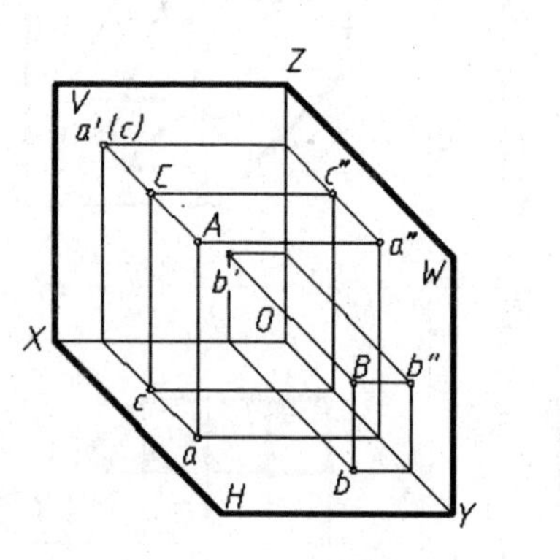

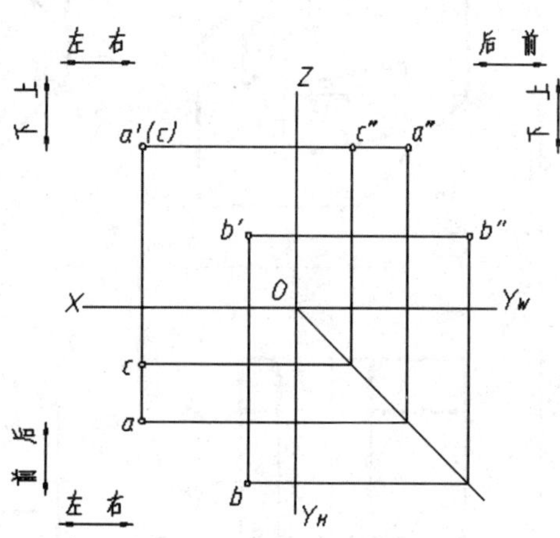

图 2-11　两点的相对位置和重影点

2. 直线上的点

直线上的点具有从属性和定比性。直线上的点的投影仍在直线的同面投影上，称为从属性；直线上的点分割直线长度之比等于其投影之比，称为定比性。如图 2-12，点 M 在直线 AB 上，则 m 在 ab 上，m' 在 $a'b'$ 上，且 $am:mb=a'm':m'b'=AM:MB$。

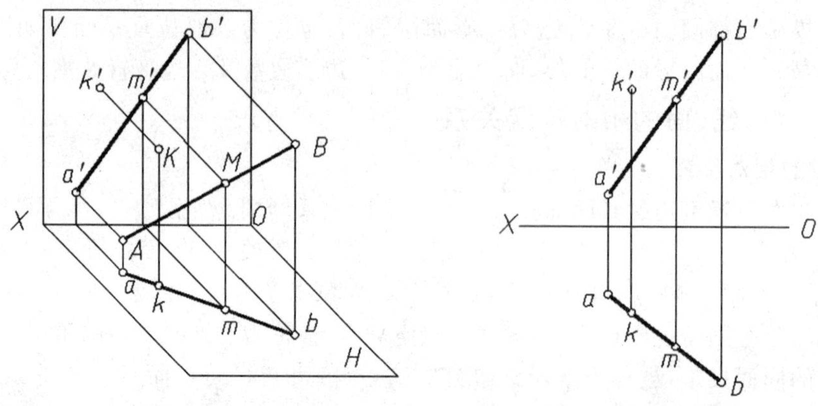

图 2-12　直线上的点

直线上的点的判断依据是：若点的各面投影都在直线的同面投影上，且符合空间点的投影规律，则点在该直线上；若点分割直线长度之比等于其投影之比，则点在该直线上。如图2-12，m 在 ab 上，m' 在 $a'b'$ 上，$am:mb=a'm':m'b'=AM:MB$，所以 M 在直线 AB 上；而 k' 不在 $a'b'$ 上，所以 K 不在直线上。

3. 两直线的相对位置

两直线的相对位置有三种情况：平行、相交和交叉。平行和相交的两直线都是属于同一平面（共面）的直线，而交叉两直线则是不属于同一平面（异面）的直线。

(1)两直线平行

若空间两直线互相平行，则其各同面投影必定互相平行或重合。反之，若两直线的各同面投影都互相平行或重合，则其在空间也必定互相平行。图2-13是平行两直线的投影。

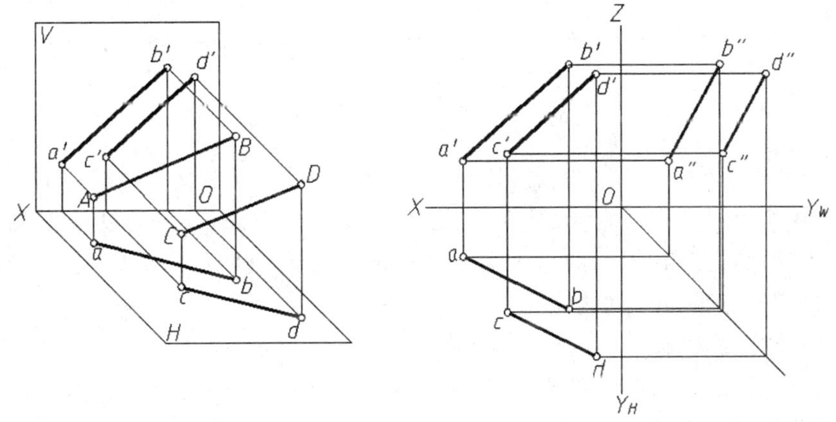

图2-13　平行两直线的投影

两平行直线的长度之比等于其同面投影的长度之比。

(2)两直线相交

若两直线在空间相交，则其各同面投影必定相交或重合，且焦点符合空间点的投影规律。反之，若两直线的各同面投影相交或重合，且交点符合空间点的投影规律，则两直线在空间必定相交。图2-14是相交两直线的投影。

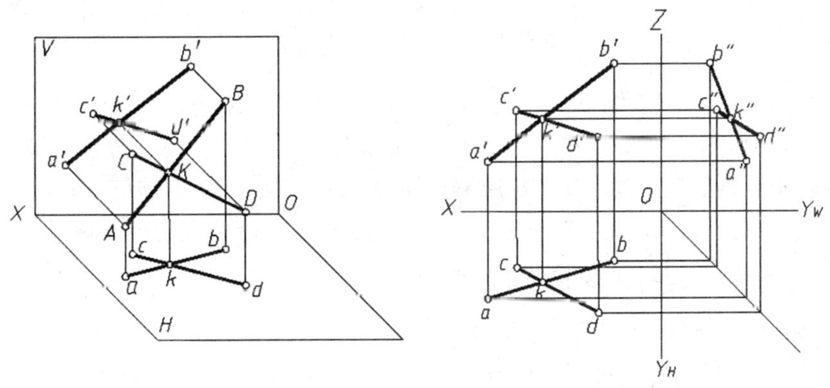

图2-14　相交两直线的投影

4. 两直线交叉

若空间两直线既不平行又不相交，则称为两直线交叉。图 2-15 是交叉两直线的投影。

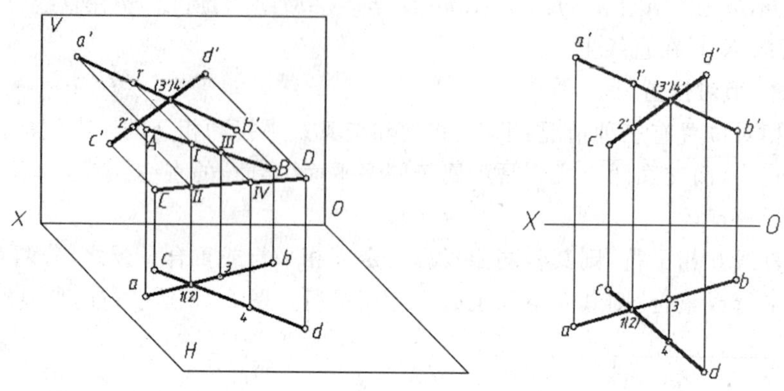

图 2-15　交叉两直线的投影

交叉两直线在空间不存在共有点，其同面投影可能平行或相交。若其同面投影表现为相交，则该投影交点是两空间直线在同一投射线上的两个点(重影点)的投影(重影)，不符合空间点的投影规律。如图 2-15，两直线水平投影的交点是空间点Ⅰ、Ⅱ的重影，两直线正面投影的交点是空间点Ⅲ、Ⅳ的重影。

5. 平面内的直线和点

点在平面内的几何条件是：若点在平面内的一条直线上，则此点必在该平面内。如图 2-16(a)，点 M、N 分别在直线 AB、BC 上，因此点 M、N 必定在直线 AB、BC 所确定的平面内。

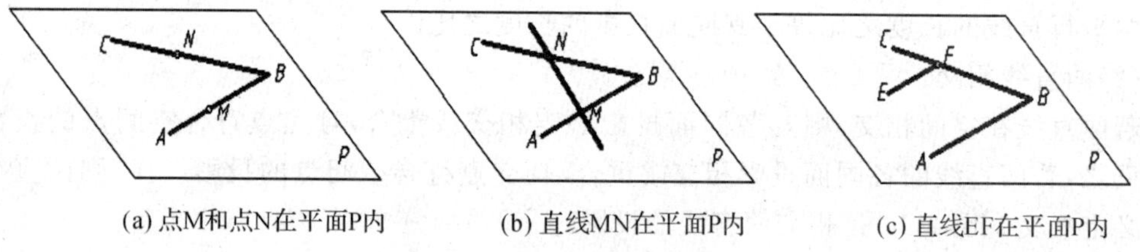

(a) 点M和点N在平面P内　　(b) 直线MN在平面P内　　(c) 直线EF在平面P内

图 2-16　平面内的点和直线

直线在平面内的几何条件是：若直线通过平面内的两点，或通过平面内的一点且平行于平面内的任一直线，则此直线必在该平面内。如图 2-16(b)，点 M、N 分别在直线 AB、BC 上，因此直线 MN 必定在直线 AB、BC 所确定的平面内。又如图 2-16(c)，直线 EF 平行于直线 AB，且点 F 在直线 BC 上，则直线 EF 在直线 AB、BC 所确定的平面内。

学习项目　立体及表面线面的投影作图

任务 1：绘制图 2-17(a)机架的三视图。

分析：该学习任务是对三视图投影规律“长对正、高平齐、宽相等”的应用。因该机架形体简单，一般可以先作出基本体三投影图，再通过观察组成立体的各表面的平面形状检查其投影轮廓，增删线条。图 2-17 是该简单立体的三视图的画法。要注意三个视图配合作图，并在作基本体投影和棱线投影时都必须遵循三视图的三等投影规律。

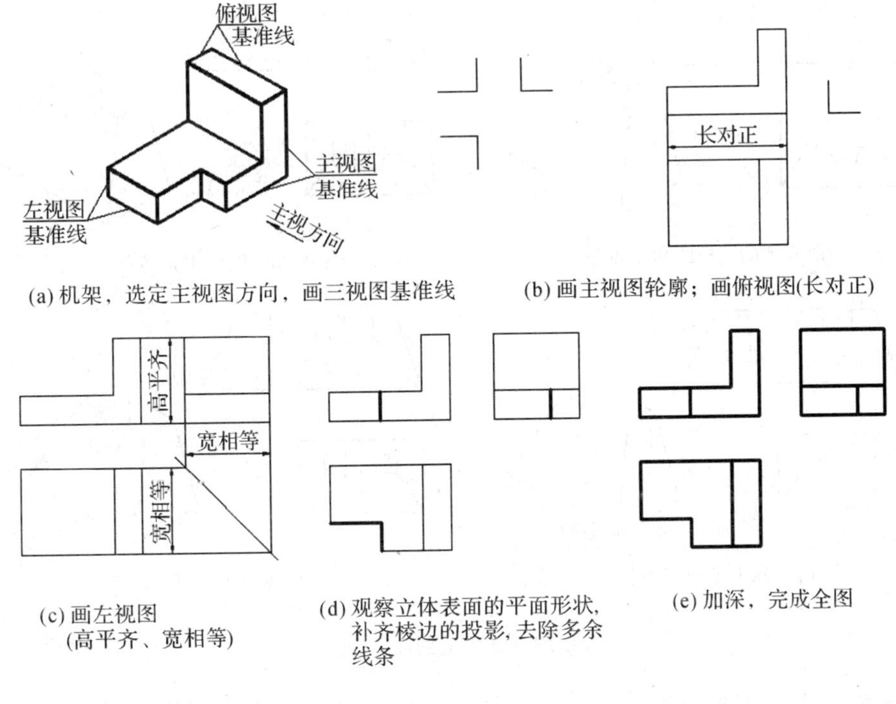

(a) 机架，选定主视图方向，画三视图基准线
(b) 画主视图轮廓；画俯视图(长对正)
(c) 画左视图(高平齐、宽相等)
(d) 观察立体表面的平面形状，补齐棱边的投影，去除多余线条
(e) 加深，完成全图

图 2-17 机架的三视图

任务 2:在图 2-18(a)立体图上标出已知平面 P、Q、R，在三视图中标出已知平面 P、Q、R 的其余两面投影，并判断平面 P、Q、R 的空间位置。

分析:该学习任务是对点线面的投影规律的应用，在后续的三视图学习中是一种比较常用的读图方法。根据平面的已知投影，判断其在立体上的方位(上下/左右/前后)，即可找到立体图中对应方位的类似多边形线框，然后通过应用正投影的投影规律对投影即可找到已知平面的其余两面投影，根据各种位置平面的投影特性可以判断平面的空间位置。下面是对该立体上平面 P、Q、R 的具体分析和标注，如图 2-18。

(1)平面 P 的正面投影为一多边形 1′2′3′4′，如图 2-18(b)，因主视图平面投影 p' 可见，判断平面 P 处于立体前方。在立体图的前方可以找到类似的多边形，即可标记为 P。根据长对正和类似性特征，在俯视图前方可以找到平面 P 的水平投影 p(多边形 1234)；根据高平齐和宽相等，在左视图前方可以找到平面 P 的侧面投影 p”(积聚为直线 1”(2”)注 3”(4”))。平面 P 的空间位置可以由其侧面投影的积聚性(积聚为一倾斜于投影轴的直线)判定为侧垂面。

(2)平面 Q 的水平投影为一多边形 1456，如图 2-18(c)，因俯视图平面投影 q 处于最左侧并可见，判断平面 Q 处于立体左上方。在立体图的左方可以找到类似的多边形，即可标记为 Q。根据长对正关系，在主视图上可以找到平面 Q 的正面投影 q'(积聚为直线 1′4′(5′)(6′))；根据高平齐和宽相等，在左视图上可以找到平面 Q 的侧面投影 q''(多边形 1″4″5″6″)。平面 Q 的空间位置可以由其正面投影的积聚性(积聚为一倾斜于投影轴的直线)判定为正垂面。

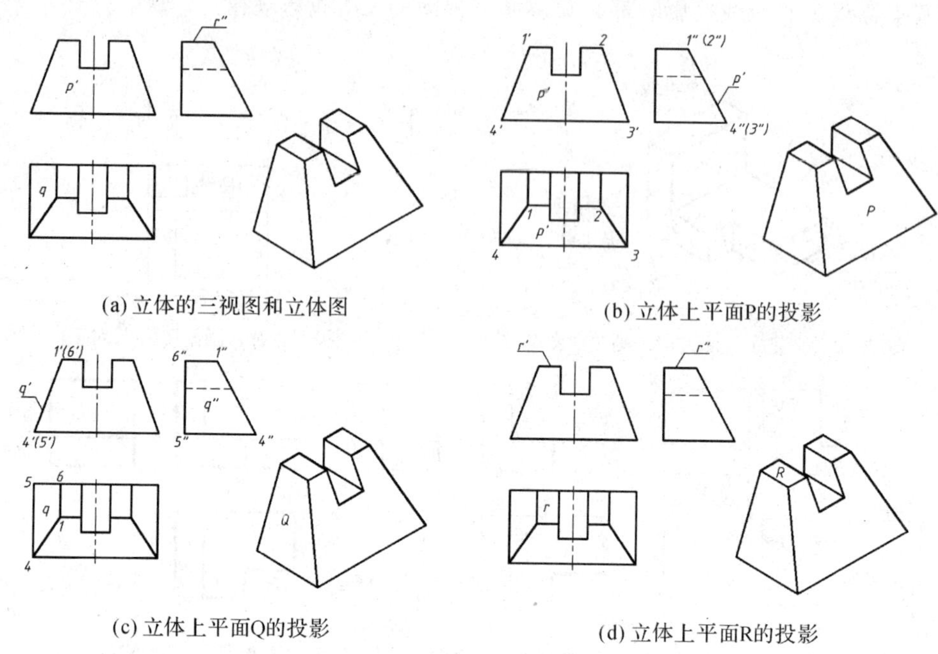

(a) 立体的三视图和立体图　(b) 立体上平面P的投影

(c) 立体上平面Q的投影　(d) 立体上平面R的投影

图 2-18　立体上的线面位置

(3)平面 R 的侧面投影为一平行于 Y 轴的直线,如图 2-18(d),可以判断平面 R 为一水平面,其侧面投影和正面投影有积聚性而水平投影有真实性。根据高平齐,在主视图上可以找到平面 R 的正面投影 r',根据宽相等及长对正,在俯视图上可以找到平面 R 的水平投影 r。根据平面 R 的侧面投影 r'处于最上方,在立体图上确定平面 R 的位置。

任务 3:绘制图 2-19(a)斜切槽钢的三视图。

分析:该学习任务除要应用三视图的三等规律外,还需分析其中点线面的位置关系。画三视图通常要先作出基本体三投影图轮廓,再完成具体结构细节,必要时需要集中分析有特征的平面的多边形形状或点线面的空间位置。如图 2-19 是该斜切槽钢的三视图的画法。其中,图 2-19(d)就是通过分析凹槽形状,根据点线面的投影规律作出其上各多边形顶点的三投影图,是此例中的关键步骤,也是绘制三视图的常用技巧。

思考与总结

机械制图采用多面正投影法。正投影的基本特性(真实性、积聚性、类似性)及点、线、面的基本投影规律是绘制机械图样的重要基础。而一定难度机械图样的绘制和识读还需能正确判别点线面的空间相对位置关系。我们可以通过配套习题练习检查自己是否已能应用这些正投影的基本知识。

简单立体三视图的绘制是训练空间想象能力的有效手段,因此现阶段即需熟练掌握三视图的形成和投影规律。本章的学习项目和训练项目中关于立体三视图绘制的任务同学们可根据自身情况在整门课程学习初期穿插进行,通过练习逐步积累绘图技巧和经验,提高自己的绘图和读图能力。画三视图时要严格遵循"三等规律"。手工仪器绘图时用丁字尺保证"高平齐",三角板配合丁字尺保证"长对正"关系,用圆规或分规准确量取"宽相等"关系;徒手绘图练习中也要尽量目测估计其对应关系和宽度比例,做到不至于引起误解。

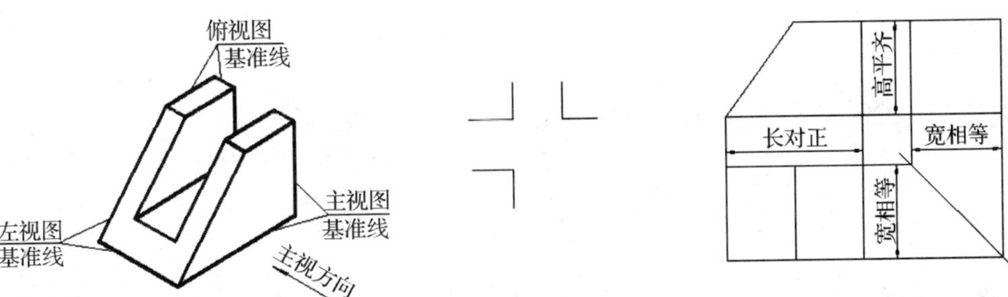

(a) 斜切槽钢，选定主视图方向，画三视图基准线

(b) 画出主视图轮廓；画左、俯视图轮廓（高平齐，长对正、宽相等）

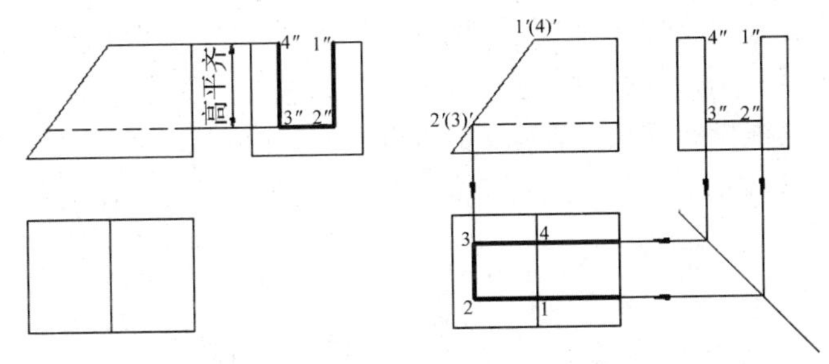

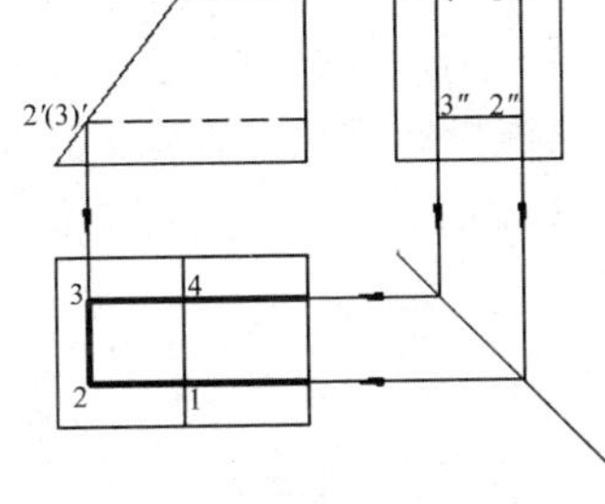

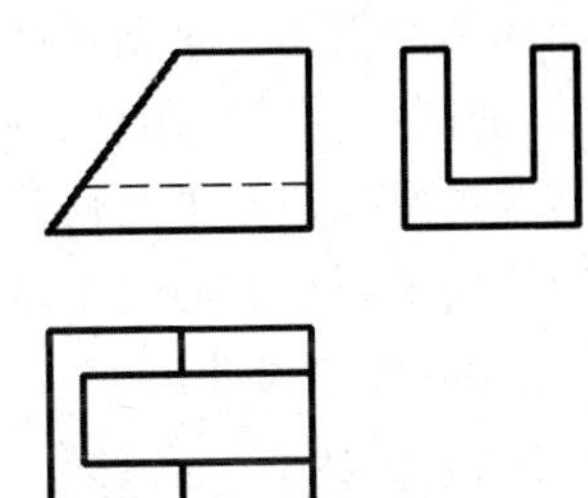

(c) 画左视图槽形1"2"3"4"，去除多余图线；画主视图槽深（高平齐）

(d) 完成槽形各顶点的俯视投影1234（点线面的投影规律）

(e) 观察槽钢左侧斜切面及其余各表面的平面形状，去除多余线条，加深，完成全图

图 2-19　斜切槽钢的三视图

思考题：

1. 机械制图为什么采用正投影方法绘制图样？
2. 为什么说掌握三视图画法是学习机械制图的基础？
3. 空间两直线的相对位置有几种情况，其三视投影各有什么区别？

第三章　简单立体三视图的绘制方法

教学内容导航

机件都可以看成是由若干基本体组合而成。基本体分平面立体和曲面立体两大类，也称平面体和曲面体。平面体的所有表面全都是平面，如棱柱、棱锥；曲面体至少有一个表面是曲面，如圆柱、圆锥、圆球、圆环等。例如，阀门由许多基本体组成。

本章主要介绍基本几何体的三视投影及尺寸注法、立体与平面、立体与立体之间相交产生的交线投影画法。通过本章学习，要求掌握简单几何体及其切割或组合后立体的投影作图方法，并能标注尺寸。

作图原理及方法

3.1　基本体的投影及尺寸标注

3.1.1　平面体的投影

平面体的表面都是多边形平面，因此，绘制平面体的投影可归结为绘制其各多边形平面的投影，实质就是绘制这些多边形的顶点和边的投影。

1. 棱柱

棱柱由两个全等的多边形端面和几个侧棱面所围成。当侧棱面为矩形时称直棱柱；当侧棱面为平行四边形时称斜棱柱。棱面之间的交线叫侧棱线，各侧棱线相互平行。

(1)棱柱的投影

图 3-1 所示为正六棱柱的直观图及投影图。正六棱柱的前后两个棱面放置为正平面，它们的正面投影反映实形，水平投影及侧面投影积聚为一条直线。其他四个侧棱面均为铅垂面，其水平投影均积聚为直线，正面投影和侧面投影均为类似形。两端面为水平面，其水平投影重合为反映实形的正六边形，正面投影和侧面投影分别积聚为平行于相应投影轴的水平直线段。

作正六棱柱投影图时，先画出各投影的对称中心线，再画出具有形状特征的俯视图的正六边形，然后再根据投影关系画出正面和侧面，如图 3-1(b)所示。

棱柱具有这样的投影特点：一个投影反映端面实形，而其余两投影则为矩形或复合矩形。

(2)棱柱表面上点的投影

如图 3-1(b)所示，已知正六棱柱表面上点 M 的正面投影 m'，求作 m 和 m''。由于点 M 的正面投影 m' 是可见的，所以点 M 在左前方的侧棱面上 $ABCD$ 上，而侧棱面 $ABCD$ 是铅

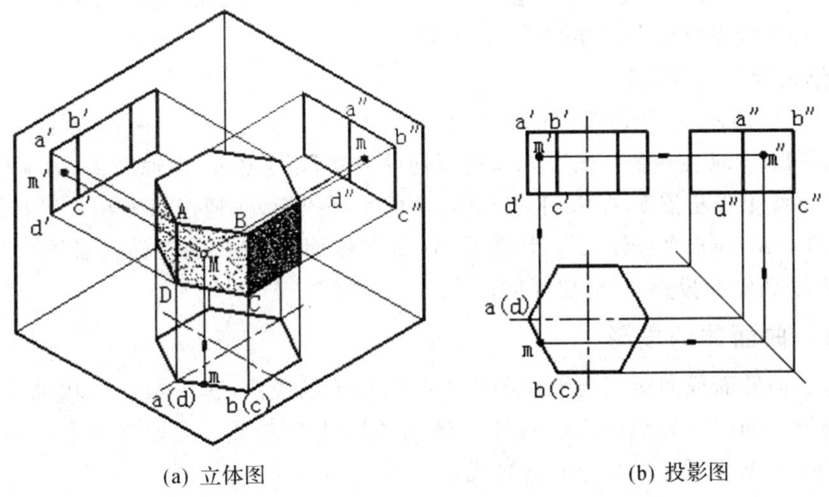

(a) 立体图　　(b) 投影图

图 3-1　正六棱柱

垂面，其水平投影积聚成直线 $ab(c)(d)$，因此点 M 的水平投影必在该积聚性直线上，即可由 m' 直接作出 m。再根据点的三面投影规律，由 m' 和 m 作出 m''。由于面 $ABCD$ 的侧面投影 $a''b''c''d''$ 可见。水平投影 m 因在面的积聚性投影上也按可见处理。

2. 棱锥

棱锥由几个三角形的侧棱面和一个多边形的底面围成。各侧棱面为共顶点的三角形。

(1)棱锥的投影

图 3-2 所示为正三棱锥的直观图及投影图。正三棱锥的底面为等边三角形，三个侧面为全等的等腰三角形。正三棱锥的底面△ABC 放置成水平位置，故其水平投影△abc 反映实形，正面投影和侧面投影均积聚为水平线段。正三棱锥的后棱面△SAC 放置成垂直于侧面，为侧垂面，所以侧面投影 $s''a''c''$ 积聚为斜线段，水平投影和侧面投影为缩小的类似三角

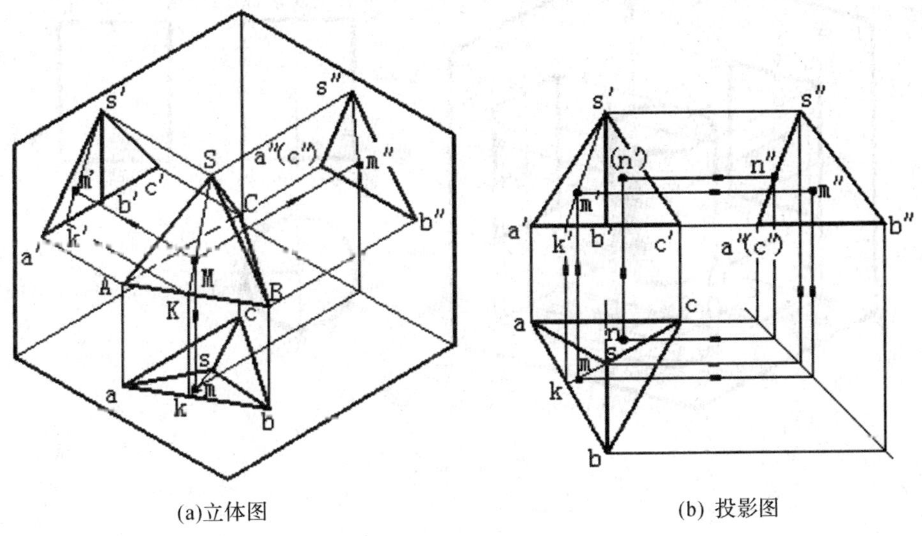

(a)立体图　　(b) 投影图

图 3-2　正三棱锥

形。棱面△SAB和△SBC为一般位置平面，三面投影均为缩小的类似三角形，因该两棱面左、右对称，故侧面投影重合。如图 3-2(a)所示。

(2)棱锥表面上点的投影

如图 3-2(b)所示，已知棱锥表面上点 M 的正面投影 m'，求其另两面投影 m 和 m''。由于 m'可见，所以点 M 在棱面△SAB 上，利用辅助线法，由 s'过 m'作辅助线 $s'k'$，根据点的投影规律，在 ab 线上作出点 k，在 sk 上求出点 M 的水平投影 m；通过点 k 在 $a''b''$上作出 k''，在 $s''k''$线上求出点 M 的水平投影 m''。因为点 M 所在棱面△SAB 的三面投影均可见，所以点的水平投影 m 和侧面投影 m''也都可见。

3.1.2 曲面体的投影

回转体上回转面或回转面与平面围成。画回转体的投影时，一般应画出曲面各方向转向轮廓线的投影和回转轴线的三个投影。转向轮廓线是在某一投影方向上观察曲面立体(如回转体)时可见与不可见部分的分界线。

1. 圆柱

圆柱由圆柱面和上、下两底面围成。圆柱面是由一条直母线绕与其平行的轴线旋转而成的。圆柱面上任意一条平行于轴线的直母线，称为圆柱面的素线。

(1)圆柱的投影

图 3-3 所示为轴线处于铅垂位置的圆柱直观图及投影图。圆柱上、下底面水平投影反映实形且重合，正面投影和侧面投影均积聚成直线，圆柱面的水平投影积聚为一圆周，与底面水平投影重合。在正面投影中，前、后两半圆柱的投影重合为一矩形，矩形的两条竖线分别是圆柱面最左、最右素线的投影，也是圆柱圆柱面前、后分界的转向轮廓线。在侧面投影中左、右两半圆柱的投影重合为一矩形，矩形的两条竖线分别是圆柱面最前、最后素线的投影，也是圆柱圆柱面左、右分界的转向轮廓线。

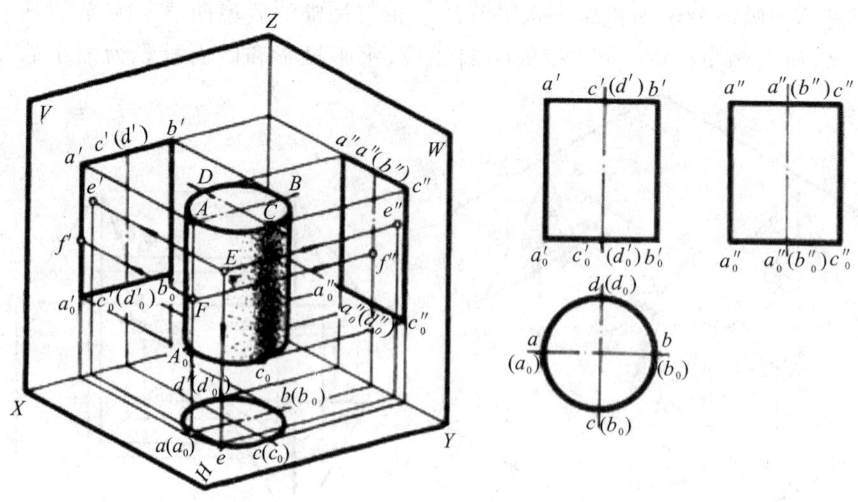

图 3-3 圆柱

(2)圆柱表面点的投影

如图 3-4 所示,已知圆柱表面上点 M 的正面投影 m',求作 m 和 m''。首先根据圆柱面水平投影的积聚性作出 m,由于 m'是可见的,则点 M 必在前半圆柱面上,m 必在水平

投影圆的前半圆周上。再按投影关系作出 m''。由于 M 点在右半圆柱面上,所以(m'')不可见。

若已知圆柱面上点 N 的正面投影(n'),怎样求作 n 和 n''以及判别可见性,请读者自行分析。

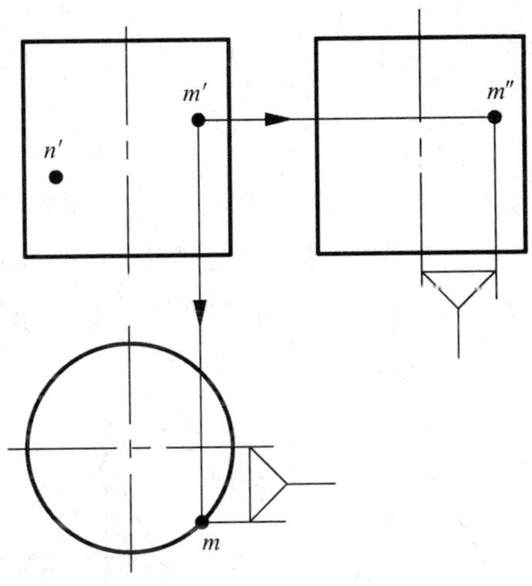

图 3-4　圆柱表面点的投影

2. 圆锥

圆锥是由圆锥面和底圆平面围成的。图 3-5 为轴线处于铅垂线位置时的圆锥直观图及投影图。

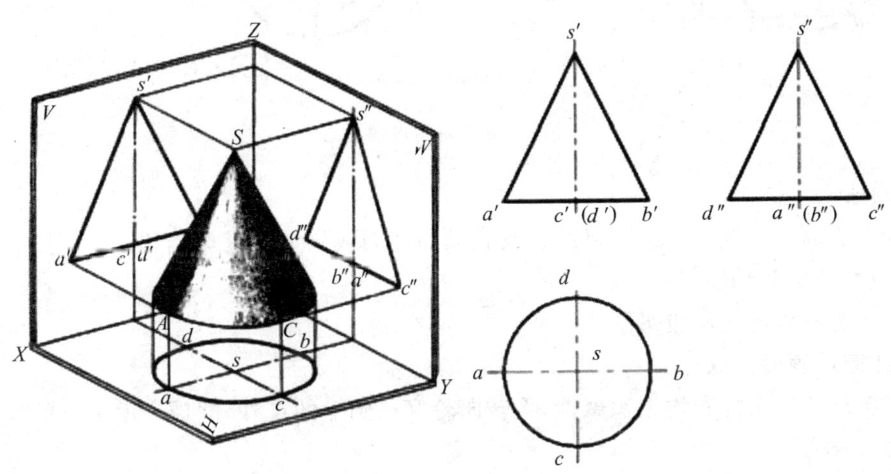

图 3-5　圆锥的投影

(1)投影分析和画法

圆锥的底圆平面为水平面,其水平投影为圆,且反映实形;其正面投影和侧面投影均积聚为直线段,长度等于底圆的直径。

(2)在圆锥表面取点

由于圆锥面的三面投影均无积聚性,因此在圆锥面上作一般点(即不在圆锥面转向轮廓线上的点)的投影时,必须先过点作辅助线——素线或纬圆,然后在辅助线的投影上作出点的投影。

例如,在图 3-6 中,已知点 M 的正面投影 m',求作其另两面投影 m、m''。

素线法:如图 3-6(a)所示,连接点 s'、m' 并延长,与圆锥底面的正面投影交于点 a',$s'a'$ 即为过点 M 所作的素线 SA 的正面投影,求出其水平投影 sa 和侧面投影 $s''a''$,即可根据直线上点的投影特性由 m' 求出 m 和 m''。

纬圆法:如图 3-6(b)所示,过点 M 在圆锥面上作垂直于轴线的纬圆,则点 M 的另两面投影必在纬圆的同面投影上。过 m' 作圆锥轴线的垂线,交圆锥左右轮廓于 a'、b',$a'b'$ 即辅助纬圆的正面投影,心以 s 为圆心,为直径,作辅助纬圆的水平投影。由 m' 求得 m,再由 m'、m 求得 m。

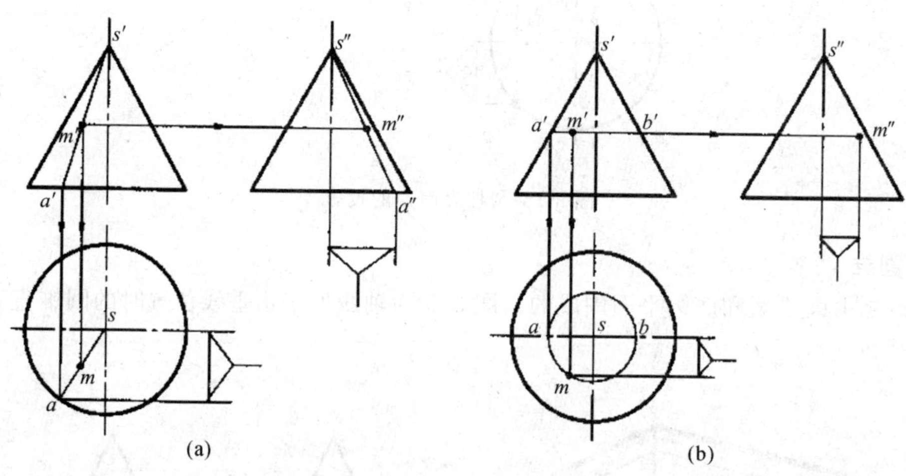

图 3-6 圆锥表面点的投影

3. 圆球

圆球的表面可看成由一条圆母线绕其直径回转而成。如常见球体如篮球、足球等。

(1)投影分析和画法

图 3-7 为圆球的三面投影图。

(2)在圆球表面上取点

由于圆球的三个投影均无积聚性,除转向轮廓线圆上的点外,圆球表面上点的投影都要用纬圆法来求取。

图 3-8(b)是过点作侧平面纬圆。当然,作正平面纬圆也可以,请读者自行分析。

3.1.3 基本体的尺寸标注

标注在图纸上的尺寸是加工的尺寸依据,因此要求图纸上的尺寸标注正确、齐全和

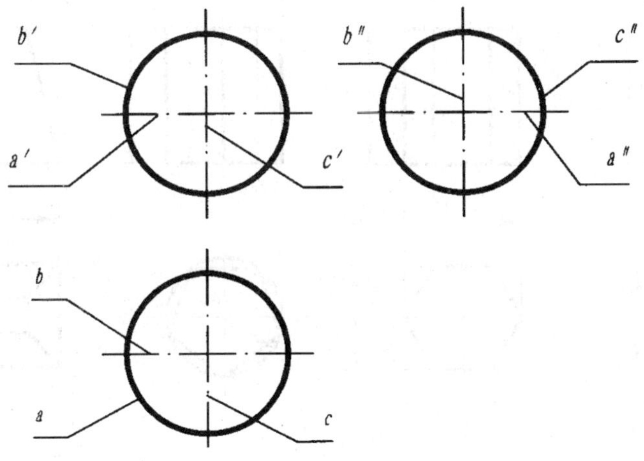

图 3-7　球的三面投影

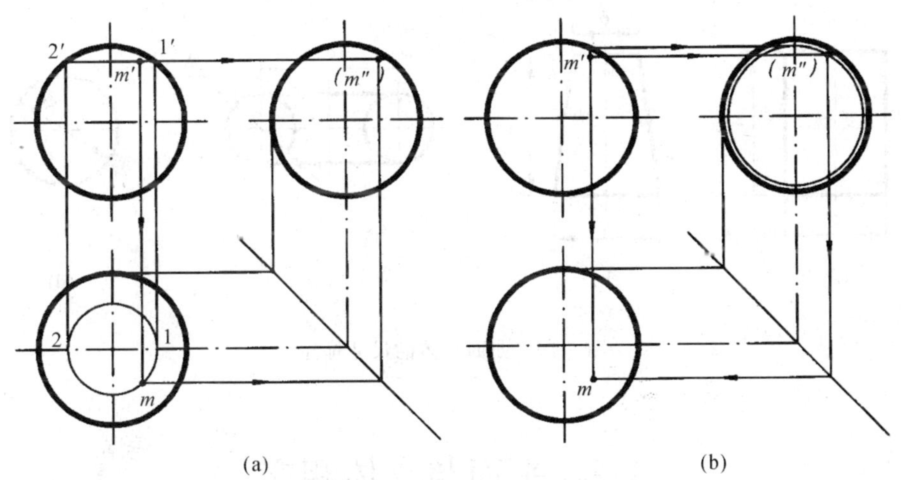

图 3-8　圆球表面点的投影

清晰。

基本体的大小通常由长、宽、高三个方向上的尺寸来确定。

1. 平面立体的尺寸标注

平面立体的尺寸应根据其具体形状进行标注。

正棱柱应标注底面尺寸和高度，如正三棱柱(图 3-9a)。对偶数边的正多边形底面，可标注对边尺寸，也可标注外接圆直径(图 3-9b)，对正五棱柱的底面，只需标注其外接圆直径(图 3-9(c))。

棱台的尺寸标注必须注出上、下底两个多边形尺寸和高度尺寸，如四棱台(图 3-9d)。

2. 曲面立体的尺寸标注

圆柱(或圆锥)应标注出高度和底圆直径(图 3-10(a))，圆台应标注高度、底圆直径和顶圆直径(图 3-10(b))，在标注直径尺寸时应在数字前加注“ϕ”。圆环要注出母线圆及中心圆直径尺寸(图 3-10(c))。圆球只需要标注直径即可，尺寸数字前应加字符“Sϕ”(图 3-10d)。

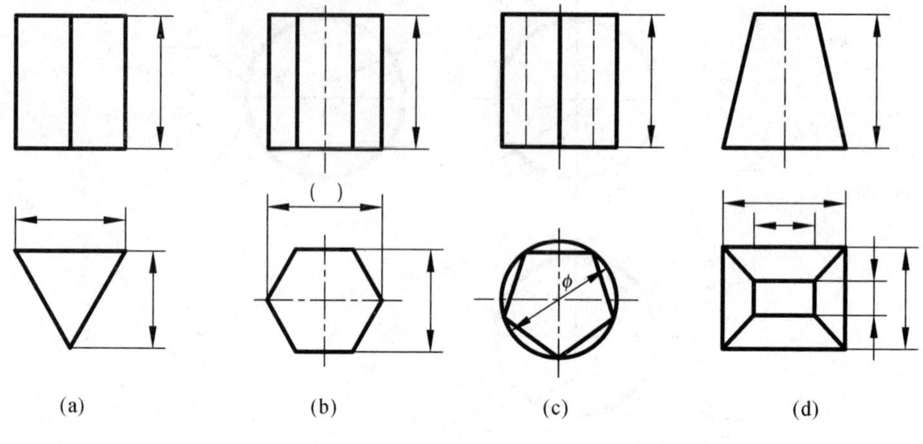

图 3-9　平面立体的尺寸标注

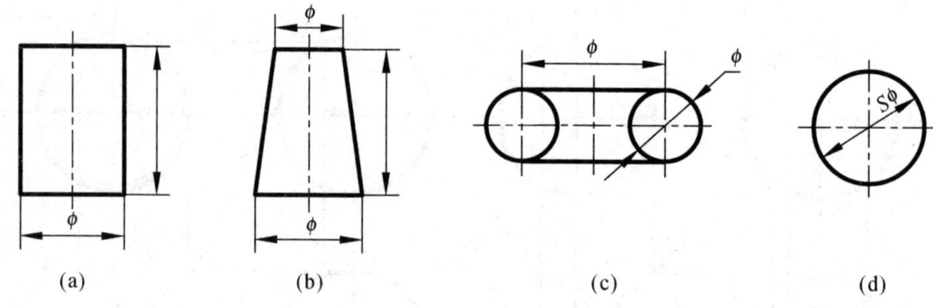

图 3-10　曲面立体的尺寸标注

3.2　平面与立体相交

平面与立体相交而产生的交线称为截交线。截交线是一个封闭的平面图形。

在机器零件上常有一些立体被一个或几个平面截去一部分的情况。平面截切立体称为截交。截交时，平面与立体表面的交线称为截交线，用来截切立体的平面称为截平面。研究平面与立体相交，其目的是求截交线的投影和截断面的实形。

3.2.1　截交线的一般性质

1. 共有性：截交线既在截平面上，又在立体表面上，因此截交线是截平面与立体表面的共有线，截交线上的点均为截平面与立体表面的共有点。

2. 封闭性：由于任何立体都有一定的范围，而又在截平面上，所以截交线一定是闭合平面图形，如图 3-11 所示。

3.2.2　截交线的作图方法和步骤

求截交线的问题，实质上就是求截平面与立体表面的全部共有点的集合。求共有点的一般方法有：(1)积聚性法；(2)辅助线法；(3)辅助面法。一般作图步骤为：(1)求截交线上的

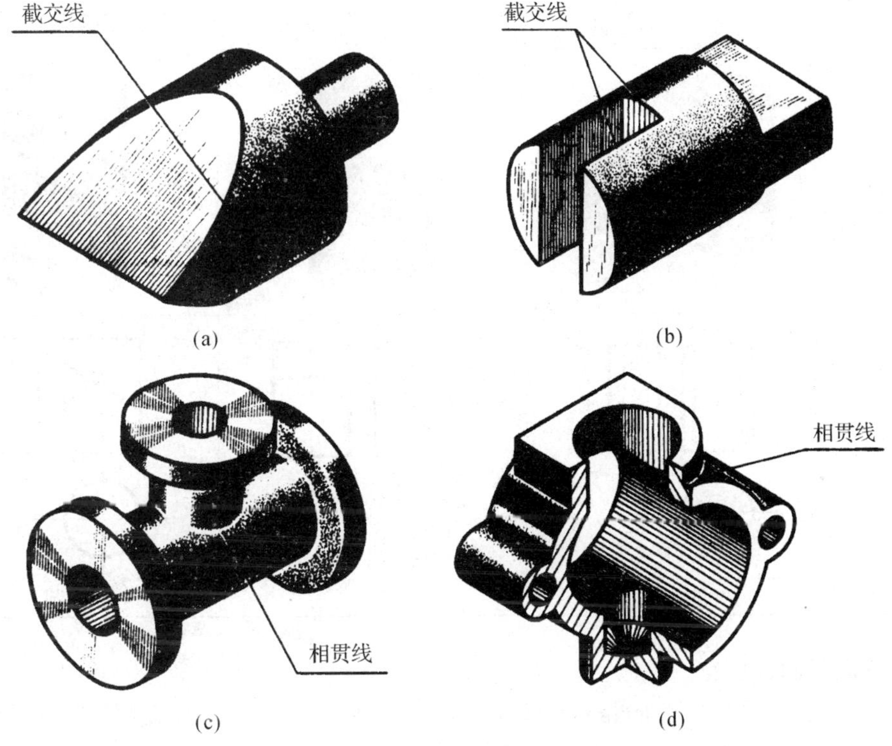

图 3-11 截交线与相贯线的实例

所有特殊点;(2)求出若干一般点,一般点的数量和位置由作图需要而定;(3)判别可见性;(4)顺次连接各点。

3.2.3 平面与平面体相交

平面与平面立体截交,则所得截交线围成的图形必为一封闭的平面多边形。

截交线投影有两种求法:一种是依次求出平面立体各棱面与截平面的交线投影;另一种则是求出平面立体上各棱线与截平面的交点的投影,然后依次相连。

3.2.4 平面与曲面立体相交

平面截切曲面立体,其截交线一般是封闭的平面曲线,特殊情况下也可以是平面曲线与直线的组合或平面多边形。

1. 平面与圆柱相交

根据截平面与圆柱轴线的相对位置不同,截平面与圆柱体相交的截交线可以有圆、椭圆和矩形三种基本情况,如表 3-1 所示。

表 3-1 圆柱体截交线

	截平面平行于轴线	截平面垂直于轴线	截平面倾斜于轴线
立体图	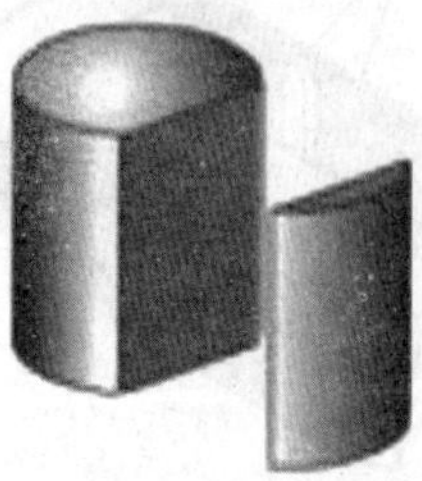	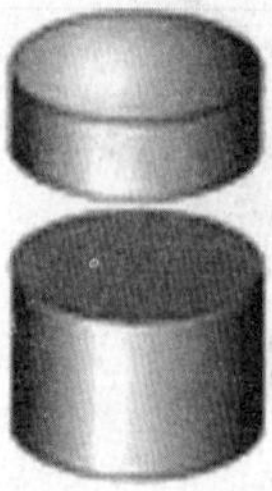	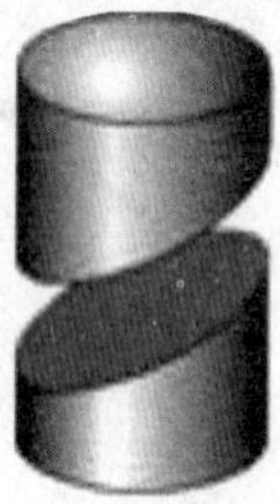
投影图	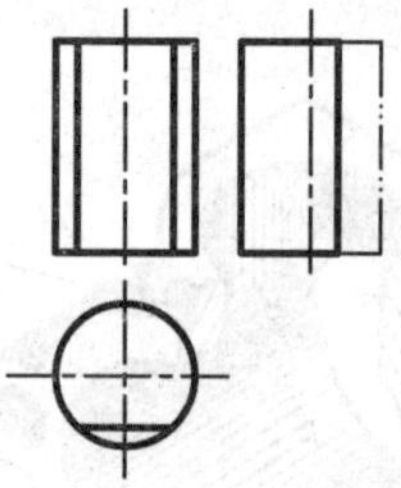	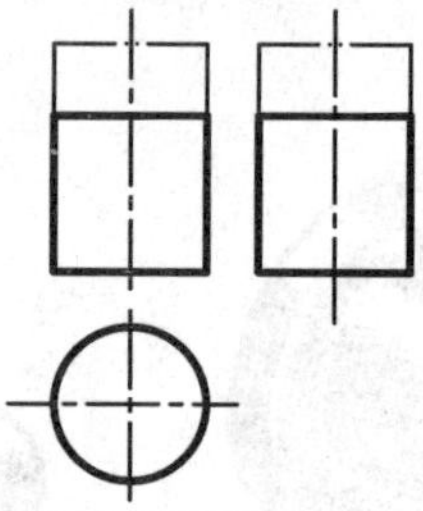	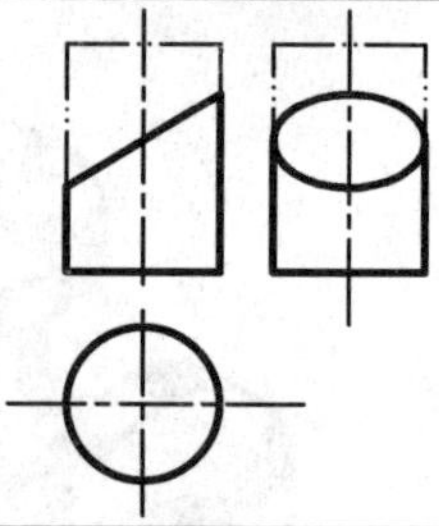
截交线形状	矩形	圆	椭圆

2. 平面与圆锥相交

由于截平面与圆锥轴线的相对位置不同，平面与圆锥的截交线有五种情况：圆、椭圆、抛物线、双曲线及过锥顶点的两相交直线，如表 3-2 所示。

表 3-2 圆锥的截交线

截平面的位置	与轴线垂直	过圆锥顶点	平行于任一素线	与轴线倾斜	与轴线平行
轴测图		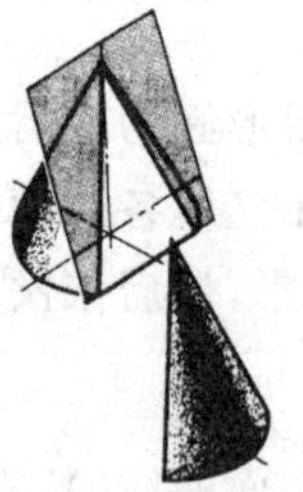		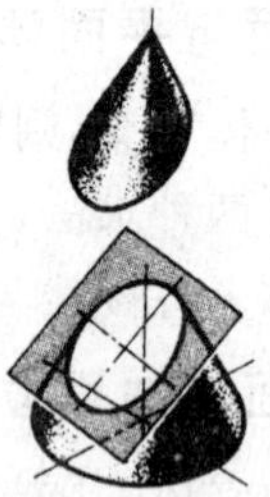	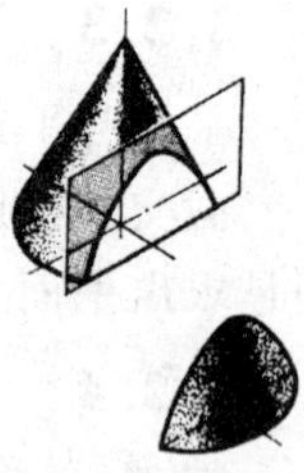
投影图	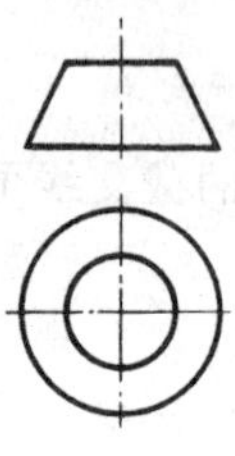	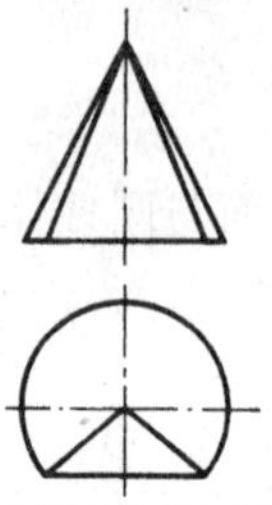	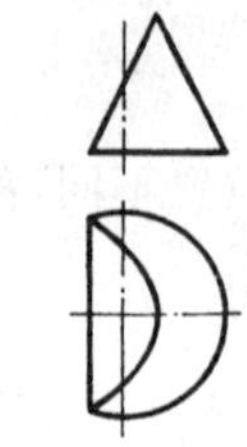	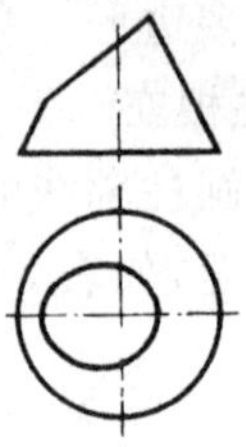	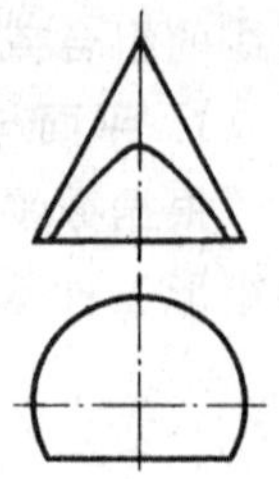
截交线的形状	圆	等腰三角形	封闭的抛物线①	椭圆	封闭的双曲线①

①"封闭"系指以直线（截平面与圆锥底面的交线）将在圆锥面上形成的抛物线、双曲线加以封闭，构成一个平图形。当截交线为椭圆弧时，也将出现相同的情况。

3. 平面截切圆球表面

平面截切圆球表面所得到的截交线均是圆，但由于截平面对投影面的位置不同，截交线的投影可能会是圆、椭圆或直线等不同情况。

图 3-12 中半圆球的表面被两个侧平面和一个水平面截切，从正面的积聚投影中可以看出截平面圆的半径，分别在水平投影和侧面投影中绘制出截面圆，然后在水平投影中保留中间部分，侧面投影保留上半部分即可。

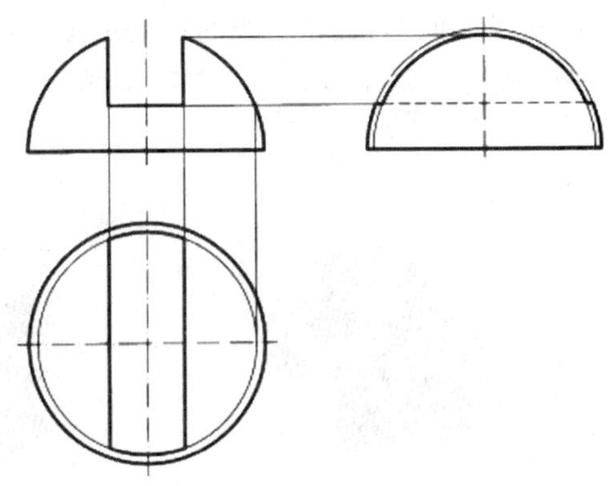

图 3-12　圆球体表面的截交线

3.3　立体与立体相交

两立体表面的交线称相贯线。两立体相交时，根据立体的几何形状可分为：

(1)两平面立体相交，如图 3-13(a)所示。

(2)平面立体与曲面立体相交，如图 3-13(b)所示。

(3)两回转体相交，如图 3-13(c)所示。

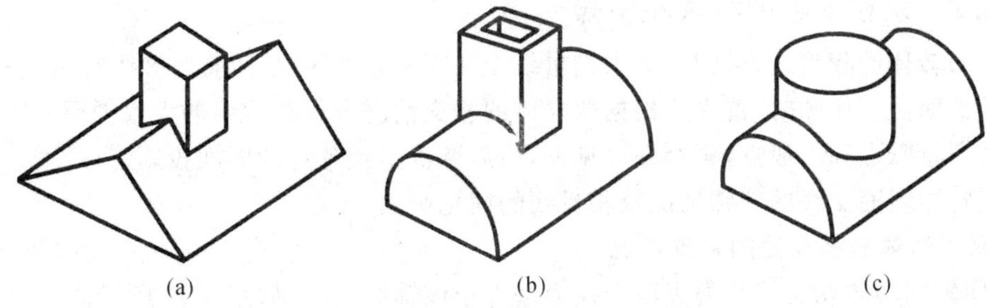

(a)　(b)　(c)

图 3-13　相贯线

从本质上讲，前 2 者的作图可归为两平面相交，直线与平面相交，平面与平面立体相交，平面与曲面立体相交问题，这些内容在前面章节中均已进行了讨论。因两回转体相交在机件上最为常见，本节主要介绍两回转体相交时相贯线的性质和求解问题。

3.3.1　相贯线的性质

由于组成相贯线的两回转体的形状、大小和相对位置不同，相贯线的形状也不相同，但任何相贯线均具有下列基本性质：

1. 共有性：相贯线是两立体表面的共有线，也是两立体表面的分界线。

2. 封闭性：由于立体占有一定的空间范围，因此两回转体相交表面形成的相贯线一般情况下是空间封闭的曲线。当两立体的表面处在同一平面上时，两表面在此平面部位上没有共有线，即相贯线是不封闭的。

3. 相贯线的形状：相贯线的形状决定于回转体的形状、大小及两回转体之间的相对位置。一般情况下是空间曲线，在特殊情况下可以是平面曲线或直线段组成。如图 3-14 所示。

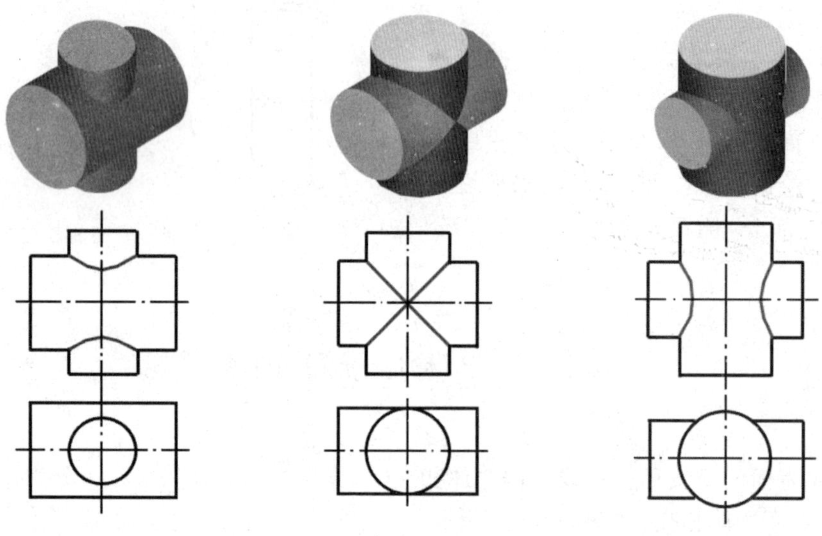

图 3-14 相贯线的形状

3.3.2 求相贯线的方法和步骤

求两回转体的相贯线，可归结为求相贯线上一系列的共有点。求相贯线常采用积聚性法和辅助平面法。作图时，首先应根据两立体的相交情况分析相贯线的大致伸展趋势，然后求出一系列特殊点和一般点，再判别可见性，最后顺次连接各点的同面投影。

两回转体表面交线的特殊情况及相贯线的简化画法

1. 两回转体表面交线的特殊情况

(1)同轴回转体相交　此类表面交线为垂直于该轴线的圆，如图 3-15 所示。

(2)两回转体轴线相交且具有公切于一球

两回转体轴线相交且具有公共内切球时，其表面交线为平面曲线。如图 3-16(a)所示，两等径圆柱相交时，在平行于两轴线的投影面上，相贯线投影为直线。如图 3-16(b)所示，圆柱与圆台有一个公切球时，主视图中相贯线的投影为直线。

2. 相贯线的简化画法

在工程上，经常遇到两圆柱正交的情况，为了简化作图，允许用圆弧代替非圆曲线，条件是必须两圆柱直径差别比较大。如图 3-17 所示，两圆柱轴线垂直相交，则两圆柱表面交线的正面投影以大圆柱的半径为半径画圆弧即可。

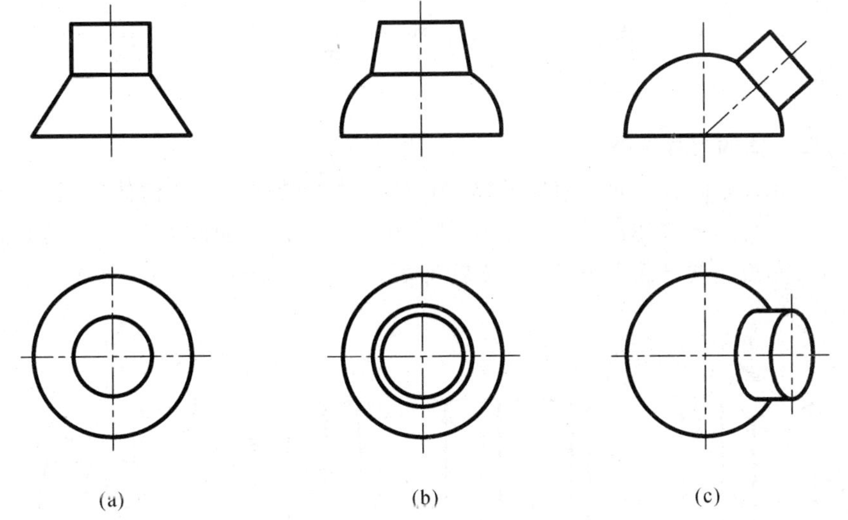

图 3-15 同轴回转体的表面交线

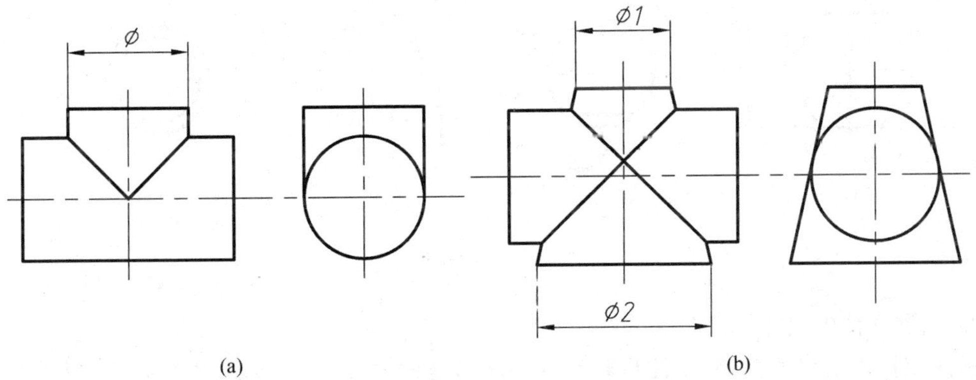

图 3-16 具有公切球的两回转体表面交线

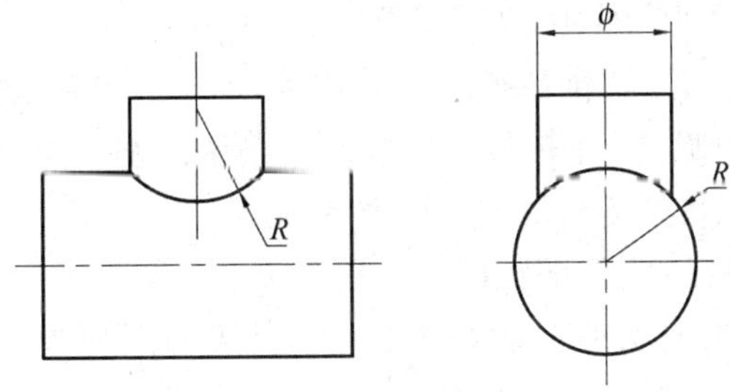

图 3-17 两圆柱正交时相贯线的简化画法

3.4 带切口及相贯立体的尺寸注法

1. 带切口立体的尺寸注法

如图 3-18 所示为带切口的几何体的尺寸标注方法。带切口的几何体的尺寸标注，除了注出基本体的尺寸外，还应注出截平面的位置尺寸。由于截平面与几何体的相对而言位置确定之后，切口的截交线已完全确定，因此就不要再注出截交线的尺寸，如图中打“X”的为多余的尺寸。

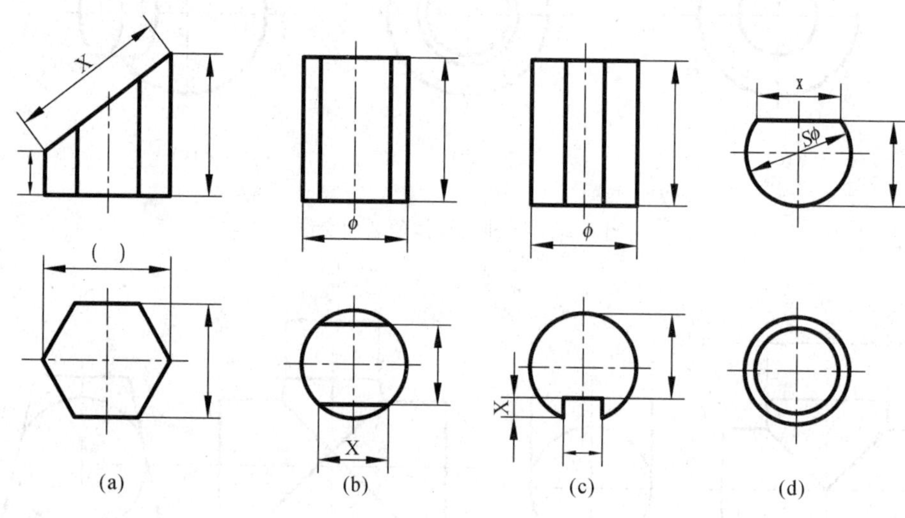

图 3-18 带切口的立体尺寸标注

2. 相贯立体的尺寸标注

标注相贯体的尺寸时，除了注出相交的基本形体的尺寸外，还要注出相交两基本形体的相对位置尺寸。当相交两基本形体的形状、大小和相对位置确定后，相贯线的形状、大小和位置已自然确定，因此相贯线上不需标注尺寸，如图 3-19 中有“X”的尺寸不应注出。

学习项目 带切口及相贯立体三视图绘制

任务 1：如图 3-20 所示，三棱锥被正垂面 P 切割，求作切割后三棱锥的三视图。

三棱锥被正垂面 P 切割，平面 P 与三棱锥的三条棱线都相交，所以截交线构成一个三角形，三角形的顶点 D、E、F 是各棱线与平面 P 的交点。

分析：如图 3-21(a)所示，交线的正面投影积聚在 p' 上，d'、e'、f' 分别是各棱线的正面投影与 p' 的交点。利用直线上点的投影特性，可由交线的正面投影作出水平投影和侧面投影。

作图步骤：(1)作出三棱锥的三视图以及 p' 的位置。由 $s'a'$ 和 $s'c'$ 与 p' 的交点 d' 和 f'，分别在 sa、sc 和 $s''a''$、$s''c''$ 上直接作出 d、f 和 d''、f''(图 3-21(a))。

(2)由于 SB 是侧平线，必须由 $s'b'$ 与 p' 的交点 e' 在 $s''b''$ 上作出 e''，再由 45°线或利用宽相等的投影关系在 sb 上作出 e(图 3-21(b))。

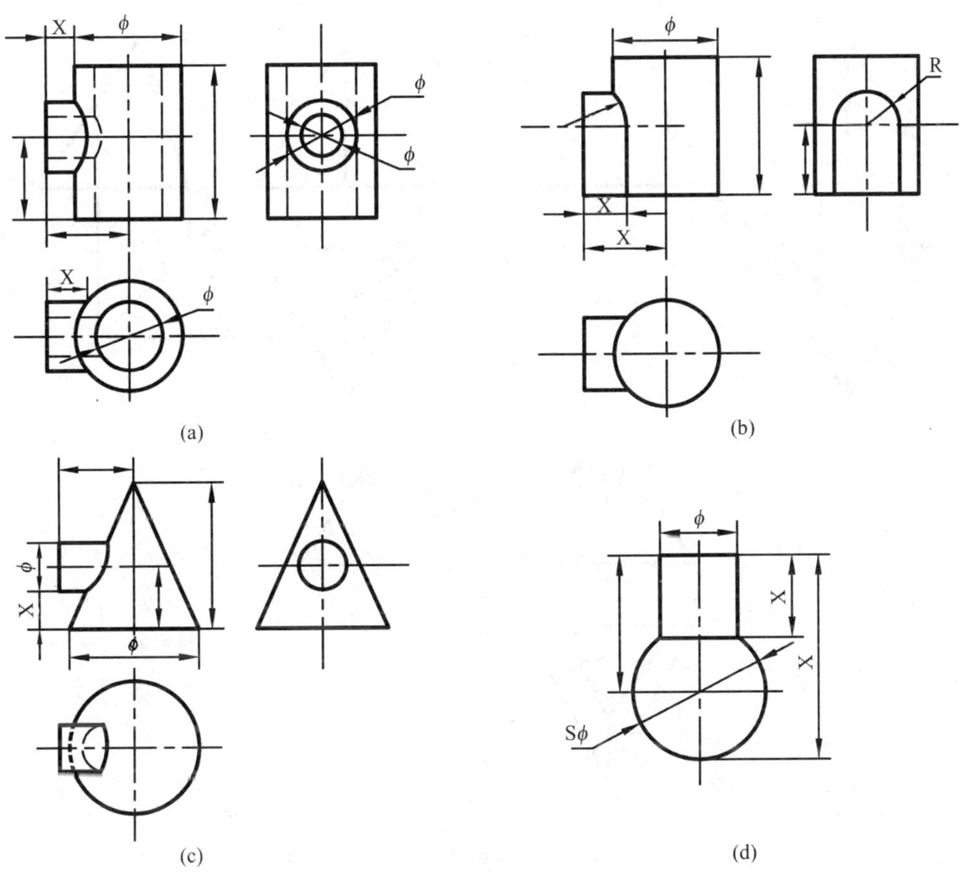

图 3-19 相贯立体的尺寸标注

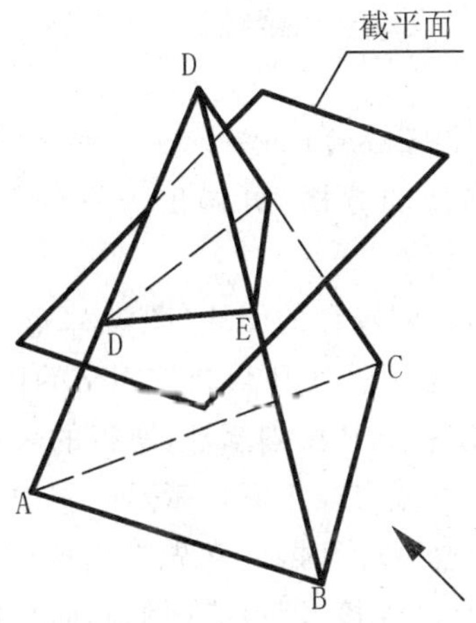

图 3-20 平面与平面体相交

(3)连接各点的同面投影即为所求交线的三面投影，擦去作图线，将切割后三棱锥的图描深(图 3-21(c))。

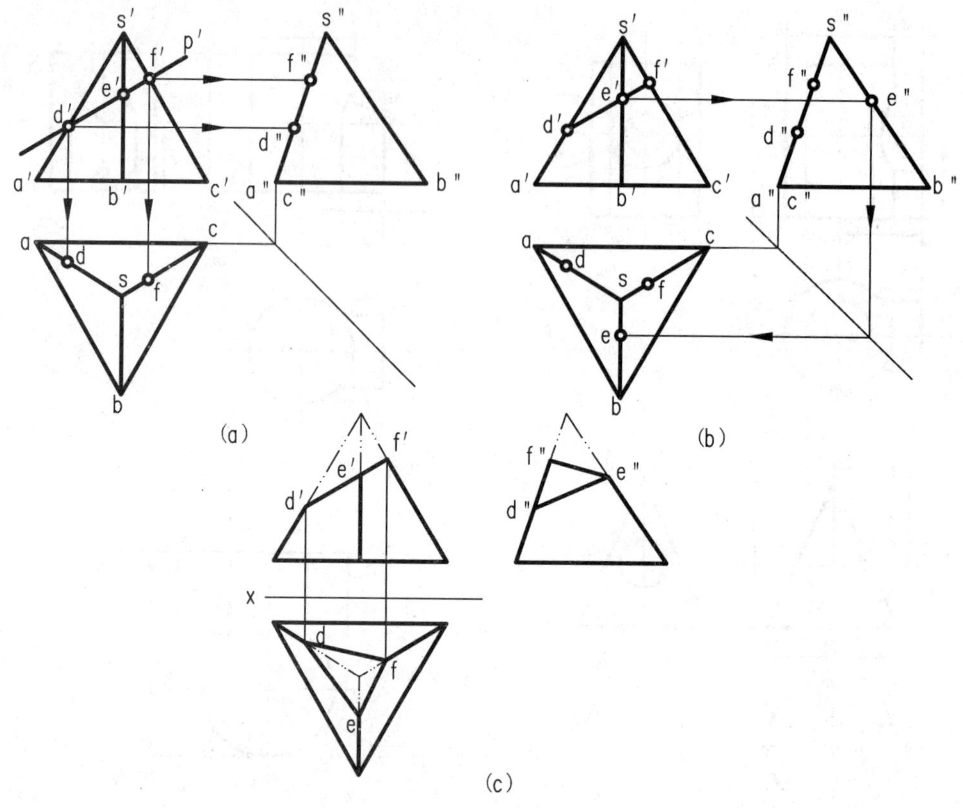

图 3-21　正垂面切割三棱锥的交线的作图步骤

任务 2:如图 3-22 所示为带方槽的四棱台,绘制其三视图。

分析:四棱台上部的方槽由两个侧平面和一个水平面切割而成,两侧平面的正面和水平面有积聚性,水平面的正面和侧面投影有积聚性。

作图步骤:

(1)画出四棱台的三视图(图 3-22(a))。

(2)在主视图上画出有积聚性的方槽,再作出方槽的侧面投影和水平投影(图 3-22(b))。

(3)擦去作图线,描深带方槽的四棱台的图线(图 3-22(c))。

任务 3:如图 3-23 所示,求正垂截平面 P 与圆柱相交的截交线。

分析:如图 3-23 所示,正垂截平面 P 截割圆柱,所得的表面交线是椭圆。因为截平面是正垂面,圆柱轴线又是铅垂线,所以截交线正面投影是一斜线,水平投影与圆重合,侧面投影是椭圆,但不反映实形。求椭圆侧面投影时,通常先求出椭圆上的若干特殊点,然后再根据需要求出若干一般点,最后顺次光滑连接,即得椭圆的侧面投影。

作图步骤:

(1)求特殊点:由图 3-23 可知,椭圆的长轴和短轴的端点是特殊点。长轴两端点Ⅰ、Ⅴ,是截交线上最低点和最高点,也是圆柱体表面上最左和最右素线与截平面 P 的交点。短轴两端点Ⅲ、Ⅶ,是截交线上最前点和最后点,也是圆柱体表面上最前和最后素线与截平面的

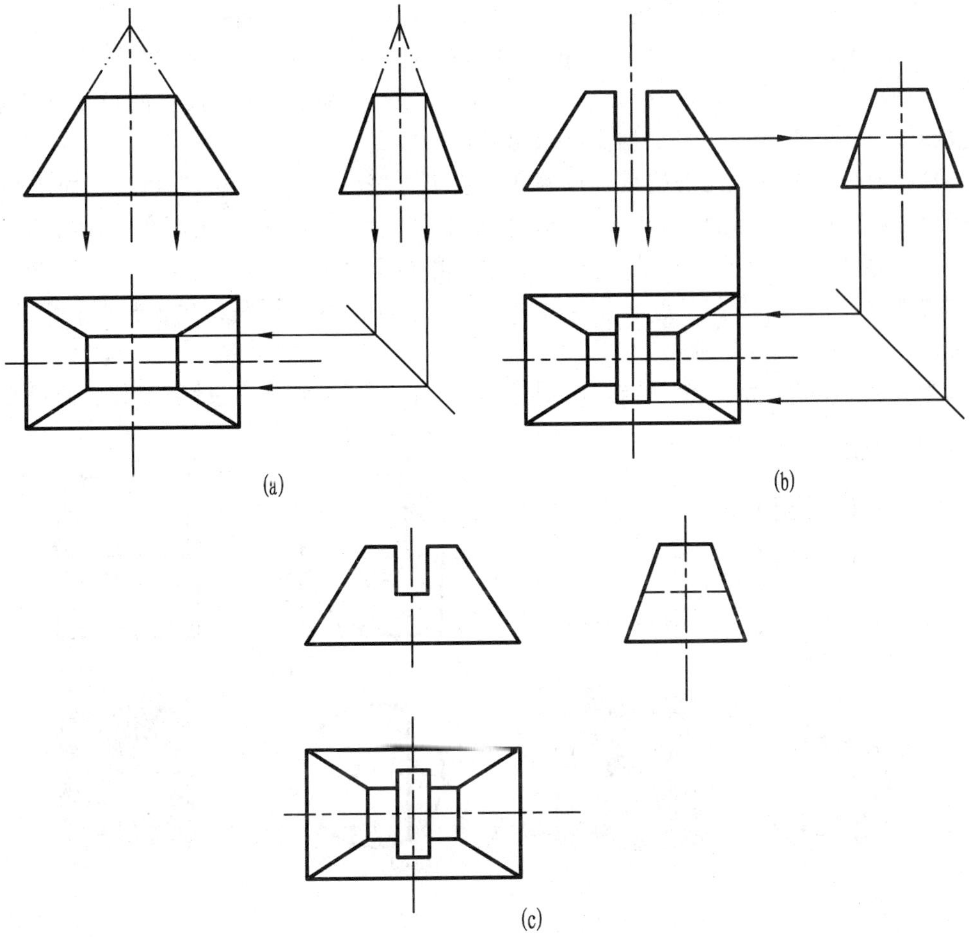

(a) (b)

(c)

图 3-22　带方槽的四棱台三视图的作图步骤

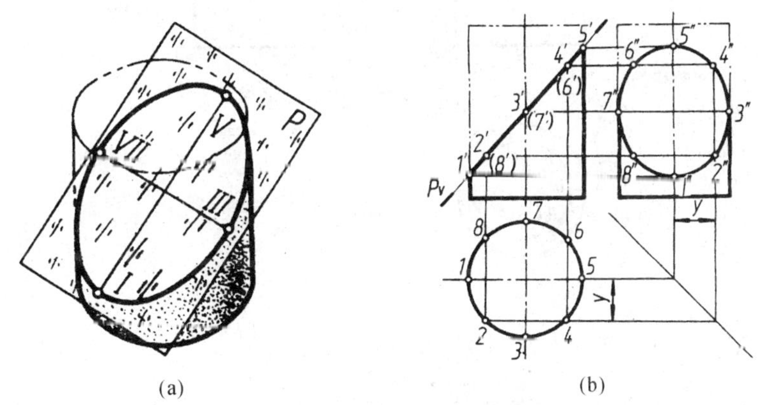

(a) (b)

图 3-23　正垂截平面与圆柱相交

交点。按点属于圆柱面的性质，利用积聚性可以直接找出点Ⅰ、Ⅴ、Ⅲ、Ⅶ的正面投影1′、5′、3′和(7′)及水平投影1、5、3和7，然后根据点的投影规律求出其侧面投影1″、5″、3″和7″。

(2)求一般点：可先在水平投影(或正面投影)上标出一般点2、8、4和6(2′、8′、4′和6′)，利用积聚性求出正面投影(水平投影)2′、8′、4′和6′(2、8、4和6)，然后按点的投影规律求出侧面投影2″、(8″)、4″和(6″)，可根据需要求出其他一般点。

(3)判别可见性，依次光滑连接各点的侧面投影1″、2″、3″、4″、5″、6″、7″和8″得所求椭圆。还应指出，本例椭圆的侧面投影随截平面P与水平面夹角α的大小变化而变化，因ⅢⅦ是正垂线，3″7″长度不变，恒等于圆的直径。当α>45°时，3″7″<1″5″，侧面投影1″5″是长轴，3″7″是短轴的椭圆；当α<45°时，3″7″>1″5″，侧面投影3″7″是长轴，1″5″是短轴的椭圆；当α=45°时，3″7″=1″5″，侧面投影为圆。

任务4：如图3-24所示，已知被切割圆柱套筒的正面投影和水平投影，求其侧面投影。

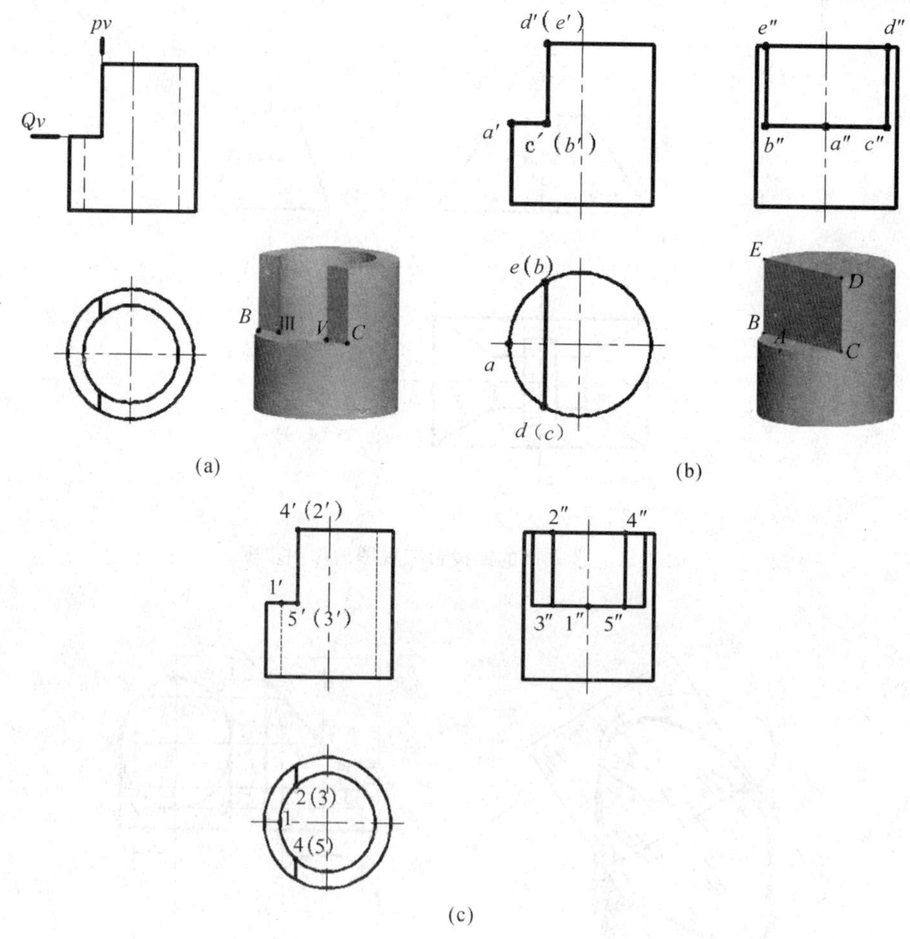

图3-24 圆柱套筒截交线

分析：圆柱套筒是由水平面Q和侧平面P截切而形成的。水平截平面Q与圆柱轴线垂直，截平面Q与圆柱内、外表面的交线为圆弧。截平面P与圆柱轴线平行，截平面P与圆柱内、外表面的交线为直线段。截平面Q、P相交的交线为CⅤ、ⅢB。因为截平面Q正面投

影和侧面投影均具有积聚性，而截平面 P 正面投影和水平投影也均具有积聚性，故本例中截交线均可用积聚性法求出。

作图步骤：

(1)求圆柱外表面的截交线，如图 3-24(b)所示。截平面 Q 与圆柱外表面的截交线是圆弧 CAB，截平面 P 与圆柱的外表面截交线是直线段 DC、EB，与顶面的截交线是直线段 DE，截平面 Q 与截平面 P 的交线为 CB。根据圆弧 CAB 正面投影 $c'a'(b')$ 和水平投影圆弧 $(c)a(b)$，可按投影规律求出其侧面投影 $c''a''b''$，是一直线段。同理也根据直线段 DC、EB 与 DE 的正面投影 $d'c'$、$(e')(b')$、$d'(e')$ 和水平投影 $d(c)$、$e(b)$、de，求出其侧面投影 $d''c''$、$e''b''$、$d''e''$。

(2)内表面的截交线，如图 3-24(c)。利用上述的方法可求出截平面 Q 与圆柱内表面的截交线ⅤⅠⅢ及截平面 P 与圆柱内表面的截交线ⅣⅤ、ⅡⅢ的侧面投影 $5''1''3''$ 和 $4''5''$、$2''3''$。

(3)检查、整理、描深，完成全图。

任务 5：如图 3-25 所示，已知圆柱的正面和侧面投影，求其水平投影。

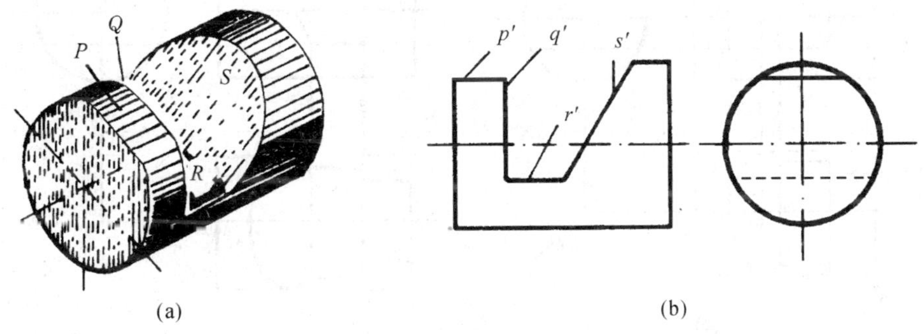

图 3-25　带缺口圆柱体

分析：由图 3-25 可知，圆柱由截平面 P、Q、R、S 切割而形成，其中 P、R 为水平面，其截交线是两条平行于轴线的直线段；截平面 Q 为侧平面，其截交线为前后两段圆弧；截平面 S 为正垂面，其截交线为椭圆的一部分。而截平面 P 和 Q、Q 和 R 及 R 和 S 的交线均为正垂线。

作图步骤：

(1)如图 3-25 所示，因截平面 P 与圆柱表面的截交线及圆柱左端面的交线均为投影面的垂直线，由截交线的正面投影和侧面投影，按投影规律可求出其水平投影，如图 3-26(a)，

(2)由截平面 Q 与圆柱表面截交线(两段圆弧)的正面投影和侧面投影，按投影规律可求出截交线水平投影，如图 3-26(b)。

(3)由截平面 R 与圆柱表面的截交线的正面投影和侧面投影，同理可求出截交线的水平投影，如图 3-26(b)。

(4)由截平面 S 与圆柱表面的截交线(椭圆一部分)的正面投影和侧面投影，用描点法可求出椭圆的水平投影。如图 3-26(c)。

(5)检查、整理、描深、完成全图，如图 3-26(d)。这里要特别注意两点：一是截平面 P、Q、R、S 之间的交线别漏画；二是水平投影的转向轮廓线在 Q 面和 S 面范围内的一段已被切去，不能画出。

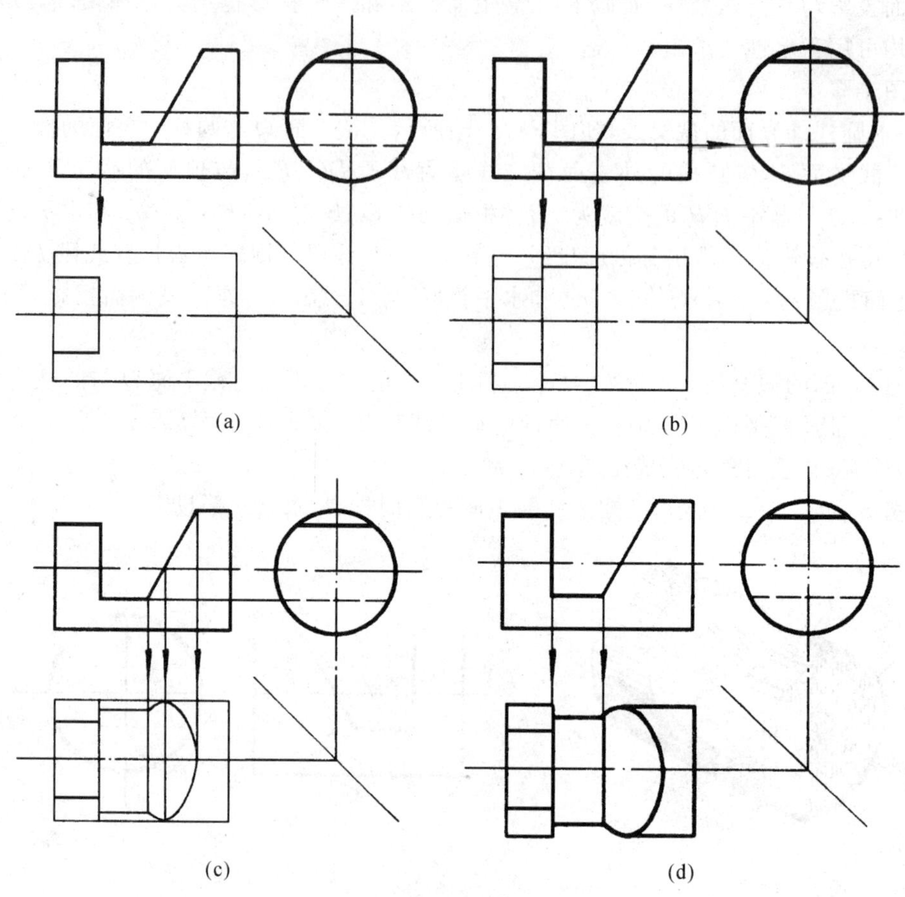

图 3-26　画带缺口圆柱体

任务 6:如图 3-27 所示,求圆锥被正垂面 P 截切后的投影。

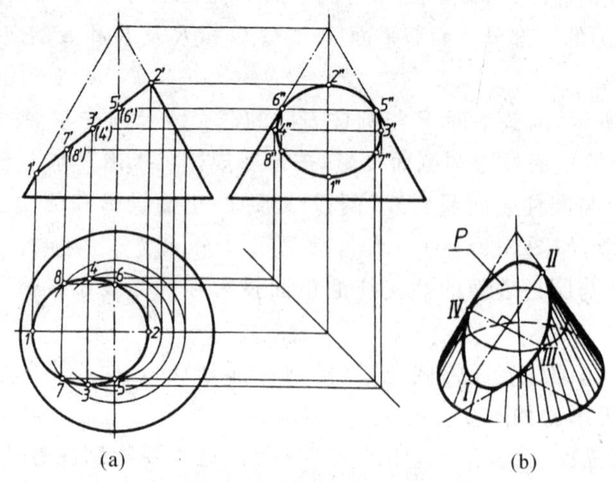

图 3-27　正垂面与圆锥相交

分析：由于圆锥轴线为铅垂线，截平面为正垂面且倾斜于圆锥轴线，圆锥素线与圆锥轴线的夹角小于截平面与圆锥轴线的夹角，故截交线为一椭圆。截交线的正面投影积聚成为一斜直线段，其水平投影和侧面投影均为椭圆，均不反映实形。椭圆的长轴两端点Ⅰ Ⅱ就是圆锥的最左和最右素线与截平面的交点，即截交线最低点和最高点，如图 3-27 所示，其正面投影为 1′和 2′。椭圆的短轴两端点Ⅲ Ⅳ就是截交线的最前和最后点，它们的正面投影 3′、(4′)为 1′2′的中点，Ⅲ Ⅳ连线为正垂线。截交线水平投影和侧面投影可用辅助线法或辅助圆法作图。

作图步骤：

(1)求特殊点：由点正面投影标出圆锥最左和最右的素线与截平面 P 的交点 1′、2′，按点从属于线的原理可求出其水平投影 1、2 和侧面投影 1″、2″。1′、2′，1、2 以及 1″、2″即为空间椭圆长轴两端点三面投影。在 1′2′中点处标出 3′、(4′)，根据圆锥表面取点方法作辅助水平圆，作出该辅助圆的水平投影，按点从属性原理及点的投影规律，可求出Ⅲ、Ⅳ两点的水平投影 3、4，由正面投影 3′(4′)和水平投影 3、4，可求出其侧面投影 3″、4″。3′(4′)，3、4、以及 3″、4″即为空间椭圆短轴两端点的三面投影。V、VI 两点是圆锥最前和最后的素线与截平面 P 的交点，它的正面投影可直接求出，如图 3-25 所示的 5′、(6′)，其侧面投影 5″、6″和水平投影 5、6 可按点的从属性原理求出。

(2)求一般点：为了准确地画出截交线，在下半椭圆上取Ⅶ、Ⅷ两点，其正面投影重影，即 7′、(8′)。利用辅助圆法，求出Ⅶ、Ⅷ两点水平投影 7、8 和侧面投影 7″、8″。

(3)判别可见性，并依次光滑连接各点。截平面 P 上面部分圆锥体被切掉，截平面右高左低，所求截交线水平投影和侧面投影均可见。

(4)检查、整理、描深，侧面投影轮廓线只画到 5″、6″。

任务 7：如图 3-28(a)所示，求作切口圆锥的水平投影和侧面投影。

分析：由于圆锥轴线为铅垂线，截平面 T 和 N 为侧平面，故截交线为双曲线。截交线的水平投影和正面投影均积聚为两条垂直方向直线段，侧面投影是双曲线，且反映实形。截平面 D 为水平面，截交线的正面投影和侧面投影均积聚为水平方向的直线段，水平投影为圆的一部分。本例除双曲线的侧面投影以外，其他投影都是直线段和圆弧，可以直接画出。双曲线的侧面投影，可采用辅助线法或辅助圆法作出。

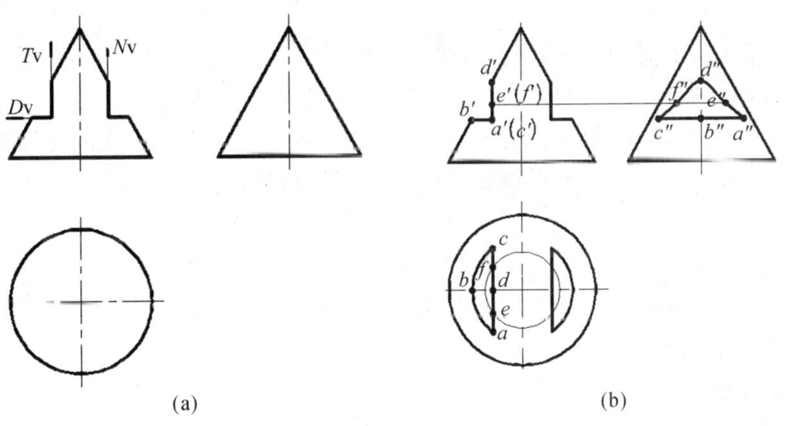

图 3-28　圆锥缺口的求法

作图步骤：

(1)先作双曲线的投影

① 求特殊点：如图 3-26(b)所示，在正面投影上标出双曲线的最高点 d'，最前点 a'及最后点(c')。利用辅助圆法可求 A、C 两点的水平投影 a、c，连接 ca 即得双曲线的水平投影，再利用高平齐、宽相等的投影规律可求出 A、C 两点的侧面投影 a''、c''。点 D 在圆锥最左的素线上，按点从属于线的原理可求出点 D 的侧面投影 d''和水平投影 d，d 点必在 c、a 两点的连线上。

②求一般点：先在正面投影上标出一般点 e'、(f')，利用辅助圆法求出 E、F 两点的水平投影 e、f，再利用投影规律求出点 E、F 的侧面投影 e''、f''。

③判别可见性后，用光滑曲线把 a''、e''、d''、f''、c''连接起来，即得双曲线的侧面投影。

(2)画上截平面 D 与圆锥截交线(两段圆弧)的水平和侧面投影。

(3)因截平面 T 和 N 左右对称，故截交线侧面投影重合。

任务 8：如图 3-29 所示为一拉杆接头，画出它的投影图。

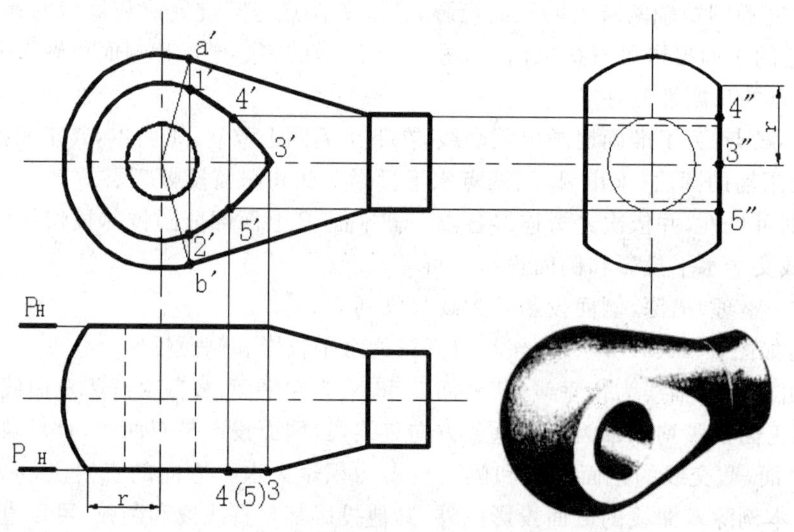

图 3-29　拉杆接头

分析：拉杆接头由同轴线的圆柱，圆锥台和圆球三部分构成，其中左段是圆球，中段是圆锥台，右段是圆柱，圆球和圆锥台之间光滑连接，在相切处不画交线。截平面 P 为正平面，它与右段圆柱不相交，与中段圆锥台的截交线为双曲线，与左段圆球的截交线为圆。由于截平面为正平面，所以截交线的水平投影和侧面投影均积聚成直线段，截交线的正面投影反映实形。

作图步骤：

(1)求圆球和圆锥的分界线线。分界线的位置可用几何作图方法求出。在正面投影上作球心与圆锥正面投影转向轮廓线的垂线，其垂足为 a'、b'，a'、b'两点连线就是圆锥和圆球分界线的正面投影。

(2)作截平面 P 与左边圆球的截交线的投影。截平面 P 与圆球的截交线是圆，且正面投影反映实形。该圆的半径可由水平投影或侧面投影找出，其大小等于 r，圆弧只画到分界

线 $a'b'$ 为止。其水平投影和侧面投影均积聚成一直线段。

(3)作截平面 P 与中段圆锥台的截交线的投影。因截平面 P 与圆锥台的截交线是双曲线,利用双曲线的作图方法和步骤,先求特殊点正面投影 $1'$、$2'$、$3'$ 及一般点 $4'$、$5'$,然后用光滑曲线顺次连接。

(4)检查、整理、描深,即完成作图。

任务 9:如图 3-30 所示,求作轴线正交的两圆柱表面的相贯线。

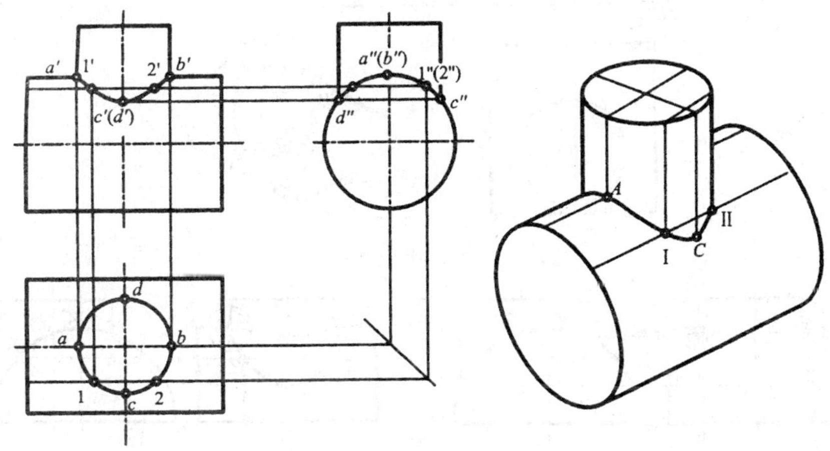

图 3-30　圆柱与圆柱正交

分析:两圆柱轴线垂直相交,相贯线为前后、左右都对称的封闭空间曲线。其相贯线的水平投影与轴线为铅垂线的圆柱体柱面水平投影的圆重合,侧面投影与轴线为侧垂线的圆柱体柱面侧面投影的一段圆弧重合。因此,相贯线的水平投影和侧面均已知,只需求正面投影,可利用积聚性法求得。

作图步骤:

(1)求特殊点:特殊点决定相交线的投影范围。A、B 两点是相贯线的最左、最右点,也是相贯线空间位置的最高点,其正面投影为铅垂圆柱最左、最右素线与水平圆柱最上素线的交点 a' 和 b'。C、D 两点是相贯线的最前、最后点,也是相贯线空间位置的最低点,其水平投影为铅垂圆柱体柱面的水平投影的圆与垂直中心线的交点 c、d,侧面投影为铅垂圆柱体柱面的最前和最后素线的侧面投影与侧垂圆柱体柱面的侧面投影圆的交点 c''、d'',正面投影 c' (d') 可由投影规律求得。

(2)求一般点:一般点决定相贯线的伸展趋势。在侧面投影圆上的适当位置取一点 $1''$,该点为相贯线上点 Ⅰ 的侧面投影,根据宽相等在相贯线的水平投影圆上,求出点 Ⅰ 的水平投影 1,然后根据点的投影规律求出点 Ⅰ 的正面投影 $1'$。同理可作出 $2'$。

(3)判别可见性:由于相贯线前后对称,正面投影可见部分与不可见部分重合,故画出可见部分即可。相贯线水平投影和侧面投影均积聚在圆上。

(4)用光滑的曲线顺次连接各点。

任务 10:如图 3-31 所示,求轴线交叉垂直的两圆柱表面的相贯线。

分析:两圆柱轴线交叉垂直,分别垂直于水平投影面和侧面投影面,相贯线是一条左右对称但前后不对称的空间曲线。根据两圆柱轴线的位置,大圆柱的侧面投影和小圆柱的水平投影均具有积聚性。因此，相贯线的水平投影与小圆柱的水平投影重合，是一个圆；相贯线的侧面投影与大圆柱的侧面投影重合，是一段圆弧。因此，本例只需求出相贯线的正面投影，可利用积聚性(或辅助平面法)求解。

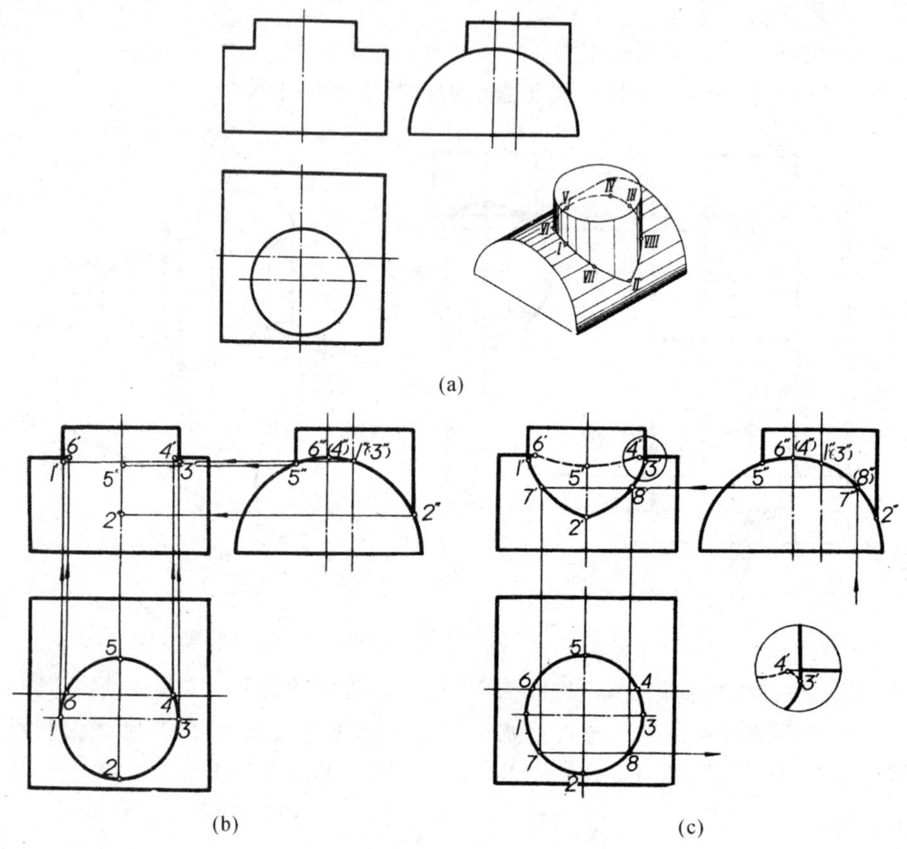

图 3-31　两圆柱偏交时相贯线的画法

作图步骤：

(1)求特殊点：小圆柱的最左、最右素线与大圆柱表面的交点为Ⅰ、Ⅲ，是相贯线的最左、最右点，其水平投影为小圆柱的水平投影的圆与横向中心线的交点 1、3，侧面投影为大圆柱的侧面投影的圆弧与小圆柱垂直中心线的交点 1″(3″)。小圆柱的最前、最后素线与大圆柱的交点为Ⅱ、Ⅴ，是相贯线最前、最后点，其水平投影为小圆柱的水平投影的圆与垂直中心线的交点 2、5，侧面投影为小圆柱的最前、最后素线的侧面投影与大圆柱侧面投影圆的交点 2″、5″。大圆柱最上的素线与小圆柱表面的交点为Ⅳ、Ⅵ，是相贯线的最高点，其水平投影为小圆柱的水平投影的圆与大圆柱轴线水平投影的交点 4、6，侧面投影为大圆柱侧面投影圆弧的最高点(4″)、6″。已知点的水平投影 1、2、3、4、5、6 和侧面投影 1″、2″、3″、4″、5″、6″，根据点投影规律，可求出正面投影 1′、2′、3′、4′、5′、6′。如图 3-31(b)。

(2)求一般点：根据需要，求出适当数量的一般点。如图 3-31(c)中Ⅶ、Ⅷ，其侧面投影 7″(8)″，按“宽相等”求得水平投影 7、8。由 7、8 和 7″、8″求出 7′、8′。

(3)判别可见性：判别相贯线可见性的方法为，当相贯两立体表面在某投影面上的投影

均可见，则处于该部分表面的相贯线在该投影面上是可见的，若两立体表面之一不可见或两立体表面均不可见，则相贯线也不可见。因此，在小圆柱前半个圆柱面与大圆面的交线是可见的，则正面投影1、3为相贯线正面投影可见与不可见的分界点，1′-7′-2′-8′-3′部分可见，连线时用粗实线，而曲线段1′-6′-5′-4′-3′不可见，连线时用虚线。

（4）依次光滑连接各点。

（5）整理轮廓线：将两圆柱看成一个整体，大圆柱最上素线画至（4′）及（6′）处，被小圆柱遮住部分应画成虚；小圆柱最左和最右素线应画至1′及3′处（如放大图）。

任务11：如图3-32所示，求圆柱和圆锥台正交的相贯线。

分析：如图3-32(a)所示。圆锥台的轴线为铅垂线，圆柱的轴线为侧垂线，两轴线正交且都平行于正面，所以相贯线前后对称，其正面投影重合。选择水平面Q作辅助平面，它与圆柱面的截交线是与圆柱轴线平行的两条直线，与圆锥面的截交线是一平行于水平面的圆，两直线和圆的交点Ⅴ、Ⅵ即为相贯线上点。

作图步骤：

（1）求特殊点：如图3-32(b)所示，由于圆柱侧面投影有积聚性，所以相贯线的侧面投影是圆。从相贯线的侧面投影可以看出1″、2″、3″、

4″是相贯线上最高、最低、最前、最后点在侧面上的投影。点Ⅰ、Ⅱ在正面上的投影为圆锥最左素线与圆柱最上和最下的素线的交点1′和2′，水平投影在圆柱轴线上，可由点的投影规律求得1、2。点Ⅲ、Ⅳ的水平投影可过圆柱轴线作水平面P求出，首先画Pv和Pw，再求出P与圆锥台面的截交线圆的水平投影，并画出P与圆柱面的截交线（两条直线）的水平投影，则得圆和两条直线的交点3、4。由3、4和3″、4″可求得正面投影3′、（4′）。

（2）求一般点：如图3-32(c)所示，5″、6″、7″、8″是相贯线上点Ⅴ、Ⅵ、Ⅶ、Ⅷ的侧面投影。点Ⅴ、Ⅵ的水平投影5、6可作辅助平面Q求得，（Q与圆柱和圆锥台的截交线在水平投影上的交点），由5、6和5″、6″可求得5′、（6′）。同理，再作一水平辅助平面R，可求出（7）、（8）及7′、（8′）点。

（3）判别可见性：在正面投影中，由于相贯线前、后对称，故相贯线的前、后两部分重合。在水平投影中，在下半个圆柱面上的相贯线是不可见的，3、4两点是相贯线水平投影的可见与不可见的分界点。

（4）将各点的同面投影连成光滑的曲线。正面投影1′-5′-3′-7′-2′用粗实连接；水平投影连线时，以3、4为界，3-5-1-6-4用粗实线光滑连接，4-8-2-7-3用虚线光滑连接。如图3-38(d)所示。

（5）检查、整理、描深。如图3-32(e)所示。

任务12：如图3-33所示，求圆柱与半圆球的相贯线。

分析：如图3-33所示，圆柱全部穿入球体，圆柱轴线是一条侧垂线，但不通过球心，且它们有公共的前后对称面，所以相贯线是一条前后对称的空间曲线，其正面投影为抛物线，侧面投影积聚于圆柱侧面投影圆上，水平投影为四次曲线，由于圆球表面投影没有积聚性，所以，必须用辅助平面法求相贯线。

作图步骤：

（1）求特殊点：如图3-33所示，由于圆柱侧面投影有积聚性，所以相贯线侧面投影是圆。从相贯线的侧面投影可以看出，1″、4″、3″、5″是相贯线上最高、最低、最前、最后点

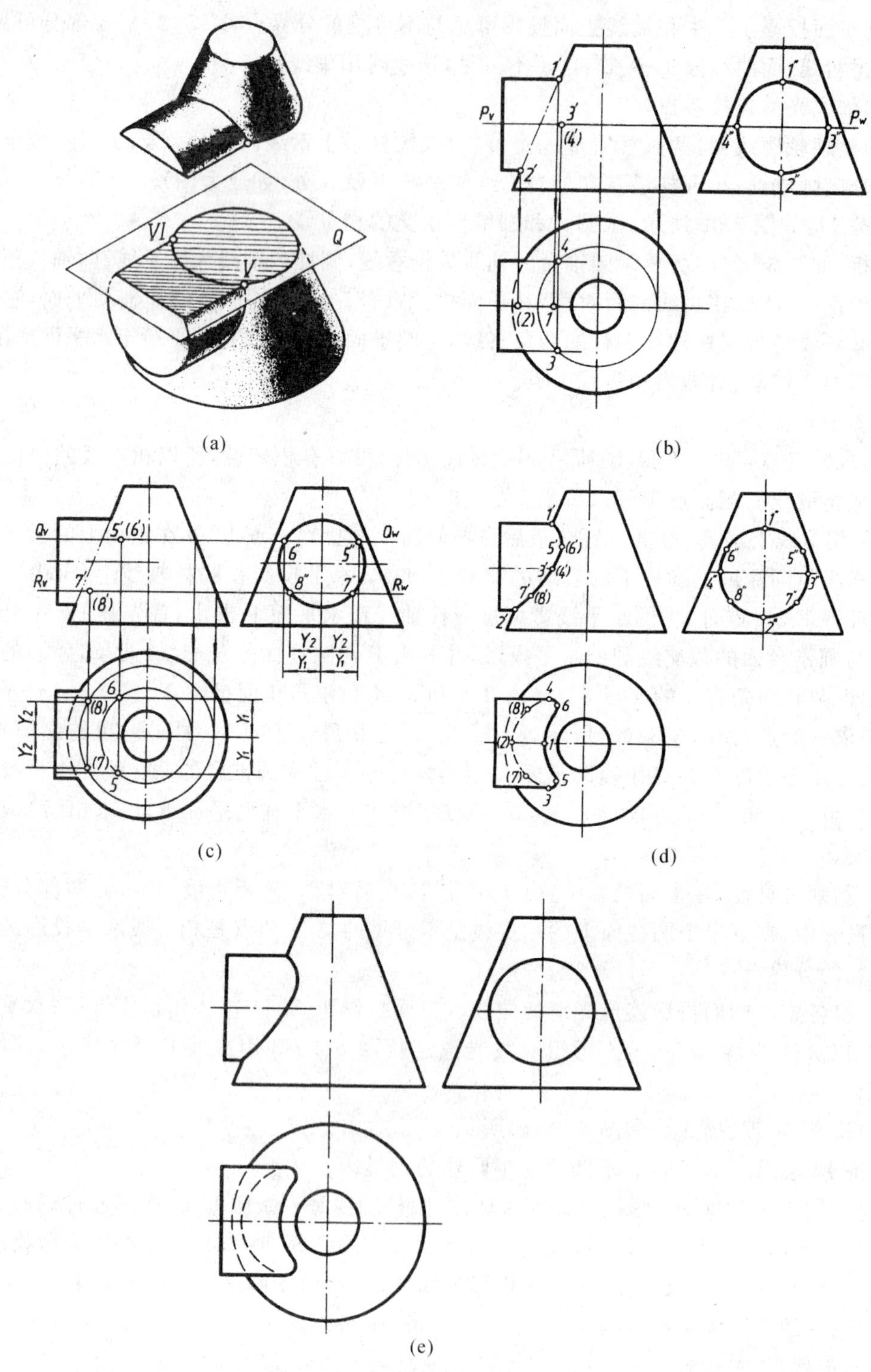

(a) (b) (c) (d) (e)

图 3-32　圆柱与圆锥正交的相相贯

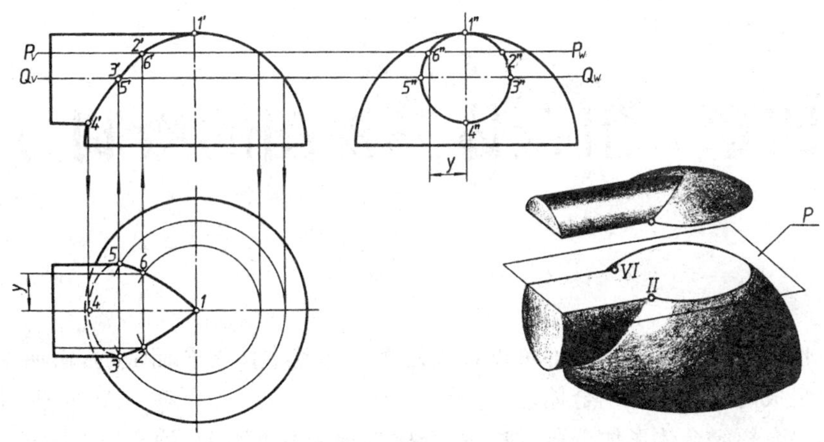

图 3-33 圆柱与半球的相贯线

在侧面上的投影。点Ⅰ、Ⅳ在正面上的投影为圆球正面投影轮廓线（半圆）与圆柱最上和最下两素线的交点 1′和 4′，水平投影在圆柱的轴线上，可由点的投影规律求得 1 和(4)。点Ⅲ、Ⅴ的水平投影可过圆柱轴线作水平面 Q 求出（辅助面 Q 与圆柱交线为圆柱最前和最后素线，是圆柱水平投影的轮廓线，与圆球相交为圆，它们的水平投影相交的交点 3、5，即为Ⅲ、Ⅴ的水平投影）。由 3、5 和 3″、5″可求得正面投影 3′、(5′)。

(2)求一般点，2″和 6″是相贯线上点Ⅱ和Ⅵ在侧面上的投影。点Ⅱ和Ⅵ的水平投影 2 和 6 可作辅助平面 P 求得，由 2、6 和 2″、6″可求得正面投影 2′、(6′)。同理可求出其他一般点。

(3)判别可见性：在水平投影中，在下半个圆柱面上的相贯线是不可见的，3、5 两点是相贯线水平投影的可见部分与不可见部分的分界点。在正面投影中相贯线前、后部分的投影重合。

(4)连曲线将各点的同面投影连成光滑的曲线。正面投影 1′-2′-3′-4′用粗实线连接；水平投影连线时，以 3 和 5 为界，5-6-1-2-3 用粗实线光滑连接，其余部分用虚线连接。

思考与总结

本章主要介绍基本几何体的三视投影及尺寸注法。通常立体分为平面立体与曲面为主构成的立体，通过学习不仅需要掌握完整地基本几何体的投影以及立体表面各种位置点的三面投影，还应掌握立体之间相交产生的交线投影画法。

平面切割平面立体而产生的交线是平面多边形，投影作图时需要注意交线的转折点投影以及其可见性；平面切割曲面立体以及曲面立体间相交而形成的交线位平面曲线或空间曲线，作图方法有描点法、辅助线或辅助面法，作图时先求出特殊位置（即极限位置）点的投影。由于相贯线是形体相交自然形成的，今后投影作图中可以采取简化画法。

思考题：

1. 立体表面截交线和相贯线是如何形成的，各有什么特点？
2. 利用辅助平面法绘制截交线或相贯线投影图时应注意哪些问题？

第四章　组合体三视图的绘制方法

教学内容导航

工程上任何复杂的机器零件都可以看成是由一些基本体组合而成的,由两个或两个以上基本体所组成的立体称为组合体。

本章主要介绍组合体形体分析方法、组合体三视图画法及尺寸标注以及组合体三视图的读图方法,通过学习和训练,要求熟练掌握组合体三视图的读图方法、绘图技能。

作图原理及方法

4.1　组合体的形体分析方法

1. 形体分析法

为了正确而迅速地绘制和读懂组合体的三视图,通常在画图、标注尺寸和读组合体三视图的过程中,假想把组合体分解成若干个组成部分,分析清楚各组成部分的结构形状、相对位置、组合形式以及其表面连接方式。这种把复杂形体分解成若干个简单形体的分析方法,称为形体分析法。它是研究组合体的画图、标注尺寸、读图的基本方法。

如图 4-1 所示的机座,可以把机座分解成为底板、拱形板、直角三角形板和长圆柱四个组成部分,这些组成部分通过叠加和挖切等方式组合成了机座。

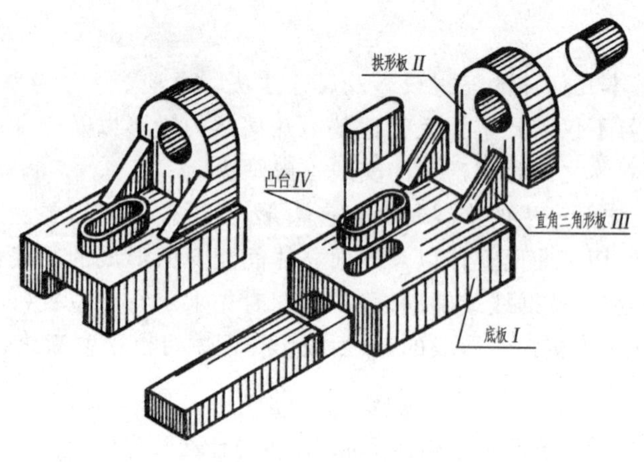

图 4-1　形体分析法

2. 组合体的组合形式

叠加和挖切是两种基本组合形式。由基本形体叠加而成的称叠加组合体，如图 4-2(a)所示组合体由棱柱、圆柱和圆台叠加。基本体经切割、挖孔、开槽形成的称挖切组合体，图 4-2(b)所示组合体是由一个长方体挖切后形成的。

形状复杂一些的组合体往往是由叠加和挖切综合而成的。可以是平面立体之间、曲面立体之间或平面与曲面立体之间的组合。图 4-1 所示轴承座，底板由四棱柱挖去两个圆柱体、两个圆角和底部开槽形成，整个形体由底板、圆筒、支承板、筋板四部分叠加而成。

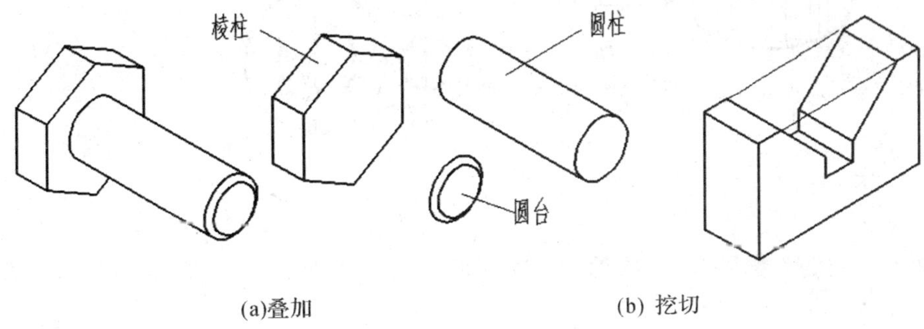

(a)叠加　　(b) 挖切

图 4-2　组合形式

3. 组合体表面的连接关系

组合体的各形体之间形成一定的相对位置和表面连接关系，一般体现为：平齐与不平齐、相切和相交。

(1)平齐与不平齐

当两形体间的表面平齐(即共面)时，两者间无分隔线如图 4-3(a)；否则为不平齐，二者之间有分隔线。如图 4-3(b)。

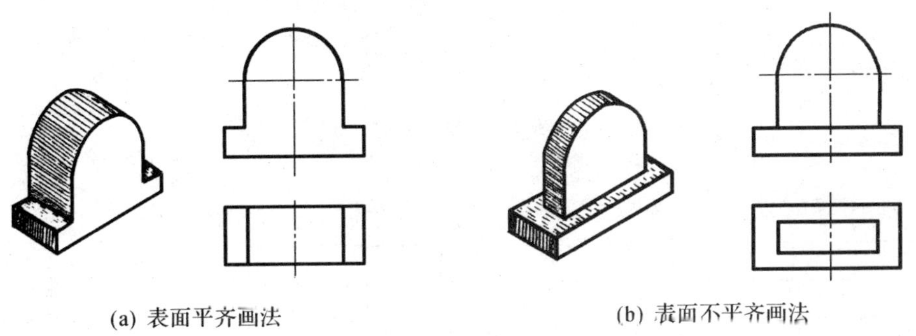

(a) 表面平齐画法　　(b) 表面不平齐画法

图 4-3　平齐与不平齐

(2)相交

当两形体的表面相交时，在相交处有交线，如图 4-4。

(3)相切

当两形体表面连接处相切时，在视图中相切处不画切线。如图 4-5 所示两形体相切情况下的图形画法。

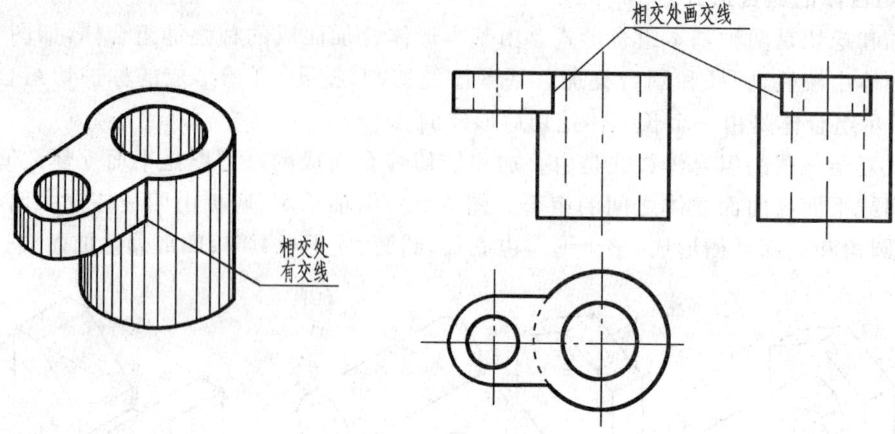

图 4-4　表面相交

当两形体间的表面平齐(即共面)时,两者间无分隔线如图 4-6(a);否则为不平齐,二者之间有分隔线。如图 4-6(b)。

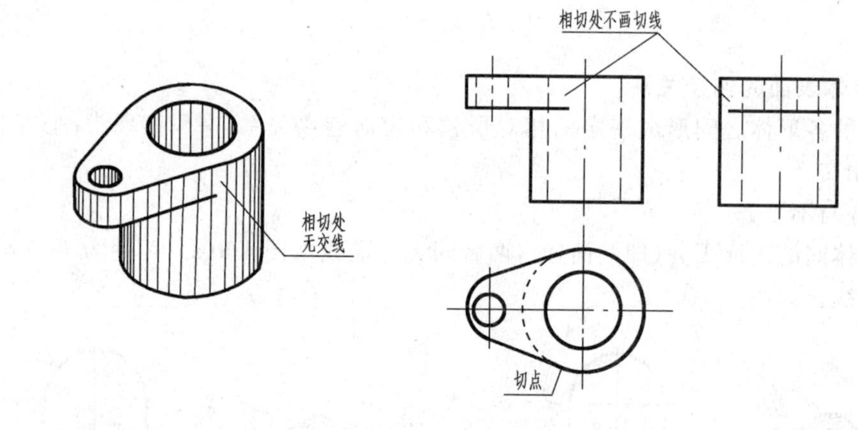

图 4-5　表面相切

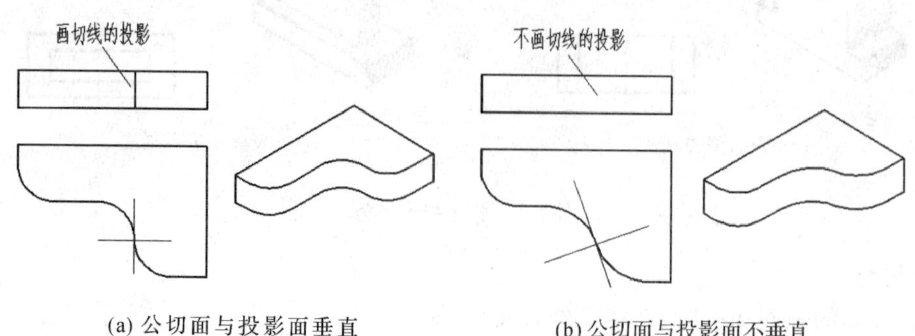

(a) 公切面与投影面垂直　　(b) 公切面与投影面不垂直

图 4-6　切线的投影

4.2 组合体三视图的画法

首先要对组合体进行形体分析，然后选择主视图的投射方向，在画图过程中应考虑清楚组合体的组合形式及连接方式避免多线或漏线。

1. 形体分析

画图前，首先要用形体分析法对组合体进行形体分析，通过分析明确组合体是由哪些部分组成、按什么方式连接、各组成部分之间的相对位置如何，以便全面了解组合体的结构形状和位置特征，为选择主视图的投射方向和画图创造条件。

2. 选择主视图

在画组合体的三视图时，首先将组合体摆正放平后，一般要选择反映组合体各组成部分结构形状和相对位置较为明显的方向，作为主视图的投射方向，并应使形体上的主要面与投影面平行，同时还要考虑其他视图的表达要清晰。

如图 4-7(a)所示组合体主视图的投射方向，分析比较后确定 A 向为最佳投射方向。

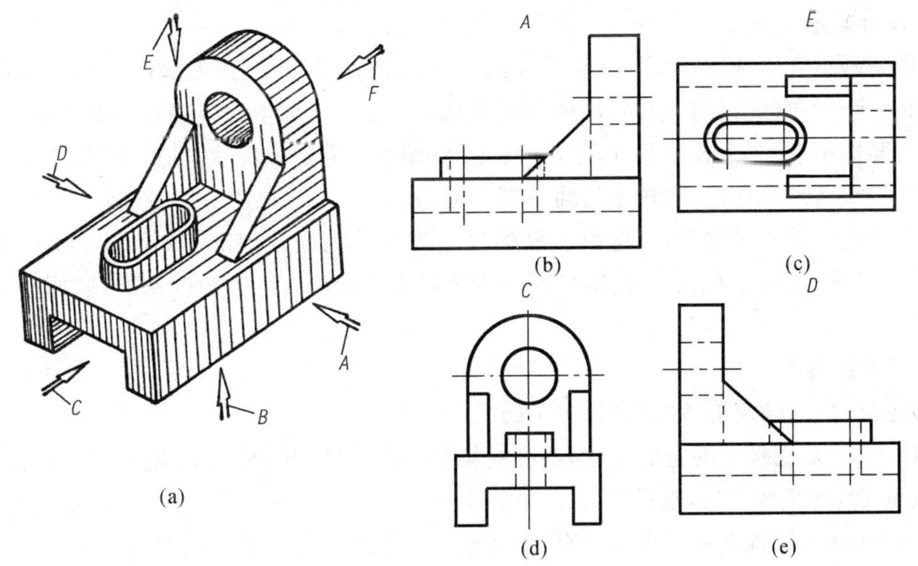

图 4-7 主视图的选择

3. 选比例、定图幅

一般比例选取 1∶1，以便反映物体真实的大小。也可根据实物的大小，按国家标准规定的放大、缩小比例，选取合适的比例。图幅的规格由比例和形体的尺寸确定，视图之间要留有足够的间距用以标注尺寸。

4. 布置视图，画出作图基准线

要考虑长、宽、高方向的最大尺寸和视图之间用以标注尺寸的间距，确保图面整体均称。基准位置定了，各视图的位置也确定了。一般以中心线、轴线、主要的端面、平面为基准。

5. 开始画图,注意事项

(1)绘制底稿时,要一个形体一个形体地画三视图,且要先画它的特征视图。切忌画完组合体的一个视图后,再画另一个。

(2)先画反映实形和特征(圆、多边形)的视图,再按投影关系画其余的视图。以便保证各形体间的相对位置关系和投影关系,提高绘图速度。

(3)注意形体之间形成的相对位置和表面连接关系,衔接处图线的处理。

4.3 组合体的尺寸标注

1. 组合体尺寸标注要求

(1)正确:符合国家标准《机械制图》中尺寸标注的相关规定。

(2)完整:所注尺寸能完整表达组合体的形状、大小,不遗漏,不重复。

(3)清晰:布局整齐,便于读图求。

(4)合理:既要符合设计要求,又能适应加工、检验、装配等生产工艺要求。

2. 尺寸基准

基准是画组合体视图,测量、标注尺寸的起点,是标注尺寸时首先要确定的。组合体的长、宽、高三个方向(或径向、轴向)都应有尺寸基准。每个方向上除了确定一个主要基准外,还可视需要选用一、二个辅助基准,基准之间应有相联系的定位尺寸。通常以物体上较大的平面(底面、端面)、对称面、回转体的轴线等作为基准。

如图 4-8(a)为不对称零件,选取底面的底边为长、宽、高的基准。如图 4-8(b),零件的左右、前后对称,选取左右、前后的对称面分别为长度方向和宽度方向的基准,底面的底边为高度的基准。

2. 尺寸的种类

(1)定形尺寸:确定形体的形状、大小的尺寸。

如图 4-8(a),底板上的定形尺寸有:底板长 60、宽 30,高 10,槽长 7、宽 10;竖板的定形尺寸有:板宽 10,孔半经 R14,直径 20。

如图 4-8(b),底板上的定形尺寸有:底板高 10,孔直径 8,圆弧半径 R8;上部半圆柱的定形尺寸有:孔直径 12,外圆半径 R12;凸台的定形尺寸有:外圆直径 10、孔径 6。

(2)定位尺寸:确定各形体间相对位置的尺寸。

如图 4-8(a),25 是竖板上直径 20 的孔的圆心到底板底面(高度基准)距离的定位尺寸;40 是确定槽到底板右底边(长度基准)距离的定位尺寸。

如图 4-8(b),15 是确定孔的中心到底板底面(高度基准)距离的定位尺寸;24、44 是确定底板上孔的中心之间(到对称轴线)距离的定位尺寸。

(3)总体尺寸:确定组合体总的长、宽、高的尺寸。总体尺寸有时会与定位尺寸重合,不再另外标注;总体尺寸可以是回转体中心的定位尺寸加上回转体的半径。

如图 4-8(a),总长 60,总宽 30,总高为竖板的定位尺寸 25 加上 R14 等于 39。

如图 4-8(b),总长 60,总宽 40,总高 30。

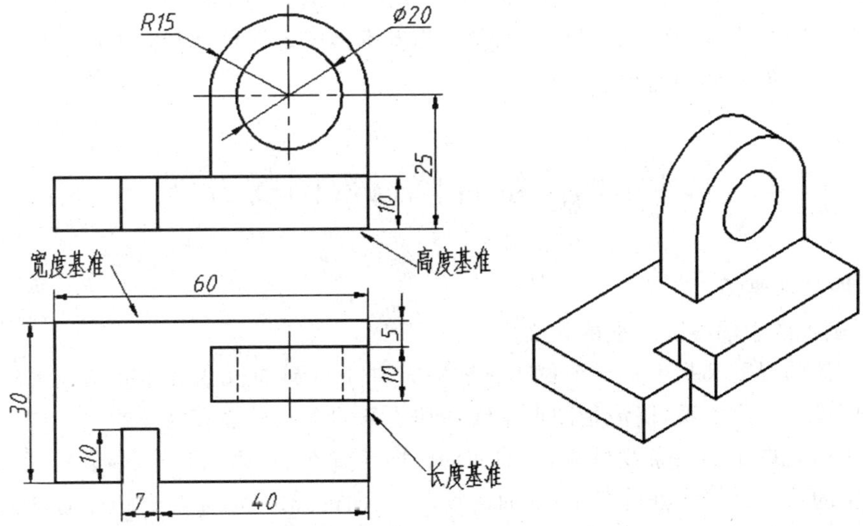

(a) 不对称零件

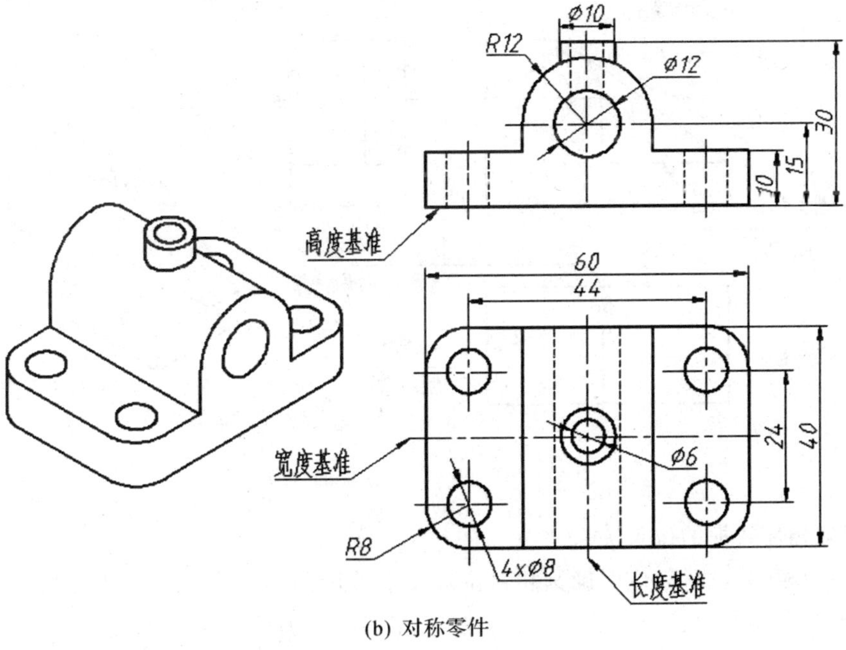

(b) 对称零件

图 4-8　组合体尺寸的标注

3. 尺寸标注应注意问题

(1)尺寸尽量布置在两个视图之间,方便看图。

(2)同一方向的并联尺寸,大尺寸在内,小尺寸在外,间隔均匀,尺寸线与尺寸界线不相交;同一方向的串联尺寸,应位于相同的高度,且箭头对齐。

(3)尽量避免在虚线上注尺寸。

(4)尺寸尽量注在视图的外边,当需要注在视图的里面时,不要与图线相交、重合。

(5)同一形体的尺寸(定形和定位)尽量集中标注在反映形体特征的视图上。

(6)同心圆柱、圆孔的直径尽量注在非圆的视图上,圆弧的半径注在投影为圆的视图上。

(7)截交线、相贯线上不标注尺寸,而是注出基本体的定形尺寸和截平面定位尺寸,相贯则注出产生交线的形体的定形、定位尺寸。

4.4 识读组合体三视图的方法

1. 读图基本要领

(1)明确视图中图线和线框的含义

任何形体的视图都是由若干个封闭线框构成的,每个线框又由若干条图线围成。因此,看图时按照投影对应关系,搞清楚图形中线框和线条的含义是很有意义的。

如图 4-9,视图中的一条线可能是:曲面的转向轮廓线、平面的积聚性投影、面与面的交线。视图中的一个封闭线框可能是:平面的投影、曲面的投影、曲面与其切面的投影。

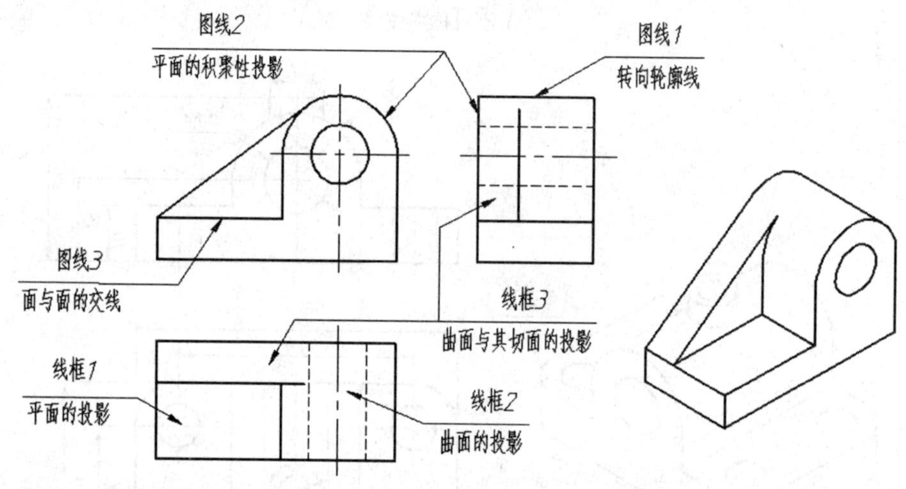

图 4-9 视图中图线、线框的含义

(2)明确相邻线框的位置关系

对视图中相邻的线框,应明确其相对位置关系,即上下、前后、左右,相交、相切、平齐等,可帮助想象组合体的形状。如图 4-10,由主视、左视图可确定俯视图中线框的上、下相对位置;由俯视、左视图可确定俯视图中线框的前、后位置关系;由主视、俯视图可确定左视图中线框的左、右位置关系。

(3)将几个视图联系起来看

一个视图不能确定物体的形状,因此立体的形状需要通过几个视图来表达,每个视图只能反映其一个方向的特征,不能仅仅由一个或两个视图来确定。

如图 4-11 所示的五个物体的主视图完全相同,但从俯视图上可以看出五个物体截然不同。

又如图 4-12(a)所示的物体,如果只有主、俯视图,该形体至少有图 4-12(c)所示的四种可能。

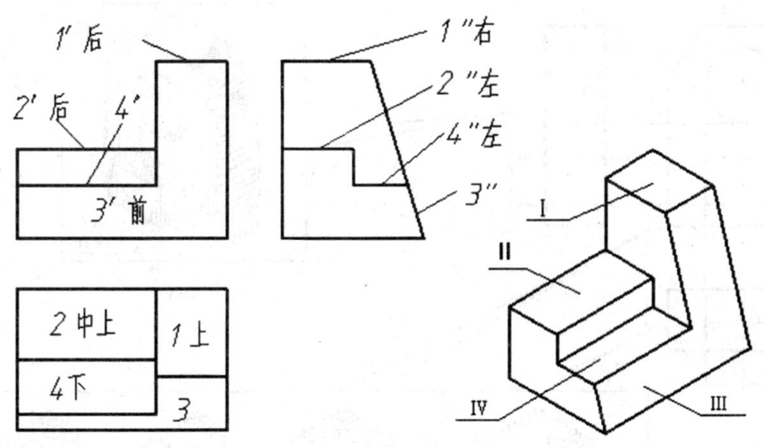

图 4-10　相邻线框的位置关系

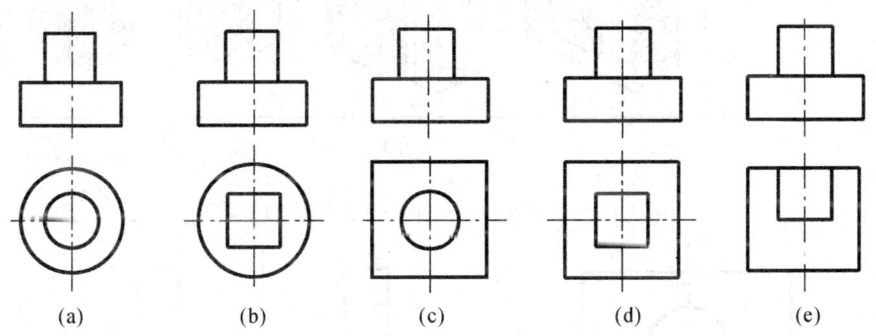

图 4-11　一个视图不能唯一确定立体的形状

可见，在读图时，通常需要将几个视图联系起来分析、构思，才能想象出这组视图所表示的立体的空间形状和结构。

(4)抓住特征视图分析形体

在联系几个视图分析的过程中，必须抓住反映立体形状特征和位置特征明显的视图，这是看懂图的关键。

如图 4-13，形体Ⅰ在俯视图上反映特征，在另外两面视图上的投影是长方形，判断形体Ⅰ为圆柱，并且中间有槽；Ⅱ、Ⅲ在主视图上反映特征，配合另外两面视图判断为矩形，并且矩形的中间有孔。在主视图上反映出圆柱与矩形之间有界线，进一步判断为二者不平齐。读图时，从反映特征的视图入手，再配合其他视图一起思考，才能尽快定出组合体的形状。

学习项目　组合体三视图的绘制与阅读

任务 1：绘制图 4-14 所示组合体三视图

形体分析：该组合体由底板、大圆筒和筋板三部分组成的。其中底板、大圆筒相切且平齐，由 B 向看，前后有一定的对称性。

主视图选择：比较图 4-14 所示 A 向与 B 向两种方案，B 向能反映底板与大圆筒相切关系、筋板的形体特征，较多反映了各形体间的相对位置，选择 B 向为主视方向。

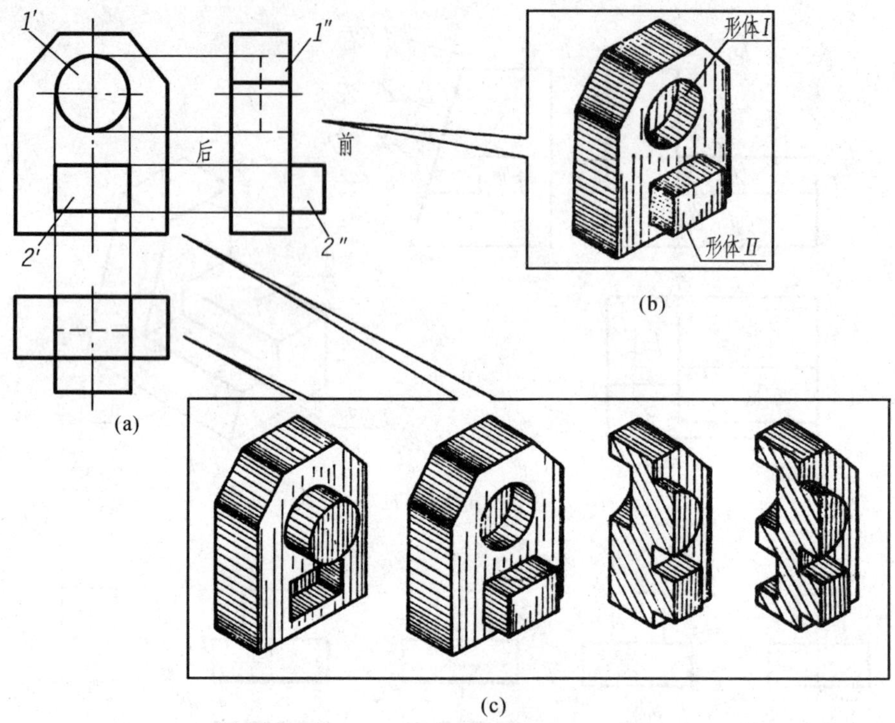

图 4-12 两个视图不能唯一确定立体的形状

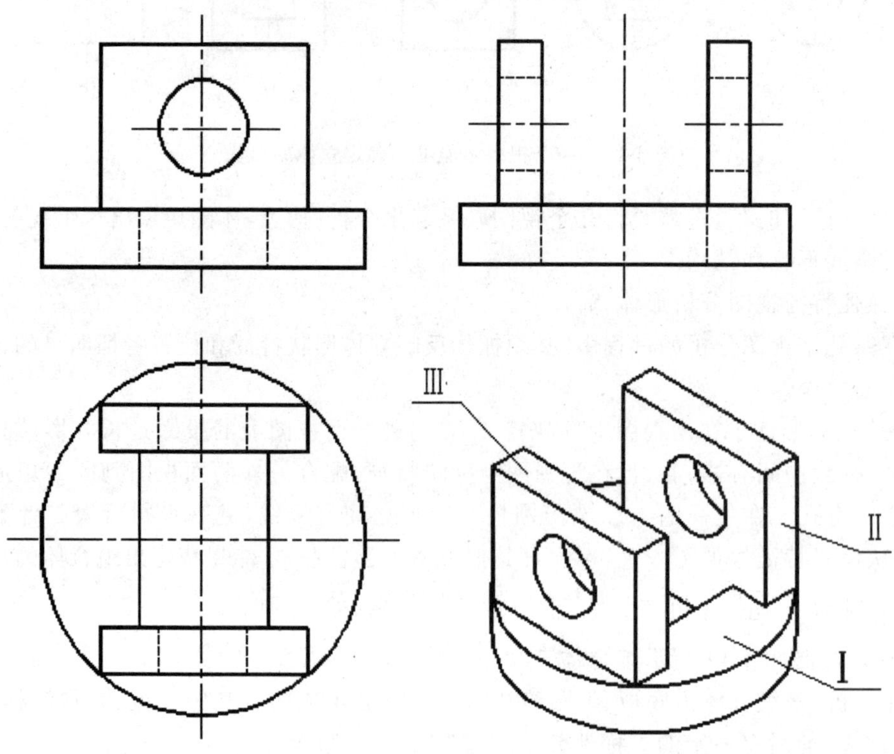

图 4-13 形状特征视图和位置特征视图

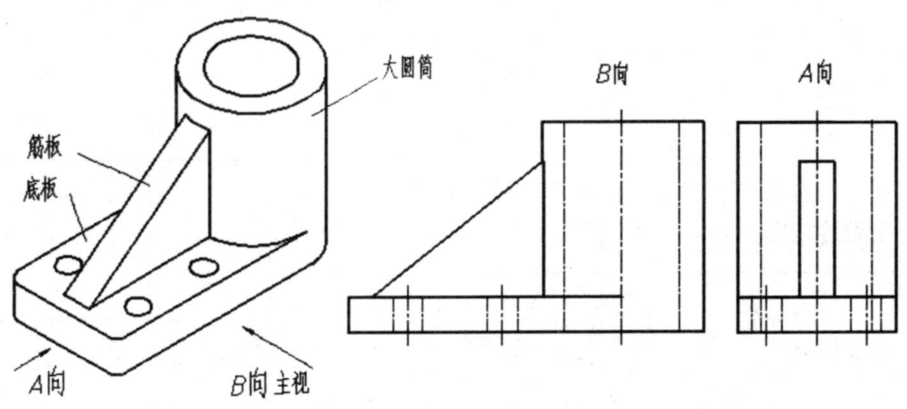

图 4-14　绘制叠加式组合体三视图

绘图步骤:按形体分析规律进行,如图 4-15 所示。

任务 2:标注如图 4-16 所示组合体尺寸。

形体分析:如图 4-16(a),组合体由三部分组成,前后对称,底板与竖板平齐。根据结构特点,选择了较能体现形体间的相对位置的方向作为主视图的投影方向。

确定基准:如图 4-16(b),由于组合体前后对称,以前后对称面为宽度基准、右端面为长度基准、底面为高度基准。

标注定形、定位尺寸:如图 4-16(c)、(d)、(e)。若形体间的部分尺寸重合,不重复标注。

标注总体尺寸:若总体尺寸与形体的尺寸重合,不重复标注。

检查与调整:检查有无多余、遗漏的尺寸,对不合理的尺寸做调整,如图 4-16(f)。

任务 3:已知图 4-17(a)所示的主视图、俯视图,补画左视图。

形体分析:看懂视图并想象形体形状,从主视图入手,和俯视图一起分析,把整体分为Ⅰ、Ⅱ、Ⅲ三个部分,分别想象出各部分和整体形状,如图 4-17(b)所示。

作图:根据投影规律,分别画出Ⅰ、Ⅱ、Ⅲ部分的左视图,具体画法如图 4-18 所示。

任务 4:补画图 4-19(a)所示的左视图。

形体分析:组合体左右对称,按主、俯视图的对应关系划分为四个线框,由四部分叠加而成。其中线框Ⅲ、Ⅳ对称且与线框Ⅱ相交,四个线框的底部平齐。线框Ⅰ是板,上面有圆角和孔;线框Ⅱ是半圆筒;线框Ⅲ、Ⅳ上半圆与其侧面相切。

作图:按相对位置分别补画Ⅰ、Ⅱ、Ⅲ、Ⅳ的左视图,如图 4-19(b)、(c)、(d)所示。

任务 5:已知主视图,如图 4-20 所示,构思物体的形状,画出俯视图和左视图。

分析:主视图可分为三个线框,可设想物体由三个基本形体构成,其基本形体的后面一定共面,前面一定不共面,三个基本形体的位置变化可创建出不同的立体结构。底板的形状可长方体变为柱体,但后面仍要共柱面。顶部可由圆柱面变为球面,可以是半个球面和柱面的组合,也可以是半个柱面和四分之一球面的组合。若后面不共面,可在底板上开矩形槽,槽的形状和前面的形状相同,主视图的投影重合。经过以上分析,由主视图可构思出几十种形状不同的物体,如图 4-21 所示。

任务 6:补画图 4-22(a)视图中的缺线

形体分析:通过投影分析可知,三视图所表达的组合体由柱体和底板组成,组合形式是叠加,

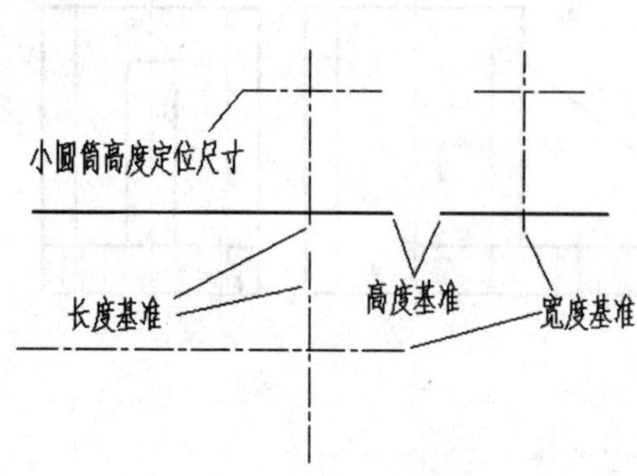

(a)布置图面(以底板的左端面为长度基准，前后对称面为宽度基准，底面为高度基准。)

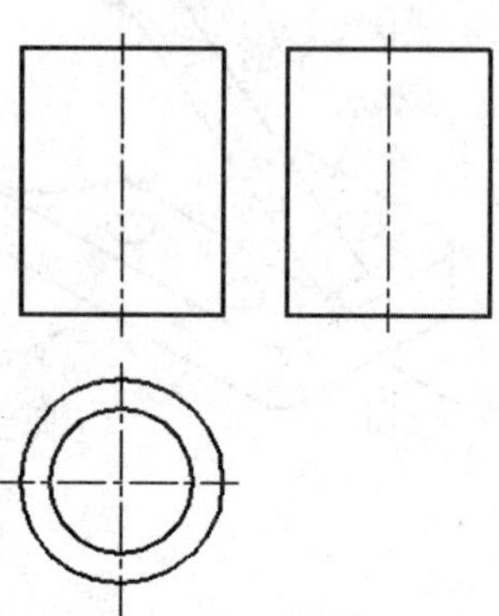

(b)画大圆筒(先画俯视图)

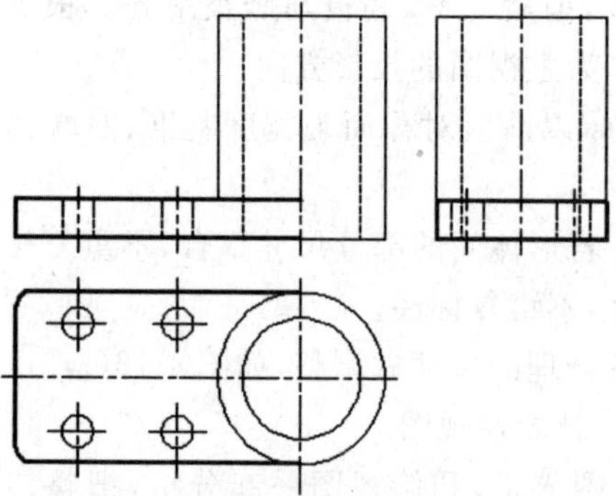

(c)画底板(先画俯视图，画完主体的三视图后，再画圆 角和圆孔，底板与大圆筒的左侧相切，底部平齐。)

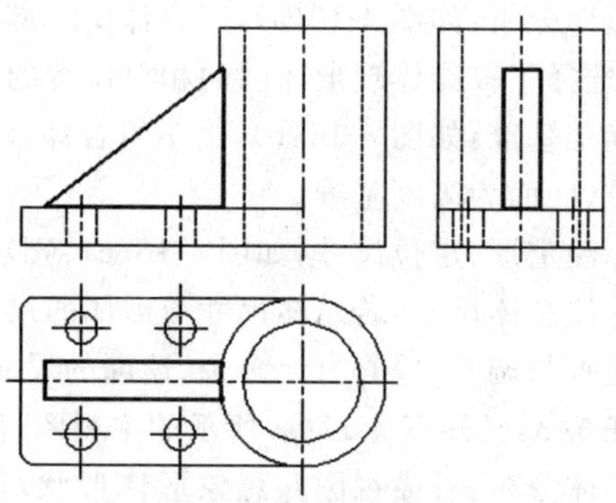

(d)画筋板(筋板与大圆筒相切，先在主视图上画筋板，再画俯视图，定出相切位置，再修正主视图。)

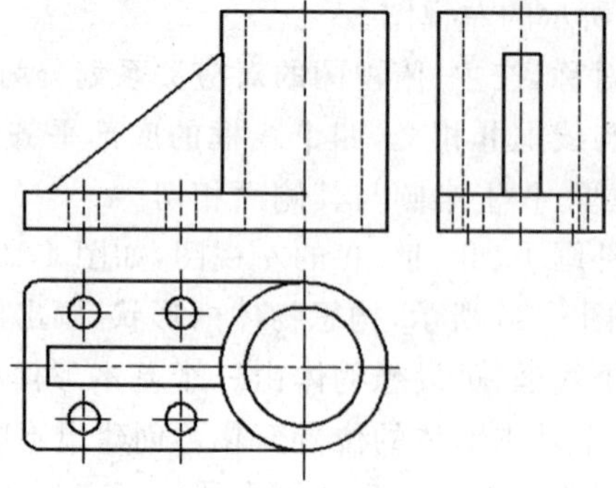

(e)检查底稿，加深图线。(按投影关系，对形体逐个检查。注意相对位置、表面连接关系。)

图 4-15　叠加式组合体的画法

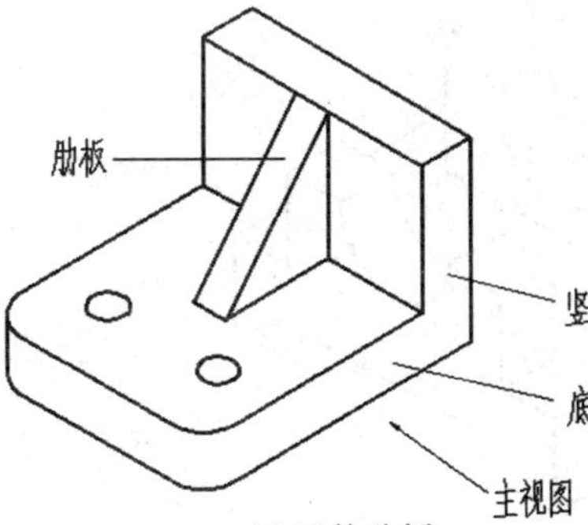

(a) 形体分析

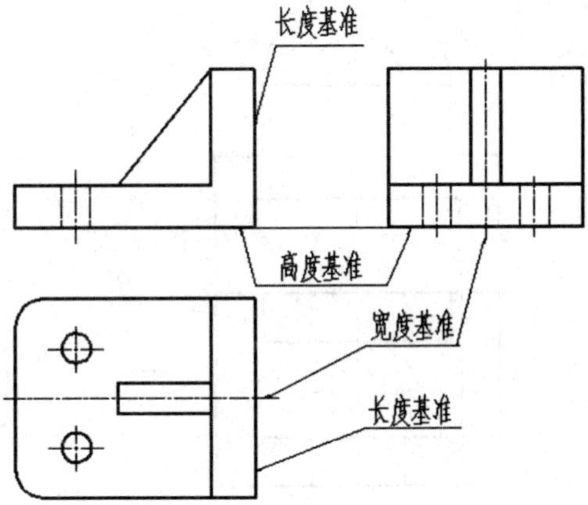

(b) 确定基准

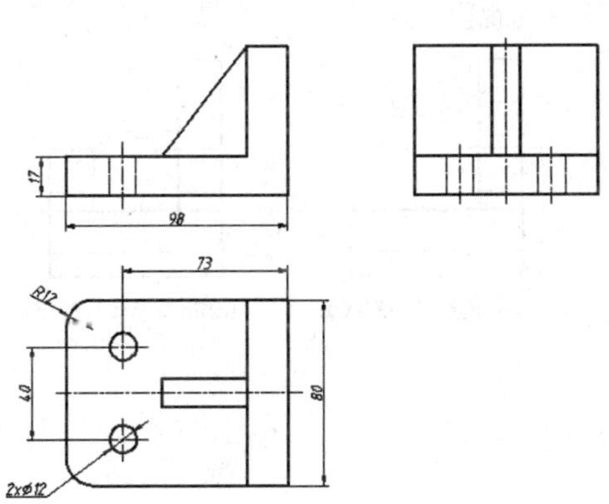

(c) 底板的特征反映在俯视图。定形尺寸有：98、80、17、R12、ϕ12；定位尺寸有：40、73。

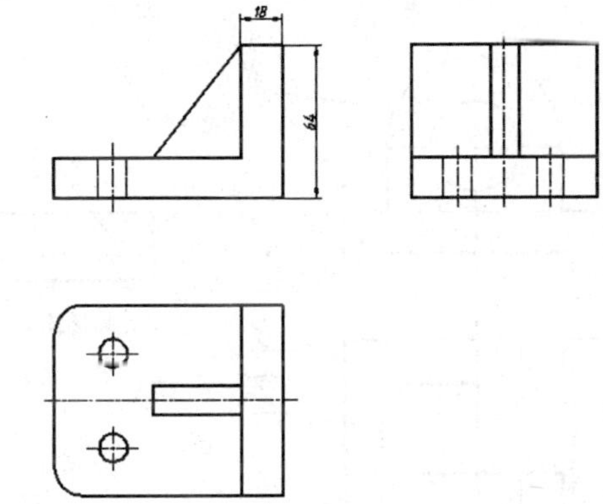

(d) 竖板定形尺寸有：64、18。宽度尺寸与底板一致不再重复标注。

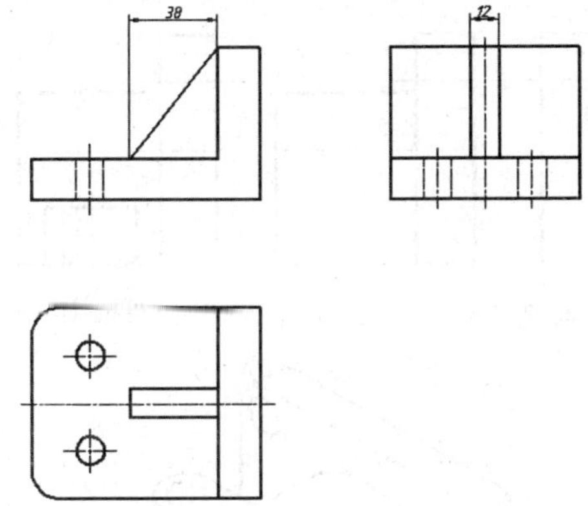

(e) 肋板的特征反映在主视图，定形尺寸有：38、12，高度尺寸由竖板确定。

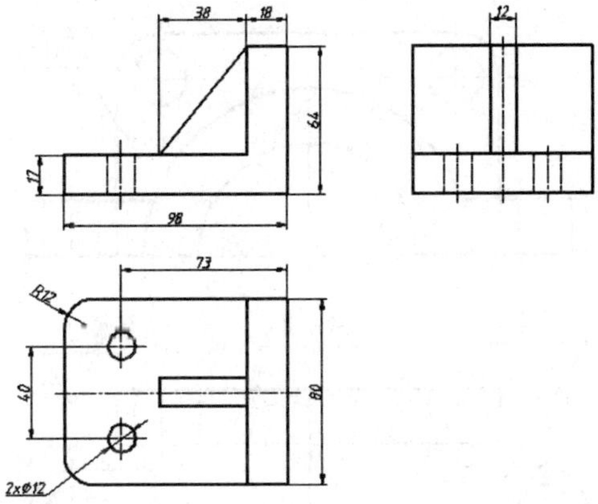

(f) 逐个检查各形体的定形、定位尺寸是否合理、完备。完成标注。

图 4-16　组合体尺寸标注

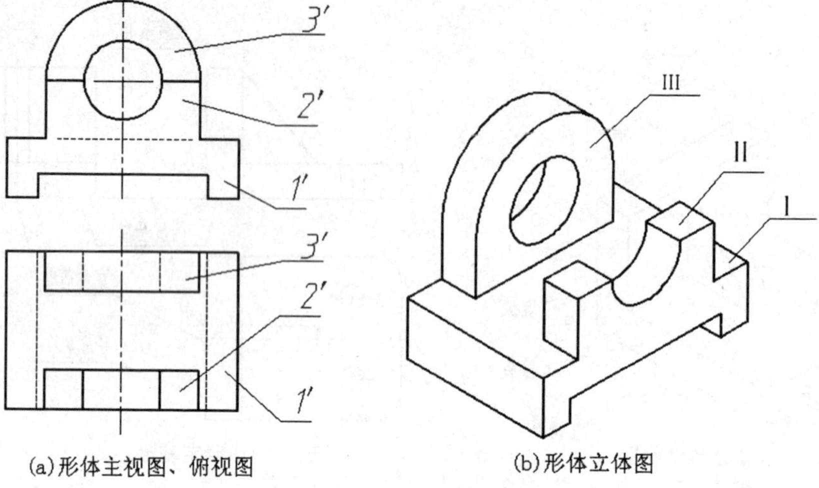

图 4-17 补画任务 3 左视图

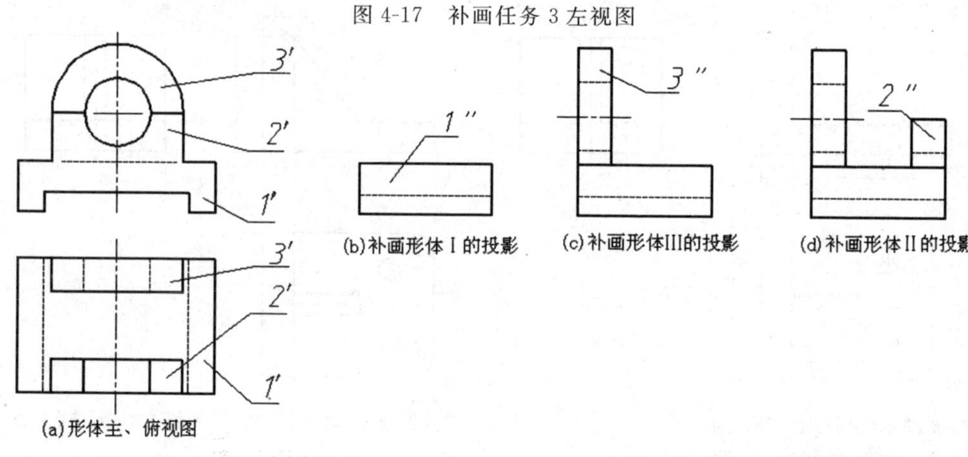

图 4-18 补画任务 3 左视图步骤

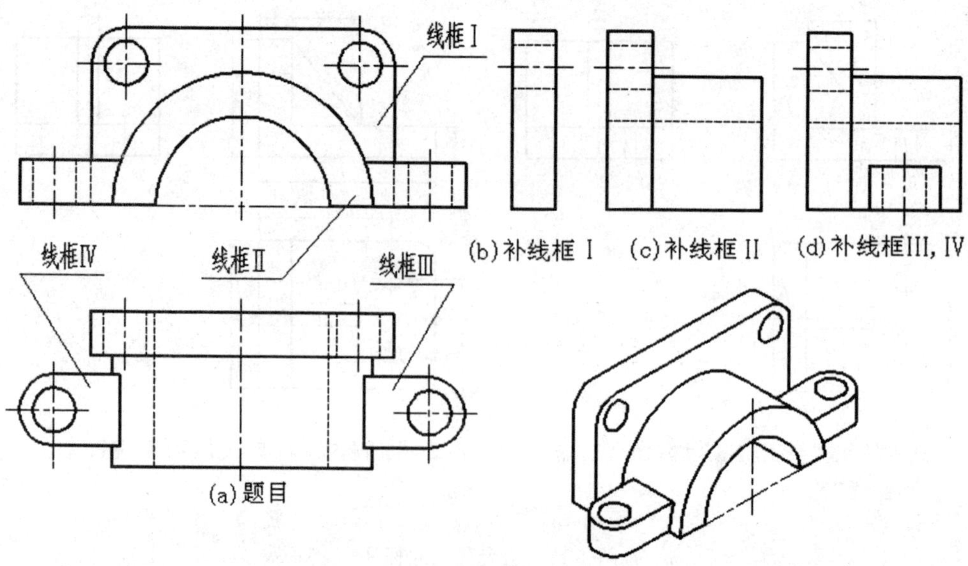

图 4-19 补画任务 4 左视图

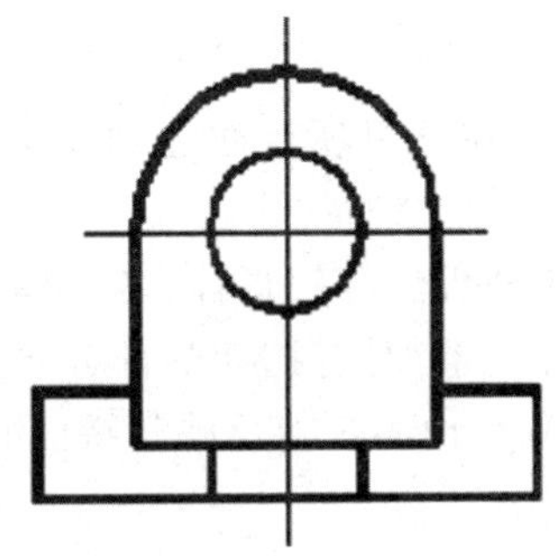

图 4-20　补画任务 4 主视图

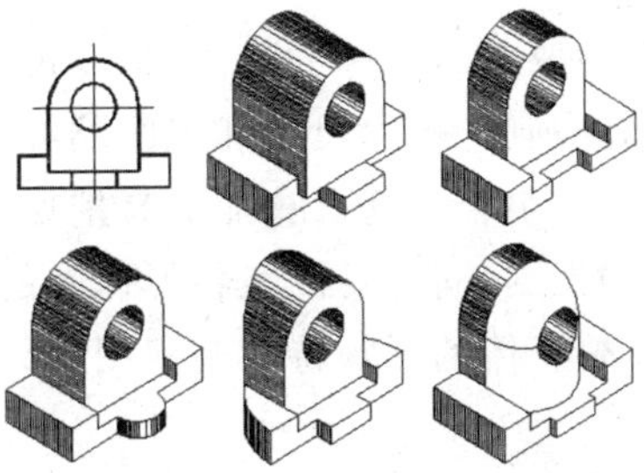

图 4-21　任务 5 构思组合体

两组成部分表面连接关系是相交。柱体通孔，前后开方槽；底板是截切柱体左右挖半圆槽。

作图：补画步骤如图 4-22 所示。

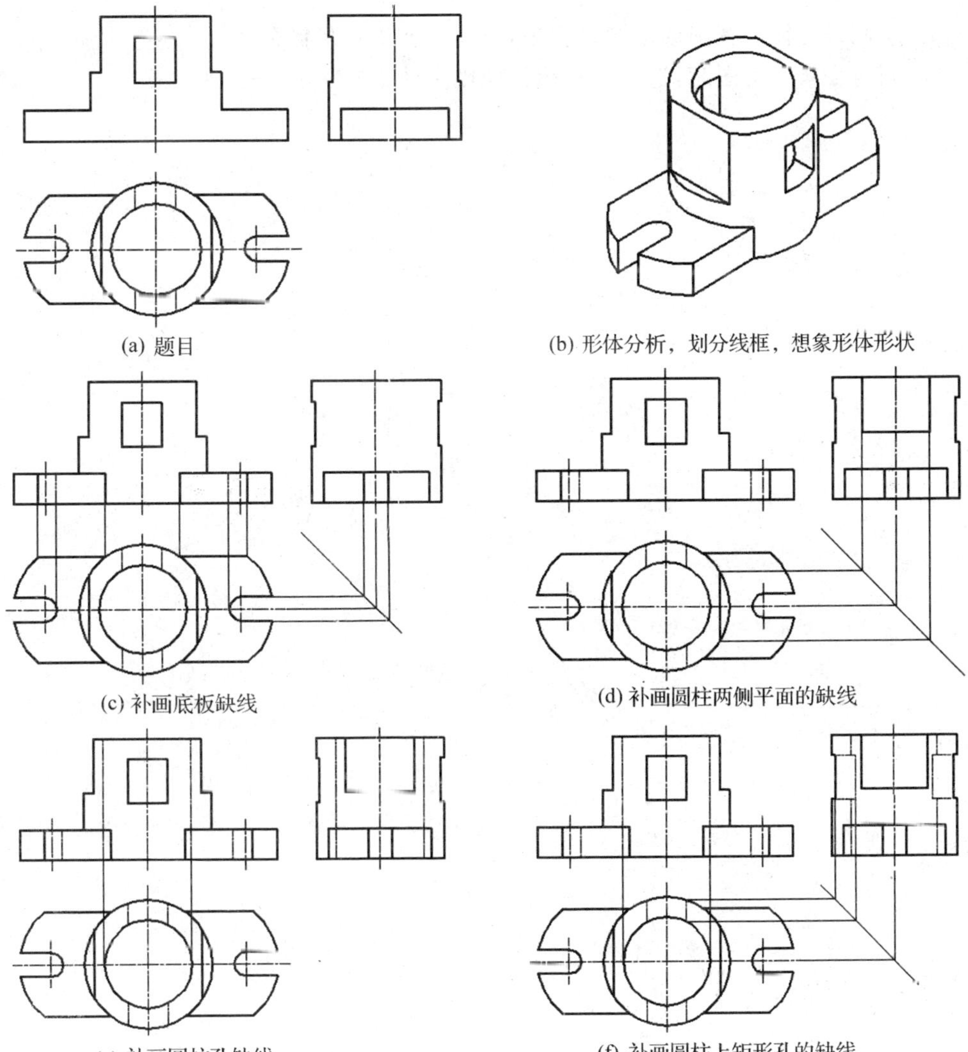

(a) 题目

(b) 形体分析，划分线框，想象形体形状

(c) 补画底板缺线

(d) 补画圆柱两侧平面的缺线

(e) 补画圆柱孔缺线

(f) 补画圆柱上矩形孔的缺线

图 4-22　补画任务 6 中缺线

思考与总结

本章内容主要有组合体的画图、标注尺寸和识图。在学习项目通过对叠加式组合体和挖切式组合体的画图、标注尺寸和识图的练习，逐步掌握制图的技巧。

一般情况下，组合体既有叠加又有挖切，先用形体分析法分解形体，各形体分别完成画图、标注尺寸和识图，同时要注意各形体间的相对位置关系，对有挖切的部分要用线面分析法。要关注反映形体的形状特征的视图，每个形体要作的内容都从反映其特征的视图入手，将事半功倍。

画图时，先画主体，后图细节，先画有积聚性的平面，再画一般位置平面；标注时要先定基准，再注定形、定位、总体尺寸，逐个形体进行；识图要注意对线框，合理划分线框非常重要。熟练使用“三等关系”，加强对空间想象能力的培养，是学好组合体制图的条件。

思考题：

1. 在绘制组合体三视图或读图过程中，为什么要进行形体分析？
2. 绘制组合体三视图时，选择主视图的原则是什么？

第五章　机件常用表达方法

教学内容导航

在工程实践中，机件的结构形状多种多样，有的用前面介绍的三个视图不能表达清楚，还需要采用其他表示法。为此，国家标准《技术制图》、《机械制图》中规定了各种基本表达方法。

本章主要介绍国家标准《技术制图》、《机械制图》中规定的机件常用表达方法，重点是基本视图、局部视图、剖视图和断面图的概念及画法，难点是全剖视图、半剖视图和局部剖视图的画法及应用。通过学习和训练，要求掌握机件表达方案的选择和剖视图的绘制方法和技能。

作图原理及方法

5.1　视图

视图主要用来表达机件的外部结构和形状。视图通常有基本视图、向视图、局部视图和斜视图。视图画法要遵循 GB/T 17451—1998 和 GB/T 4458.1—2002 的规定。

1. 基本视图

基本视图是物体向基本投影面投射所得的视图。按图 5-1(a)六个投射方向展开，得到的六个基本视图名称分别为：主视图、俯视图、左视图、右视图、仰视图、后视图。各个视图的配置关系见图 5-1(b)，在同一张图纸内按图 5-1 配置视图时，可不标注视图的名称。

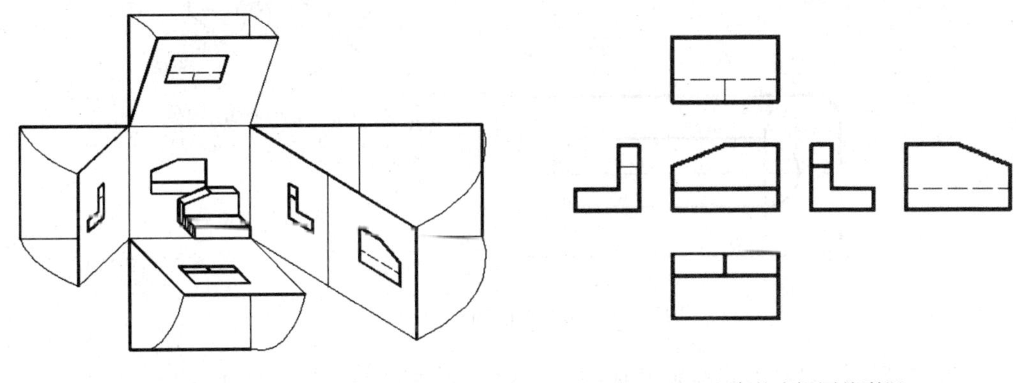

(a) 六个基本视图的形成及展开　　(b) 六个基本视图的配置

图 5-1　基本视图

2. 向视图

向视图是可自由配置的视图。为了便于看图，必须加以标注。在向视图的上方标注

"X"("X"为大写拉丁字母,并用 A、B、C 顺次使用),在相应视图的附近用箭头指明投射方向,并标注相同的字母物体向基本投影面投射所得的视图。如图 5-2 所示。

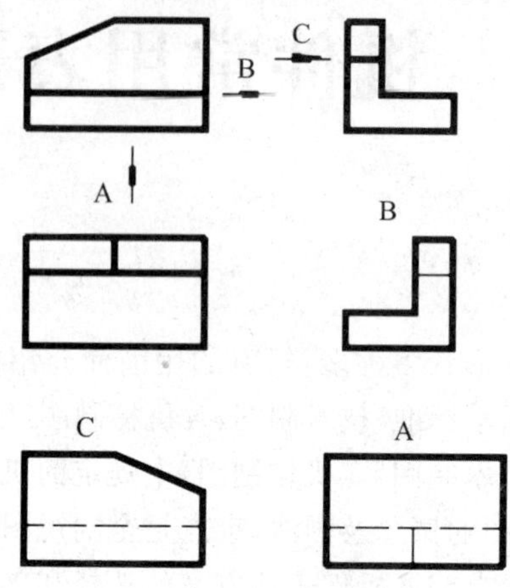

图 5-2　向视图

3. 局部视图

局部视图是将物体的某一部分向基本投影面投射所得的视图。

在机械制图中,局部视图的配置可选用以下方式:

(1)按基本视图的配置形式配置,如图 5-3 所示;

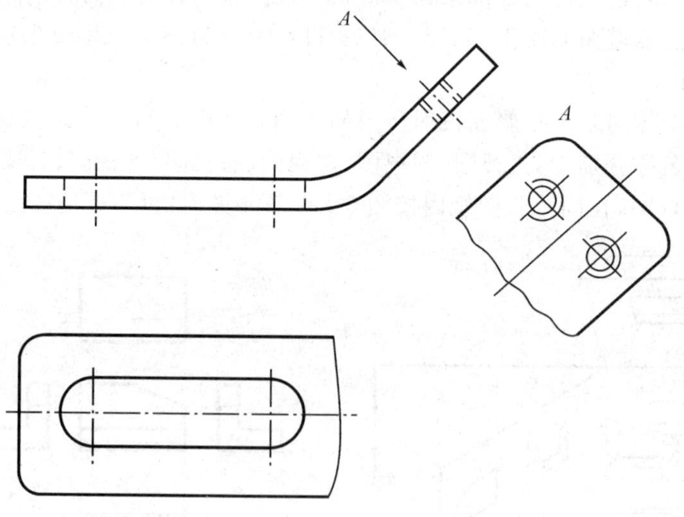

图 5-3　局部视图向视图配置

(2)按向视图的配置形式配置并标注,如图 5-4 所示;

(3)按第三角画法①配置在视图上所需表示物体局部结构的附近,并用细点画线将两者相连,如图 5-5 所示。

标注局部视图时,通常在其上方用大写的拉丁字母标出视图的名称,在相应视图附近用箭头指明投射方向,并注上相同的字母,如图 5-4 所示。当局部视图按基本视图配置,中间

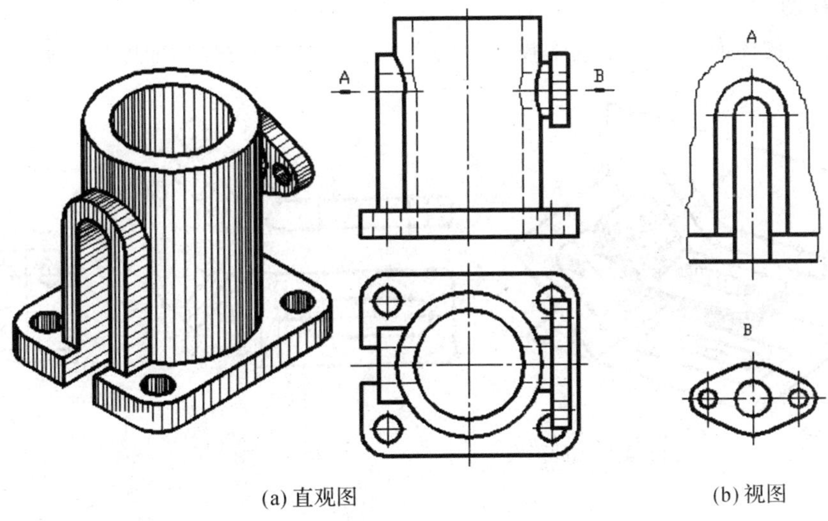

(a) 直观图 (b) 视图

图 5-4 局部视图按基本视图配置

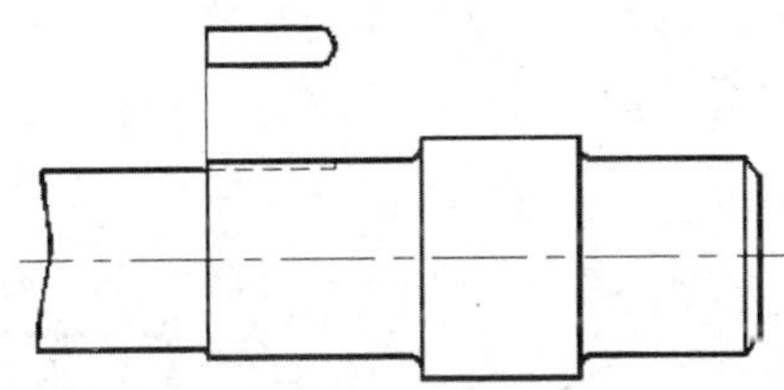

图 5-5 局部视图第三角配置

又没有其他图形隔开时，则不必标注，如图 5-3 所示。

局部视图的断裂边界用波浪线或双折线绘制，如图 5-3、图 5-4：A 所示。当所表示的局部视图的外轮廓成封闭时，则不必画出其断裂边界线，如图 5-4：B。

波浪线作为断裂边界线时，应注意：①波浪线不应与轮廓线重合或在其延长线上；②波浪线不应超出机件轮廓线；③波浪线不应穿空而过。

为了节省绘图时间和图幅，对称构件或零件的视图可只画一半或四分之一，并在对称中心线的两端画出两条与其平行细实线，如图 5-6 所示。

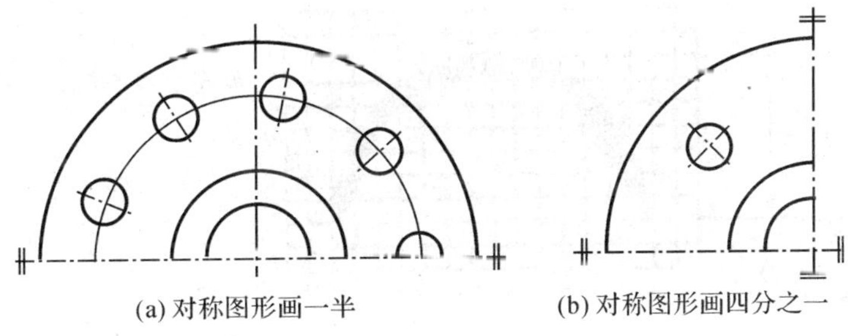

(a) 对称图形画一半 (b) 对称图形画四分之一

图 5-6 对称图形

4. 斜视图

斜视图是物体向不平行于基本投影面的平面投射所得的视图，如图 5-7 所示。

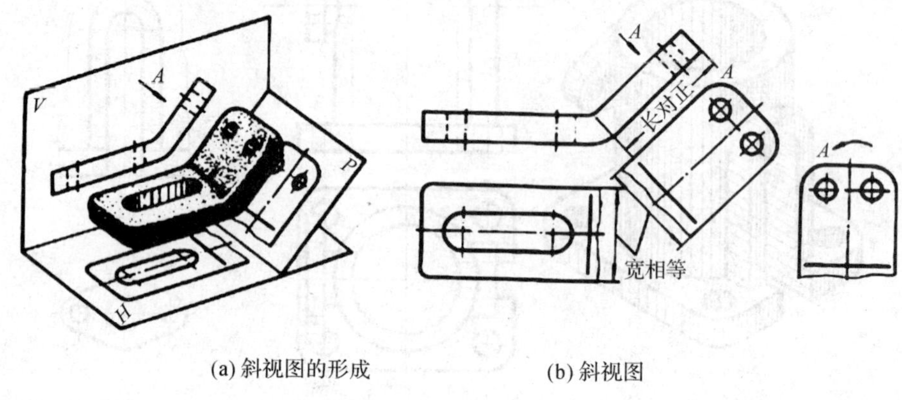

(a) 斜视图的形成　　(b) 斜视图

图 5-7　斜视图

斜视图通常按向视图的配置形式配置并标注，如图 5-8(a)所示。必要时，允许将斜视图旋转配置，表示该视图名称的大写拉丁字母应靠近旋转符号的箭头端，如图 5-8(b)所示，也允许将旋转角度标注在字母之后，如图 5-8(c)所示。应特别注意的是，字母一律按水平位置书写，字头朝上。

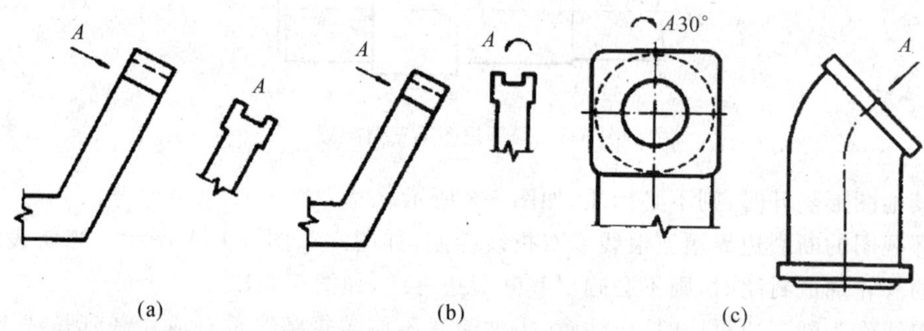

图 5-8　斜视图的配置及标注

旋转符号的尺寸和比例，如图 5-9 所示。

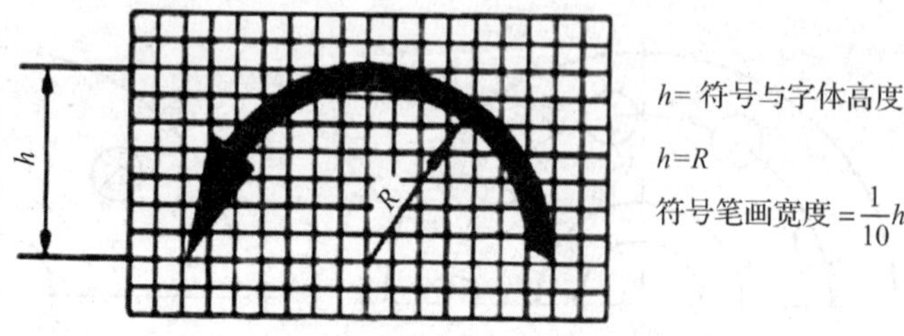

图 5-9　旋转符号的尺寸和比例

5.2 剖视图

为了清晰表达机件的内部结构，常采用剖视图的画法。剖视图的画法要遵循 GB/T 17452—1998 和 GB/T 4458.6—2002 的规定。

1. 剖视图概述

(1)剖视图的形成

剖切被表达物体的假想平面或曲面，称为剖切面。假想用剖切面剖开物体，将处在观察者与剖切面之间的部分移去，而将其余部分向投影面投射所得的图形，称为剖视图(简称剖视)。如图 5-10 所示。

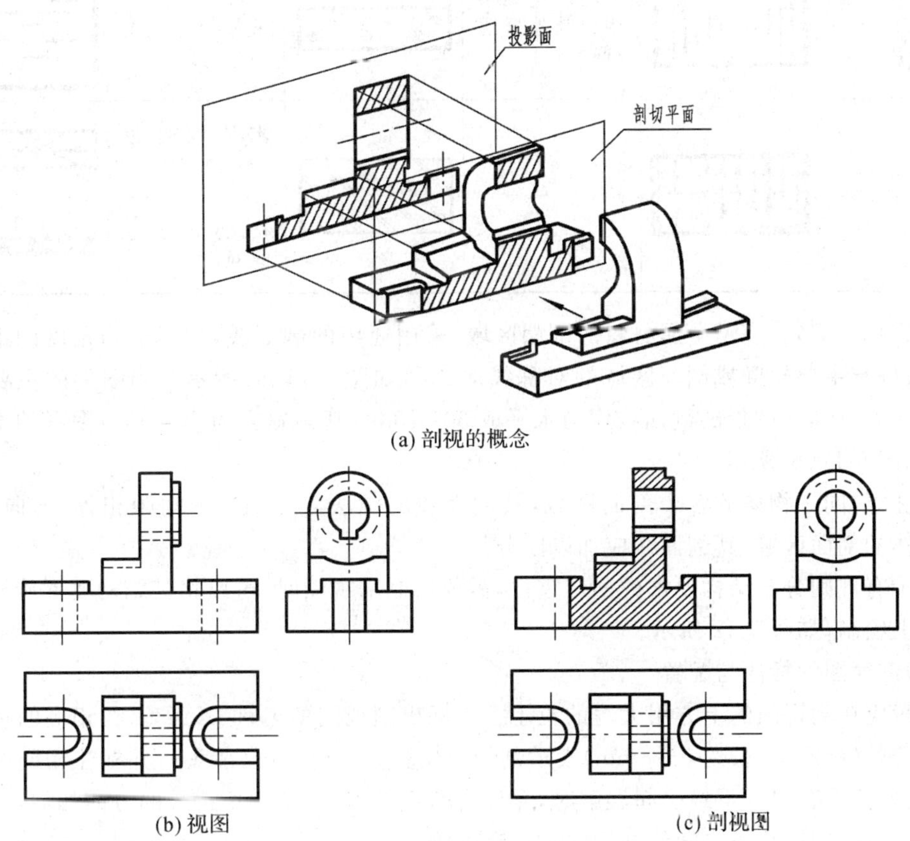

(a) 剖视的概念

(b) 视图

(c) 剖视图

图 5-10 剖视图的形成

(2)剖视图的画法应注意几下几点：

①确定剖切平面的位置，使剖切后的结构投影反映被剖切部分真实形状。

②当机件被剖切后，除了取剖视的视图外，其余视图应按完整机件画出。剖切面后面的可见轮廓线都应画出，不得遗漏。画剖视图时，剖切面后的不可见轮廓线可以省略不画，只有在其他视图中尚未表达清楚的结构才可在剖视图中画出少量的细虚线。

③在绘制剖视图时，通常在机件的剖面区域画出剖面符号，以区别剖面区域与非剖面区域。表 5-1 为各种材料的剖面符号。

表 5-1　材料的剖面符号

材料	符号	材料	符号	材料	符号
金属材料（已有规定剖面符号者除外）		型砂、填砂、粉末冶金、砂轮、陶瓷刀片、硬质合金刀片等		木材料纵剖面	
非金属材料（已有规定剖面符号者除外）		钢筋混凝土		木材料横剖面	
转子电枢变压器和电抗器等的叠钢片		玻璃及供观察用的其他透明材料		液体	
线圈绕组元件		砖		木质胶合板（不分层数）	
				格网（　网、过滤网）	

国家标准规定，表示金属材料的剖面区域，采用通用的剖面线，即以适当角度的细实线绘制，最好与主要轮廓或剖面区域的对称线成 45°，如图 5-11(a)所示。当图形的主要轮廓与水平成 45°时，该图形的剖面线应与水平成 30°或 60°，其倾斜方向仍与其他图形的剖面线一致，如图 5-11(b)所示。

应注意，同一物体的各个剖面区域，其剖面线的画法应一致——间距相等、方向相同。不同物体的剖面区域，其剖面线应加以区分。

④带有规则分布结构要素的回转零件，需要绘制剖视图时，可以将其结构要素旋转到剖切平面上绘制，如图 5-12 所示。

(3)剖视图的标注与配置

一般应在剖视图的上方用大写的拉丁字母标出剖视图的名称“X-X”。在相应的视图上用剖切符号(粗短画，长约 5～8mm)表示剖切面位置和投射方向(箭头)，并标注相同的字母(当连接处位置有限且不致引起误解时，允许省略字母)。不论剖切符号的方向如何，字母总是水平书写。剖切符号之间的剖切线可省略不画。

当剖视图按投影关系配置且中间没有其他图形隔开时，可省略箭头，如图 5-11 所示；当单一剖切平面通过机件的对称平面或基本对称的平面，且剖视图按投影关系配置，中间又没有其他图形隔开时，不必标注，如图 5-12 所示。

剖视图可按基本视图配置，如图 5-13(a)：A-A、图 5-13(b)：B-B。也可按投射关系配置在与剖切符号相对应的位置，如图 5-13(b)：A-A，必要时允许配置在其他适当位置。

用几个剖切平面分别剖开机件，得到的剖视图为相同的图形式，可按图 5-14 的形式标注。

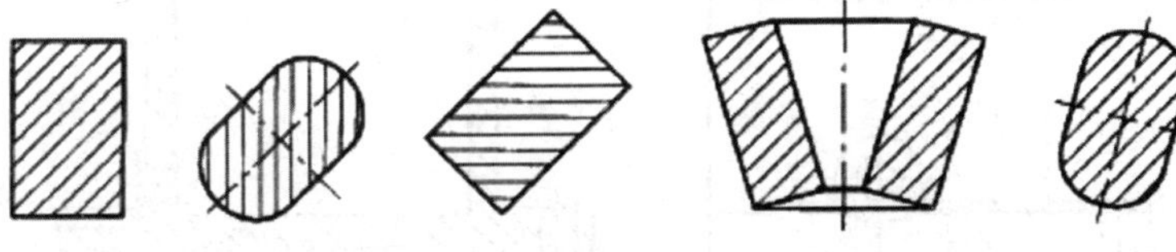

(a) 通用剖面线的画法

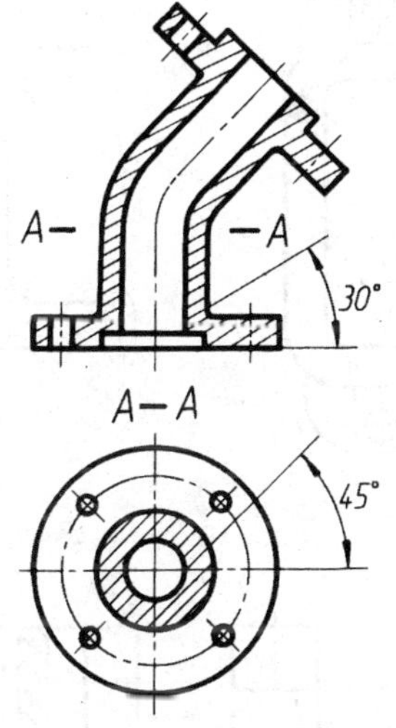

(b) 特殊情况下剖面线的画法。

图 5-11　剖面线的角度

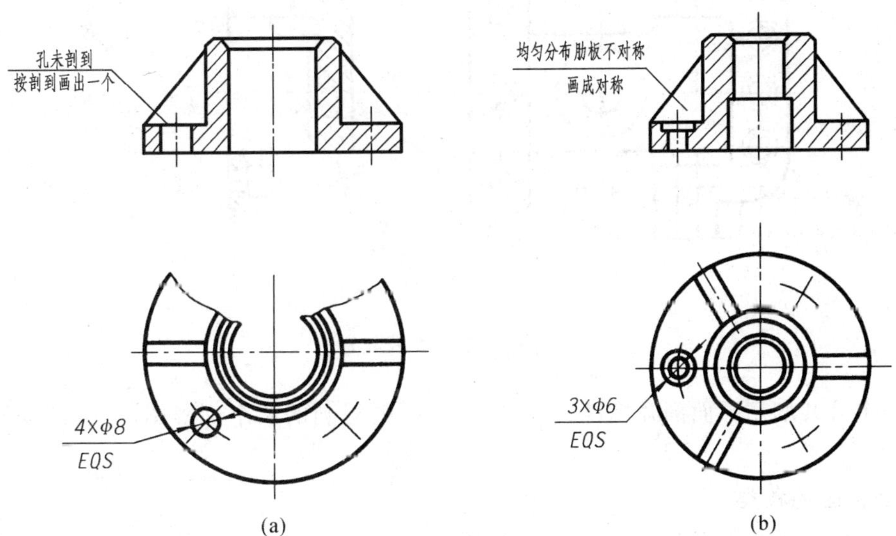

图 5-12　带有规则结构要素的回转零件的剖视图

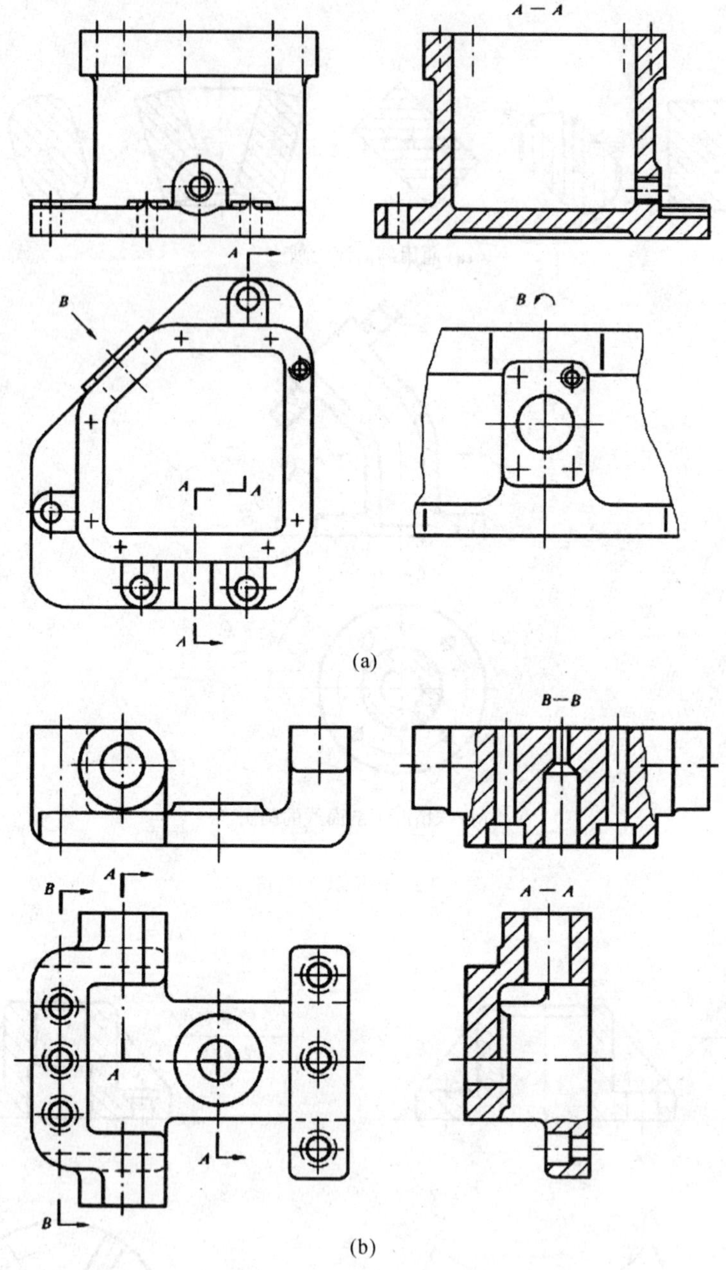

图 5-13 剖面图的配置

用一个公共剖切平面剖开机件，按不同方向投射得到的两个剖视图，应按图 5-15 的形式标注。

2. 剖视图的种类

剖视图可分为全剖视图、半剖视图和局部剖视图。

(1)全剖视图

用剖切面完全地剖开物体所得的剖视图，称为全剖视图。适用于外形比较简单或外形

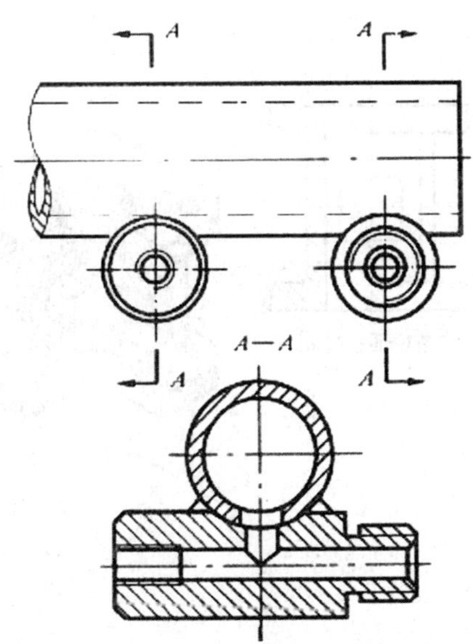

图 5-14 用几个剖切平面获得相同图形的剖视图

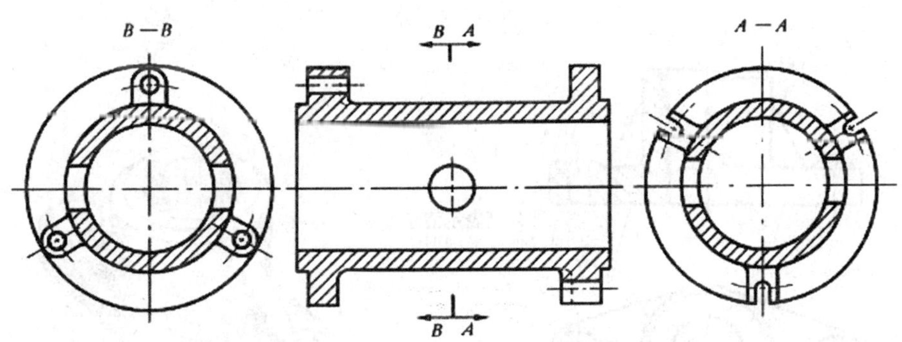

图 5-15 用一个公共剖切平面获得的两个剖视图

已在其他视图上表达清楚，内部结构比较复杂且不对称的机件，如图 5-10～图 5-12 以及图 5-14、5-15 所示的剖视图都属于全剖视图。

(2)半剖视图

当物体具有对称平面时，向垂直于对称平面的投影面上投射所得的图形，可以对称线为界，一半画成剖视图，另一半画成视图，这种图形称为半剖视图。半剖视图主要用于内、外形状需在同一图上兼顾表达的对称机件，如图 5-16 所示。

当机件形状接近对称，且不对称部分已另有视图表达清楚时，也可画成半剖视图，如图 5-17(a)所示。

画半剖视图时应注意以下几点：①图中剖与不剖两部分应以细点画线为界；②机件的内部结构如果已在剖开部分的图中表达清楚，则在未剖开部分的图中不再画细虚线。

(3)局部剖视图

用剖切面局部地剖开物体所得的剖视图，称为局部剖视图。

局部剖视图是一种比较灵活的兼顾内、外结构的表达方法，且不受条件限制，但在一个

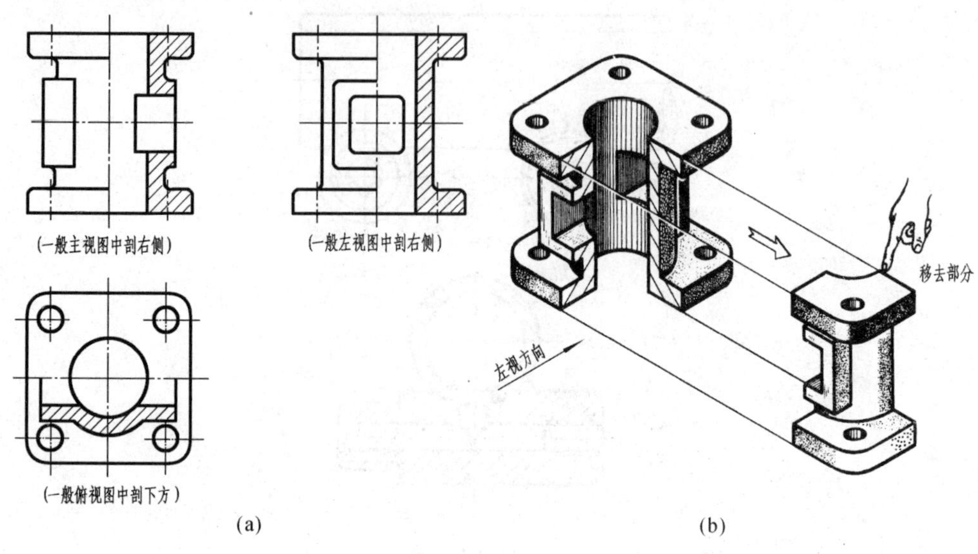

图 5-16 半剖视图

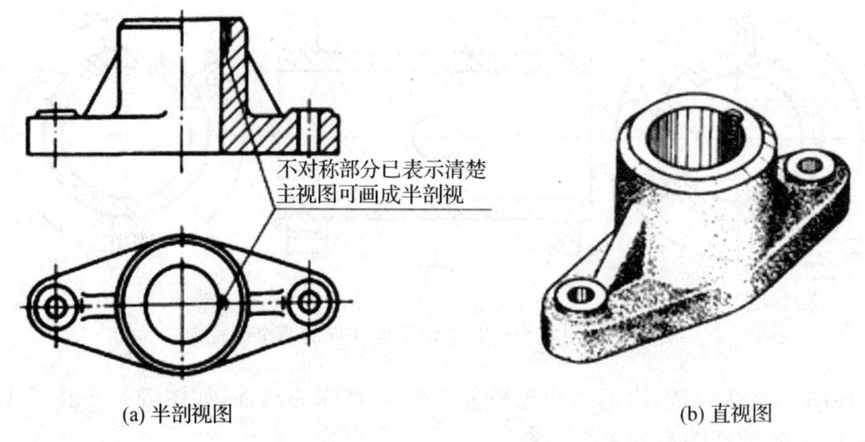

(a) 半剖视图　　(b) 直视图

图 5-17 基本对称的半剖视图

视图中，局部剖切的次数不宜过多，否则就会影响图形的清晰度。

画局部剖视图应注意以下几点：

①局部剖视图用波浪线或双折线。波浪线和双折线不应和图样上其他图形重合。当被剖切结构为回转体时，允许将该结构的轴线作为局部剖视图与视图的分界线，如图 5-18 所示。

②当对称机件在对称中心线处有图线而不便于采用半剖视图时，应采用局部剖视图表示，如图 5-19 所示。

③当实心零件上有孔、凹坑和键槽等局部结构时，也常用局部剖视图表达，如图 5-20 所示。

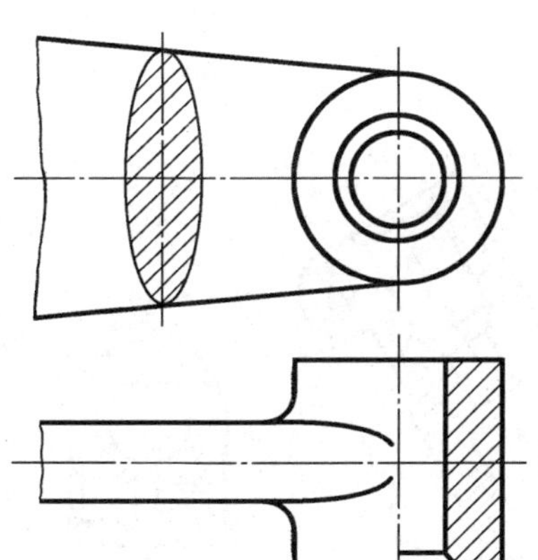

图 5-18 可用中心线代替波浪线

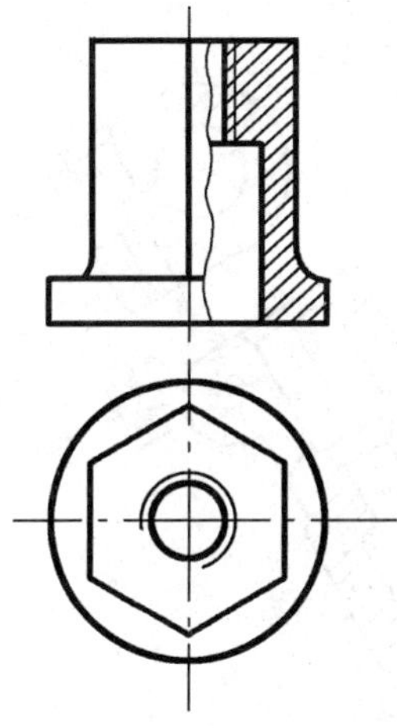

图 5-19 不便采用半剖的对称机件

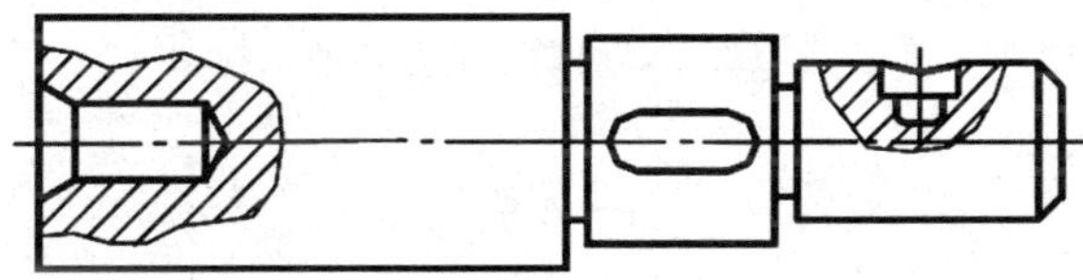

图 5 20 实心零件上的局部剖视图

3. 剖切面的种类

根据机件内部结构特点和表达需要，可选用单一剖切面、几个平行的剖切平面和几个相交的剖切面剖开机件。

(1)单一剖切面

单一剖切平面可以是平行于某一基本投影面的平面，如图 5-21 所示。也可以是不平行于任何基本投影面的平面(斜剖切面)，如图 5-22(a)所示。必要时，允许将斜剖视图旋转配置，但必须在剖视图上方标注出旋转符号，如图 5-22(b)所示。

一般用单 剖切平面剖切机件，也可用单一柱面剖切机件。采用单一柱面剖切机件时，剖视图一般按展开绘制，如图 5-23 所示。

(2 几个平行的剖切平面

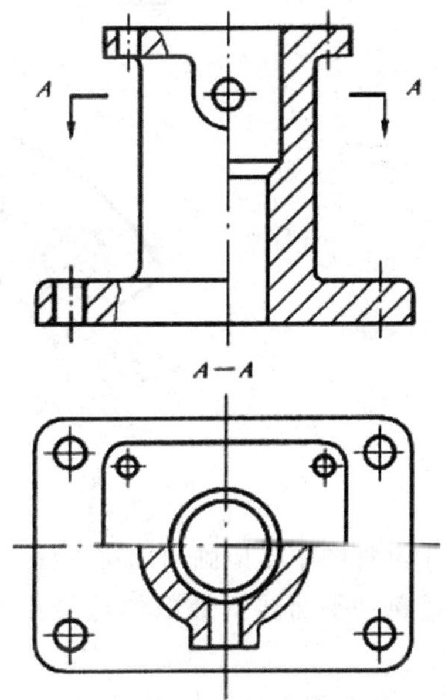

图 5-21 单一平行剖切平面获得的剖视图

采用这种方法画剖视图时，各剖切平面的转折处必须为直角，且在图形内不应出现不完整的要素，仅当两个要素在图形上具有公共对称中心线或轴线时，可以各画一半，此时应以对称中心线或轴线为界，如图 5-24 所示。

画剖视图时应注意以下几点：

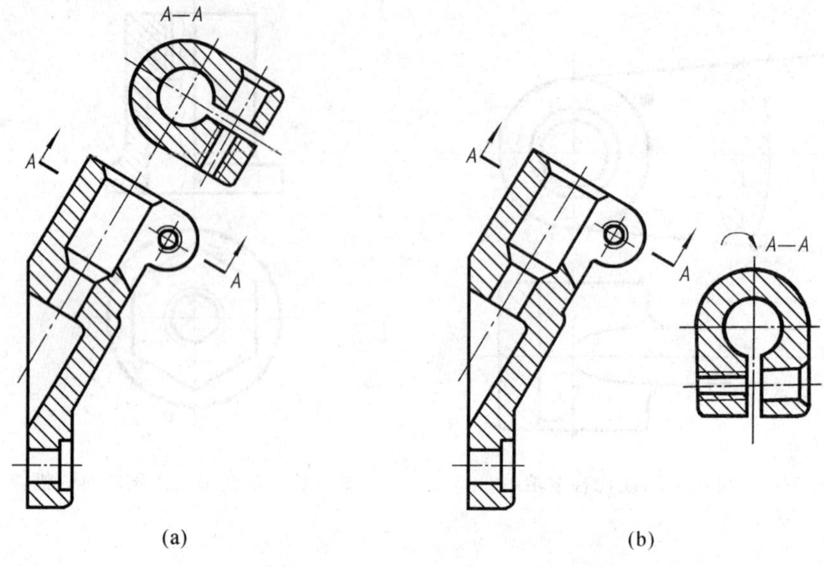

图 5-22　单一斜剖切平面获得的剖视图

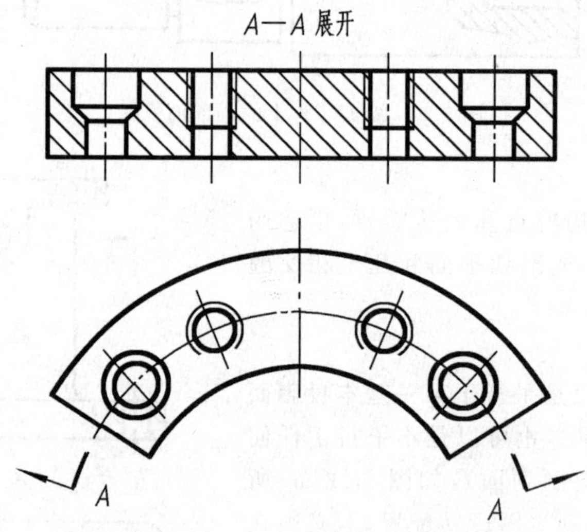

图 5-23　单一剖切柱面获得的剖视图

①剖视图中不应画出剖切平面转折的界线，如图 5-25(a)所示。

②剖切平面转折处剖切符号中的粗实线不应与视图中的轮廓线重合，如图 5-25(b)所示。

(2)几个相交的剖切平面

采用这种方法画剖视图时，先假设按剖切位置剖开机件，然后将被剖切平面剖开的结构及其有关部分旋转到与选定的投影面平行再进行投射，如图 5-26 所示；或采用展开画法，此时应标注“X-X 展开”，如图 5-27 所示。在剖切平面后的其他结构，一般仍按原来位置投射，如图 5-28 所示。当剖切后产生不完整要素时，应将此部分按不剖绘制，如图 5-29 中的臂板。

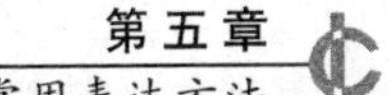

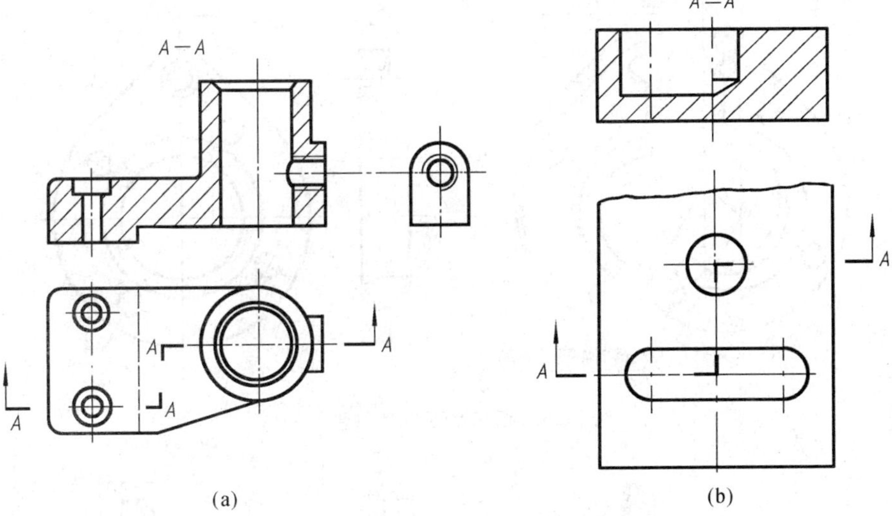

图 5-24　平行平面剖切的剖视图

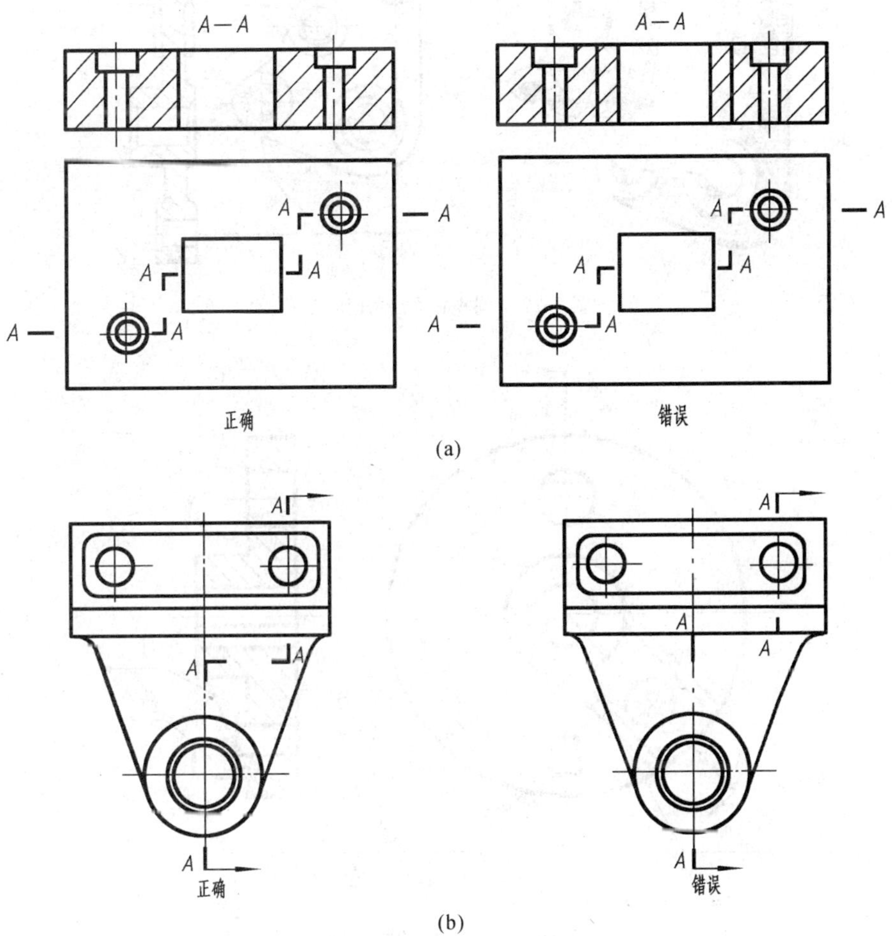

图 5-25　几个平行平面剖切的剖视图作图时常见错误

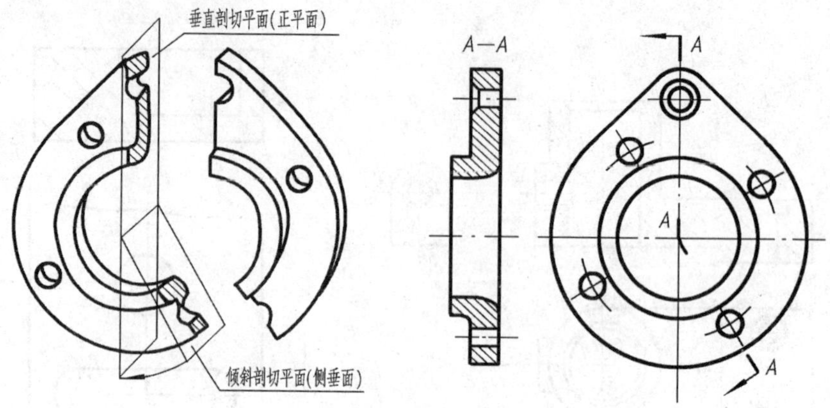

图 5-26　相交平面剖切的剖视图

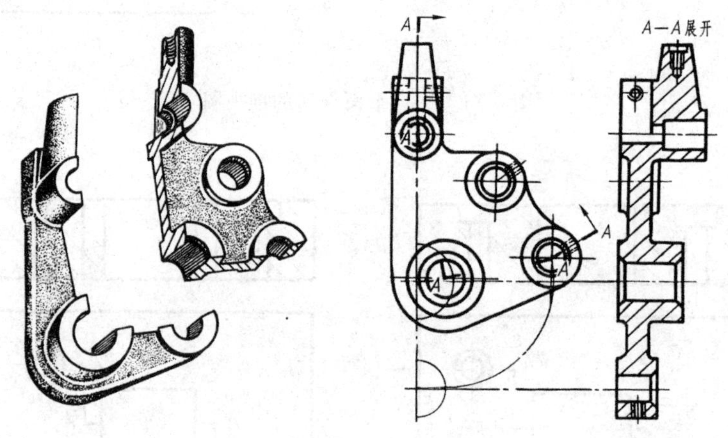

图 5-27　剖视图的展开画法

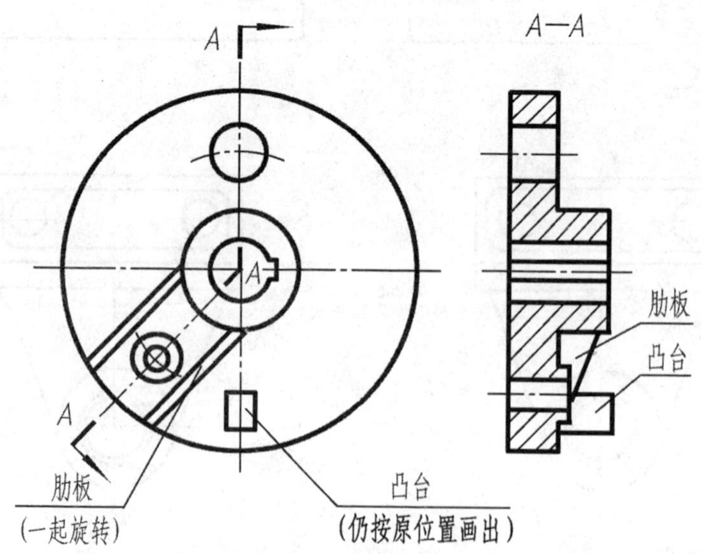

图 5-28　有关结构的规定画法

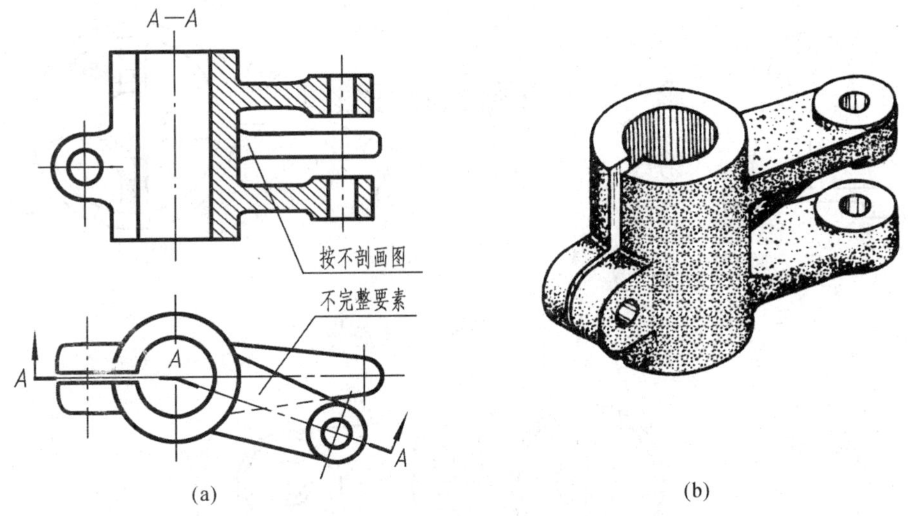

图 5-29　不完整要素的规定画法

5.3　断面图

1. 断面图的概念

假想用剖切面将物体的某处切断，仅画出该剖切面与物体接触部分的图形，称为断面图(简称断面)。断面图主要用来表达机件上某些部分的截断面形状，如肋、轮辐、键槽、小孔及各种细长杆件和型材的截断面形状等，如图 5-30、图 5-31 所示。

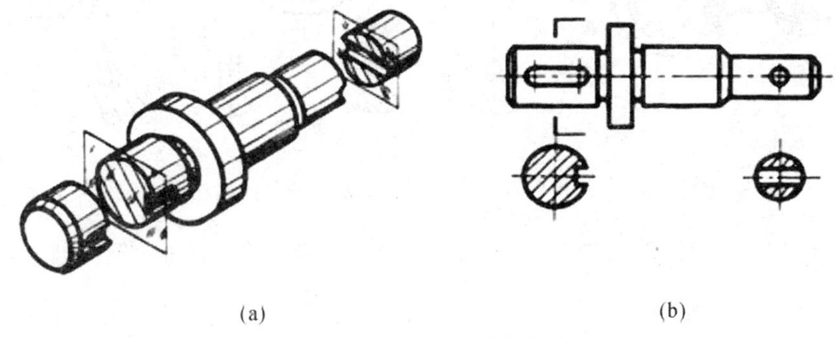

图 5-30　断面图

2. 断面图的种类

断面图可分为移出断面图和重合断面图。

(1)移出断面图

画在视图外面的断面图称为移出断面图。移出断面图通常按下列原则绘制和配置：

①移出断面的轮廓线用粗实线绘制，通常配置在剖切线的延长线上，如图 5-31 所示。移出断面的图形对称时也可画在视图的中断处，如图 5-32 所示。

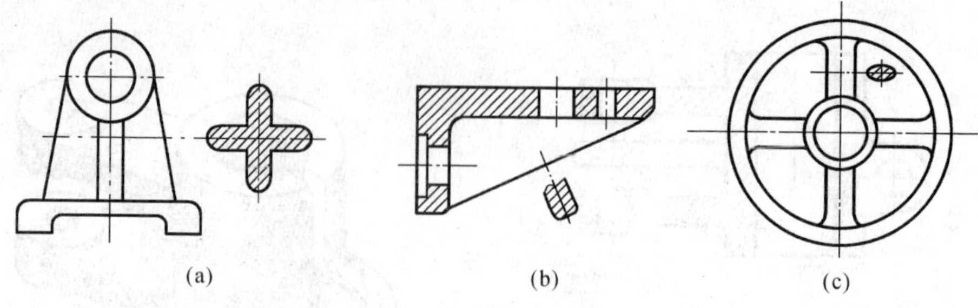

图 5-31　断面图及其应用

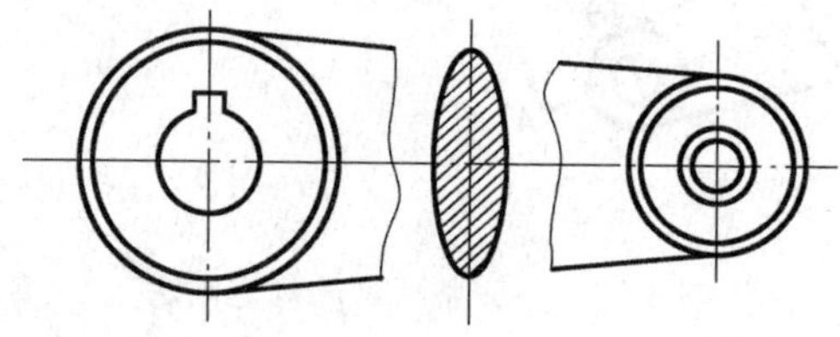

图 5-32　配置在视图中断处的移出断面图

②必要时可将移出断面配置在其他适当的位置。在不引起误解时，允许将图形旋转，其标注形式，如图 5-33 所示。

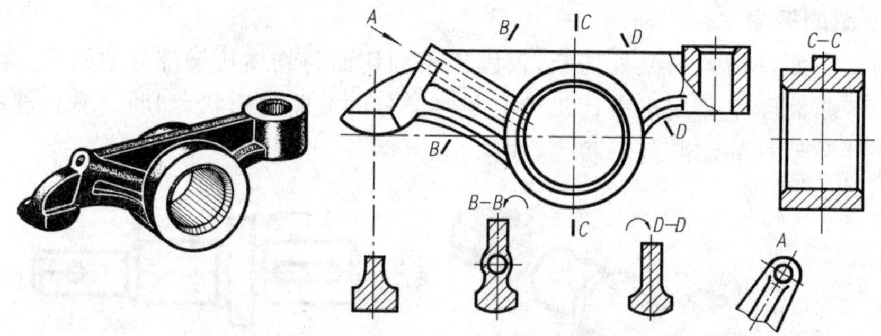

图 5-33　可异地配置或旋转的移出断面图及其标注形式

③由两个或多个相交的剖切平面剖切得出的移出断面图，中间一般应断开，如图 5-34 所示。

图 5-34　断开的移出断面图

④当剖切平面通过回转而形成的孔或凹坑的轴线时，或剖切平面通过非圆孔会导致出现完全分离的断面时，则这些结构按剖视图要求绘制，如图 5-35：A-A 和 B-B、图 5-36 所示。

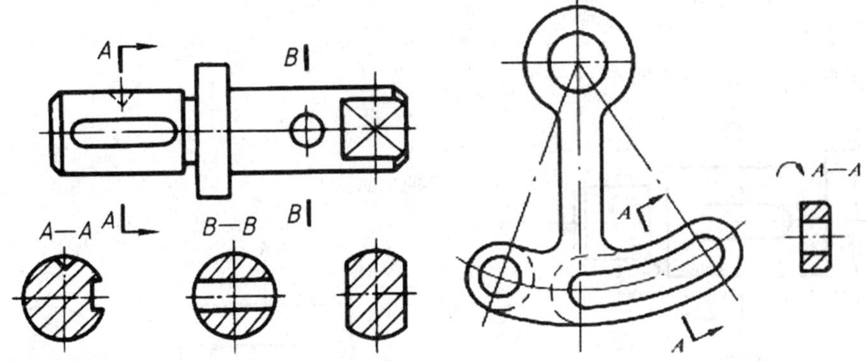

图 5-35 带有孔或凹坑的移出断面图 图 5-36 按剖视图绘制的移出断面图

⑤为便于读图，逐次剖切的多个断面图可按图 5-37、图 5-38 形式配置。

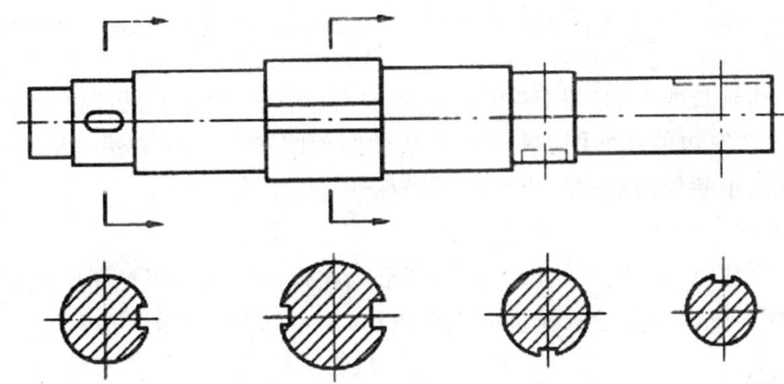

图 5-37 逐次剖切的多个断面图的配置(一)

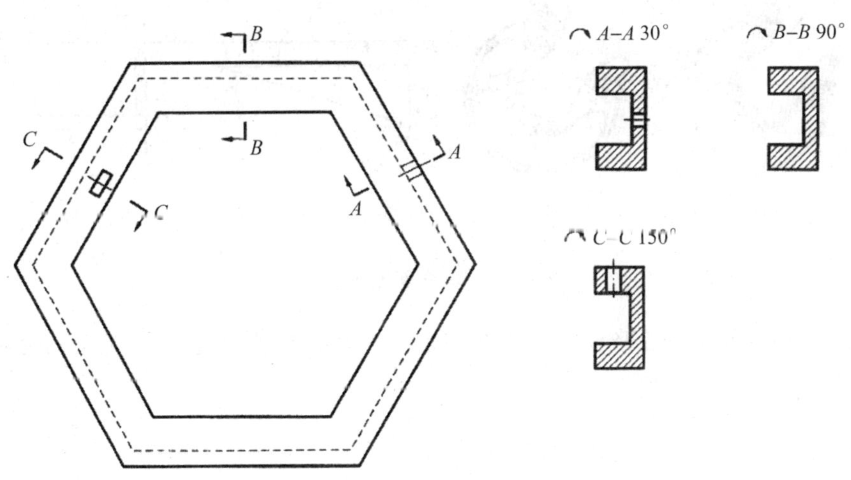

图 5-38 逐次剖切的多个断面图的配置(二)

移出断面图的完全标注与剖视图标注一致，下列情况可以省略一些内容：

①配置在剖切符号延长线上的不对称移出断面不必标注字母，如图 5-30(b)左边的断面图、图 5-37 左边的两个断面图及图 5-39 所示。

②不配置在剖切符号延长线上的对称移出断面(如图 5-35：B-B 所示)，以及按投影关系配置的移出断面(如图 5-40 所示)，一般不必标注箭头。

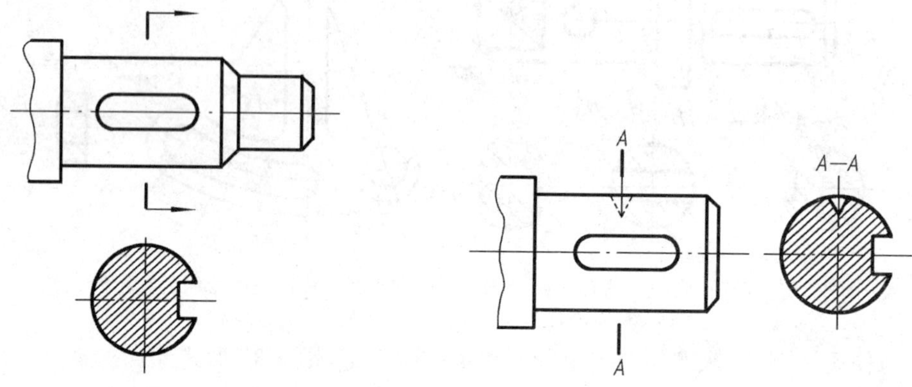

图 5-39　省略字母的不对称移出断面　　图 5-40　按投影关系配置的移出断面

③配置在剖切延长线上的对称移出断面，不必标注字母和箭头，如图 5-30(b)右边的断面、图 5-31、图 5-33 左边的断面图、图 5-35 右边的断面图及图 5-37 右边的两个断面图所示。

④配置在视图中断处的对称移出断面不必标注，如图 5-32 所示。

(2)重合断面图

重合断面的轮廓线用细实线绘出。断面图形画在视图之内。当视图中轮廓线与重合断面图的图形重叠时，视图中的轮廓线仍应连续画出，不可间断。如图5-41所示。

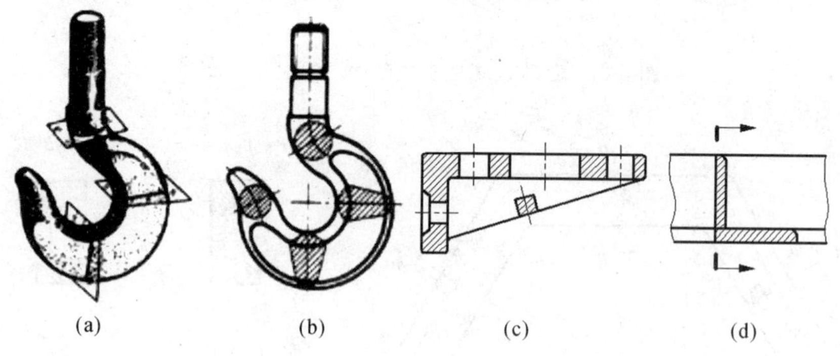

图 5-41　重合断面画法

不对称的重合断面可省略标注，如图 5-41(d)所示。对称的重合断面不必标注，如图 5-41所示。

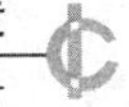

5.4 其他表达方法

为了图形清晰和画图简便，国家标准(GB/T 4458.1—2002 和 GB/T 4458.6—2002)中还规定了其他表达方法，供绘图时选用。

1. 规定画法

(1)局部放大图

将机件的部分结构，用大于原图形所采用的比例画出的图形，称为局部放大图。

局部放大图可画成视图，也可画成剖视图、断面图，它与被放大部分的表达方法无关，如图 5-42 所示。局部放大图应尽量配置在被放大部位的附近。

绘制局部放大图时，除螺纹牙型、齿轮和链轮的齿形外，应按图 5-42、图 5-43 用细实线圈出被放大的部位。

当同一机件上有几个被放大的部分时，应用罗马数字依次标明被放大的部位，并在局部放大图的上方标注出相应的罗马数字和所采用的比例，如图 5-42 所示。

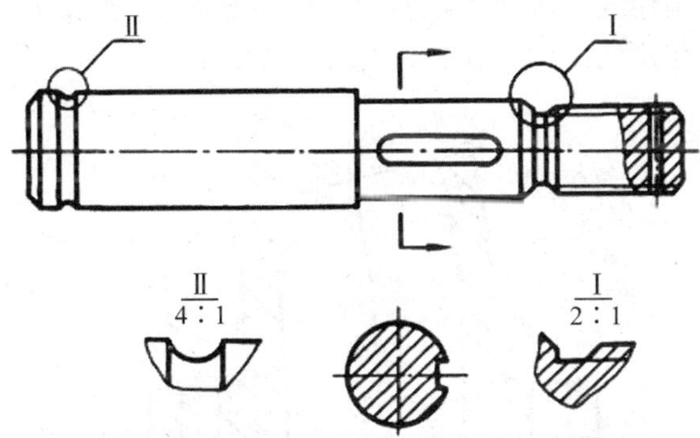

图 5-42　有几个被放大部分的局部放大图画法

当机件上被放大的部分仅一个时，在局部放大图的上方只需注明所采用的比例，如图 5-43 所示。

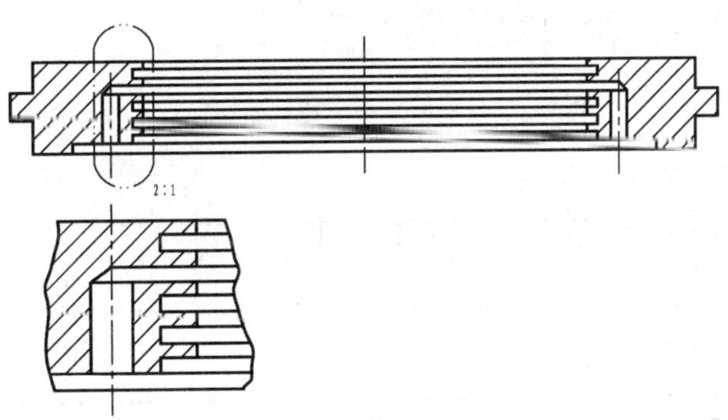

图 5-43　有几个被放大部分的局部放大图画法

同一机件上不同部位的局部放大图，当图形相同或对称时，只需画出一个，如图 5-44 所示。

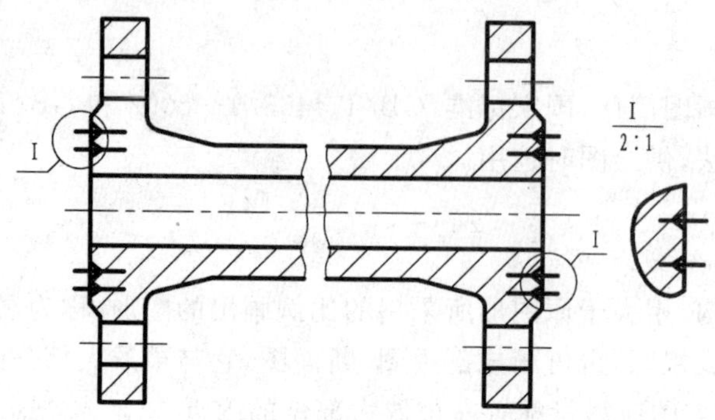

图 5-44　被放大部位相同的的局部放大图画法

(2)重复结构要素

零件中成规律分布的重复结构，允许只绘制出其中一个或几个完整的结构，并反映其分布情况。对称的重复结构用细点画线表示各对称结构要素的位置，如图 5-45、图 5-46 所示。不对称的重复结构则用相连的细实线代替，如图 5-47 所示。

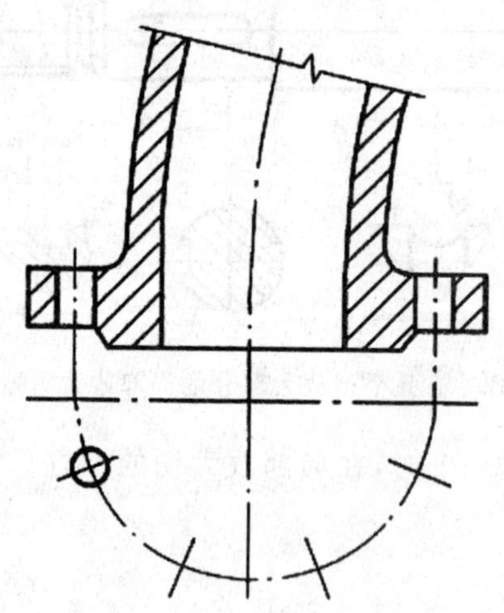

图 5-45　对称的重复结构的画法(一)

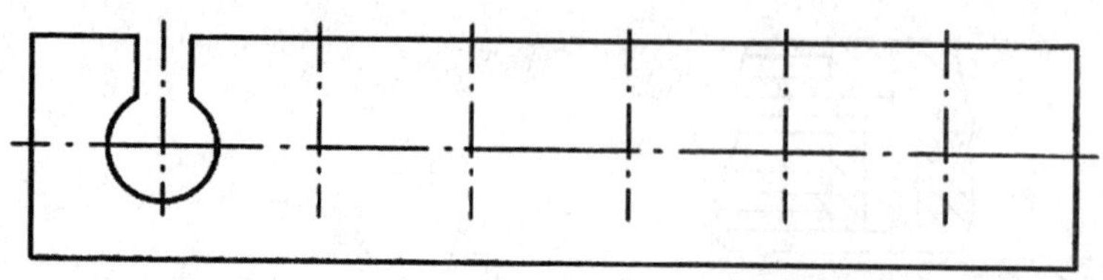

图 5-46　对称的重复结构的画法(二)

图 5-47　不对称的重复结构的画法

(3)其他规定画法

①对于机件的肋机件的肋、轮辐及薄壁等,如按纵向剖切,这些结构都不画剖面符号,而用粗实线将它与其邻接部分分开,如图 5-48、图 5-49 所示。

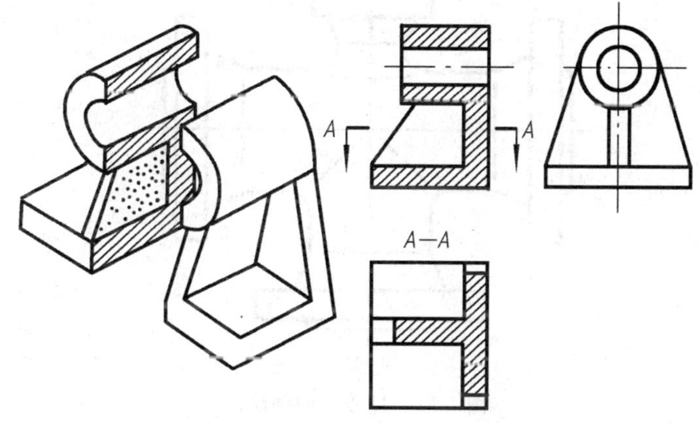

图 5-48　肋的剖切的规定画法

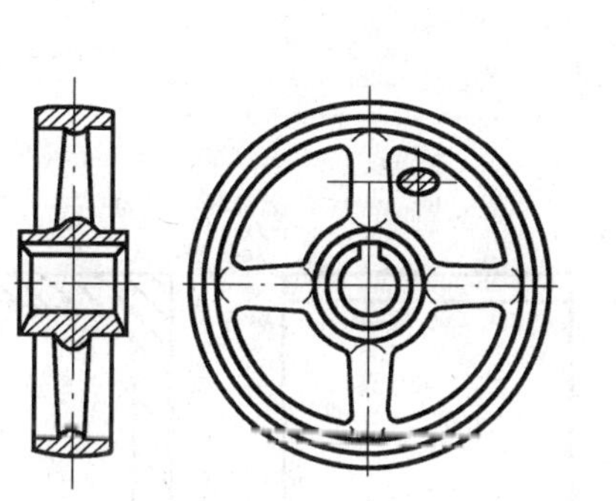

图 5-49　轮辐的剖切的规定画法

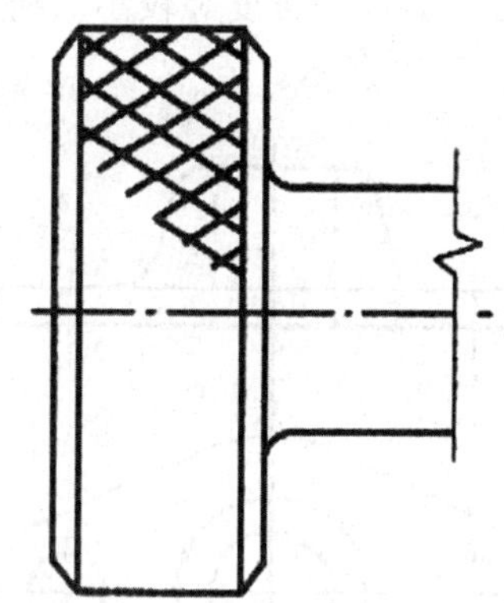

图 5-50　网状结构的画法

②滚花、槽沟等网状结构应用粗实线完全或部分地表示出来,如图 5-50 所示。

③较长的机件(轴、杆、型材、连杆等)沿长度方向的形状一致或按一定规律变化时,可断开绘制,其断裂边界用波浪线绘制,如图 5-51 所示。断裂边界也可用双折线或细双点画线绘制。

④过渡线应用细实线绘制,且不宜与轮廓线相连,如图 5-52 所示。

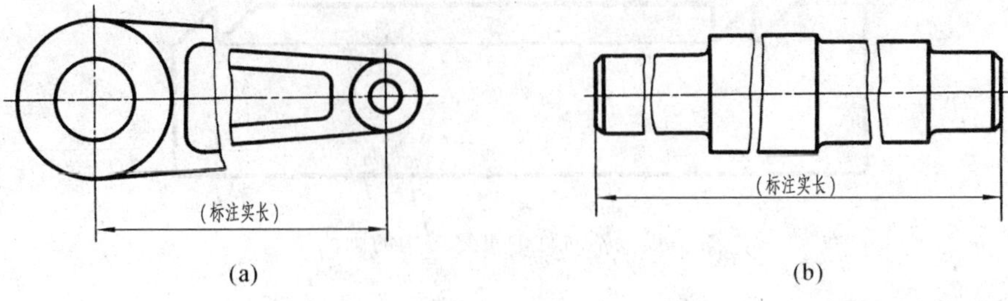

图 5-51　较长机件的折断画法

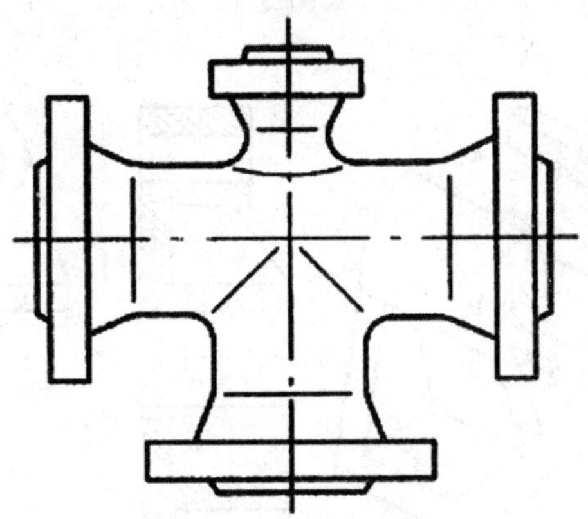

图 5-52　过渡线的画法

2. 简化画法

(1)机件上斜度和锥度等较小的结构,如在一个图形中已表达清楚时,其他图形可按小端画出,如图 5-53 所示。.

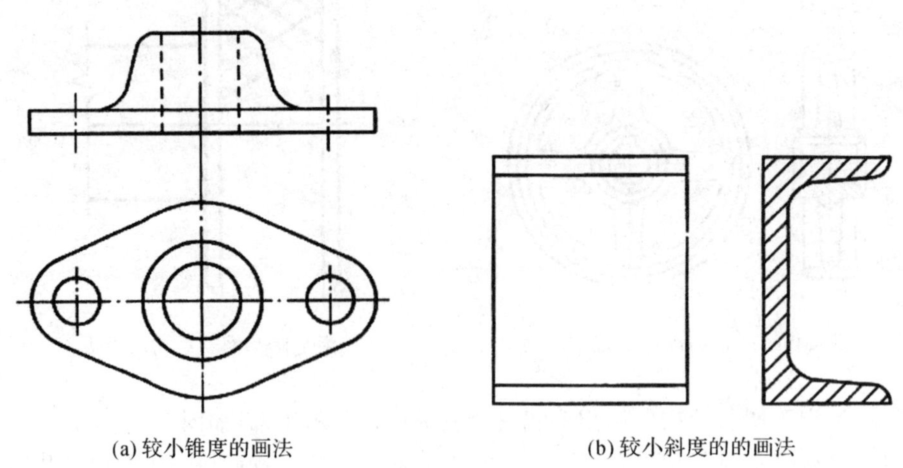

图 5-53　机件上斜度和锥度等较小的结构画法

(2)为了避免增加视图或剖视图,可用细实线绘出对角线表示平面,如图 5-54 所示。

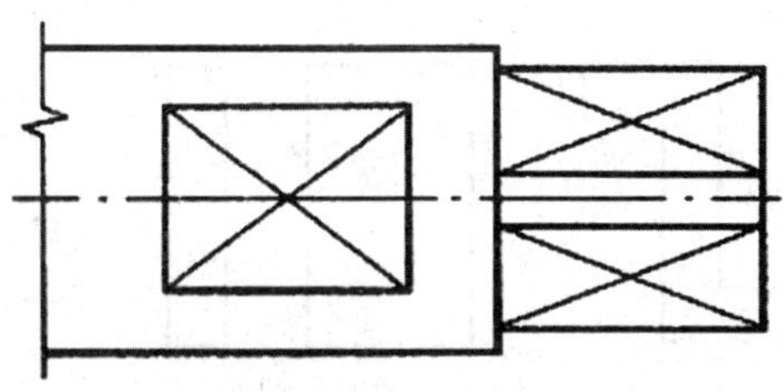

图 5-54 平面画法

(3)圆盘形法兰和类似结构上按圆周均匀分布的孔,可按图 5-55 所示的方式表示。

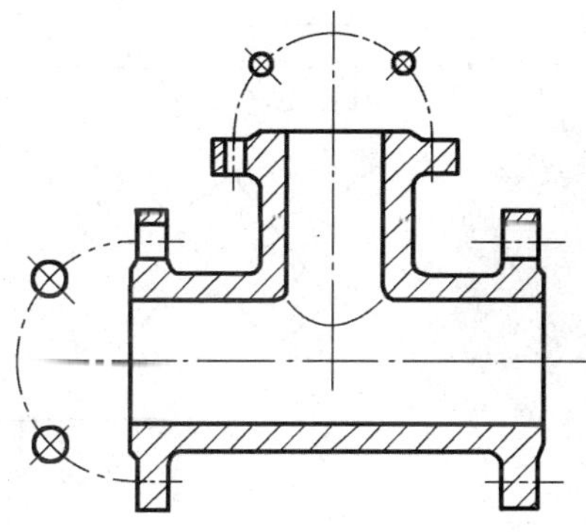

图 5-55 圆柱形法兰均布孔的简化画法

(4)在不致引起误解时,非圆曲线的过渡线及相贯线允许简化为圆弧或直线,如图 5-56 所示。

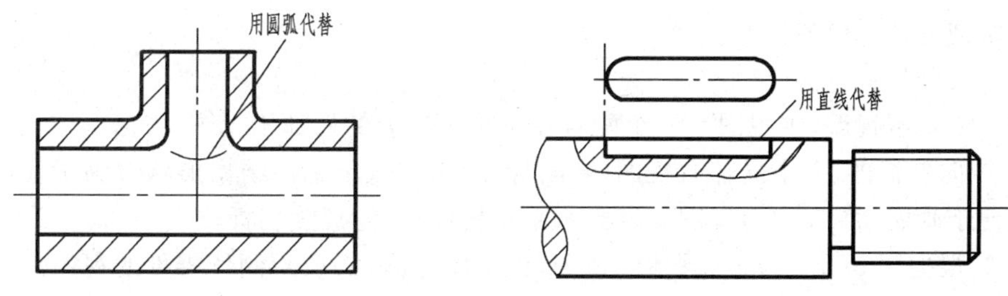

图 5-56 非圆曲线的简化画法

(5)在不致引起误解时,零件图中的小圆角、锐边小倒圆或 45°小倒角允许省略不画,但必须注明尺寸或在技术要求中加以说明,如图 5-57 所示。

学习项目 剖视图的绘制

任务 1:根据图 5-58(a)所示压紧杆立体图,识读图 5-58(b)所示压紧杆零件的视图。

表达方法分析:

如图 5-58(a)所示压紧杆立体图。在实际生产中,当机件的形状和结构比较复杂时,仍用三视图表达,则难于把机件的内外形状准确、完整、清晰地表达出来。压紧杆的视图表达方案是在学习了视图表达方法(基本视图、向视图、局部视图、斜视图)的基础上,根据零件实

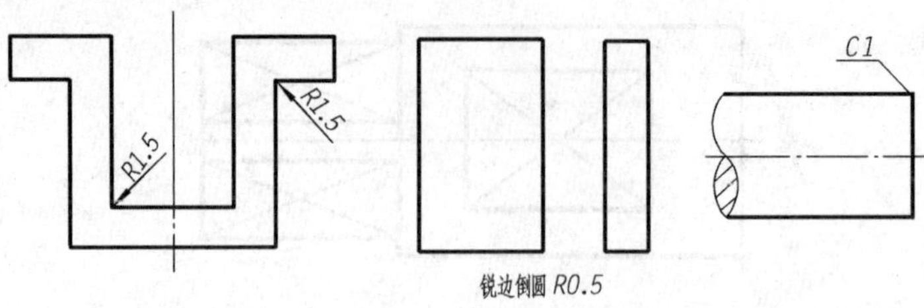

图 5-57　圆角、倒角的简化画法

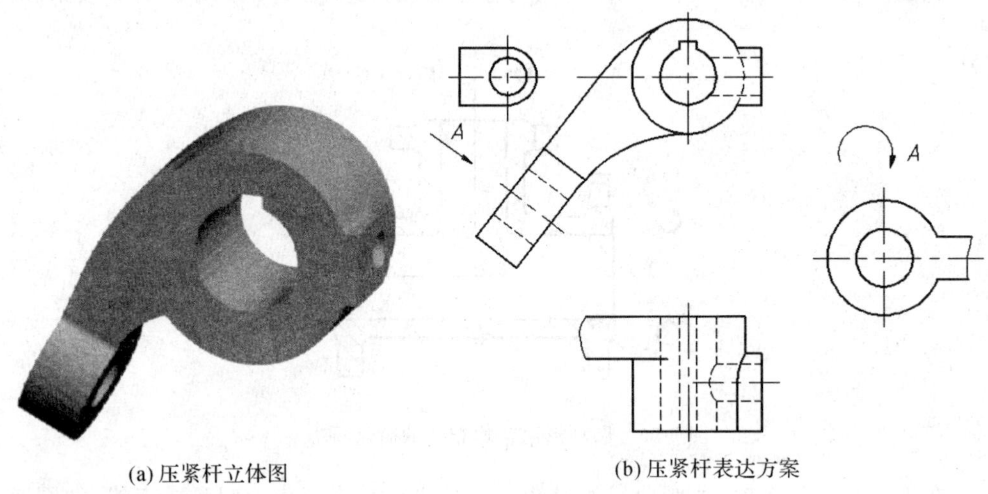

(a) 压紧杆立体图　　(b) 压紧杆表达方案

图 5-58　压紧杆零件及表达方案

际形状和结构特征形成的。

表达方案分析：

采用一个基本视图(主视图)、一个配置在基本位置上的局部俯视图(省略标注)、一个旋转配置的 A 向斜视图、一个局部右视图(省略标注)来表达压紧杆结构形状。为了使图面更加紧凑又便于画图，将 A 向斜视图旋转到水平位置画出，注意旋转标注。

任务 2：根据图 5-59(a)所示阀体立体图，识读图 5-59(b)所示阀体零件的视图。

表达方法分析：

如图 5-59(a)所示阀体立体图。仅用视图表达阀体机件时，其内部孔的结构都是用细虚线来表示，其内部结构形状复杂，视图中就会出现许多细虚线，使图形不够清晰，既不便于绘图、读图，也不便于标注尺寸。阀体的表达方案是在学习了各种剖视图画法的基础上，根据阀体实际形状和结构特征形成的。

表达方案分析：

(1)A-A 全剖主视图采用了两个相交的剖切平面，其剖切符号画在 B-B 全剖俯视图中，按投影关系配置，省略箭头。主视图主要表达阀体的内部连通关系，同时也表达了顶部和下端法兰上的圆孔，而上水平支管左端法兰的圆孔因规则分布，可将其圆孔旋转到剖切平面上绘制。

(2)B-B 全剖俯视图采用了两个平行的剖切平面，其剖切符号画在 A-A 全剖主视图中，

(a) 阀体立体图

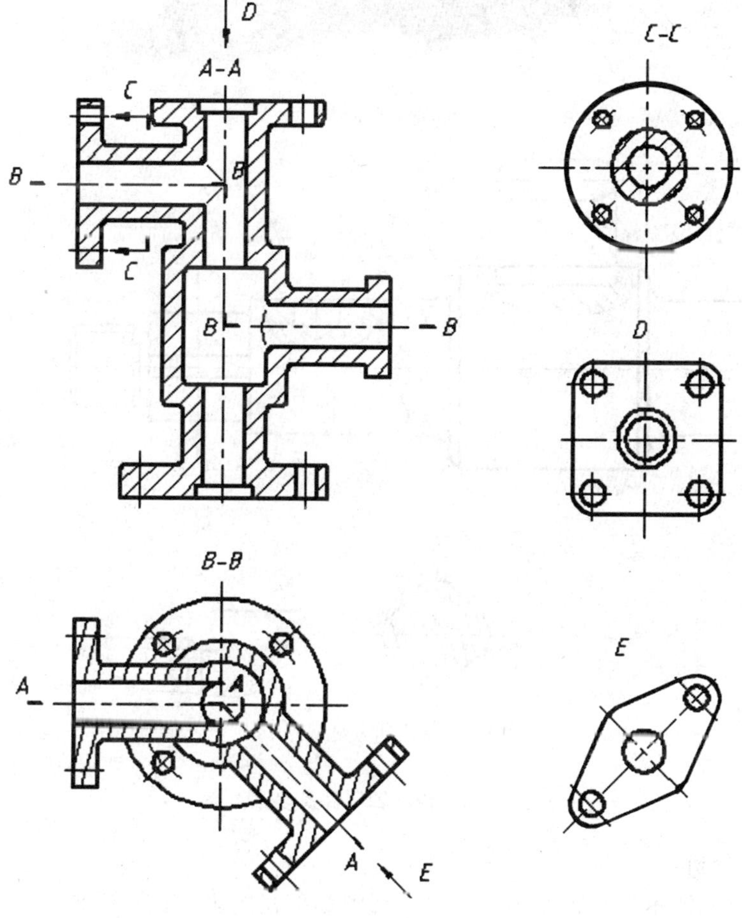

(b) 阀体表达方案

图 5-59 阀体零件及表达方案

按投影关系配置，省略箭头，下水平支管的主要轮廓与水平成 45°，故俯视图的剖面线与水平成 60°。俯视图主要表达上下两水平支管的相对位置，同时还反映阀体下端法兰的形状。

(3)C-C 剖视图，未按投影关系配置，由箭头可知是向左投射。C-C 剖视图表达上水平支管左端法兰的形状和四个圆孔的分布情况。

(4)D 向局部视图，未按投影关系配置，表示投射方向的箭头画在 A-A 全剖主视图相应结构附近。D 向局部视图表达总管阀体顶部法兰的形状。

(4)E 向斜视图，为按投影关系配置，表示其投射方向的箭头画在 B-B 全剖俯视图相应结构附近。E 向斜视图表达了下水平支管端部法兰的形状。

任务 3：根据图 5-60(a)所示传动轴立体图，识读图 5-60(b)所示传动轴零件的视图。

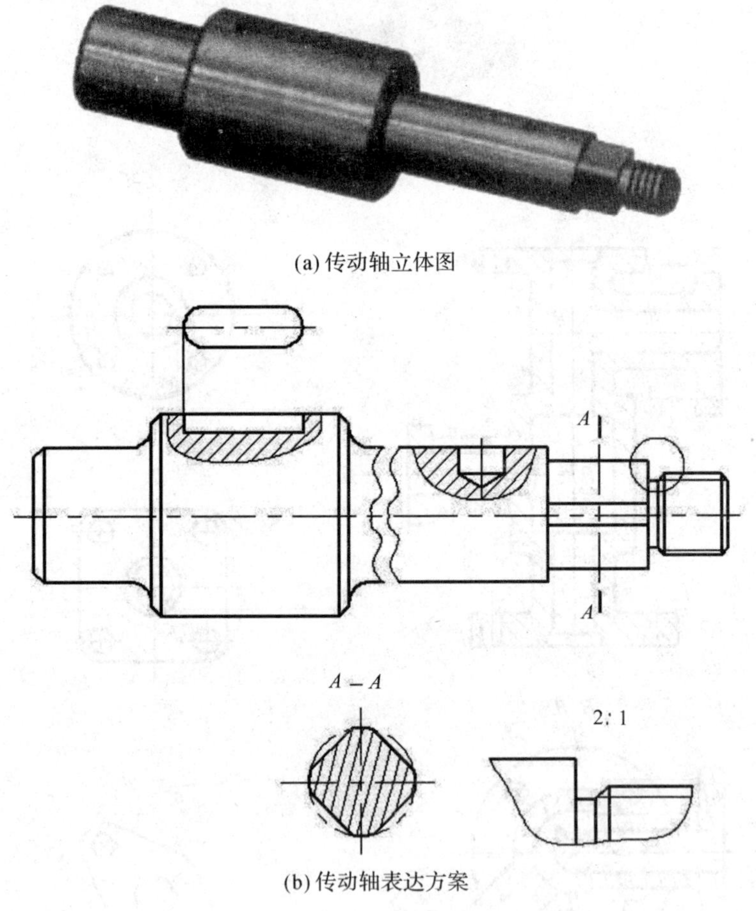

(a) 传动轴立体图

(b) 传动轴表达方案

图 5-60　传动轴零件及表达方案

表达方法分析：

如图 5-60(a)所示传动轴立体图。仅用视图和剖视图表达该轴结构，显然不合适。传动轴的表达方案是在学习了断面图、规定画法及简化画法的基础上，根据阀体实际形状和结构特征形成的。

表达方案分析：

(1)带两处局部剖视图的主视图：主视图水平放置，键槽和小回转孔旋转至正上方，便于

利用右边位置的局部剖视图表达小回转孔内部结构的钻孔深度和底部锥形,左边位置的局部剖视图表达了轴上键槽内部结构的长度和深度。

(2)主视图上方局部视图:第三角画法配置,用细点画线连接,无标注。局部视图表达键槽结构形状。

(3)局部放大图:只有一处局部放大,在主视图上用细实线圆圈出放大部位,不标序号,局部放大图形采用视图表达方法,波浪线表示断裂边界,其图上方标注放大比例。局部放大图表达轴上加工槽的细部结构。

(4)轴的断裂:断开绘制,断裂边界用波浪线绘制。表示轴在一定的长度形状一致,标注时按实长标注。

(5)A-A 移出断面:对称结构,未配置在剖切线的延长线上,省略箭头。(若配置在剖切线延长线上,则不必标注,省略粗短画、字母,但注意不能省略剖切线)。A-A 移出断面表达此处有平面,是方轴。

(6)简化画法:主视图上键槽处的小相贯线和截交线的省略以及主视图上平面的画法省略两条加工的截交线。

思考与总结

本章主要介绍机件常用的表达方法。机件尤其是结构复杂的零件通常需要多个视图、以及各种不同剖切方法组成的表达方案才能合理反映出具体结构。因此通过本章的学习,不仅能够掌握各种视图以及剖切方法的画法,同时掌握合理表达方案的组合和选择。

各种机件表达方法是基于投影作图的基础上,由国家标准《技术制图》、《机械制图》中具体规定的,合理的表达方案时采用的视图数量少、又能将机件结构反映清楚,且符合人们的看图习惯。我们务必通过大量的练习,逐步掌握合理表达方案的选用技巧。

思考题:

1. 各种辅助视图其作用是什么?与基本视图如何组合使用?
2. 剖视图的标注与配置需要注意哪些问题?
3. 断面图和剖视图有什么区别,什么情况下采用断面图?
4. 机件常用的表达方法和所采用的表达方案其含义有什么不同?

第六章　标准件与常用件的规定画法

教学内容导航

在各种机器设备中，经常遇到一些标准件和常用件，如螺栓、螺钉、螺母、垫圈、键、销、滚动轴承、齿轮、弹簧等，如图6-1所示。由于这些零件(或组件)、需用量大，为便于制造和使用，国家标准将其结构尺寸全部或部分地实行了标准化；同时为使绘图简便，国家标准《机械制图》制定了它们的规定画法、代号以及标记方法。

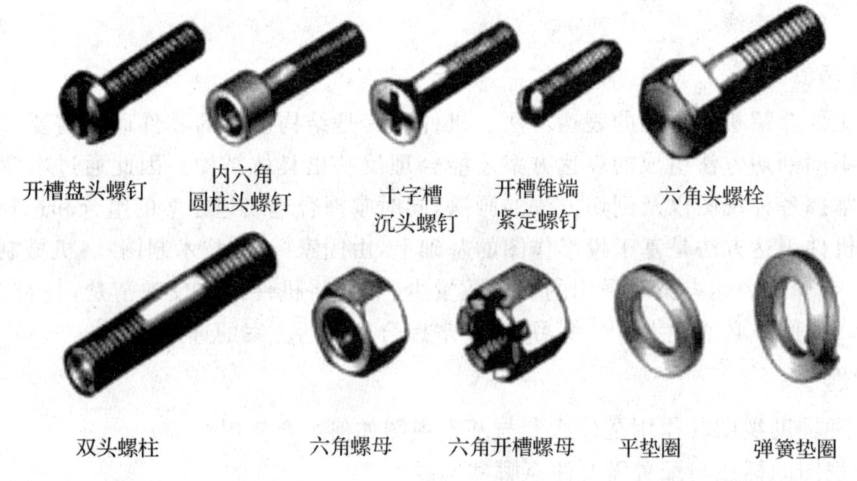

图6-1　各种紧固件

本章主要介绍标准件和常用件的规定画法、代号以及标记方法，通过学习和训练，使学生掌握标准件和常用件单件及连接装配的规定画法、代号以及标记方法。

作图原理及方法

6.1　螺纹的规定画法

6.1.1　螺纹的形成

螺纹是在圆柱表面或圆锥表面上，根据螺旋线的形成原理加工出具有相同断面的连续凸起和凹槽，如图6-2所示。凸起部分的顶端称为牙顶，凹槽部分的底部称为牙底。在圆柱和圆锥外表面上形成的螺纹叫外螺纹，在内表面上形成的螺纹叫内螺纹，人们常见的螺钉和螺母上的螺纹，分别是外螺纹和内螺纹。

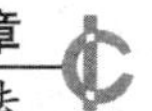

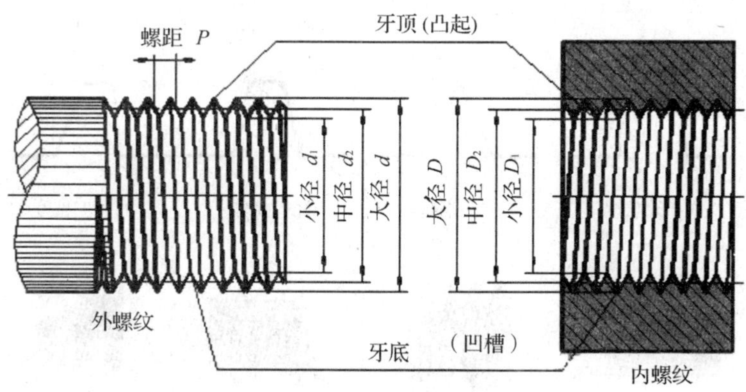

图 6-2　内外螺纹

生产实际中螺纹通常是在车床上加工的,工件等速旋转,同时车刀沿轴向等速移动,即可加工出螺纹,如图 6-3 所示。也可用板牙或丝锥加工直径较小的螺纹,俗称套扣或攻丝,如图 6-4 所示。

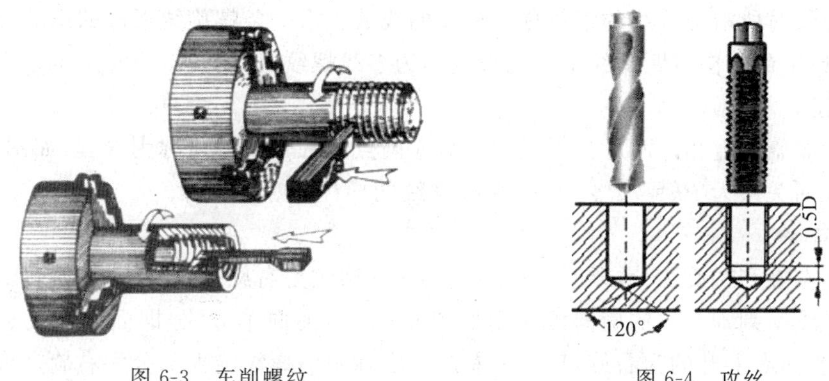

图 6-3　车削螺纹　　　　图 6-4　攻丝

6.1.2　螺纹的要素

1. 牙型

牙型是指在通过螺纹轴线的断面上螺纹的轮廓形状,其凸起部分称为螺纹的牙,凸起的顶端称为螺纹的牙顶,沟槽的底部称为螺纹的牙底。常见的螺纹牙型有三角形、梯形、锯齿形和矩形等,如图 6-5 所示。

2. 直径

大径 d、D:与外螺纹牙顶或内螺纹牙底相切的假想的圆柱直径称为螺纹的大径。外螺纹和内螺纹的大径分别用 d 和 D 表示。代表螺纹尺寸的直径称为螺纹公称直径。

小径 $d1$、$D1$:与外螺纹牙底或内螺纹牙顶相切的假想圆柱的直径称为螺纹的小径。外螺纹和内螺纹的小径分别用 $d1$、$D1$ 表示。

中径 $d2$、$D2$:是指一个假想圆柱的直径,该圆柱的母线通过牙型上沟槽和凸起宽度相等的地方。外螺纹和内螺纹的中径分别用 $d2$、$D2$ 表示。如图 6-2 所示。

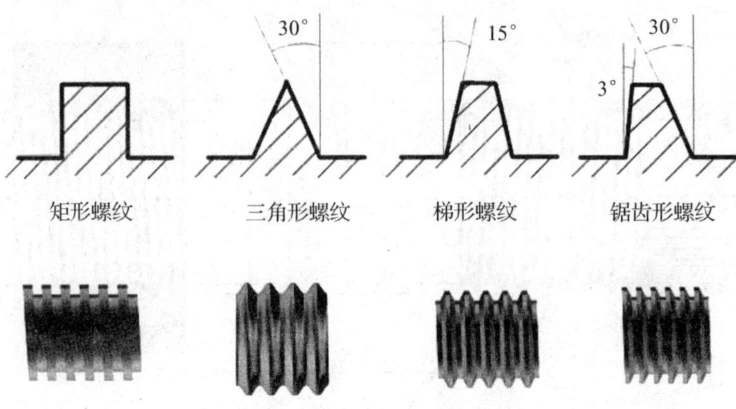

图 6-5　螺纹的牙型

3. 螺距 P

相邻两牙在中径线上对应两点间的轴向距离称为螺距，如图 6-2 所示。

4. 线数 n

形成螺纹时所沿螺旋线的条数称为螺纹的线数。沿一条螺旋线形成的螺纹称为单线螺纹；沿一条以上的轴向等距螺线形成的螺纹称为多线螺纹，如图 6-6 所示。

5. 导程

同一螺纹旋线上相邻两牙在中径线上对应两点间的轴向距离称为导程，如图 6-6 所示。螺距与导程的关系为 $Ph=nP$。显然，单线螺纹的导程与螺距相等。

6. 旋向

螺纹有右旋和左旋之分，顺时针旋转时旋入的螺纹为右旋螺纹，逆时针旋转时旋入的螺纹为左旋螺纹。判别螺纹的旋向可采用如图 6-7 所示的简单方法，即面对轴线竖直的外螺纹，螺纹自左向右上升的为右旋，反之为左旋。实际中的螺纹绝大部分为右旋。

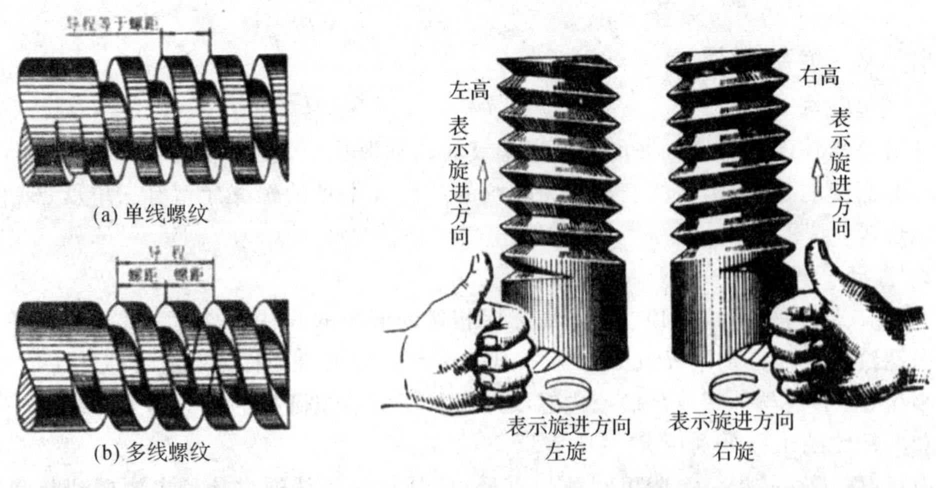

图 6-6　螺纹的线数和导程

图 6-7　螺纹的旋向

螺纹要素完全一致的外螺纹和内螺纹才能相互旋合，从而实现零件间的连接和传动。

6.1.3 螺纹的规定画法

1. 外螺纹的画法

外螺纹一般用视图表示，牙顶(大径)用粗实线绘制，牙底(小径，约等于大径的 0.85 倍)用细实线绘制；在平行于螺纹轴线的投影面上的视图中，用来限定完整螺纹长度的螺纹终止线用粗实线绘制。在垂直于螺纹轴线的投影面上的视图中，表示牙底的细实线圆只画约 3/4 圈，倒角圆不画。如图 6-8(a)所示。

螺尾一般不表示。当需要表示螺尾时，该部分的牙底线用与轴线为 30°角的细实线绘制，如图 6-8(b)所示。

当外螺纹被剖切时，被剖切部分的螺纹终止线只在螺纹牙处画出，中间是断开的；剖面线必须画到表示牙顶的粗实线处，如图 6-8(c)所示。

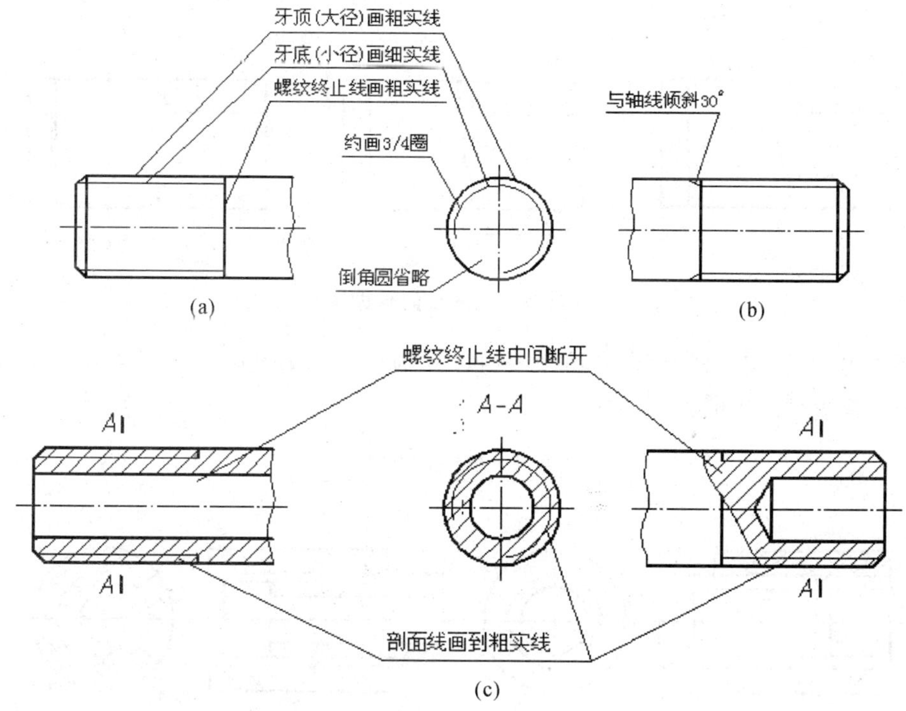

图 6-8 外螺纹的画法

2. 内螺纹的画法

在平行于螺纹轴线的投影面上的视图中，内螺纹一制，螺纹终止线用粗实线绘制，螺尾一般不表示。在垂直于螺纹轴线的投影面上的视图中，表示牙底细实线圆只画约 3/4 圈，倒角圆不画。剖面线也必须画到表示牙顶的粗实线处，如图 6-9(a)所示。

不可见螺纹的所有图线都用虚线绘制，如图 6-9(b)所示。

螺纹孔相贯的画法如图 6-9(c)所示。

3. 内外螺纹连接的画法

内外螺纹连接一般用剖视图表示。此时，内外螺纹的旋合部分按外螺纹画法绘制，其余部分仍按各自的画法绘制，如图 6-10 所示。

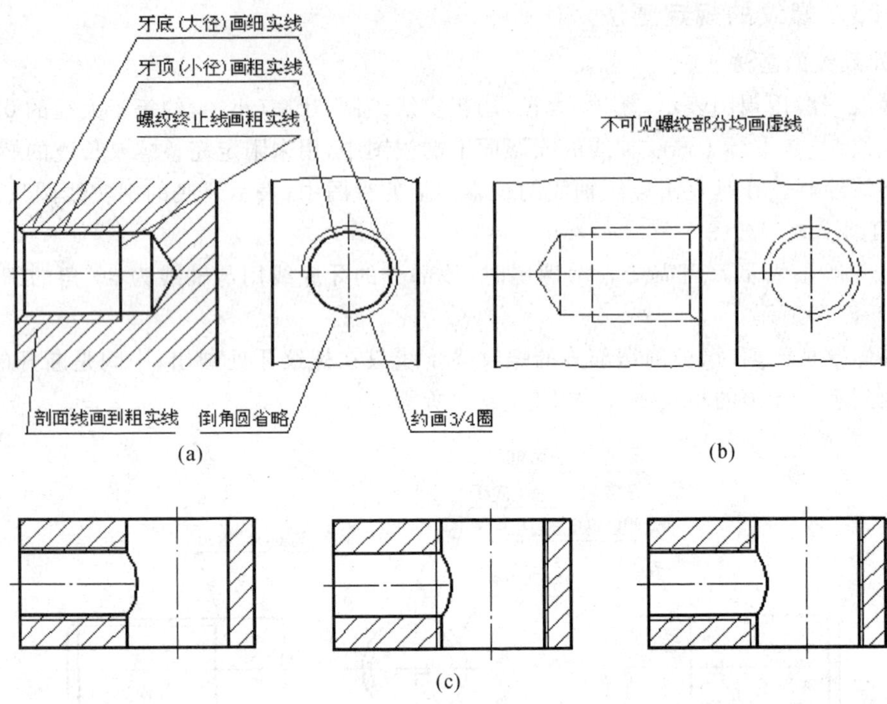

图 6-9　内螺纹的画法

需要指出，对于实心杆件，当剖切平面通过其轴线时按不剖画。如图 6-10 所示的外螺纹杆件便是按不剖画出的。

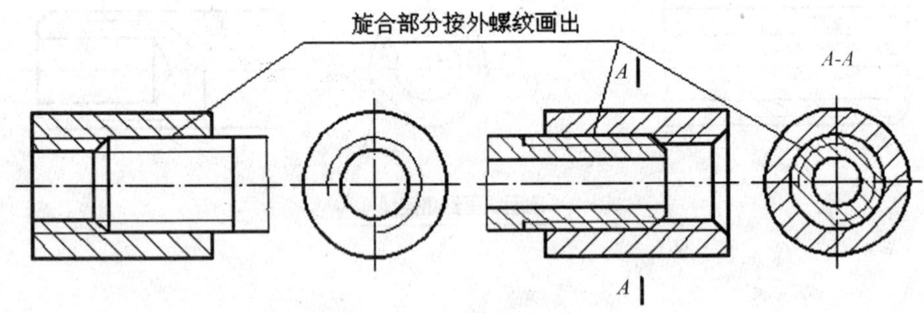

图 6-10　螺纹连接画法

6.1.4　螺纹种类及其标注

1. 普通螺纹

普通螺纹是最常用的螺纹，其牙型为等边三角形，牙型角为 60°。根据螺距的大小，普通螺纹又有粗牙和细牙之分，其直径与螺距系列见 GB/T 193-1981，其基本尺寸见 GB/T 196-1981。

普通螺纹的完整标记为：

螺纹代号——公差带代号——旋合长度代号

* 螺纹代号

普通螺纹的螺纹代号为：

螺纹特代号 | 公称直径 | × | 螺距 | 旋向

普通螺纹的螺纹特征代号为M，公称直径为螺纹的大径。某一公称直径的粗牙普通螺纹只有一个确定的螺距，因此，粗牙普通螺纹不标注螺距；而某一公称直径的细牙普通螺纹有几个不同的螺距供选择，因此，细牙普通螺纹必须标注螺距。右旋螺纹不注旋向；左旋螺纹应注出旋向“LH”。

例如，公称直径为24mm、螺距为1.5mm的左旋细牙普通螺纹的螺纹代号应标记为M24×1.5LH，同一公称直径的右旋粗牙普通螺纹应标记为M24。

＊公差带代号

螺纹的公差带代号是用来说明螺纹加工精度的，它是由表示公差带大小的公差等级数字和表示公差带位置的字母所组成。普通螺纹的公差带代号包括其中径和顶径(即外螺纹大径或内螺纹小径)的公差带代号。当中径和顶径的公差带代号相同时，则只注一个。

例如，当外螺纹中径和顶径的公差带代号分别为5g和6g时，则该外螺纹的公差带代号为5g6g。当中径和顶径的公差带代号均为6g时，则该外螺纹的公差带代号应标记为6g。又如，当内螺纹的中径和顶径的公差带代号分别为6H和7H时，则该内螺纹的公差带代号标记为6H7H。

内、外螺纹最常用的公差带代号分别为6H和6g。应当注意，外螺纹公差带代号为小写字母，而内螺纹公差带代号为大写字母。

内、外螺纹连接时，其公差带代号应用斜线分开，如6H/6g，6H/5g6g等。

＊旋合长度代号

螺纹的旋合长度指两个相互配合的内外螺纹沿轴线方向相互旋合部分的长度，是衡量螺纹质量的重要指标。普通螺纹的旋合长度分为短、中等和长三组，其相应的代号分别为S、N和L。其中，中等旋合长度最常用，代号N在标记中省略。

在图样中普通螺纹的标记应标注在螺纹大径的尺寸线上或其指引线上，具体标注示例见表6-1。

表6-1　普通螺纹的标记

螺纹种类		牙　型	螺纹代号				公差带代号		旋合长度代号	标注示例
			特征代号	公称直径	螺距（导程）	旋向	中径	顶径		
普通螺纹	粗牙普通螺纹	60°	M	20	2.5	右	6g	6g	N	M20-6g
	细牙普通螺纹			20	2	左	6H	6H	S	M20X2LH-6H-S

根据螺纹的标记，可查表获得螺纹的中径、小径和螺距等有关尺寸。例如已知普通螺纹的标记为 M12-6H，则由螺纹特征代号 M(未注螺距)，可判定为粗牙普通螺纹，由公差带代号 6H 可判定为内螺纹。查国标 GB/T 193-1981 可得其螺距为 1.75mm，中径为 10.863mm，小径为 10.106mm。

2. 梯形螺纹

梯形螺纹的牙型为等腰梯形，牙型角为 30°，其直径与螺距系列见国标 GB/T 5796.2-1986，基本尺寸见国标通式 GB/T 5796.3-1986。

梯形螺纹完整标记的内容与普通螺纹相同，即包括螺纹代号、公差带代号和旋合长度代号三部分。

* 螺纹代号

梯形螺纹没有粗牙和细牙之分。但有单线梯形螺纹和多线梯形螺纹。

单线梯形螺纹的螺纹代号为：

[螺纹特征代号] [公称直径]×[螺距] [旋向]

多线梯形螺纹的螺纹代号为：

[螺纹特征代号] [公称直径]×[导距] (P [螺距]) [旋向]

梯形螺纹的螺纹特征代号为 Tr，公称直径为外螺纹大径。左旋螺纹应标注“LH”，右旋螺纹不注旋向。

例如，公称直径为 24mm、螺距为 3mm 的单线左旋梯形螺纹的螺纹代号应标记为 Tr24×3LH，而同一公称直径且相同螺距的双线右旋梯形螺纹的代号应标记为 Tr24×6(P3)。

* 公差带代号

梯形螺纹只标注螺纹中径的公差带代号。内、外螺纹最常用的公差带代号分别为 7H 和 7h、7e。内外螺纹连接时，其公差带代号也应用斜线分开，如 7H/7e。

* 旋合长度代号

梯形螺纹的旋合长度分为正常组和加长组，其代号分别用 N 和 L 表示。当梯形螺纹的旋合长度为正常组时，不标注旋合长度代号；当旋合长度为加长组时，应标注旋合长度代号“L”。

在图样中，梯形螺纹的标记应标注在螺纹大径的尺寸线或其指引线上，这与普通螺纹的标注方法相同，见表 6-2。

表 6-2 梯形螺纹的标记

螺纹种类	牙型	螺纹代号				公差带代号		旋合长度代号	标注示例
		特征代号	公称直径	螺距（导程）	旋向	中径	顶径		
梯形螺纹	30°	Tr	30	6	左	7e		L	Tr30X6LH-7e-L
			30	6 (12)	右	7H		N	Tr30X12(P6)-7H

3. 管螺纹

管螺纹用于管接头、旋塞、阀门等，管螺纹有密封管螺纹和非密封管螺纹两种。非密封管螺纹不具有密封性，而密封管螺纹具有密封性，必要时允许添加密封物。管螺纹的牙型为等腰三角形，牙型角为 55°，其基本尺寸见国标 GB/T 7307—2001。

管螺纹的标记通式为：

螺纹特征代号 尺寸代号 公差等级代号 — 旋向

* 非密封管螺纹

非密封管螺纹的螺纹特征代号为 G。外螺纹中径的公差等级规定了 A 级和 B 级两种，A 级为精密级，B 级为粗糙级；而内、外螺纹的顶径和内螺纹的中径只规定了一种公差等级，故对外螺纹分 A、B 两级进行标记。对内螺纹不标记公差等级代号。右旋螺纹不标注旋向，左旋螺纹标注“LH”。

例如，非密封螺纹管螺纹为外螺纹，其尺寸代号为 1/2，公差等级为 B 级，右旋，则该螺纺的标记为 G1/2B。

* 密封管螺纹

其外螺纹为圆锥外螺纹，特征代号为 R；内螺纹有圆锥内螺纹和圆柱内螺纹两种，它们的特征代号分别为 Rc 和 Rp。密封管螺纹只有一种公差等级，故标记中不标注。右旋螺纹不标注旋向，左旋螺纹标注“LH”。例如，密封管螺纹为圆锥内螺纹，其尺寸代号为 1 1/2，左旋，则该螺纹的标记为 Rc1 1/2—LH。

在图样中，管螺纹的标记应标注在由螺纹大径引出的指引线上，这一点一定要与普通螺纹或梯形螺纹的标注方法严格区分，其标注示例见表 6-3。

表 6-3 管螺纹的标记

螺纹种类	牙 型	螺纹代号				公差等级代号	旋合长度代号	标注示例
		特征代号	尺寸代号	螺距（导程）	旋向			
非密封管螺纹	55°	G	3/4	1.814	右	A		G 3/4 A
			1 1/2	2.309	左			G1 1/2-LH

在管螺纹相互连接的图样中，仅需标注外螺纹的标记代号，并注写在螺纹连接处由大径引出的指引线上。

6.2 螺纹紧固件的规定画法

6.2.1 螺纹紧固件的种类及其标记

螺纹紧固件的种类很多，常用的有螺栓、双头螺柱、螺钉、螺母和垫圈等，其中每一种又有若干不同的类别，如图 6-1 所示。

螺纹紧固件都是标准件，其材料、结构和加工制造方面的要求等都有具体的标准和规定，它们的尺寸也有系列标准，一般由专门的生产厂家加工制造，因此在机械设计时，不需要单独绘制它们的图样，而是根据设计需要按相应的国家标准进行选取，这就要求熟悉它们的结构型式并掌握其标记方法。

按照 GB/T 1237—2000 紧固件标记方法，紧固件产品完整标记的内容及顺序为：

类别（产品名称）、标准编号、螺纹规格或公称尺寸、其他直径或特性、公称长度（规格）、螺纹长度或杆长、产品型式、性能等级或硬度或材料、产品等级、扳拧型式、表面处理。

例如，螺纹规格为 M12，公称长度为 80mm，性能等级为 8.8 级，表面经过镀锌钝化的六角头螺栓的完整标记为：

螺栓 GB/T 5782—2000 M12×80－8.8－Zn・D

紧固件的标记可按以下原则进行适当地简化：标准年代号允许省略；当产品标准中只规定一种型式、精度、性能等级、材料及其热处理和表面处理时，有关这些内容的标记允许省略；当产品标准中规定多种型式、精度、性能等级、材料及其热处理和表面处理时，有关这些内容的标记允许省略其中一种。

例如，螺纹规格为 M12×1.5，公称长度为 80mm，性能等级为 8.8 级，表面氧化的六角头螺栓的简化标记为：

螺栓 GB/T 5782 M12×1.5×80

其中省略了标准年代号及其前面的短画、性能等级和表面处理。

螺纹紧固件结构型式和标记示例见表 6-4。

表 6-4　螺纹紧固件及其标记系列

种　类	结构和规格尺寸	简化标记示例	说　明
六角头螺栓	d l	螺栓 GB/T5782 M6X30	螺纹规格为 M6，1＝30mm，性能等级为 8.8 级，表面氧化的 A 级六角头螺栓
双头螺柱	B型 d (bm)　l	螺柱 GB/TB897 M8X30	两端螺纹规格均为 M8，1＝30mm，性能等级为 4.8 级，不经表面处理的 B 型双头螺柱

续表

种类	结构和规格尺寸	简化标记示例	说明
开槽圆柱头螺钉		螺钉 GB/T65 M5X45	螺纹规格为 M5，1＝45mm，性能等级为 4.8 级，不经表面处理的开槽圆柱头螺钉
开槽盘头螺钉		螺钉 GB/T67 M5X45	螺纹规格为 M5，1＝45mm，性能等级为 4.8 级，不经表面处理的开槽盘头螺钉
开槽沉头螺钉		螺钉 GB/T68 M5X45	螺纹规格为 M5，1＝45mm，性能等级为 4.8 级，不经表面处理的开槽沉头螺钉
开槽锥端紧定螺钉		螺钉 GB/T71 M5X20	螺纹规格为 M5，1＝20mm，性能等级为 14H 级，表面氧化的开槽锥端紧定螺钉

6.2.2 螺纹紧固件的连接型式

螺纹紧固件有三种连接型式，图 6-11(a)、(b)、(c)分别为螺栓连接、双头螺柱连接和螺钉连接。它们的作用是将两个零件紧固在一起。根据零件被紧固处的厚度和使用要求选用不同的连接型式。

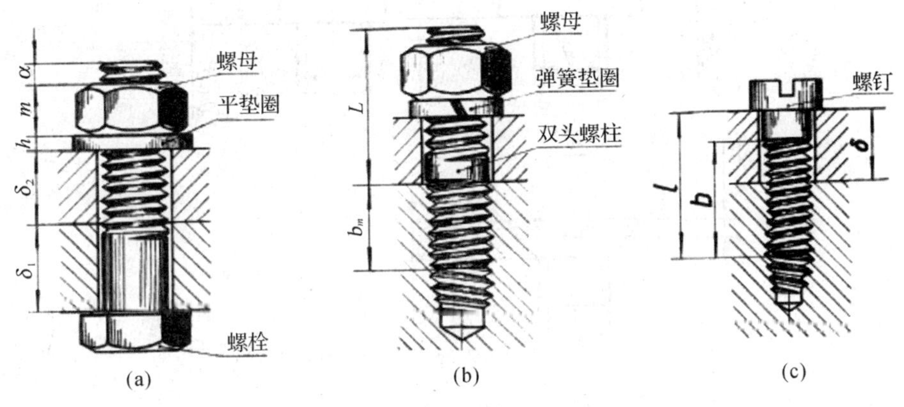

图 6-11　螺纹紧固件的连接形式

6.2.3 螺纹紧固件的比例画法

螺纹紧固件均为标准件，通常由专业化生产厂家制造，因此勿需绘制零件图，仅在装配图中表达其连接方式即可。在绘制螺纹紧固件装配图时，为了作图方便，紧固件只需根据标准查出的规格尺寸按照比例确定其余尺寸，采取简化画法，具体方法见图 6-12、6-13。

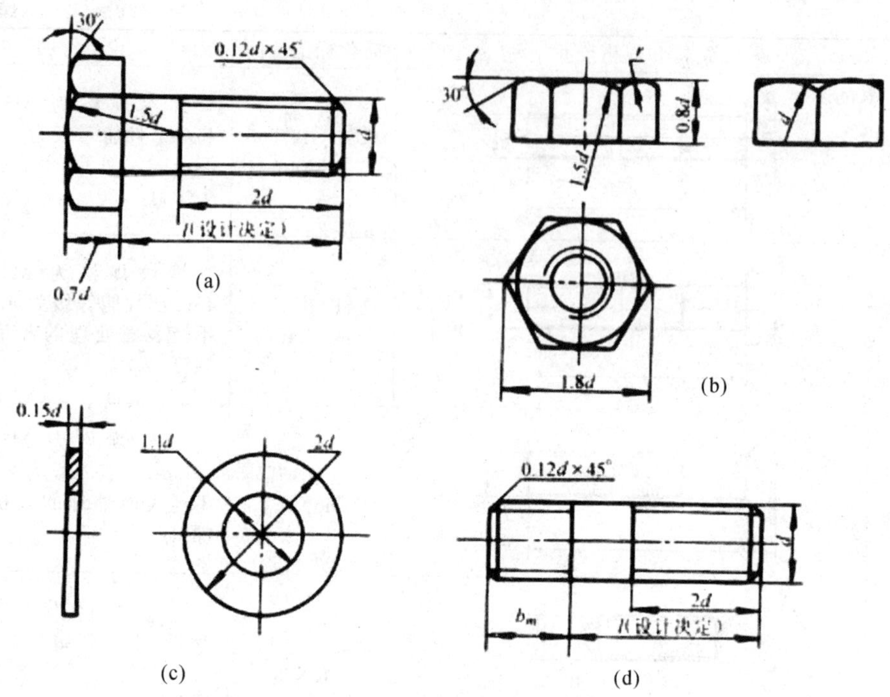

图 6-12　螺母、螺栓、螺拄、垫片的比例画法

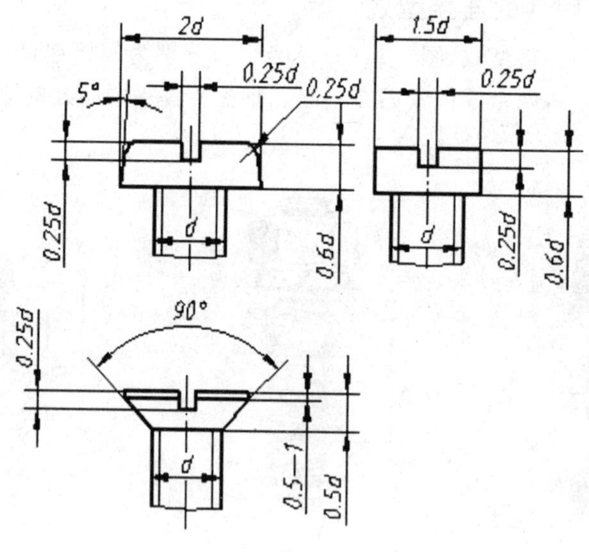

图 6-13　螺钉的比例画法

学习项目　紧固件装配图绘制

任务 1:已知在螺栓联接中各螺纹紧固件的标记为:

螺栓 GB/T5782 M8×L

螺母 GB/T 6170 M8

垫圈 GB/T 97.1 8-140HV

被联接零件材料的厚度 δ1=11mm、δ2=14mm，要求用比例法画出螺栓联接装配图。

(1)先确定螺栓公称长度。由附表 3-5 和附表 3-6 查得垫圈厚度 h=1.6mm，螺母高度 m=6.8。

取 a=0.3d=0.3×8mm=2.4mm，得：L 计=δ1+δ2+h+m+a=35.8mm

再在附表 3-1 中查得最接近的标准长度 L=35mm。

(2)根据比例关系式计算出紧固件的各部分绘图尺寸后，即可画出螺栓联接装配图。作图过程如图 6-14 所示。

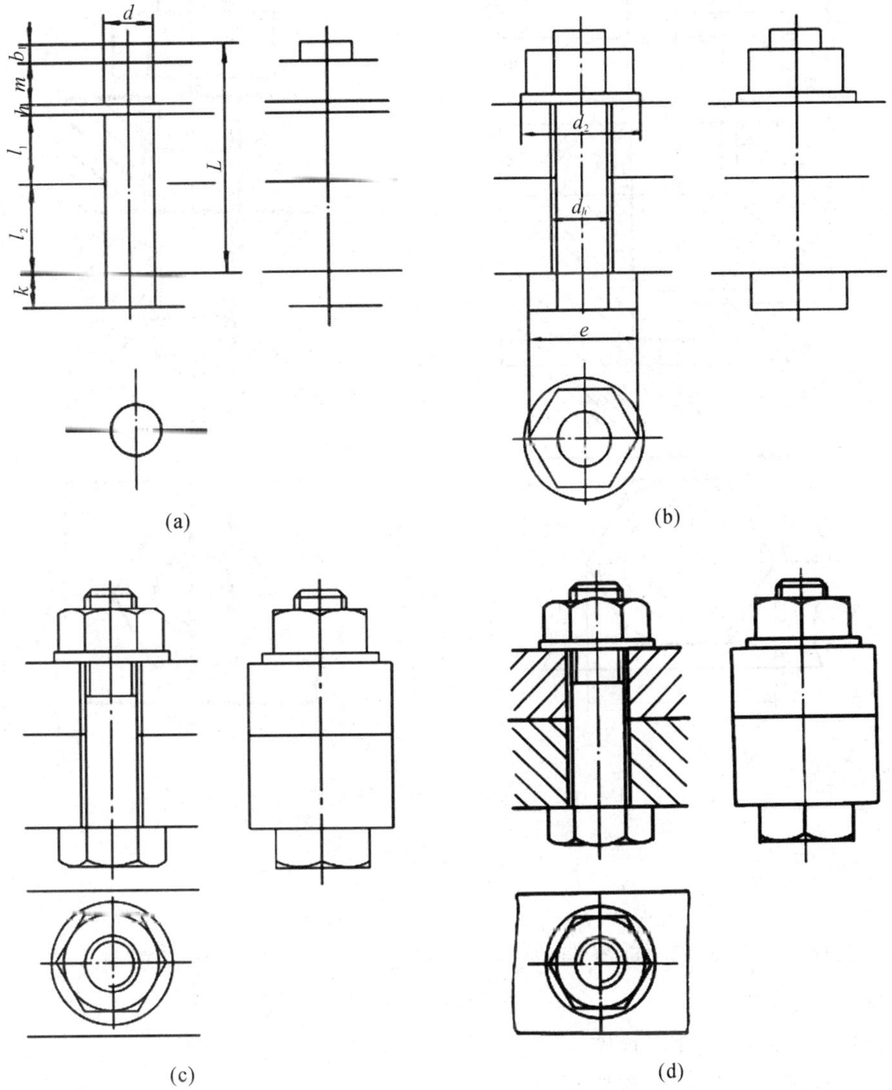

(a)　(b)

(c)　(d)

图 6-14　螺栓连接的装配画法

①按比例画法，根据计算确定的尺寸，画出视图轴线和大径 d，并定出各零件的高度

②画出螺栓、螺母、垫圈等零件的外形轮廓以及两板的通孔投影

③画出螺栓、螺母等各部分形状

④画出被联接件的剖面线(两被联接件的剖面线方向应相反),完成螺栓联接装配图

任务 2:绘制双头螺柱连接装配图

当两个零件的被紧固处,一个较薄另一个较厚或不允许穿通时,通常采用双头螺柱连接,如图 6-15(a)所示。较薄的零件上应加工出通孔,另一零件上加工出不穿通的螺纹孔,双头螺柱上螺纹较短的一端是旋入端,其长度 b_m 与制有螺纹孔的被连接件材料有关。具体取值如下:

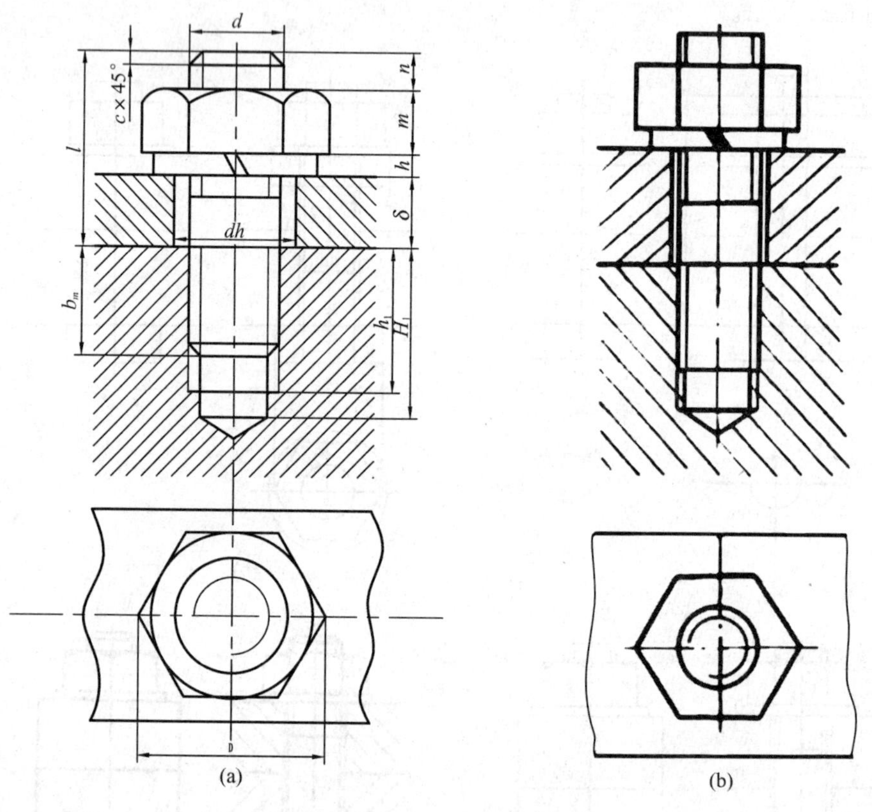

图 6-15 双头螺柱连接的装配画法

钢、青铜零件	$b_m=1d$(GB/T 897—1988)
铸铁零件	$b_m=1.25d$(GB/T 898—1988)
材料强度在铸铁与铝之间的零件	$b_m=1.5d$(GB/T 899—1988)
铝零件	$b_m=2d$(GB/T 900—1988)

双头螺柱除旋入端之外的长度,称为有效长度 L,参照表 6-4 中的双头螺柱,通过计算后再查表选取标准值。计算公式如下:

$$L_{计}=\delta+h+m+a$$

双头螺柱连接的装配画法如图 6-15(a)所示。双头螺柱的旋入端应完全地旋入螺纹孔,即旋入端的螺纹终止线应与螺纹孔端口平面画成一条线。螺纹孔的钻孔深度可按螺纹深度画出。图中弹簧垫圈的开口可用宽度为 2 倍于粗实线的粗线表示,其余作图步骤参考任务

1。双头螺柱连接的装配图还可进一步简化成图 6-15(b)所示。

任务 3:绘制螺钉连接装配图

螺钉连接主要用于不经常拆卸,而且受力不大的零件间的连接。将螺杆上的螺纹旋入被连接件之一的螺孔内,螺钉头部即可把两被连接件压紧。

绘制螺钉连接装配图时,螺钉上的螺纹长度应大于螺孔深度。画图所需要的参数、画图方法等,与双头螺柱连接基本相同,但需注意:

(1)在投影为圆的视图中,头部的起子槽按 45°的斜角画出。当槽宽小于 2 毫米时,可涂黑表示。

(2)螺钉头部的支承端面(沉头螺钉为锥面)是画图的定位面,应与被连接件的孔口密合。

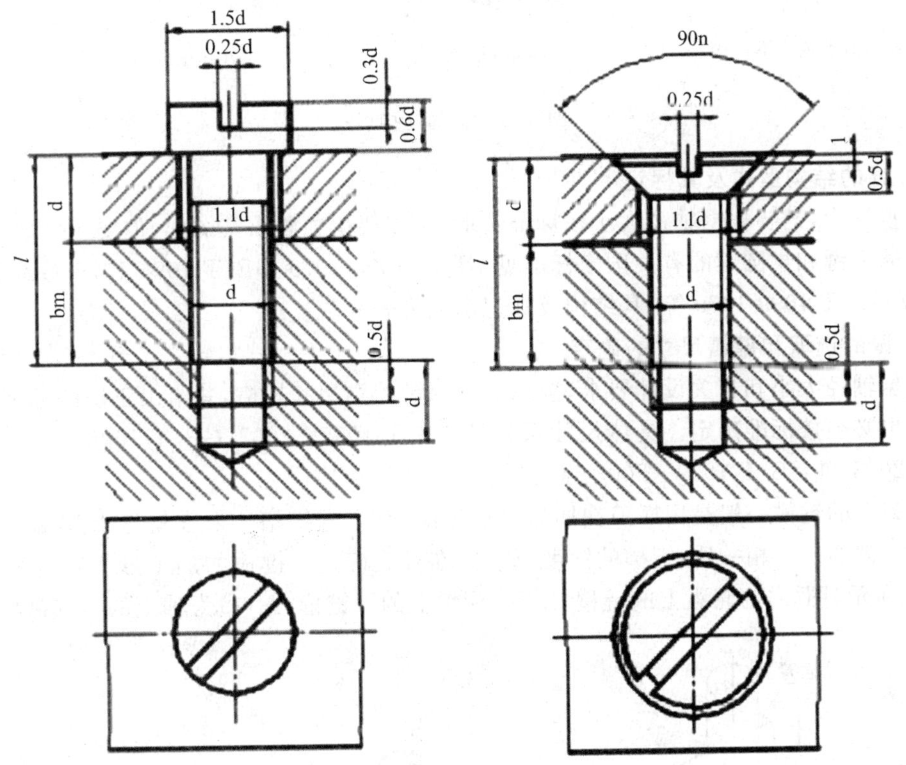

图 6-16 螺钉连接装配图

6.3 键和销的连接画法

键、销也是各类机器设备中广泛应用的标准件,亦属于连接件。使用时可按标准选用。

作图原理及方法

6.3.1 键及其连接

键是标准件,用来联结轴与安装在轴上的皮带轮、齿轮或链轮等,起着传递扭矩的作用。

常用的键有普通平键和半圆键。键联结是先将键嵌入轴上的键槽内，再对准轮毂上的键槽，把轴和键同时插入孔和槽内，这样就可以使轴和轮一起转动。如图 6-17 所示，图(a)为普通平键连接，图(b)为半圆键连接，图(c)为花键连接。键联结具有结构简单、紧凑、可靠、装拆方便和成本低廉等优点。

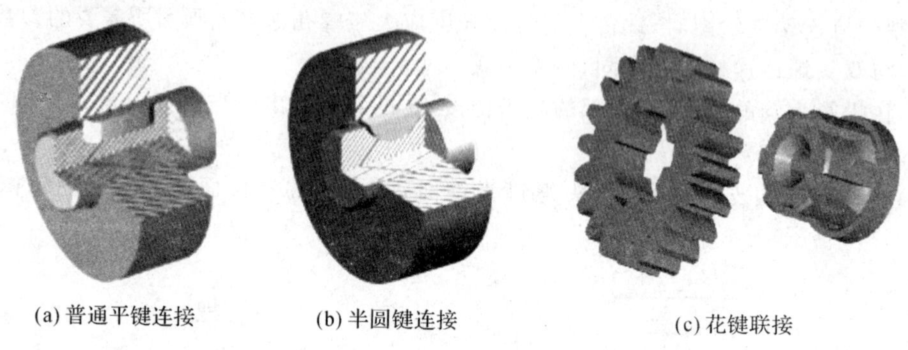

图 6-17　键的连接形式

1. 键的结构型式及其标记

在设计中，键要根据轴径大小按标准选取，不需要单独画出其图样，但要正确地标记。

普通平键和半圆键的有关国家标准见 GB/T 1095-1979、GB/T 1096-1979、GB/T 1098-1979 及 GB/T 1099-1979 等，其结构及标记示例见表 6-5。

2. 键的选取和键槽尺寸的确定

根据轴径大小和有关设计要求，按标准选取键的类型和规格，并给出正确的标记。键槽的尺寸也必须按标准确定。具体尺寸系列见 GB/T 1095—2003、GB/T 1096—2003、GB/T 1098—2003 和 GB/T 1099—2003 等。

轮毂上的键槽一般是用插刀在插床上加工的，轴上的键槽一般在铣床上加工。键槽的尺寸应与键的尺寸相一致，键槽的深度要按标准查表确定。键槽的加工方法和有关尺寸如图 6-18 所示，图(a)为轮毂上的键槽，图(b)为轴上的平键槽，图(c)为轴上的半圆键槽。

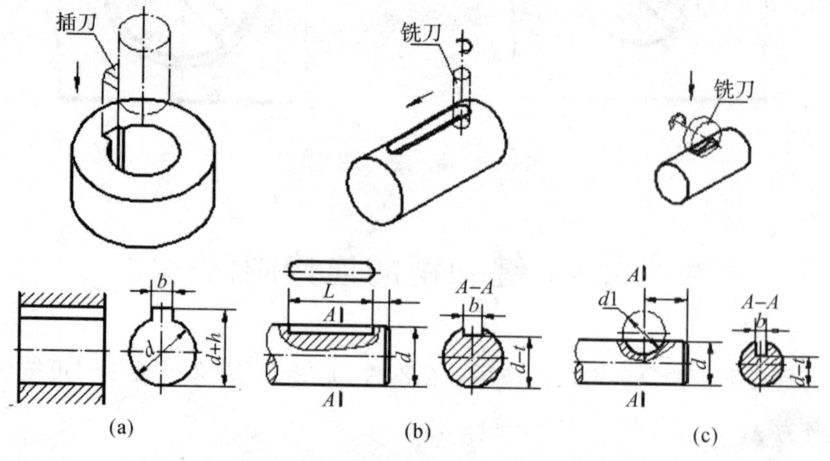

图 6-18　键槽的加工方法和有关尺寸

表 6-5　键的结构型式及其标

名称	普通平键	半圆键		
结构及规格尺寸	A 型	B 型	C型	
简化标记示例	键 5×20 GB/T 1096	键 B5×20 GB/T 1096	键 C5×20 GB/T 1096	键 6×25 GB/T 1099
说　明	圆头普通平键 $b=5mm$ $L=20mm$ 标记中省略“A”	平头普通平键 $b=5mm$ $L=20mm$	单圆头普通平整 $b=5mm$ $L=20mm$	半圆键 $b=6mm$ $d_1=25mm$

3. 键联结的装配画法

图 6-19 为键联结的装配画法，主视图是通过轴的轴线和键的纵向对称平面剖切后画出的，轴和键均按未被剖切绘制，但为了表达键在轴上的安装情况，轴又采用了局部剖视。

绘制时需注意，轮毂上键槽的底面与键不接触，应画出间隙，而键与键槽的其他表面都接触，应画成一条线。

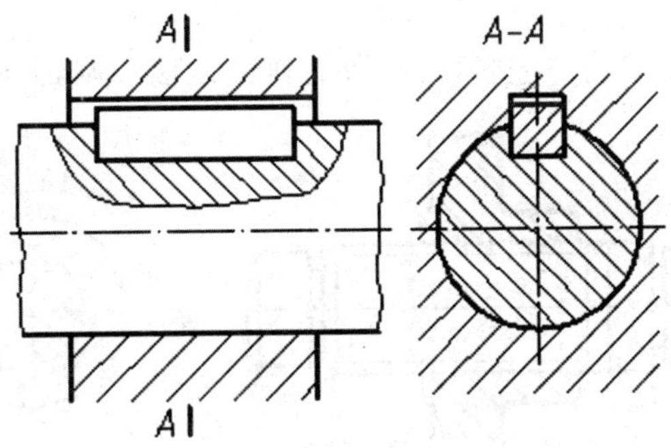

图 6-19　平键联结的装配画法

4. 花键连接

花键连接可靠、传递的扭矩很大、对中导向性好，应用十分广泛。花键的齿形有矩形、渐开线等，最常见的是矩形花键，下面介绍矩形花键的画法与标记。

(1)外花键的画法

在平行花键轴线的投影面的剖视图上，大径用粗实线绘制，小径用细实线绘制；用剖面画其齿形，注明其齿数，如图所示。

花键工作长度的终止端和尾部长度的末端均用细实线绘制，与轴线垂直；尾部画成与轴线成 30°的斜线；花键代号应指在大径上。

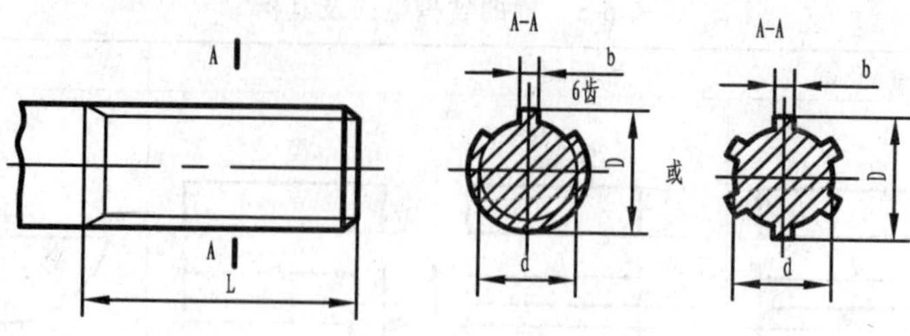

图 6-20 外花键的画法

(2)内花键的画法

在平行花键轴线的投影面的剖视图上,大径及小径用粗实线绘制;用局部视图画其齿形,注明其齿数,如图所示

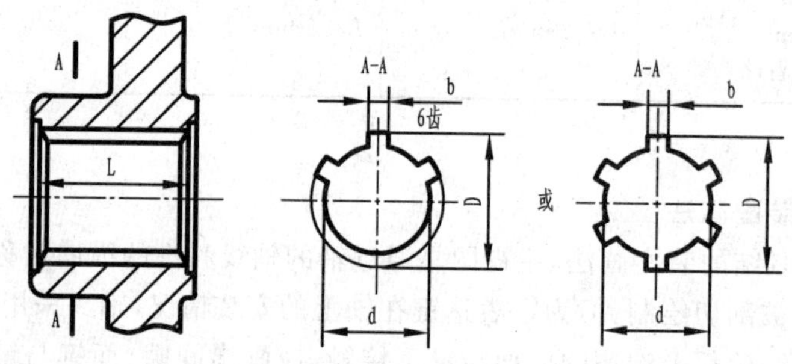

图 6-21 内花键的画法

(3)花键连接的画法

用剖视图表示花键连接时,连接部分按外花键的画法绘制,如图所示。

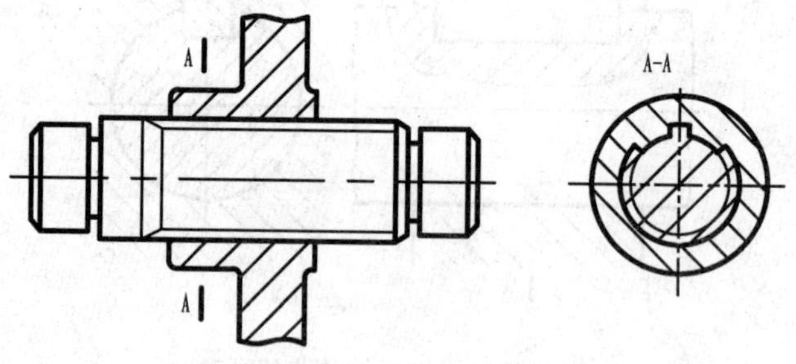

图 6-22 内外花键连接的画法

6.3.2 销连接

销是标准件,主要用于零件间的连接或定位。常用的销有圆柱销、圆锥销和开口销。根据销与销孔配合精度不同,圆柱销分为 A 型、″型、C 型和 D 型。圆锥销也有 A 型和″型之分。销的结构及其尺寸系列见 GB/T 119. 2—2000、GB/T 117—2000 和 GB/T 91—2000 等。

销也属紧固件,其标记方法与螺纹紧固件相同,内容包括名称、标准编号、型式与尺寸等。在装配图样中,当剖切平面通过销的轴线时,销按未被剖切绘制。

销的标记示例及其装配画法见表 6-6。

表 6-6 销的标记示例以及其装配画法

名 称	圆柱销	圆锥销	开口销
结构及规格尺寸			
简化标记示例	销 GB/T 119.2 5×20	销 GB/T 117 6×24	销 GB/T 91 5×30
说 明	公称直径 $d=5$mm，长度 $l=20$mm，公差为 m6，材料为钢，普通淬火（A 型），表面氧化的圆柱销	公称直径 $d=6$mm，长度 $l=24$mm，材料为钢，热处理硬度 28～38HRC，表面氧化处理的 A 型圆锥销	公称规格为 $d=15$mm，长度 $l=30$mm，材料为 $Q215$ 或 $Q235$，不经表面处理的开口销
装配画法	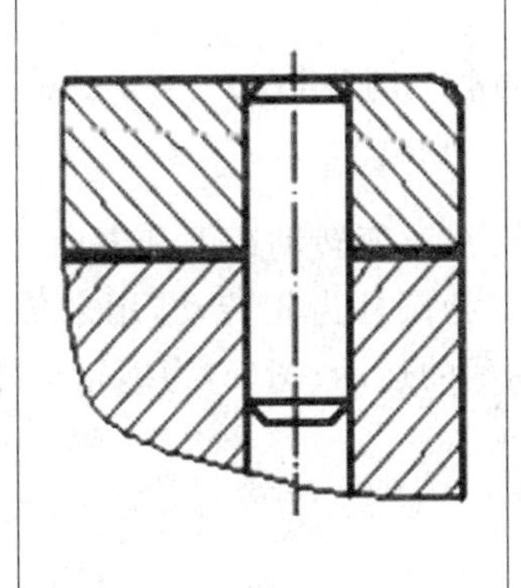	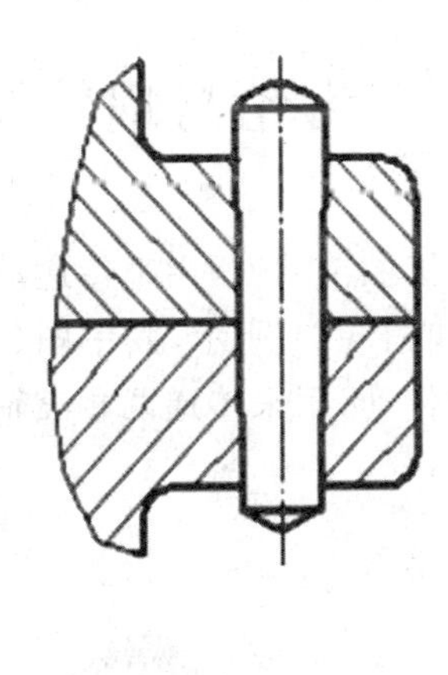	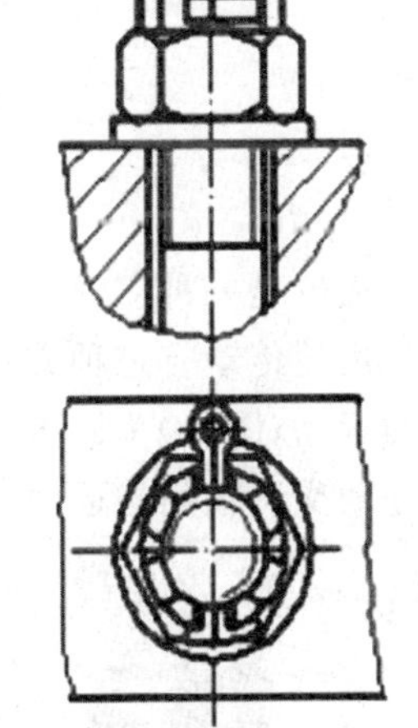

学习项目 键联结装配图绘制

任务 1：完成图 6-23(a)的半圆键连接装配图

分析：

主视图是通过轴的轴线和键的纵向对称平面剖切后画出的，轴和键均按未被剖切绘制，但为了表达键在轴上的安装情况，轴又采用了局部剖视。轮毂上键槽的底面与键不接触，应画出间隙，而键与键槽的其他表面都接触，应画成一条线。

作图：

(1)主视图中键与轮毂上键槽底面画两条粗实线，其余面与键槽画成一条线。

(2)主视图中轴做局部剖，绘制键在轴上的安装情况。

(3)在 A-A 断面图中，键键与轮毂上键槽底面画两条粗实线，其余面与键槽画成一条线。

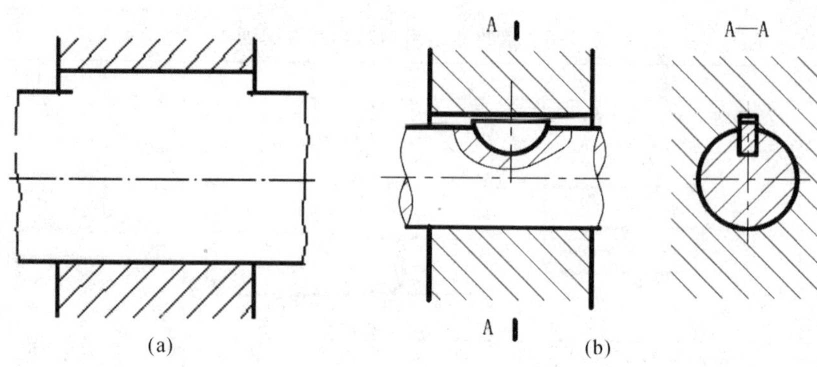

图 6-23 半圆键联结的装配画法

(4)主视图绘制剖面线符号,轴和键按不剖绘制。轴上局部剖部位剖面线符号与轮毂剖面线符号相反。

(5)断面图上绘制剖面线符号,相邻轮毂、键、轴剖面线符号方向相反或间距不同。如图6-18(b)所示。

6.4 齿轮与蜗轮蜗杆的画法

齿轮是一种广泛应用的机械传动件,用来传递动力、改变转动速度和方向等。

齿轮传动有三种方式,如图 6-24 所示,其中图(a)为圆柱齿轮传动,用来传递两平行轴间的运动;图(b)为圆锥齿轮传动,用来传递两相交轴间的运动;图(c)为蜗轮蜗杆传动,用来传递两交叉轴间的运动。

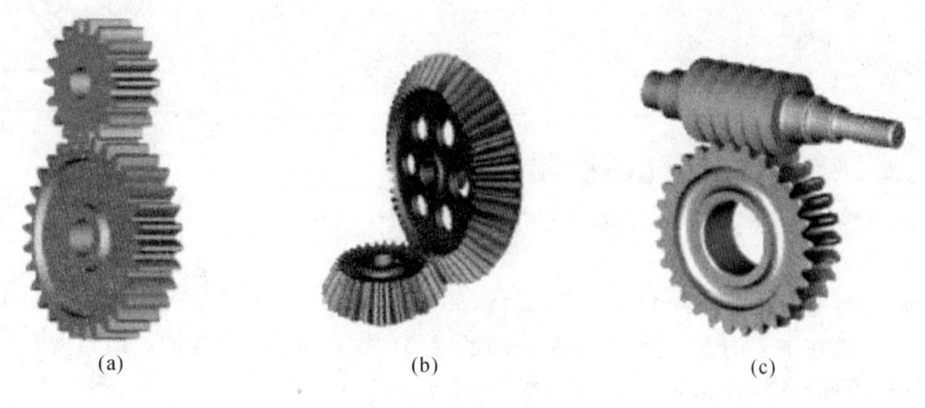

图 6-24 齿轮传动

在齿轮传动中,应用最广的是圆柱齿轮,其轮齿有直齿、斜齿、人字齿等形式,如图 6-25 所示。

(a) 直齿轮

(b) 斜齿轮

(c) 人字齿轮

图 6-25 圆柱齿轮

6.4.1 直齿圆柱齿轮的画法

1. 几何要素和尺寸关系

直齿圆柱齿轮的结构如图 6-26(a)所示，由于这种齿轮是由圆柱加工而成，而且轮齿素线是与齿轮线轴线平行的直线，故称为直齿圆柱齿轮。由于齿轮端面轮廓上参与啮合的曲线是一段渐开线，所以又称之为渐开线齿轮。

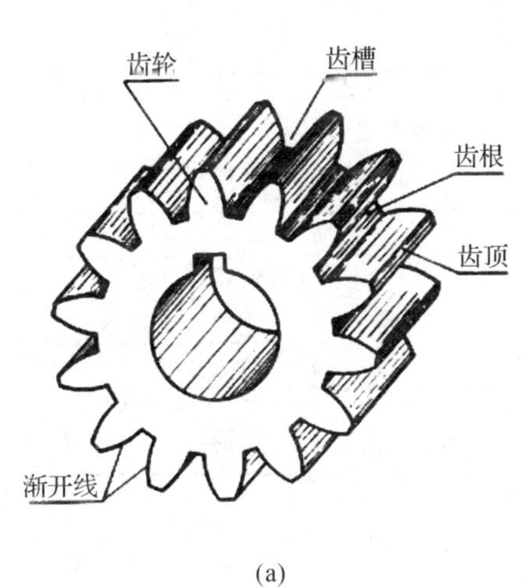

(a)

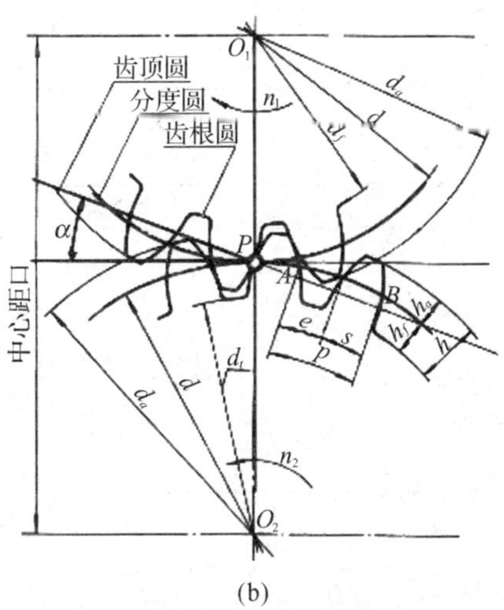

(b)

图 6-26 直齿圆柱齿轮

(1)几何要素(图 6-21(b))

① 齿顶圆 过齿顶的圆柱面与端平面(垂直于齿轮轴线的平面)的交线，其直径用 d_a 表示；

② 齿根圆 过齿根的圆柱面与端平面的交线，其直径用 d_f 表示；

③ 分度圆 对于渐开线齿轮，过齿厚 s 与槽宽 e 相等处的圆柱面称为分度圆柱面。分度圆柱面与端平面的交线称为分度圆，其直径用 d 表示；

④ 齿高 齿顶圆与齿根圆之间的径向距离，用 h 表示；

⑤ 齿顶高 齿顶圆与分度圆之间的径向距离，用 h_a 表示；

⑥ 齿根高　齿根圆与分度圆之间的径向距离，用 h_f 表示；

⑦ 齿距　在齿轮上两个相邻而同侧的端面齿廓之间的分度圆弧长，用 p 表示；

⑧ 齿形角　在端平面内，过端面齿廓与分度圆交点的径向直线与齿廓在该点的切线所夹的锐角，用 α 表示。我国采用的齿形角一般为 20°；

⑨ 模数　齿距 p 除以圆周率 π 所得的商，用 m 表示，即 $m=p/\pi$，其单位为毫米。

当齿轮的齿数为 z 时，分度圆的周长为 $\pi d=pz$，则 $d=zp/\pi$，所以 $d=mz$，即分度圆直径等于齿数与模数之积。

模数是齿轮的一个重要参数。模数越大，轮齿越厚，齿轮的承载能力越大。为了便于设计和加工，国家标准中规定了齿轮模数的标准数值，见表 6-7。

(2)尺寸关系

模数、齿数和齿形角是齿轮的三个基本参数，它们的大小是通过设计计算并按相关标准确定的。直齿圆柱齿轮的尺寸关系见表 6-8。

表 6-7　圆柱齿轮的模数(GB/T 1357—1987)

第一系列	0.1	0.12	0.15	0.2	0.25	0.3	0.4	0.5	0.6	0.8	1
	1.25	1.5	2	2.5	3	4	5	6	8	10	12
	16	20	25	32	40	50					
第二系列	0.35	0.7	0.9	1.75	2.25	2.75	(3.25)	3.5	(3.75)	4.5	5.5
	(6.5)	7	9	(11)	14	18	22	28	36	45	

表 6-8　直齿圆柱齿轮的计算公式及举例

名　称	代　号	计算公式	举例(已知 $m=2.5$, $z=20$)
齿顶高	h_a	$h_a=m$	$h_a=2.5$
齿根高	h_f	$h_f=1.25m$	$h_f=3.125$
齿　高	h	$h=h_a+h_f=2.25m$	$h=5.625$
分度圆直径	d	$d=zm$	$d=50$
齿顶圆直径	d_a	$d_a=(z+2)m$	$d_a=55$
齿根圆直径	d_f	$d_f=(z-2.5)m$	$d_f=43.75$

2. 直齿圆柱齿轮的规定画法

(1)单个圆柱齿轮

①齿顶圆和齿顶线用粗实线绘制，分度圆和分度线用点画线绘制，视图中，齿根圆和齿根线用细实线绘制，也可省略不画；

②在剖视图中，当剖切平面通过齿轮的轴线时，轮齿一律按不剖处理，齿根线用粗实线绘制；

③当需要表示斜齿与人字齿的齿线的形状时，可用三条与齿线方向一致的细实线表示。

(2)一对圆柱齿轮的啮合画法

①在投影为非圆的视图上，一般画成剖视图(剖视平面通过两啮合齿轮的轴线)，在啮合区两齿轮的分度线重合为一条线，画成点画线，两齿轮的齿根线均画成粗实线，一个齿轮的

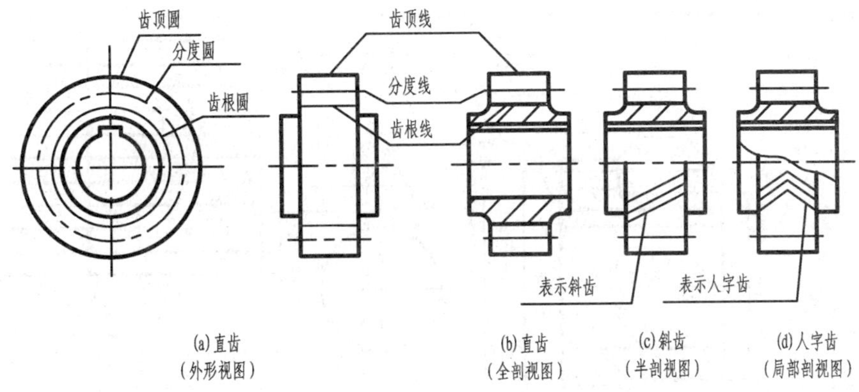

图 6-27 圆柱齿轮的规定画法

齿顶线画成粗实线，另一个齿轮的齿顶线及其轮齿被遮挡的部分的投影均画成虚线，也可省略不画，当投影为非圆的视图画成外形视图时，啮合区内只需画出一条分度线，并要改用粗实线表示；

②在投影为圆的视图中，与单个齿轮的画法相同，只是表示两个齿轮分度圆的点画线圆应画成相切，同时啮合区内齿顶圆的相割部分的弧线也可以省略不画；

③由于齿根高和齿顶高相差 0.25×m，所以啮合区内一齿轮的齿顶线与另一齿轮的齿根线之间有 0.25×m 的间隙。

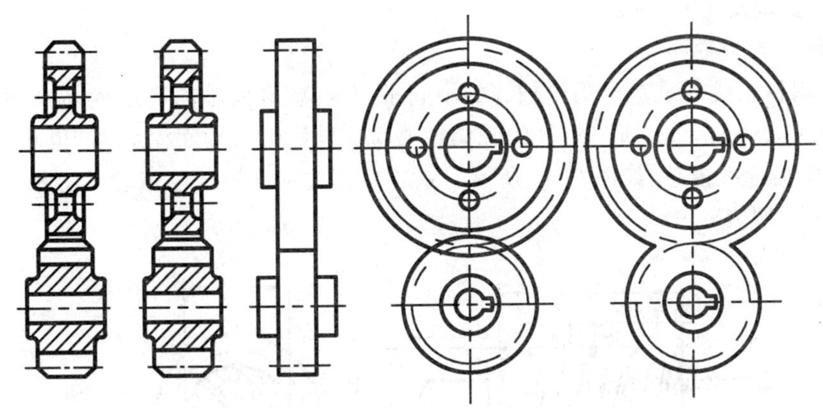

图 6-28 齿轮的啮合画法

(3)圆柱齿轮的零件图

圆柱齿轮的零件图包括一组视图和轮孔的局部视图，一组完整的尺寸，必要的技术要求和制造齿轮所需的基本参数。

6.4.2 蜗轮蜗杆

蜗轮蜗杆的齿向都是螺旋形的。在一般情况下，蜗杆是主动件，蜗轮是从动件。蜗杆的轴向剖面与梯形螺纹类似，蜗轮则相当于一个螺旋圆柱齿轮，轮齿的顶面制成环面以增大齿合接触面积。蜗轮蜗杆传动具有结构紧凑、速比大、传动平稳等优点，但也有磨损严重、效率低等缺点。

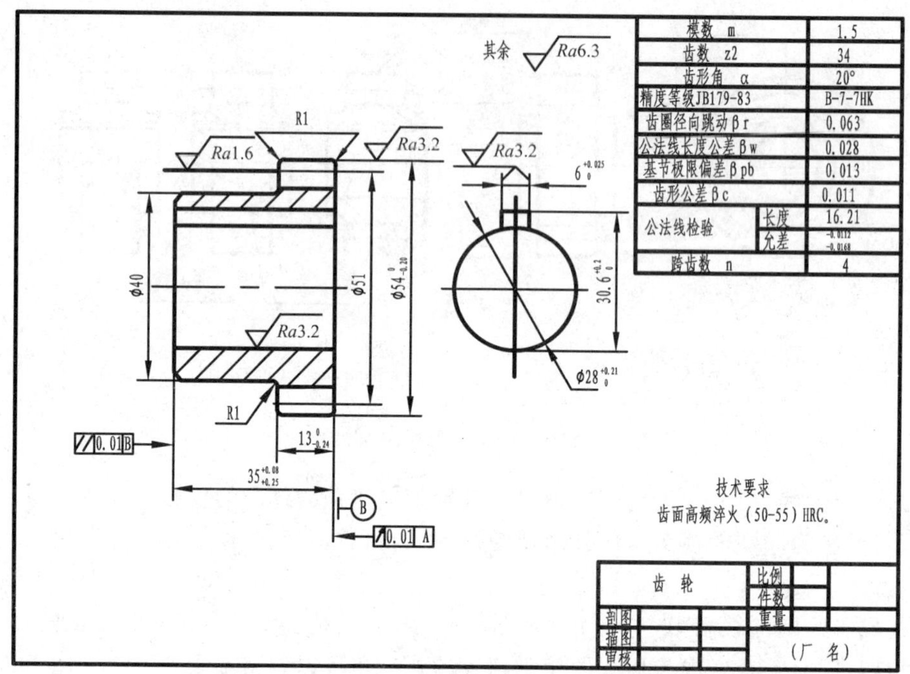

图 6-29 圆柱齿轮的零件图

1. 几何要素及尺寸关系

(1)齿距 p 与模数 m

在包含蜗杆轴线并垂直于蜗轮轴线的中间平面内，蜗杆的轴向齿距 p_x 应与蜗轮的端面齿距 p_t 相等($p_x=p_t=p$)，所以蜗杆的轴向模数 m_x 与蜗轮的端面模数 m_t 也相等($m_x=m_t=m$)，并规定为标准模数，如图 6-30 所示。蜗轮蜗杆的标准模数与齿轮的标准模数并不相同，具体数值参照表 6-9。

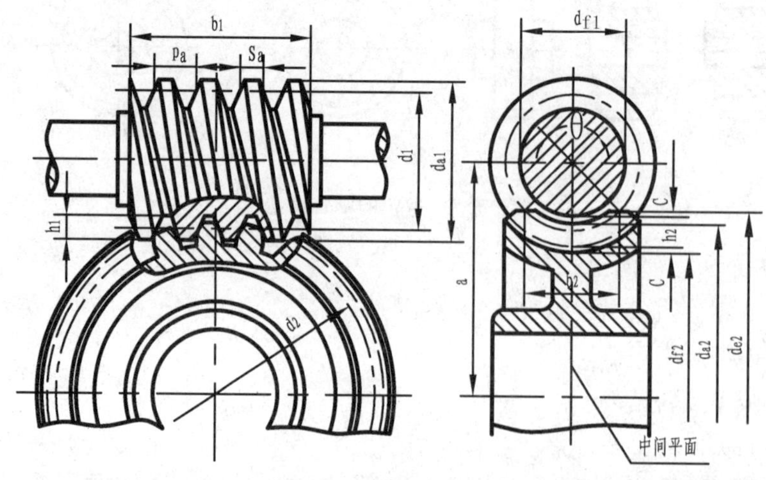

图 6-30 蜗轮蜗杆

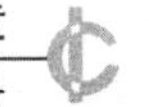

(2)蜗杆直径系数 q

为了减少加工刀具的数目，便于标准化，不仅要规定标准模数，还必须将蜗杆的分度圆直径 d_1 与模数 m 的比值标准化，这个比值就是蜗杆的直径系数。

$$q=d_1/m$$

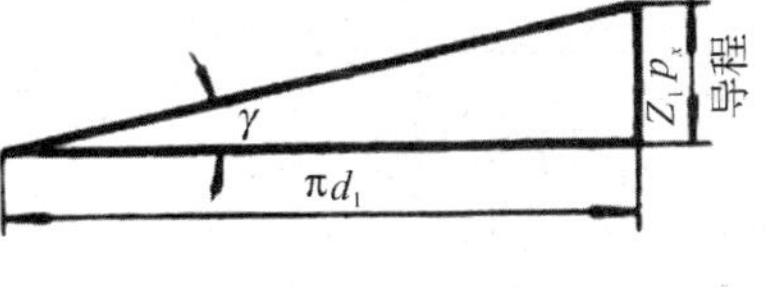

图 6-31 导程角

(3)导程角 γ

沿蜗杆分度圆柱面展开，螺旋线展成倾斜直线，斜线与底线之间的夹角，称为蜗杆的导程角。当蜗杆直径系数 q 和头数 $z1$ 选定后，导程角就唯一确定了，他们之间的关系为：

$$\tan\gamma=p\times z_1/\pi d_1=z_1/q$$

一对相互齿合的蜗杆和蜗轮，除了模数和齿形角必须分别相同外，蜗杆的导程角与蜗轮螺旋角应大小相等，旋向相同。蜗轮蜗杆各部分尺寸计算公式如表 6-10 和表 6-11。

表 6-9 蜗轮蜗杆的模数

模数 m	d_1	q
1.25	20	16
	22.4	17.92
1.6	20	12.5
	28	17.5
2	22.4	11.2
	35.5	17.75
2.5	28	11.2
	45	18
3.15	35.5	11.27
	56	17.778
4	40	10
	71	17.75
5	50	10
	90	18
6.3	63	10
	112	17.778
8	80	10
	140	17.5
10	90	9
	160	16

表 6-10 蜗杆各部分尺寸

名称代号	公式
分度圆直径 d1	d1＝mq
齿顶高	ha1＝m
齿根高 hf1	hf1＝1.2m
齿高 h1	h1＝ha1＋hf1＝2.2m
齿顶圆直径 da1	da1＝d1＋2ha1＝d1＋2m
齿根圆直径 df1	df1＝d1－2hf1＝d1＋2.4m
轴向齿距 px	px＝πm

名称代号	公式
蜗杆导程 pz	pz＝z1px
导程角 r	$\mathrm{Tanr}=\frac{z1}{q}$
轴向齿形角 α	α＝20°
蜗杆齿宽 b1	当 z1＝(1～2).b1≥(11＋0.06z2)m 当 z1＝(3～4).b1≥(12.5＋0.09z2)m

表 6-11 蜗轮各部分尺寸

名称代号	公式	名称代号	公式
分度圆直径 d2	d2=mz2	齿顶圆弧半径 Ra2	Pz=z1px
齿顶高 ha2	ha2=m	齿根圆弧半径 Rf2	$\text{Tanr}=\frac{z1}{q}$
齿根高 hf2	hf2=1.2m		
齿高 h2	h2=2.2m	顶圆直径 de2	当 z1=1 时,de2≤da2+2m
齿顶圆直径 da2	da2=d2+2ha2=m(z2+2)		当 z1=(2～3),de2≤da2+1.5m
齿根圆直径 df2	df2=d2−2hf2=m(z2−2.4)	齿宽 b2	当 z1≤3 时,b2≤0.75da1
中心高 a	$a=\frac{d1+d2}{2}=\frac{m}{2}(q+z2)$		当 z1≤4 时,b2≤0.67da1

2. 蜗轮蜗杆的规定画法

(1)蜗轮的画法

与圆柱齿轮相似,在投影为非圆的视图中常采用全剖或半剖,并在与其相啮合的蜗杆轴线位置画出细点画线圆和对称中心线,并标注有关尺寸和中心距;在投影为圆的视图中,只画出最大的顶圆和分度圆。如图 6-31 所示。

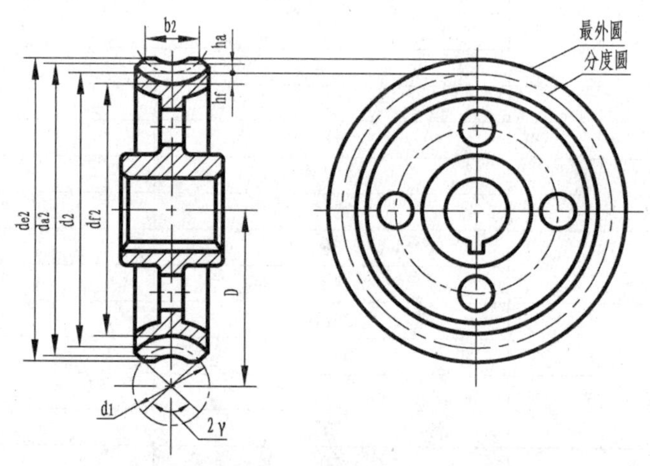

图 6-31 蜗轮的画法

(2)蜗杆的画法

蜗杆一般选用一个视图,其齿顶线、齿根线和分度线的画法与圆柱齿轮相同,齿形可用局部剖视或局部放大图表示。如图 6-32 所示。

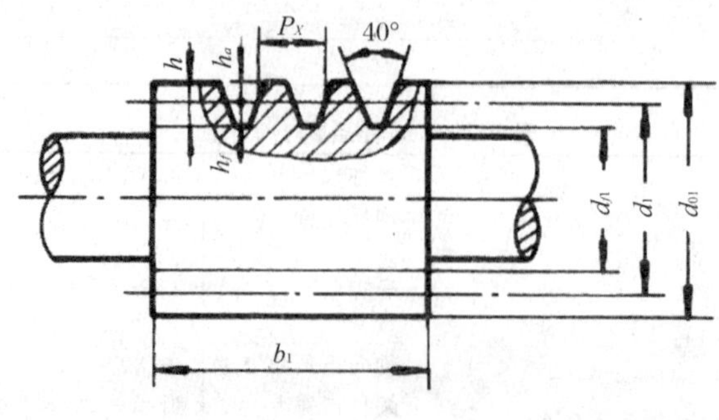

图 6-32 蜗杆的画法

(3)蜗杆蜗轮齿合的画法

蜗杆蜗轮齿合有画成外形图和剖视图两种形式，在蜗轮投影为圆的视图中，蜗轮的节圆与蜗杆的节线相切。如图 6-33 所示。

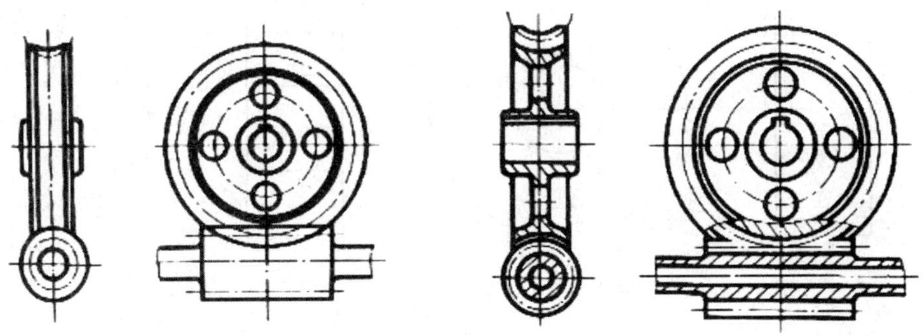

图 6-33　蜗轮蜗杆齿合画法

学习项目　传动件图样绘制

任务 1：已知直齿圆柱齿轮 $m=5,z=40$，完成图 6-27 齿轮的绘制，(a)用两个一般视图表示齿轮，(b)用一个剖视图和一个局部视图表示齿轮。

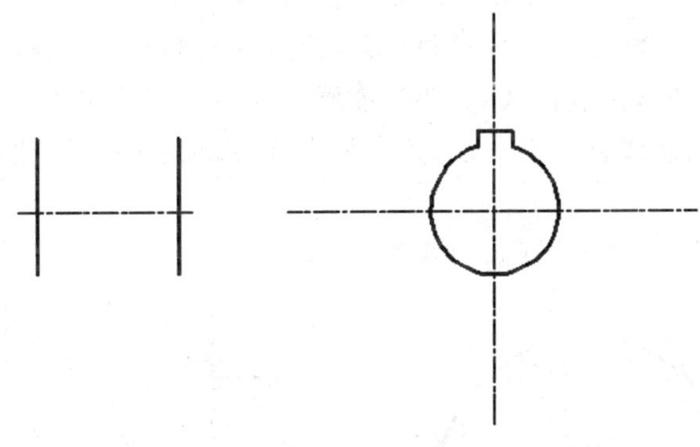

图 6-34　直齿圆柱齿轮绘制

分析：

由 $m=5,z=40$ 得出该直齿圆柱齿轮分度圆直径 $d=200\text{mm}$，齿顶圆直径 $d_a=210\text{mm}$，齿根圆直径 $d_f=187.5\text{mm}$。分别按尺寸绘制齿顶圆、分度圆、齿根圆，其中齿顶圆用粗实线绘制，分度圆用中心线绘制，齿根圆用细实线绘制或省略不画。当用剖视表示时，齿顶圆和齿根圆都用粗实线表示，轮齿处按不剖绘制。

作图：

(1)用点画线绘制直径为 200mm 的分度圆和分度线。

(2)用粗实线绘制直径为 210mm 的齿顶圆和齿顶线。

(3)用细实线绘制直径为 187.5mm 的齿根圆与齿根线，如图 6-35(a)所示。

(4)用点画线绘制分度线。

(5)用粗实线绘制齿顶线和齿根线。

(6)根据高平齐,绘制齿轮键槽两根线。

(7)绘制剖面线,轮齿处不打剖面线,如图 6-34(b)所示。

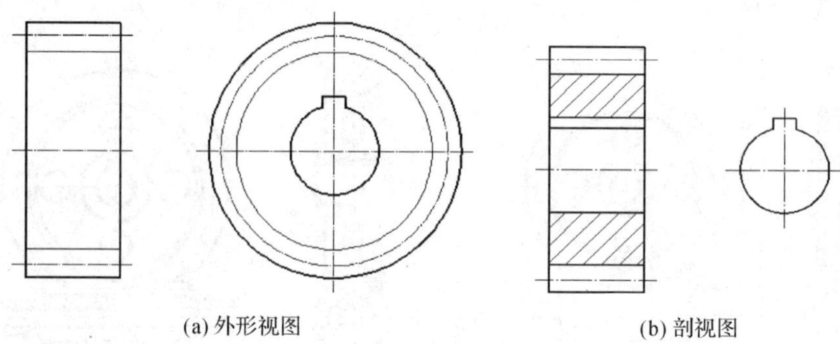

图 6-35　直齿圆柱齿轮的画法

任务 2:两直齿圆柱齿轮啮合,其中 z1=18,z2=36,m1=m2=2。分别绘制两齿轮啮合的外形图和剖视图。

分析:

两齿轮的分度圆直径分别为 36mm 和 72mm,齿顶圆直径分别为 40mm 和 76mm,齿根圆直径分别为 31mm 和 67mm。在外形视图中,啮合区的节线以粗实线绘制,端面视图中两分度圆相切,两齿轮在啮合区的齿顶圆用粗实线绘制或省略不画。在剖视图中,当剖切平面通过两啮合齿轮的轴线时,在啮合区内,两分度圆重合画成细点画线,除其中一个齿轮的齿顶线被遮挡而用虚线绘制或省略不画外,其余齿根线、齿顶线一律按粗实线绘制。

作图:

(1)绘制两齿轮啮合的外形图(如图 6-36(a)所示)

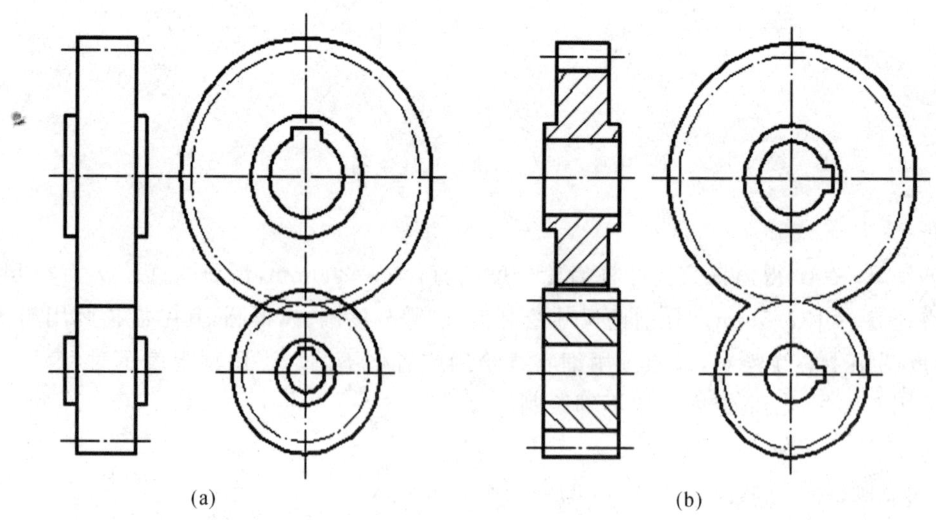

图 6-36　直齿圆柱齿轮啮合

①在平行于齿轮轴线投影面上的视图中,两齿轮的分度线在啮合区内重和为一条,用粗实线绘制,另一端仍用点画线绘制;在垂直于齿轮轴线投影面上的视图中,两个相切的分度

圆用点画线绘制。

②在平行于齿轮轴线投影面上的视图中，啮合区的齿顶线和齿根线不画，另一端用粗实线绘制齿顶线；在垂直于齿轮轴线投影面上的视图中，齿顶圆用粗实线绘制，齿根圆省略不画。为了使图形清晰，啮合区内的齿顶圆部分也可以不画，如图 6-24(b)中的左视图所示。

(2)绘制两齿轮啮合的剖视图(如图 6-36(b)所示)

①在平行于齿轮轴线投影面上的视图中，两齿轮的分度线都用点画线绘制，在啮合区内重和为一条；在垂直于齿轮轴线投影面上的视图中，两个相切的分度圆用点画线绘制。

②在平行于齿轮轴线投影面上的视图中，啮合区内一个齿轮的齿顶线和齿根线用粗实线绘制，另一个齿轮的齿根线用粗实线绘制，齿顶线因为被遮挡住，所以用虚线绘制或者省略不画；在垂直于齿轮轴线投影面上的视图中，齿顶圆用粗实线绘制，齿根圆省略不画。啮合处为了视图清晰齿顶圆部分省略不画。

③绘制剖面线。

6.5 滚动轴承的画法

滚动轴承是用作支承旋转轴的标准件。它具有结构紧凑、摩擦阻力小等优点，因此得到广泛应用。在工程设计中无需单独画出滚动轴承的图样，而是根据国家标准中规定的代号进行选用。

作图原理及方法

6.5.1 滚动轴承的结构和分类

如图 6-37 所示，滚动轴承的结构由外圈、内圈、滚动体和保持架四部分组成。按其受力情况分为：

向心轴承　它主要承受径向力，如图 6-37(a)所示；

推力轴承　它只承受轴向力，如图 6-37(c)所示；

向心推力轴承　它既可承受径向力，又可承受轴向力，如图 6-37(b)所示。

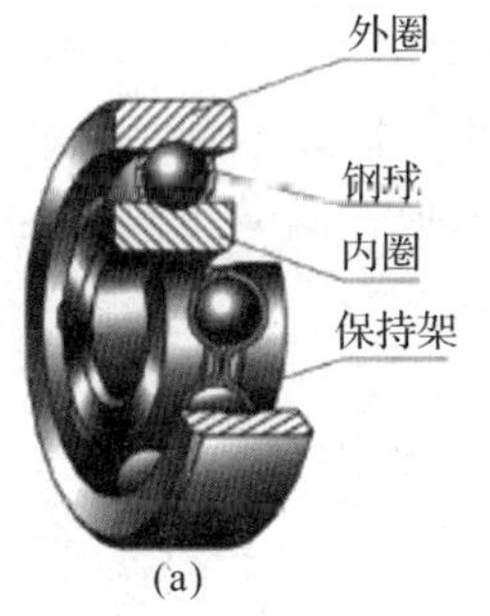

(a)

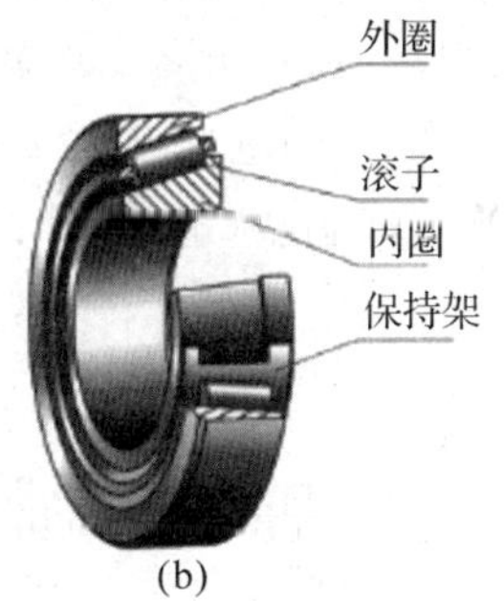

(b)

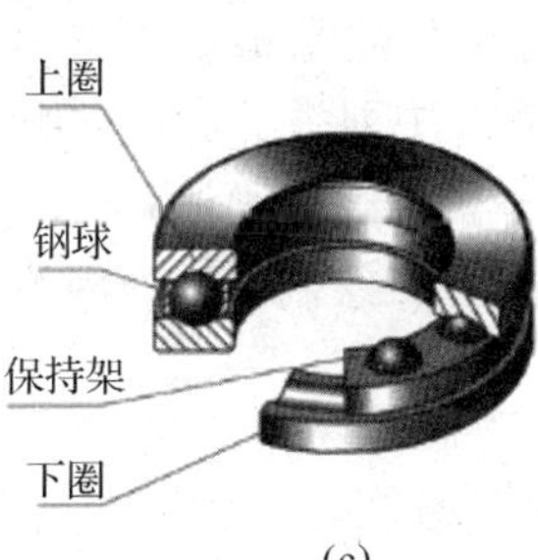

(c)

图 6-37　滚动轴承

6.5.2 滚动轴承在装配图中的规定画法

表 6-12 常用滚动轴承的画法

种 类	深沟球轴承	圆锥滚子轴承	推力球轴承
已知条件	D、d、B	D、d、B、T、C	D、d、T
特征画法	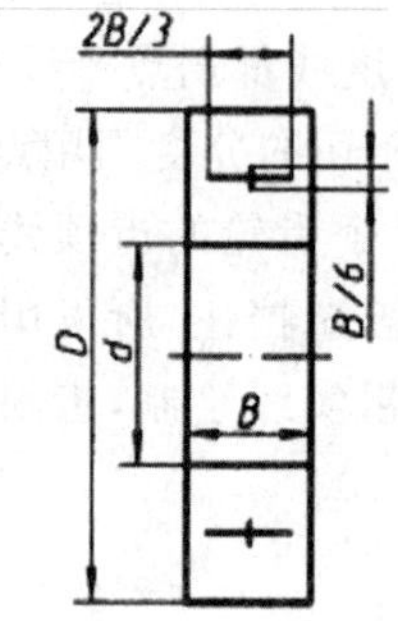 2B/3, B/6, D, d, B	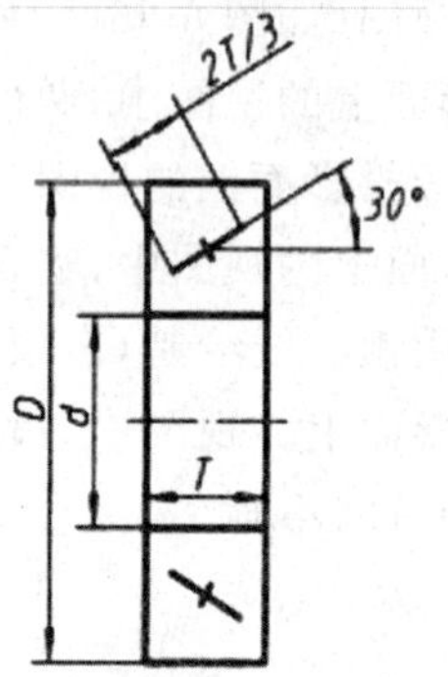 2T/3, 30°, D, d, T	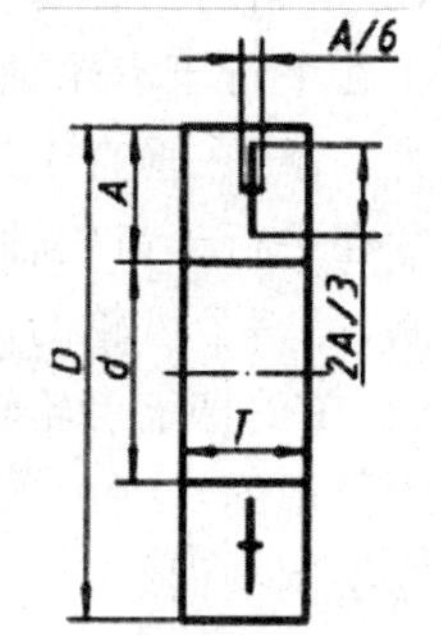 A/6, A, 2A/3, D, d, T
上侧为规定画法，下侧为通用画法	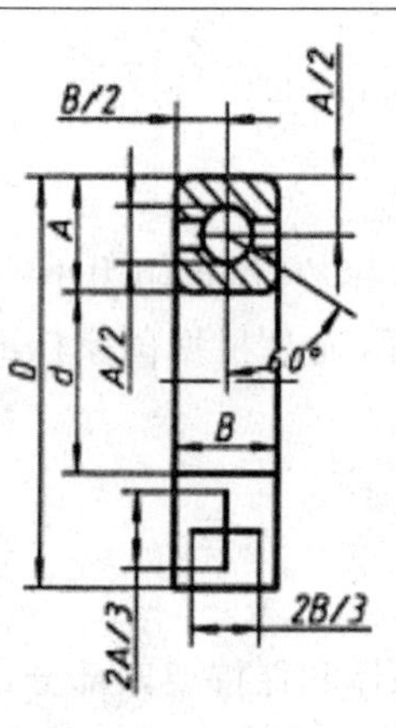 B/2, A/2, A, D, d, A/2, 60°, B, 2A/3, 2B/3	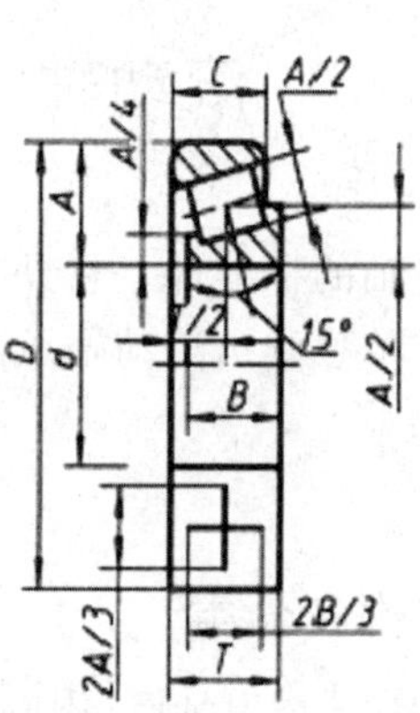 C, A/2, A/4, A, T/2, 15°, D, d, B, A/2, 2A/3, 2B/3, T	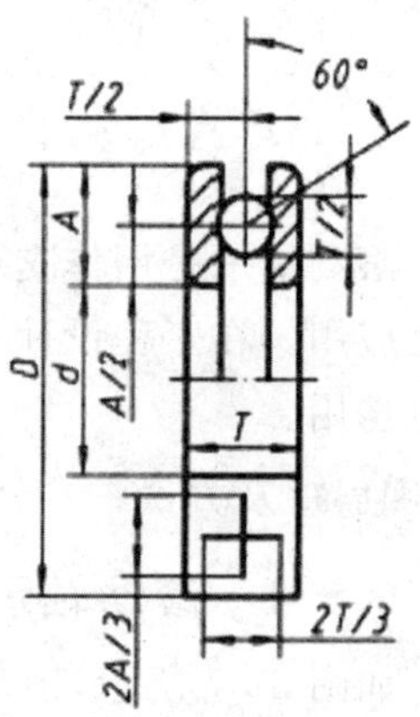 T/2, 60°, A, T/2, D, d, A/2, T, 2A/3, 2T/3

根据 GB/T 4459.7—1998 中的基本规定，表示滚动轴承的各种符号、矩形线框和轮廓线均用粗实线绘制，矩形线框或外形轮廓的大小应与它的外形尺寸一致；采用规定画法绘制剖视图时，轴承的滚动体不画剖面线，其各套圈等可画成方向和间隔相同的剖面线，在不致引起误解时，也可省略不画；当轴承带有其他零件或附件时，其剖面线应与套圈的剖面线呈不同方向或不同间隔，在不致引起误解时，也可省略不画，见表 6-12。

表 6-12 中列举了三种常用滚动轴承的画法及有关尺寸比例。下图中轴承的上侧为规定画法，下侧为通用画法；上图中为特征画法，也可采用通用画法，但在同一图样中一般只采用一种画法，并绘制在轴的两侧。

6.6 弹簧的画法

弹簧的用途很广，主要用来减震、储能或测力等。弹簧的种类很多，常见的有螺旋压缩弹簧、拉伸弹簧、扭转弹簧和涡卷弹簧等，如图 6-38 所示。

本节仅介绍圆柱螺旋压缩弹簧。由于圆柱螺旋压缩弹簧最为常用，因此作为标准件，在

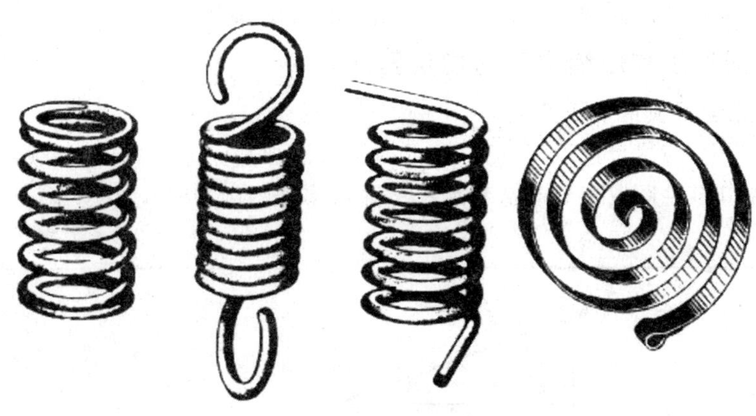

图 6-38　常见弹簧

GB/T 2089—1980 中对其标记作了规定。但是在实际工程设计中往往选购不到合适的标准弹簧,所以,必须绘制出其零件图,从而进行制造和加工。

6.6.1　普通圆柱螺旋压缩弹簧的参数(图 6-39)

(1)材料直径 d　制造弹簧的钢丝直径。

(2)弹簧直径　分为弹簧外径、内径和中径。

弹簧外径 D 即弹簧的最大直径。

弹簧内径 D_1 即弹簧的最小直径,$D_1=D-2d$。

弹簧中径 D_2 即弹簧外径和内径的平均值,

$D_2=(D+D_1)/2=D-d=D_1+d$。

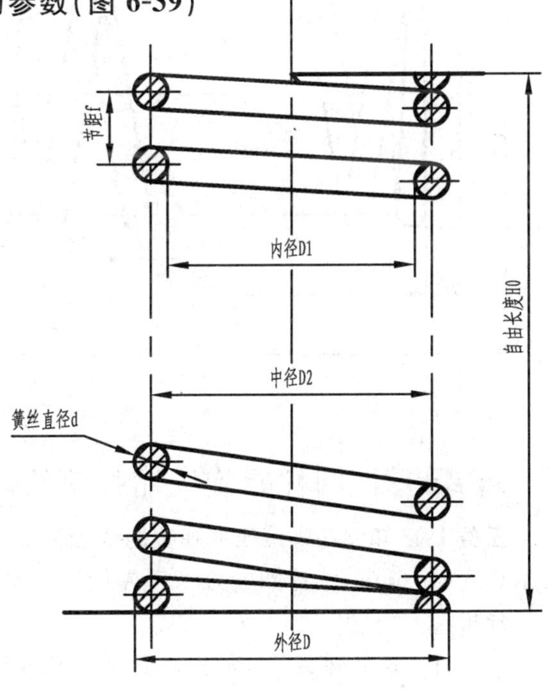

图 6-39　弹簧的参数

(3)圈数　包括支承圈数、有效圈数和总圈数。

支承圈数 n_2　为使弹簧工作时受力均匀,弹簧两端并紧磨平而起支撑作用的部分称为支撑圈,两端支撑部分加在一起的圈数称为支承圈数(n_2)。当材料直径 $d\leqslant 8$mm 时,支承圈数 $n_2=2$;当 $d>8$mm 时,$n_2=1.5$,两端各磨平 3/4 圈。

有效圈数 n　支承圈以外的圈数为有效圈数(n)。

总圈数 n_1　支承圈数和有效圈数之和为总圈数,$n_1=n+n_2$。

(4)节距 t　除支承圈外的相邻两圈对应点间的轴向距离。

(5)自由高度 H_0　弹簧在未受负荷时的轴向尺寸。

(6)展开长度 L　弹簧展开后的钢丝长度。有关标准中的弹簧展开长度 L 均指名义尺寸,其计算方法为:当 $d\leqslant 8$mm 时,$L=\pi D2(n+2)$;当 $d>8$mm 时,$L=\pi D2(n+1.5)$。

(7)旋向　弹簧的旋向与螺纹的旋向一样,也有右旋和左旋之分。

6.6.2　圆柱螺旋压缩弹簧的规定画法

具体方法见学习项目中任务1。

在机械设计中,应尽量选取标准弹簧,此时可按照弹簧标记外购。如果购不到合适的弹簧,则必须绘制其零件图以指导制造和加工。弹簧零件图例如图6-40所示。

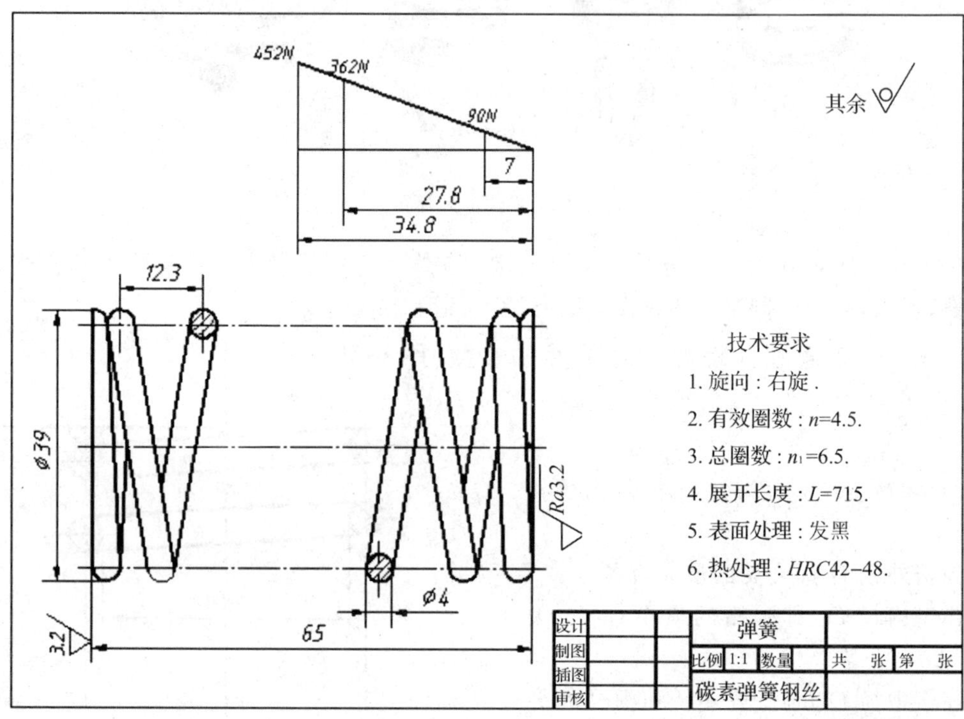

图6-40　弹簧零件图

学习项目　圆柱螺旋压缩弹簧绘制

任务1:已知圆柱螺旋压缩弹簧的线径为5mm,弹簧中径为40mm,节距为10mm,弹簧自由长度为76mm,支撑圈数为2.5,左旋。绘制弹簧的全剖视图。

分析:

在平行于螺旋弹簧轴线的投影面上的视图中,弹簧各圈的轮廓规定画成直线;有效圈数在4圈以上的螺旋弹簧中间部分可以省略,此时允许缩短图形的长度。

作图:

(1)根据自由高度76mm和弹簧中径40mm用点画线绘制长方形,如图6-41(a)所示。

(2)画出支撑圈部分弹簧钢丝的截断面,如图6-41(b)所示。

(3)画出有效圈部分弹簧钢丝的截断面,先在*CD*线上根据节距10mm画出圆2和圆3,然后从1、2和3、4的中点作垂线与*AB*线相交,画圆5和6,根据节距画圆7,如图6-41(c)所示。

(4)按右旋方向作相应圆的公切线并画剖面线,完成作图,,如图6-41(d)所示。

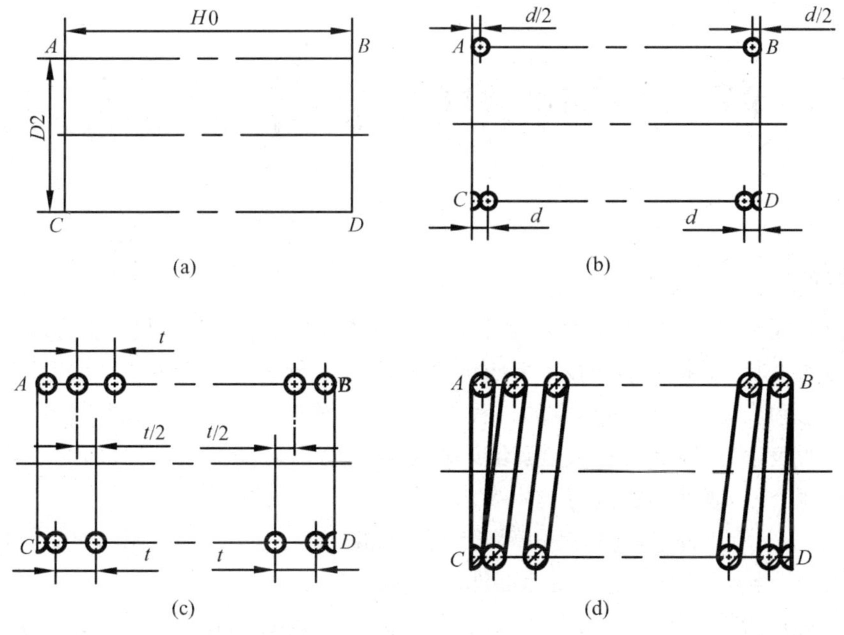

图 6-41　圆柱螺旋压缩弹簧

思考与总结

各类机械设备中经常使用各种标准连接件和常用的传动件，由于标准件无需专门设计，所以也就很少需要绘制零件图，因此本章重点要求熟练掌握标准件装配连接的规定画法、代号标记方法，常用件标准结构部位的规定画法。

各种标准连接件装配画法容易出错，学习过程中需要对照规定画法图例加强练习。比例画法有关常数作为参考，今后可以利用计算机绘图软件中的图库直接调用绘制。

齿轮等零件的参数计算在其他课程中还将详细介绍，本章主要是要求掌握规定画法。附录中提供的标准件等图表仅为部分相关资料，今后实际工作中应该查阅设计手册。

思考题：

1. 什么是标准件，它和常用件在图样绘制方面有什么区别？
2. 采用规定画法后，标准件和常用件的有关结构参数如何表达？

第七章　零件图的绘制与阅读方法

教学内容导航

一台机器或一个部件，都是由若干个零件按一定的装配关系和技术要求装配起来的。表达零件结构形状、尺寸大小和技术要求的图样称为零件图。本章将介绍识读和绘制零件图的基本方法和步骤。在学习本章的过程中，要结合所学内容，紧密联系生产实际，认真分析典型零件的表达方法、尺寸标注、测绘步骤，要学会查阅有关的技术标准，并能在零件图上正确标注尺寸公差，表面粗糙度等技术要求。

如图 7-1 所示的固定球球阀是用于长输管线和一般工业管线中的一个部件，它是由阀体、阀盖、阀杆、阀座、球体和连接用标准件等零件组成。

本章主要介绍零件图的视图选择方法、表达方案的确定及作图步骤、读图方法等，重点是零件结构表达方案的确定方法。通过学习，要求熟练掌握零件图的绘制和识读方法和技能，熟悉零件图中各类技术要求的含义及标注方法。

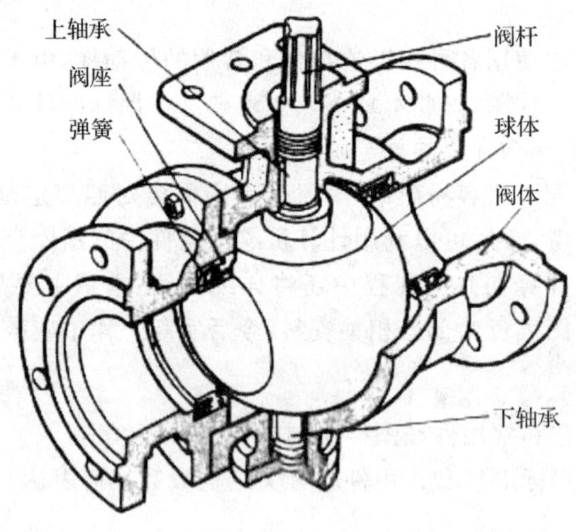

图 7-1　固定球球阀

作图原理及方法

7.1　零件图的内容

图 7-2 所示为主动齿轮轴零件图，一张完整的零件图一般应包括以下几项内容：

1. 一组图形。根据零件的结构特点，选用适当的视图、剖视图、断面图、局部放大图和简化画法等表达方法，将零件的内、外形状正确、完整、清晰地表达出来。

2. 完整的尺寸。正确、完整、清晰、合理地注出制造和检验零件使所需的全部尺寸。

3. 技术要求。用规定的代号、数字、字母和文字注解说明制造和检验零件时在技术指标上应达到的要求。如表面粗糙度，尺寸公差，形位公差和热处理，检验方法以及其他特殊要求等。技术要求的文字一般注写在标题栏上方图纸空白处。

4. 标题栏。标题栏在图框的右下角。填写零件名称、材料、数量、比例、图样代号以及设计、审核、批准者的姓名、日期等。标题栏的尺寸和格式已经标准化，可参见有关标准。

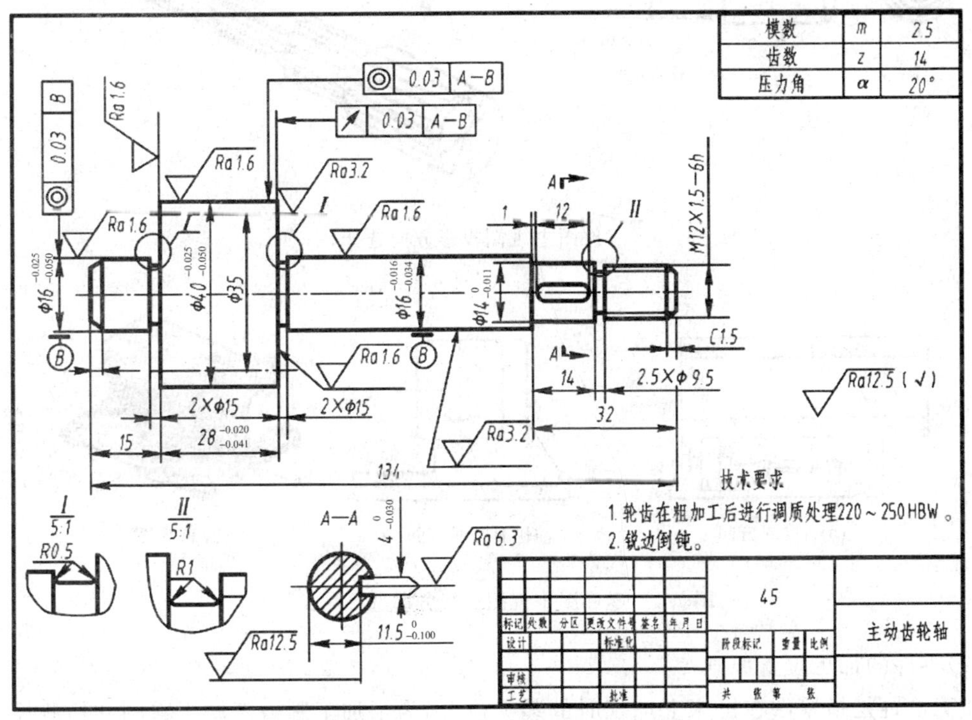

图 7-2　主动齿轮轴零件图

7.2　零件图的视图选择

零件的视图选择，应首先考虑看图方便，根据零件的结构特点，选用适当的表示方法。由于零件的结构形状是多种多样的，所以在画图前，应对零件进行结构形状分析，结合零件的工作位置和加工位置，选择最能反映零件形状特征的视图作为主视图，并选好其他视图，以确定一组比较合理的表达方案。

1. 主视图的选择

主视图是表达零件结构形状的一组图形中的核心视图，在选择主视图时，需要考虑以下原则：

(1)零件的结构形状特征原则

主视图要能将组成零件的各形体之间的相互位置和主要形体的形状、结构表达得最清楚,在确定主视图投影方向和选择表达方法时应尽可能满足上述要求,使其反映的形状特征最明显。如图 7-3 所示的轴和图 7-4 所示的尾架体,按箭头 A 的方向投影所得到的视图,能最明显地反映零件的形状特征。

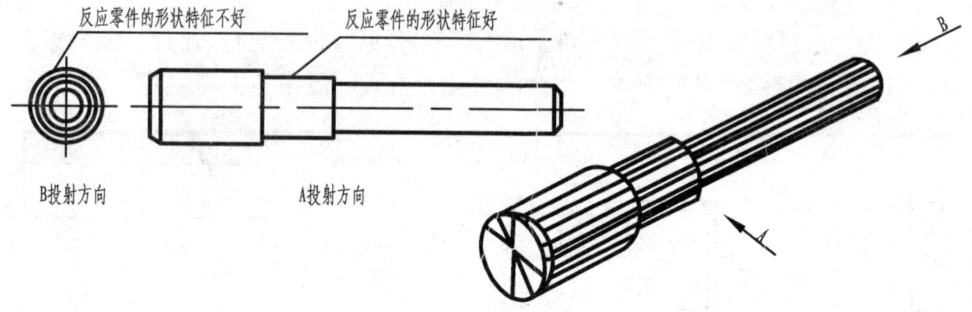

图 7-3 零件图主视图投影方向选择(一)

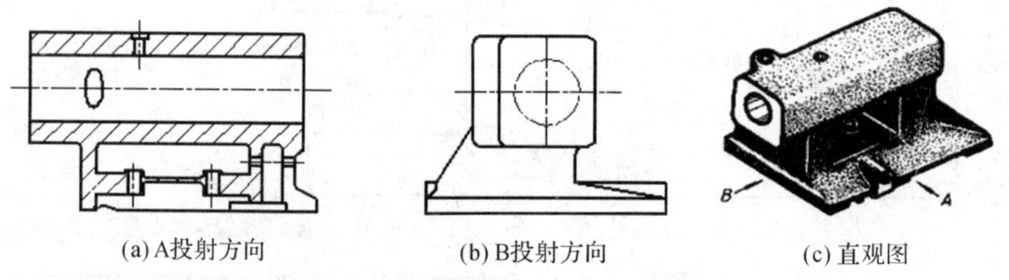

(a) A投射方向 (b) B投射方向 (c) 直观图

图 7-4 零件图主视图投影方向选择(二)

(2)零件的加工位置原则

加工位置是指零件在机床上加工时的装夹位置,为了加工制造者便于看图和检测尺寸,应按照零件在主要加工工序中的装夹位置选取主视图。对于轴套类、轮盘类零件,其主要加工工序是车削或磨削。在车床或磨床上装夹时是以轴线定位,三爪或四爪卡盘夹紧,所以该类零件主视图的选择常将轴线水平放置。如图 7-5(b)所示的轴是按图 7-5(a)所示在车床上的加工位置选择主视图的。

(3)零件的工作位置(或安装位置)原则

工作位置是指零件装配在机器或部件中工作时的位置。按照工作位置选取主视图,容易想象零件在机器或部件中的作用,也便于把零件图和装配图对照起来看图。对于拨叉机架类、箱体类零件,因需经多道工序加工,各工序加工位置往往不同,难以分别主次,故适合于以工作位置确定主视图。如图 7-4(c)所示的尾架体主视图是按工作位置画出的。

2. 其他视图的选择

主视图确定后,应根据零件结构形状的复杂程度,由主视图是否已表达完整和清楚,来决定是否需要和需要多少其他视图以弥补表达的不足。具体选用时,应注意以下几点:

(1)所选的每个视图都应有明确的表达目的和重点。对零件的内外形状、主体和局部形

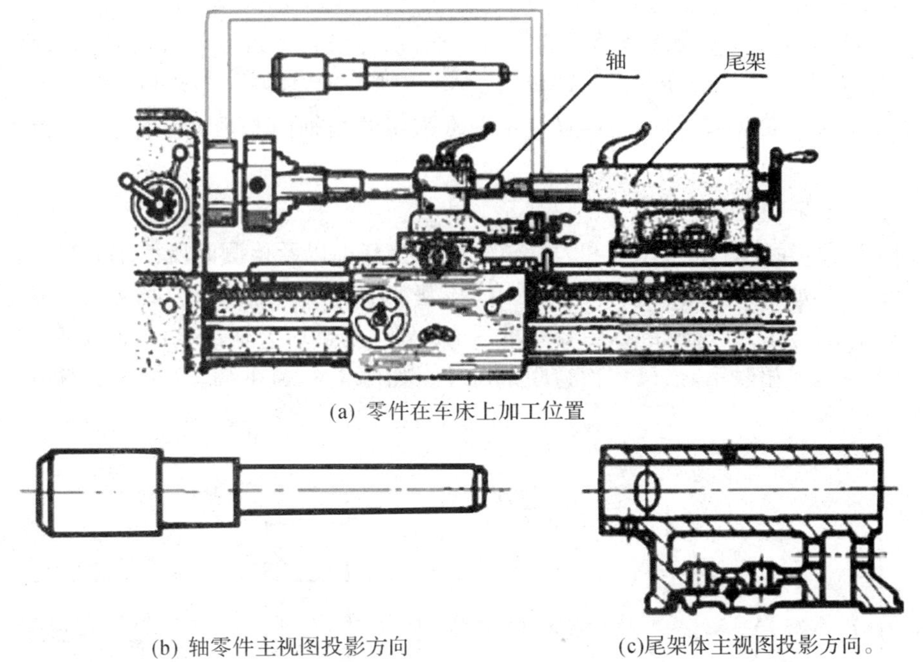

(a) 零件在车床上加工位置

(b) 轴零件主视图投影方向

(c)尾架体主视图投影方向。

图 7-5　按零件加工或安放位置选择主视图

状的表达，每个视图都应各有侧重。

(2)针对零件的内部结构选择适当的剖视图和断面图，并明确剖视图和断面图的意义，使其发挥最大的作用。

(3)对尚未表达清楚的局部形状和细小结构，补充必要的局部视图和局部放大图。

3. 典型零件的视图选择

根据零件的结构形状、用途及加工制造方面特点的相似性，通常将零件分为轴套、轮盘、叉架和箱体等四类典型零件。

7.3　零件图的尺寸标注

零件图中的尺寸标注除了要满足正确、齐全、清晰的要求外，还需满足较为合理的要求。

所谓尺寸标注合理，是指所注的尺寸既要满足设计要求，又要满足加工、测量和检验等制造工艺要求。必须注意，要做到尺寸标注合理，需要有一定的生产实践经验和有关专业知识。本节所述仅是尺寸标注合理的一些基本知识。

1. 合理选择尺寸基准

尺寸基准是指零件装配到机器上或在加工测量时，用以确定其位置的一些面、线或点。它可以是零件上对称平面、安装底平面、端面、零件的结合面、主要孔和轴的轴线等。根据基准作用不同，一般将基准分为设计基准和工艺基准二类。

(1)设计基准

根据零件结构特点和设计要求而选定的基准,称为设计基准。零件有长、宽、高三个方向,每个方向都要有一个设计基准,该基准又称为主要基准,如图 7-6(a)所示。

对于轴套类和轮盘类零件,实际设计中经常采用的是轴向基准和径向基准,而不用长、宽、高基准,如图 7-6(b)所示。

(2)工艺基准

在加工时,确定零件装夹位置和刀具位置的一些基准以及检测时所使用的基准,称为工艺基准。工艺基准有时可能与设计基准重合,该基准不与设计基准重合时又称为辅助基准。零件同一方向有多个尺寸基准时,主要基准只有一个,其余均为辅助基准,辅助基准必有一个尺寸与主要基准相联系,该尺寸称为联系尺寸。如图 7-6(a)中的 40、11、30,图 7-5(b)中的 30、90。

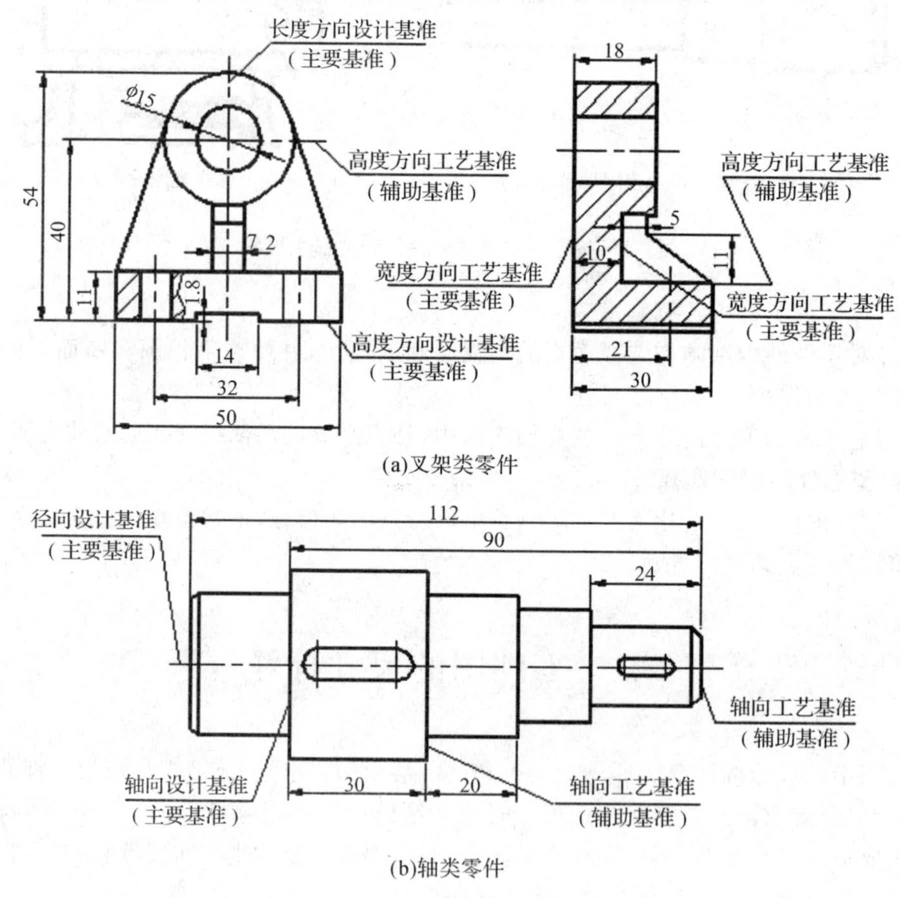

图 7-6 零件的尺寸基准

2. 尺寸标注的三种形式

(1)链状形式

零件同一方向的几个尺寸依次首尾相接,后一个尺寸以前一个尺寸的终点为起点(基准),注写成链状,称为链状形式,如图 7-7(a)所示。链状形式可保证所注各段尺寸的精度要

求，但总尺寸有加工累计误差。

(2)坐标形式

零件同一方向的几个尺寸由同一基准出发进行标注，称为坐标形式。如图 7-7(b)所示。坐标形式所注各段尺寸其尺寸精度只取决于本段尺寸加工误差，各段尺寸精度互不影响，但某些加工工序的检验不太方便。

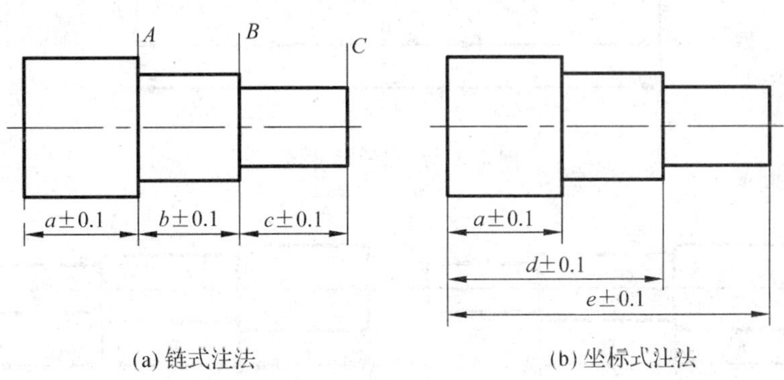

(a) 链式注法　　(b) 坐标式注法

图 7-7　尺寸标注形式

(3)综合形式

零件同一方向的尺寸标注既有链状式又有坐标式，是这两种形式的综合，故称为综合形式。如图 7-8 所示。综合形式具有链状形式和坐标形式的优点，既能保证一些精确尺寸，又能减少阶梯状零件中尺寸误差的积累。标注零件图中的尺寸时，用得最多的是综合式注法。

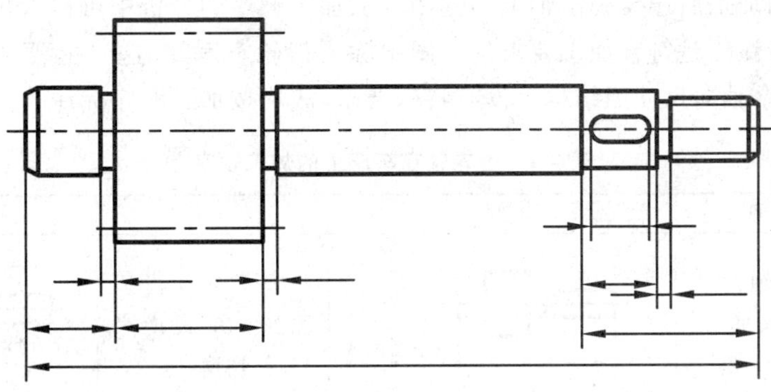

图 7-8　综合式尺寸注法

3. 合理标注尺寸的一般原则

(1)重要尺寸必须直接注出

零件图上的重要尺寸要从基准出发直接注出，以保证设计要求。

(2)不应注成封闭的尺寸链

如图 7-9 所示，就形成了封闭的尺寸链，在机器生产中这是不允许的，因为各段尺寸加工不可能绝对准确，总有一定尺寸误差，而各段尺寸误差的和不可能正好等于总体尺寸的误差。为此，在标注尺寸时，应将次要的轴段尺寸空出不注(称为开口环)，如图 7-10(a)所示。

这样，其他各段加工的误差都积累至这个不要求检验的尺寸上，而全长及主要轴段的尺寸则因此得到保证。如需标注开口环的尺寸时，可将其注成参考尺寸，如图 7-10(b)所示。

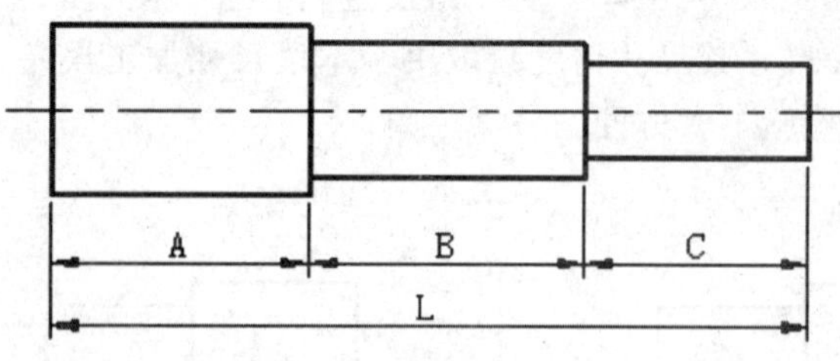

图 7-9　封闭的尺寸链

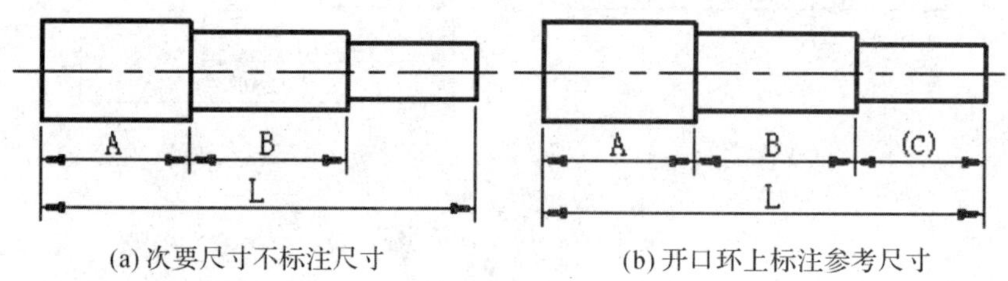

(a) 次要尺寸不标注尺寸　　(b) 开口环上标注参考尺寸

图 7-10　开口环的确定

(3)标注尺寸应符合加工顺序

按加工顺序标注尺寸符合加工过程，便于加工测量。如表 7-1 表示齿轮轴在车床上的加工顺序。车削加工后还要铣削轴上的键槽。从加工顺序的分析中可以看出，图 7-11 对该齿轮轴的尺寸标注法是符合加工要求的。图中除了齿轮宽度 28 这一主要尺寸从设计基准直接注出外，其余轴向尺寸因结构上没有特殊要求，故均按加工顺序标注。

表 7-1　齿轮轴在车床上的加工顺序

序号	说　明	图　例	序号	说　明	图　例
1	车齿轮轴的两端面，使长度为134，并打中心孔。		2	车齿轮坯齿顶圆到 ϕ40，长度为15，并切槽，倒角。	
3	调头，车外圆到 ϕ16，并保证齿轮宽度为 28。		5	车外圆到 ϕ12，并控制 ϕ14 的长度为 14。	
4	车外圆到 ϕ14，长度为 32。		6	切槽、倒角、螺纹。	

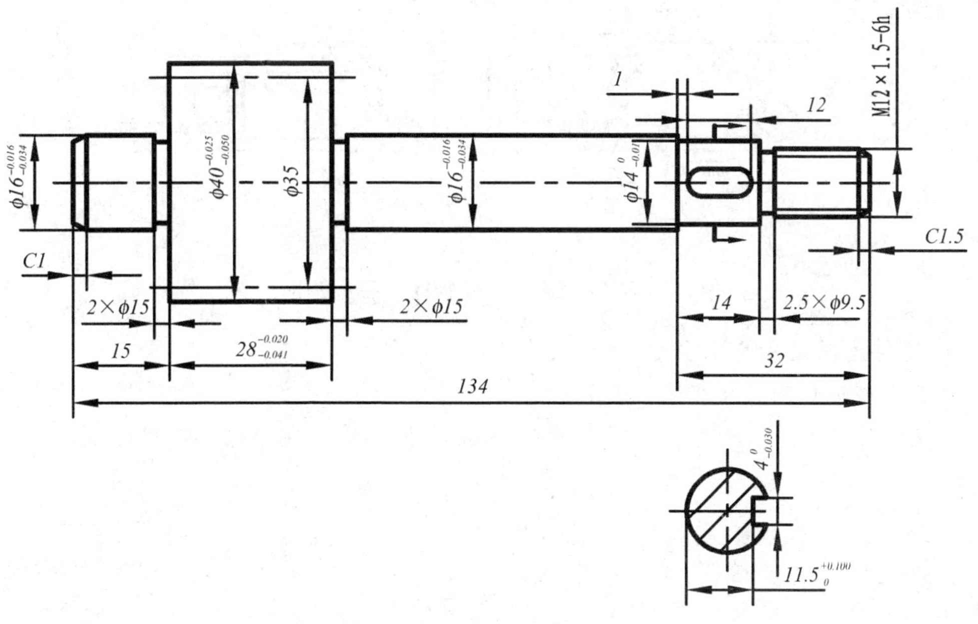

图 7-11　齿轮轴的尺寸标注

(4)标注尺寸要便于测量

在没有结构上或其他重要的要求时,标注尺寸应尽量考虑测量方便。如图 9-12(a)中的尺寸不便测量,应按图 7-12(b)的形式标注。

(5)加工面与不加工面只能有一个联系尺寸

按不加工面(毛面)与加工面分别标注两组尺寸,这两组尺寸间要有一个尺寸把它们联系起来。如图 7-13(a)中,同一加工面(底面)同时与不加工面 A、B、C 有尺寸 10、28、34 相联系,故不合理;图 7-13(b)中该方向加工面(底面)仅有一个过渡尺寸 10 与不加工面相联系,其余不加工面间的尺寸 24、6、14 与加工面(底面)无联系,故合理。

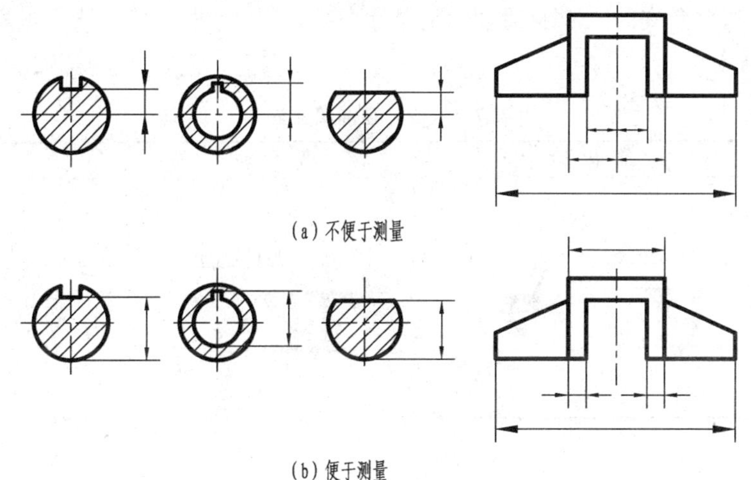

图 7-12　标注尺寸要便于测量

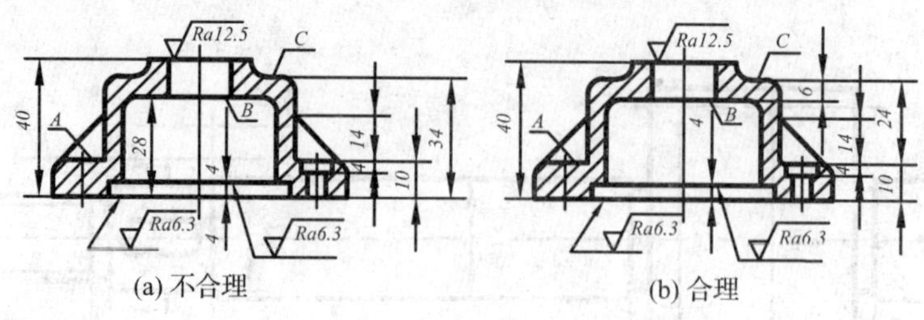

(a) 不合理　　(b) 合理

图 7-13　毛面与加工面间的尺寸注法

4. 零件上常见孔的尺寸标注

零件上常见孔的尺寸注法见表 7-2。

国家标准(GB/T 16675.2—1996)要求标准尺寸时,应使用符号和缩写词。

7.4　零件图的技术要求

机械零件图上的技术要求内容主要包括尺寸公差、形状和位置公差、表面粗糙度、材料及热处理和相关工艺要求等。技术要求通常是用符号、代号或标记标注在图形上,或用简明的文字注写在标题栏附近。

1. 极限与配合

(1)尺寸公差

零件在批量生产并进行批量装配时,在相互配合的零件中,不经任何选择和修配,任意抽取一对进行装配,其配合结果都能满足设计的工作性能要求,零件间的这种性质称为互换性。零件具有互换性,可给机器装配、修理带来方便,也为机器的现代化大生产提供了可能性。

在加工过程中,零件的尺寸不可能加工得绝对准确,而是将零件尺寸的加工误差限制在一定范围内。这个允许的尺寸变动量就是尺寸公差,简称公差。关于尺寸公差的一些名词,以图 7-14 为例作简要介绍。

表 7-2　各种孔的简化注法

结构类型		简化后	简化前	说明
螺孔	通孔	3×M6-7H　3×M6-7H	3-M6-7H	表示三个直径为 6,螺纹中径、顶径公差带为 7*H*,均匀分布的螺孔。

续表

结构类型		简化后	简化前	说明
螺孔	不通孔	3×M6-7H↧10 3×M6-7H↧10	3-M6-7H 10	深 10 是指螺孔的深度。
	不通孔	3×M6-7H↧10 孔↧12 3×M6-7H↧10 孔↧12	3-M6-7H 10 12	需要注出钻孔深度时，应明确标注孔深尺寸。
光孔	一般孔	4×φ4↧10 4×φ4↧10	4×φ4 10	4×φ4 表示四个直径为 4 均匀分布的光孔。
	精加工孔	4×φ4H7↧10 孔↧12 4×φ4H7↧10 孔↧12	4×φ4H7 10 12	钻孔深为 12，钻孔后需要加工至 $\phi 4^{+0.012}_{0}$，深度为 10。
	锥销孔	推销孔φ4 配作 2× 推销孔φ5 配作		φ4 和φ5 为推销孔相配的圆推销的公称直径。推销孔通常是将相邻两零件装在一起进行加工。
沉孔	推形沉孔	6×φ7 ⌵φ13×90° 6×φ7 ⌵φ13×90°	90° φ13 6×φ7	6×φ7 表示六个直径为 7 均匀分布的孔。沉孔的直径为 φ13。锥角为 90°。
	柱形沉孔	4×φ6.4 ⌴φ12↧4.5 4×φ6.4 ⌴φ12↧4.5	φ12 4.5 4×φ6.4	杆形沉积的直径为 φ12，深度为 4.5。
沉孔	总平面	4×φ9 ⌴φ20 4×φ9 ⌴φ20	φ20⌴ 4×φ9	总平面 φ20 的深度不需标注，一般总平到不出现毛面为止。

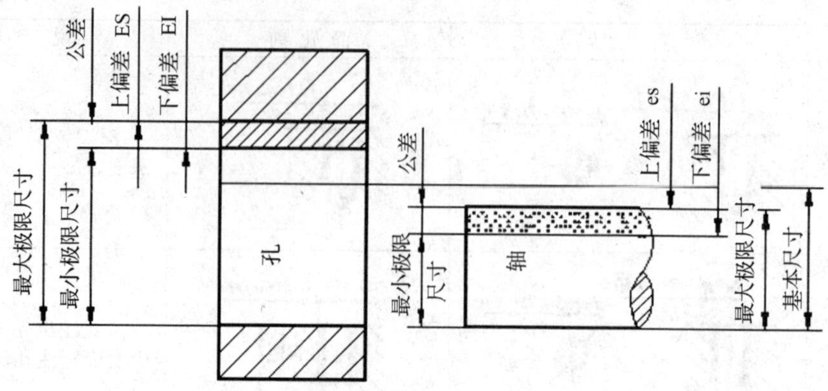

图 7-14　极限与配合的基本概念

①基本尺寸与极限尺寸

基本尺寸：根据零件的强度和结构要求，设计时给定的尺寸。其数值应优先选用标准直径或标准长度。

实际尺寸：通过测量所达到的尺寸。

极限尺寸：允许尺寸变动的两个界限值。它是以基本尺寸为基数来确定的。两个界限值中较大的一个称为最大极限尺寸；较小的一个称为最小极限尺寸。

②极限偏差与尺寸公差

尺寸偏差：某一尺寸减去其基本尺寸所得的代数差。尺寸偏差有：

上偏差＝最大极限尺寸－基本尺寸

下偏差＝最小极限尺寸－基本尺寸

上、下偏差统称为极限偏差，上、下偏差可以是正、负值或零。孔的上、下偏差代号为 ES、EI；轴的上、下偏差代号为 es、ei。

尺寸公差：允许尺寸的变动量。

尺寸公差＝最大极限尺寸－最小极限尺寸

＝上偏差－下偏差

因为最大极限尺寸总是大于最小极限尺寸，所以尺寸公差一定为正值。

③公差带

为了便于分析尺寸公差和进行有关计算，以基本尺寸为基准(零线)，用夸大了间距的两条直线表示上、下偏差，这两条直线所限定的区域称为公差带。用这种方法画出的图称为公差带图。如图 7-15 所示，在公差带图中，零线上方偏差为正；零线下方偏差为负方框，方框的宽度表示公差值大小，方框的左右长度可根据需要任意确定。

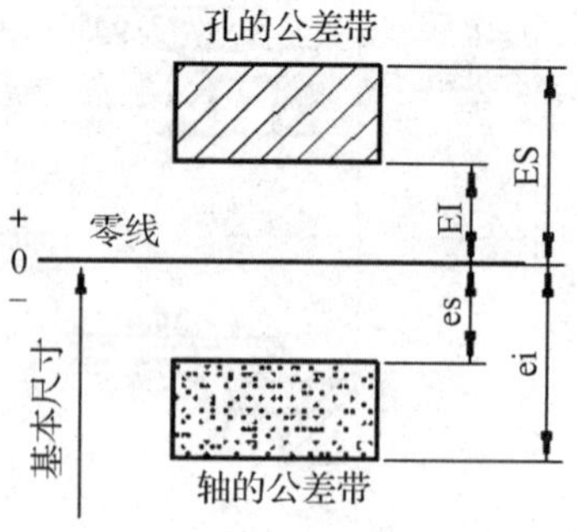

图 7-15　公差带图

④标准公差与基本偏差

公差带由公差带大小和公差带位置两个要素确定。公差带大小由标准公差确定。标准公差划分为 20 个等级，分别为 IT01、IT0、IT1、IT2……IT18。其中 IT 表示标准公差，数字表示公差等级。IT01 的精度最高，IT18 精度最低。

基本偏差确定公差带相对零线的位置，即靠近零线的那个偏差，基本偏差可以是上偏差，也可以是下偏差。国家标准对孔和轴分别规定了 28 种基本偏差。孔的基本偏差代号用大写字母表示，轴用小写字母表示。

⑤公差带代号

一个公差带的代号，由表示公差带位置的基本偏差代号和表示公差带大小的公差等级和基本尺寸组成。例如$\phi45H8$，$\phi45$ 是基本尺寸，H8 是孔的公差带代号，其中 H 表示孔的基本偏差代号，8 表示公差等级为 IT8。

(2)配合种类

基本尺寸相同时，相互结合的轴和孔公差带之间的关系称为配合。按配合性质不同，配合可分为间隙配合、过渡配合和过盈配合三类，如图 7-16 所示。

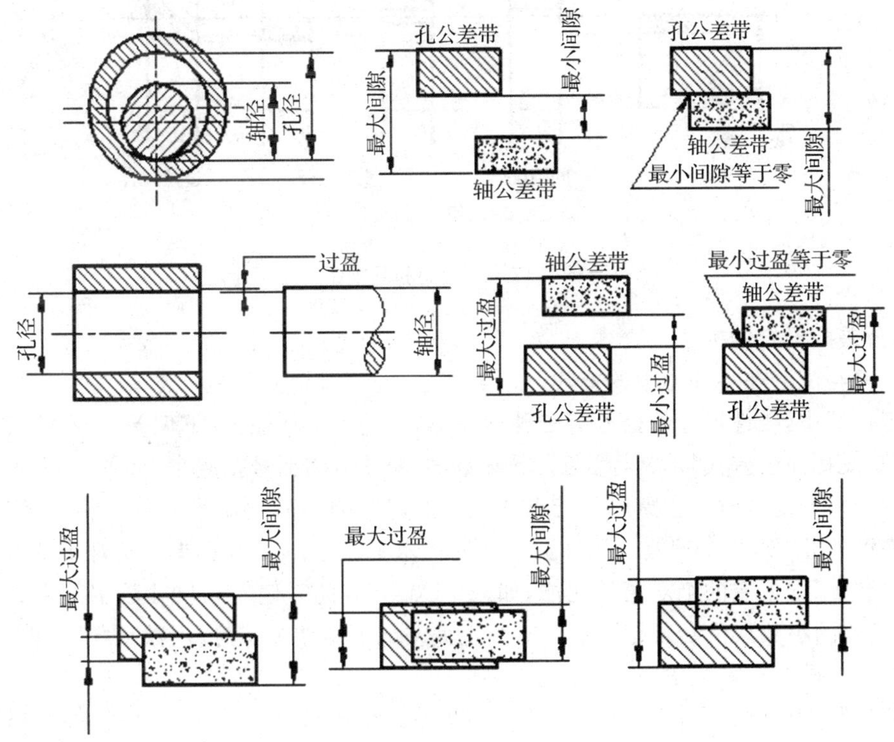

图 7-16　配合类别

间隙配合：具有间隙(包括最小间隙等于零)的配合。此时孔的公差带在轴的公差带上方。

过盈配合：具有过盈(包括最小过盈等于零)的配合。此时孔的公差带在轴的公差带下方。

过渡配合：可能具有间隙或过盈的配合。此时，轴和孔的公差带相互交叠。

(3)配合制度

采用配合制度是为了统一基准件的极限偏差,从而达到减少零件加工的定值刀具和量具的规格数量。国家标准规定了两种配合制,即基孔制和基轴制,如图 7-17 所示。

基孔制是基本偏差为 H 的孔的公差带与不同基本偏差的轴的公差带形成各种配合的制度;基轴制是基本偏差为 h 的轴的公差带与不同基本偏差的孔的公差带形成各种配合的制度。

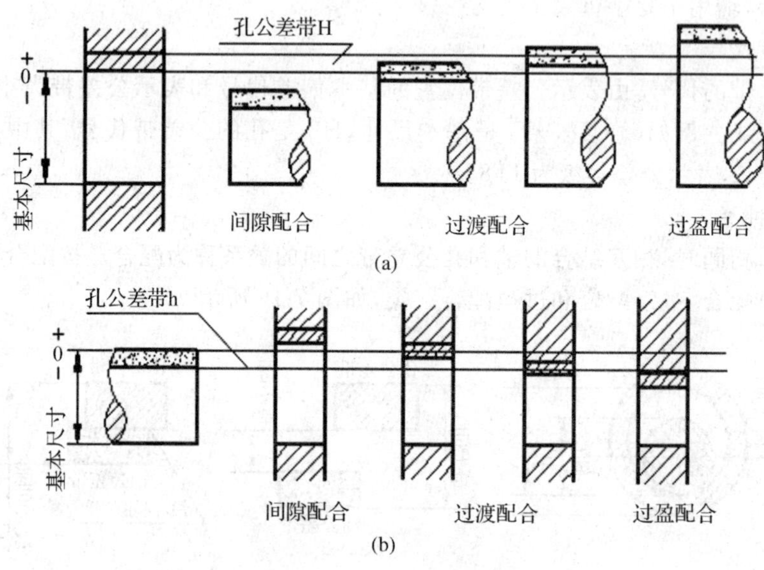

图 7-17　基孔制和基轴制

(4)公差与配合的标注及查表

①公差与配合在零件图中的标注

在零件图中,线性尺寸的公差有三种标注形式:一是只标注上、下偏差;二是只标注公差代号;三是既标注公差代号,又标注上、下偏差,但偏差值用括号括起来,如图 7-18 所示。

标注公差与配合时应注意以下几点:a. 上、下偏差的字高度比尺寸数字小一号(即是尺寸数字高度的 2/3),且下偏差与尺寸数字在同一水平线上。b. 当公差带相对于基本尺寸对称时,采用"±"加偏差的绝对值的注法,如$\phi 30 \pm 0.016$(此时偏差和尺寸数字的字高相同)。c. 上、下偏差的小数点位必须相同、对齐,当上偏差或下偏差为零时,用数字"0"标出。

②公差与配合在装配图中的标注

在装配图上标注配合代号时,采用组合式注法,在基本尺寸后面用分式表示,分子为孔的公差带代号,分母为轴的公差带代号。标注的通用形式如图 7-19 所示。

2. 形状与位置公差

(1)基本概念

零件经过加工后,不仅存在尺寸误差,而且几何形状和几何元素之间相对位置也存在着误差。如图 7-20(a)所示为一理想形状的销轴,而加工后的实际形状则是轴线变弯了,如图 7-20(b),因而产生了直线度误差。又如,图 7-21(a)所示为一要求严格的四棱柱,加工后的实际位置却是上表面倾斜了,如图 9-21(b),因而产生了平行度误差。

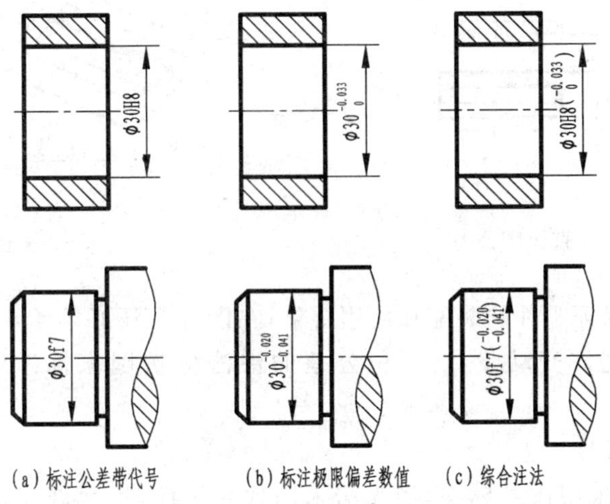

图 7-18 零件图中尺寸公差的标注

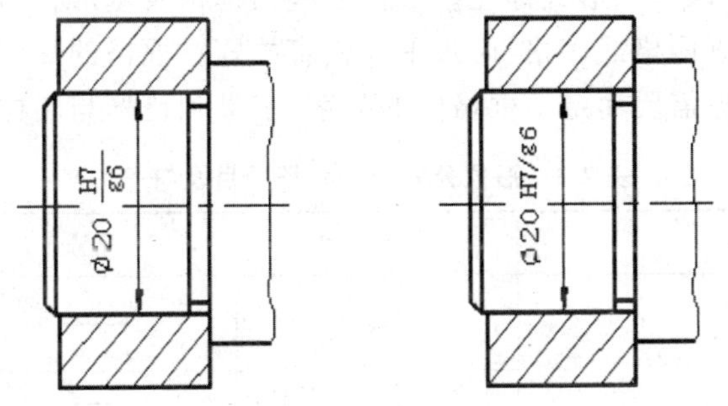

图 7-19 装配图中尺寸公差的标注

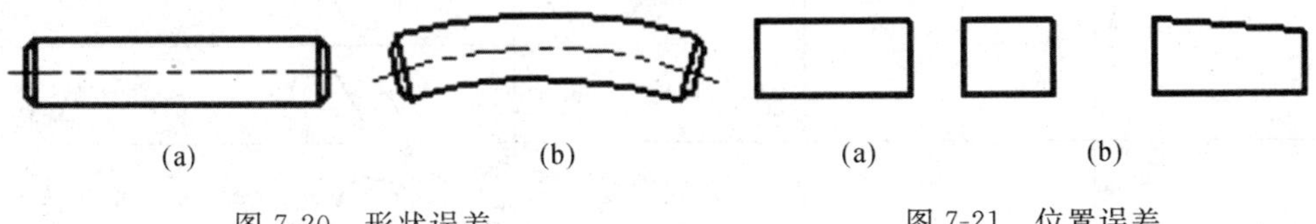

图 7-20 形状误差

图 7-21 位置误差

如果零件存在严重的形状和位置误差，将使其装配造成困难，影响机器的质量，因此，对于精度要求较高的零件，除给出尺寸公差外，还应根据设计要求，合理地确定出形状和位置误差的最大允许值，如图 7-22b 中的φ0.08（即销轴轴线必须位于直径为公差值φ0.08 的圆柱面内，如图 7-22a 所示）；图 7-23b 中的 0.1（即上表面必须位于距离为公差值 0.1 且平行于基准表面 A 的两平行平面之间，如图 7-23a 所示）。

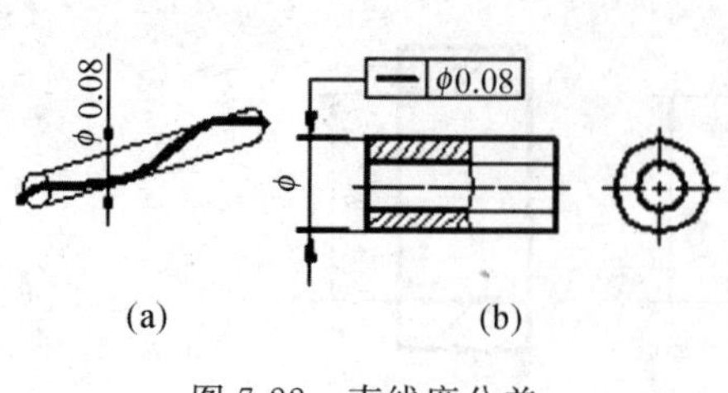

图 7-22　直线度公差

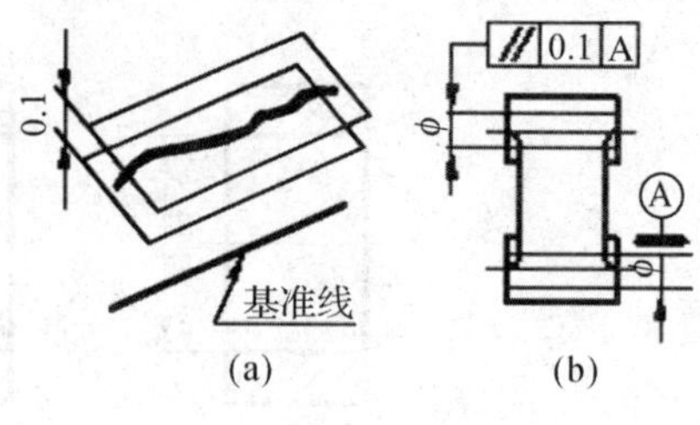

图 7-23　平行度公差

由上例可见，为保证零件的装配和使用要求，在图样上还必须给出形状和位置公差(即形状和位置误差的允许变动量)。形位公差的注法应按国家标准 GB/T1182—1996 的规定。

(2)形位公差的代号

图样中形位公差采用代号标注，当无法采用代号标注时，允许在技术要求中用文字说明。形位公差代号由形位公差项目符号、框格、公差值、基准符号和其他有关符号组成。

(3)形状和位置公差的标注与识读

形位公差在图样中以框图形式标注。形位公差的框格及基准代号画法如图 7-24 所示。框格用细实线绘制，可画两格或多格，应水平或铅直放置。框格的高度是图样中尺寸数字高度的二倍，框格长度根据需要而定。框格中的数字、字母和符号与图样中的数字同高。

表 7-3　形位公差带的特征项目及符号

公　差		特征项目	符号	有或无基准要求
形　状	形　状	直线度	—	无
		平面度	▱无	
		圆度	○	无
		圆柱度	⌭	无
形状或位置	轮　廓	线轮廓度	⌒	有或无
		面轮廓度	⌓	有或无

续表

公差			特征项目	符号	有或无基准要求
位置	定向		平行度	//	有
			垂直度	⊥	有
			倾斜度	∠	有
	定位		位置度	⌖	有或无
			同轴(同心)度	◎	有
			对称度	⌯	有
	跳动		圆跳动	↗	有
			全跳动	⌰	有

被测要素用带箭头的指引线将被测要素与公差框格一端相连，指引线箭头指向公差带的宽度方向或直径方面。指引线箭头所指部位可有：

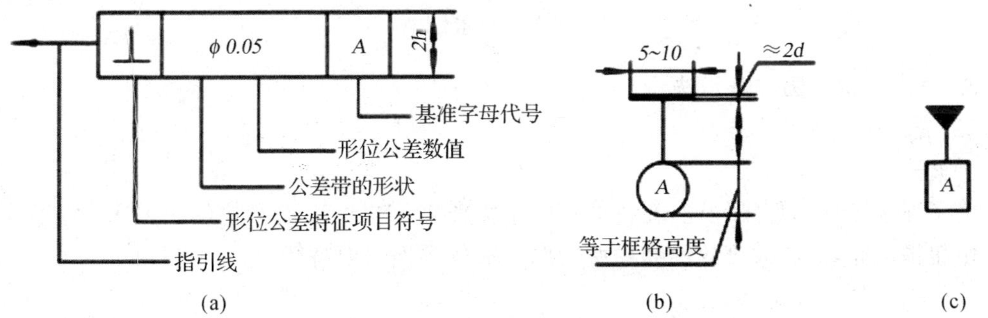

图 7-24　形位公差框格代号

①当被测要素为整体轴线或公共中心平面时，指引线箭头可直接指在轴线或中心线上，如图 7-25(a)。

②当被测要素为轴线、球心或中心平面时，指引线箭头应与该要素的尺寸线对齐，如图 7-25(b)。

③当被测要素为线或表面时，指引线箭头应指要该要素的轮廓线或其引出线上，并应明显地与尺寸线错开，如图 7-25(c)。

基准符号的画法如图 7-23 所示，无论基准符号在图中的方向如何，细实线圆内的字母一律水平书写。

①当基准要素为素线或表面时，基准符号应靠近该要素的轮廓线或引出线标注，并应明显地与尺寸线箭头错开，如图 7-26(a)。

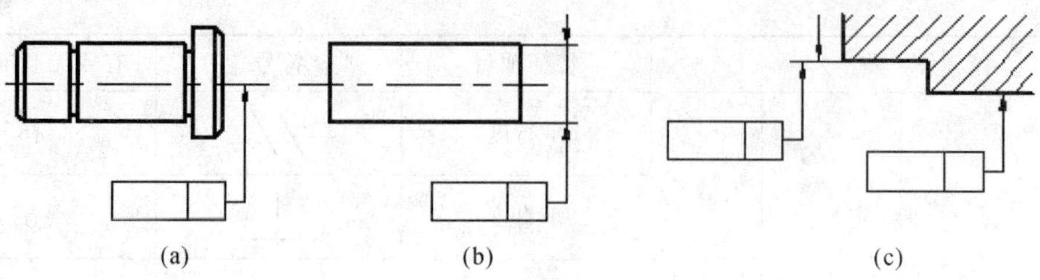

图 7-25　被测要素标注示例

②当基准要素为轴线、球心或中心平面时，基准符号应与该要素的尺寸线箭头对齐，如图 7-26(b)。

③当基准要素为整体轴线或公共中心面时，基准符号可直接靠近公共轴线(或公共中心线)标注，如图 7-26(c)。

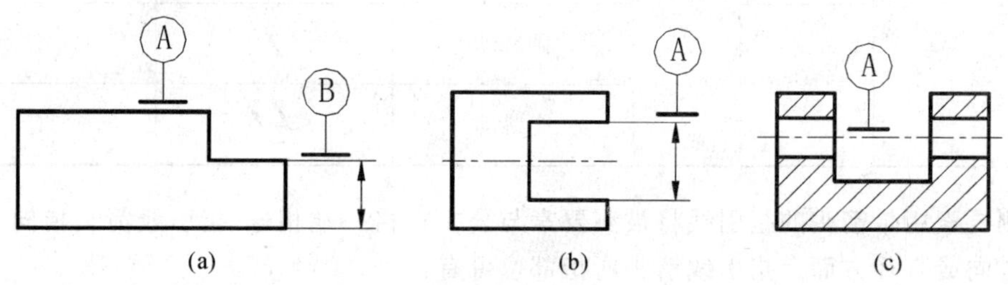

图 7-26　基准要素标注示例

3. 表面结构的图样表示法

(1)表面结构的基本概念

①概述

为了保证零件的使用性能，在机械图样中需要对零件的表面结构给出要求。表面结构就是由粗糙度轮廓、波纹度轮廓和原始轮廓构成的零件表面特征。

②表面结构的评定参数

评定零件表面结构的参数有轮廓参数、图形参数和支承率曲线参数。其中轮廓参数分为三种：*R* 轮廓参数(粗糙度参数)、*W* 轮廓参数(波纹度参数)和 *P* 轮廓参数(原始轮廓参数)。机械图样中，常用表面粗糙度参数 *Ra* 和 *Rz* 作为评定表面结构的参数。

a. 轮廓算术平均偏差 *Ra*　它是在取样长度 *lr* 内，纵坐标 $Z(x)$(被测轮廓上的各点至基准线 x 的距离)绝对值的算术平均值，如图 7-14 所示。可用下式表示：

$$Ra = \frac{1}{lr}\int_0^{lr} |Z(x)|\,\mathrm{d}x$$

b. 轮廓最大高度 *Rz* 它是在一个取样长度内，最大轮廓峰高与最大轮廓谷深之和，如图 7-27 所示。

国家标准 GB/T1031-2009 给出的 Ra 和 Rz 系列值如表 7-4 所示。

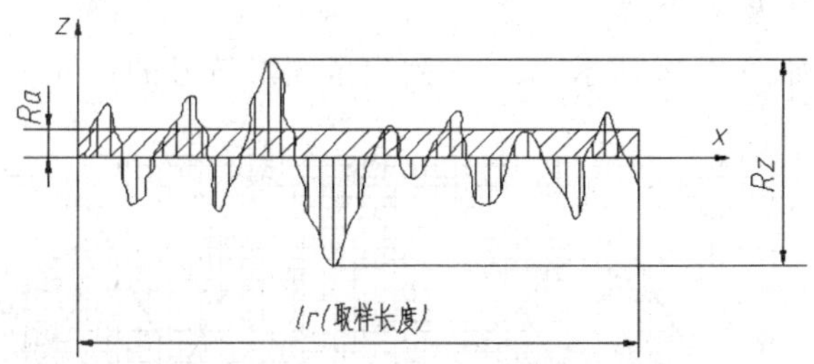

图 7-27　Ra、Rz 参数示意图

表 7-4　*Ra*、*Rz* 系列值

Ra	Rz	Ra	Rz
0.012	6.3	6.3	
0.025	0.025	12.5	12.5
0.05	0.05	25	25
0.1	0.1	50	50
0.2	0.2	100	100
0.4	0.4		200
0.8	0.8		400
1.6	1.6		800
3.2	3.2		1600

(2)标注表面结构的图形符号

①图形符号及其含义

在图样中,可以用不同的图形符号来表示对零件表面结构的不同要求。标注表面结构的图形符号及其含义如表 7-5 所示。

表 7-5　表面结构图形符号及其含义

符号名称	符号样式	含义及说明
基本图形符号		未指定工艺方法的表面;基本图形符号仅用于简化代号标注,当通过一个注释解释时可单独使用,没有补充说明时不能单独使用
扩展图形符号		用去除材料的方法获得表面,如通过车、铣、刨、磨等机械加工的表面;仅当其含义是"被加工表面"时可单独使用
		用不去除材料的方法获得表面,如铸、锻等,也可用于保持上道工序形成的表面,不管这种状况是通过去除材料或不去除材料形成的
完整图形符号		在基本图形符号或扩展图形符号的长边上加一横线,用于标注表面结构特征的补充信息
工件轮廓各表面图形符号		当在某个视图上组成封闭轮廓的各表面有相同的表面结构要求时,应在完整图形符号上加一圆圈,标注在图样中工件的封闭轮廓线上。

②图形符号的画法及尺寸

图形符号的画法如图 7-28 所示，表 7-6 列出了图形符号的尺寸。

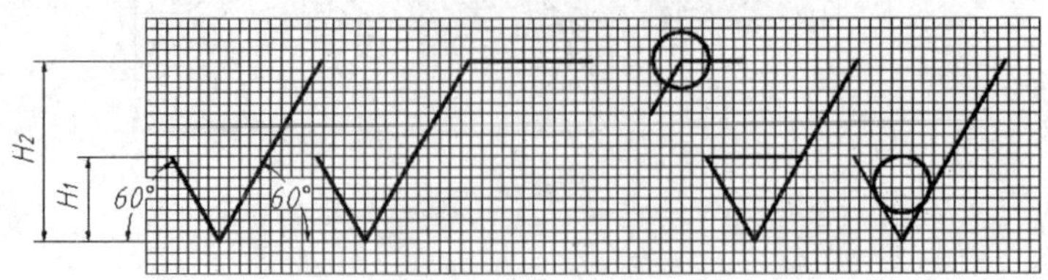

图 7-28　图形符号的画法

表 7-6　图形符号的尺寸　　mm

数字与字母的高度 h	2.5	3.5	5	7	10	14	20
高度 H_1	3.5	5	7	10	14	20	28
高度 H_2（最小值）	7.5	10.5	15	21	30	42	60

注：H_2 取决于标注内容

标注表面结构参数时应使用完整图形符号；在完整图形符号中注写了参数代号、极限值等要求后，称为表面结构代号。表面结构代号示例见表 7-7。

表 7-7　表面结构代号示例

代　号	含义/说明
Ra 1.6	表示去除材料，单向上限值，默认传输带，R 轮廓，粗糙度算术平均偏差 1.6um，评定长度为 5 个取样长度（默认），“16％规则”（默认）
Rz ma×0.2	表示不允许去除材料，单向上限值，默认传输带，R 轮廓，粗糙度最大高度的最大值 0.2um，评定长度为 5 个取样长度（默认），“最大规则”
U Ra ma×3.2 L Ra ma 0.8	表示不允许去除材料，双向极限值，两极限值均使用默认传输带，R 轮廓，上限值：算术平均偏差 3.2um，评定长度为 5 个取样长度（默认），“最大规则”，下限值：算术平均偏差 0.8um，评定长度为 5 个取样长度（默认），“16％规则”（默认）
铣 −0.8/ Ra 3 6.3 ⊥	表示去除材料，单向上限值，传输带：根据 GB/T6062，取样长度 0.8mm，R 轮廓，算术平均偏差极限值 6.3um，评定长度包含 3 个取样长度，“16％规则”（默认），加工方法：铣削，纹理垂直于视图所在的投影面

（3）表面结构要求在图样中的标注

表面结构要求在图样中的标注实例如表 7-8 所示。

表 7-8　表面结构要求在图样中的标注实例

说　明	实　例
表面结构要求对每一表面一般只标注一次，并尽可能注在相应的尺寸及其公差的同一视图上。 表面结构的注写和读取方向与尺寸的注写和读取方向一致	
表面结构要求可标注在轮廓线或其延长线上，其符号应从材料外指向并接触表面。必要时表面结构符号也可用带箭头和黑点的指引线引出标注。	
在不致引起误解时，表面结构要求可以标注在给定的尺寸线上	
续表表面结构要求可以标注在几何公差框格的上方	
如果在工件的多数表面有相同的表面结构要求，则其表面结构要求可统一标注在图样的标题栏附近，此时，表面结构要求的代号后面应有以下两种情况：①在圆括号内给出无任何其他标注的基本符号(图(a))；②在圆括号内给出不同的表面结构要求(图(b))	 (a)　(b)

续表

说　明	实　例
当多个表面有相同的表面结构要求或图纸空间有限时，可以采用简化注法。 ①用带字母的完整图形符号，以等式的形式，在图形或标题栏附近，对有相同表面结构要求的表面进行简化标注(图(a)) ②用基本图形符号或扩展图形符号，以等式的形式给出对多个表面共同的表面结构要求(图(b))	Y = Ra 3.2 Z = Ra 6.3 (a) = Ra 3.2 = Ra 6.3 = Ra 25 (b)

7.5　零件结构的工艺性简介

零件的结构形状设计不仅要满足使用功能要求，还必须考虑制造加工过程中的工艺性要求，否则会给加工过程带来麻烦，甚至无法制造。因此，我们需要了解零件上常见工艺结构的作用。

1. 铸件工艺结构

(1)拔模斜度

用铸造方法制造零件的毛坯时，为了便于将木模从砂型中取出，一般沿木模拔模的方向作成约 1∶20 的斜度，叫做拔模斜度。因而铸件上也有相应的斜度，如图 7-29(a)所示。这种斜度在图上可以不标注不画出，如图 7-29(b)所示。必要时可在技术要求中注明。

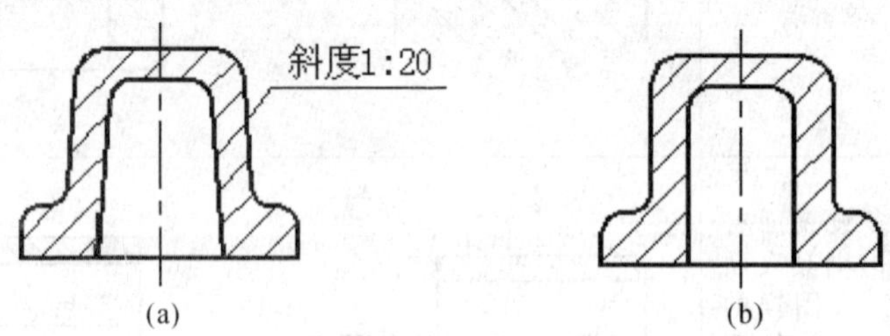

图 7-29　拔模斜度

(2)铸造圆角

在铸件毛坯各表面的相交处，都有铸造圆角，如图 7-30。这样既便于起模，又能防止在浇铸时铁水将砂型转角处冲坏，还可避免铸件在冷却时产生裂纹或缩孔。铸造圆角半径在图上一般不注出，而写在技术要求中。

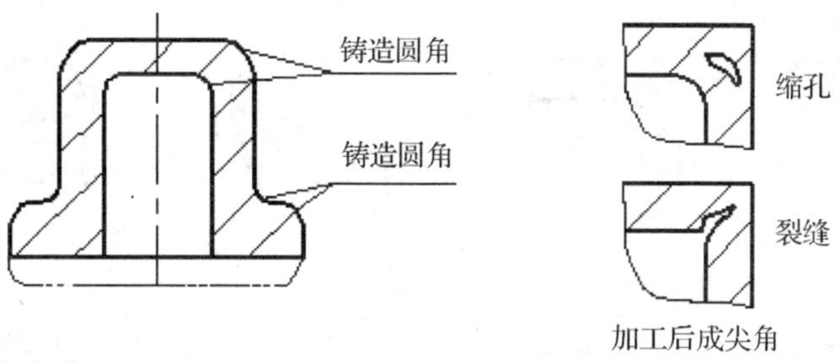

图 7-30　铸造圆角

铸件表面由于圆角的存在，使铸件表面的交线变得不很明显，如图 7-31，这种不明显的交线称为过渡线。

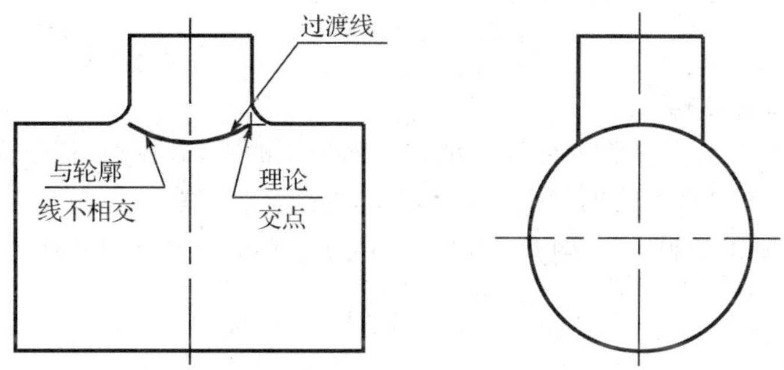

图 7-31　过渡线及其画法

过渡线的画法与交线画法基本相同，只是过渡线的两端与圆角轮廓线之间应留有空隙。图 7-32 是常见的几种过渡线的画法。

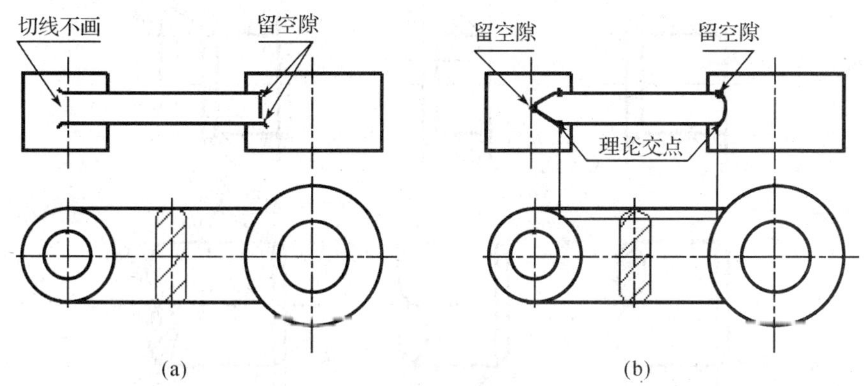

图 7-32　常见的几种过渡线

(3)铸件壁厚　在浇铸零件时，为了避免各部分因冷却速度不同而在厚壁处产生组织疏松以致缩孔、裂纹等缺陷，铸件的壁厚应保持大致均匀，在不同壁厚处应使厚壁与薄壁逐渐过渡，如图 7-33 所示。

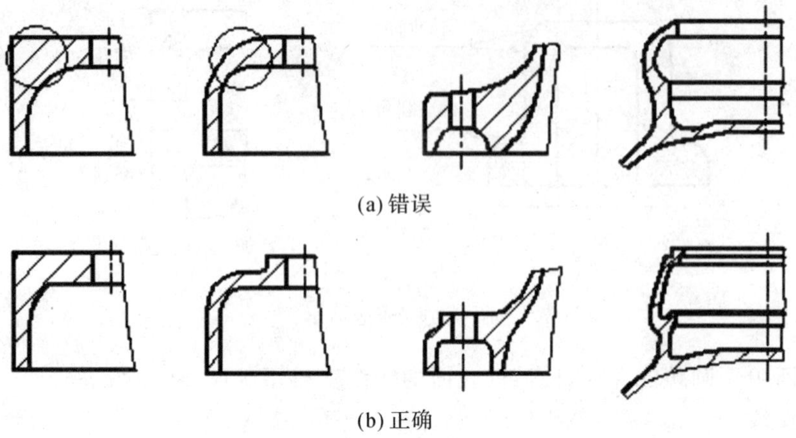

(a) 错误

(b) 正确

图 7-33 铸件壁厚的变化

2. 机械加工工艺结构

(1)倒角和圆角 为了去除零件因切削加工而产生的毛刺、锐边，便于安装和操作安全，需在轴类零件或孔的端部等处加工成倒角。为避免在台肩等转折处产生应力集中而导致裂纹，需在这些部位加工出圆角。倒角一般为 45°、30°或 60°，其中 45°最为常用，如图 7-34 所示。

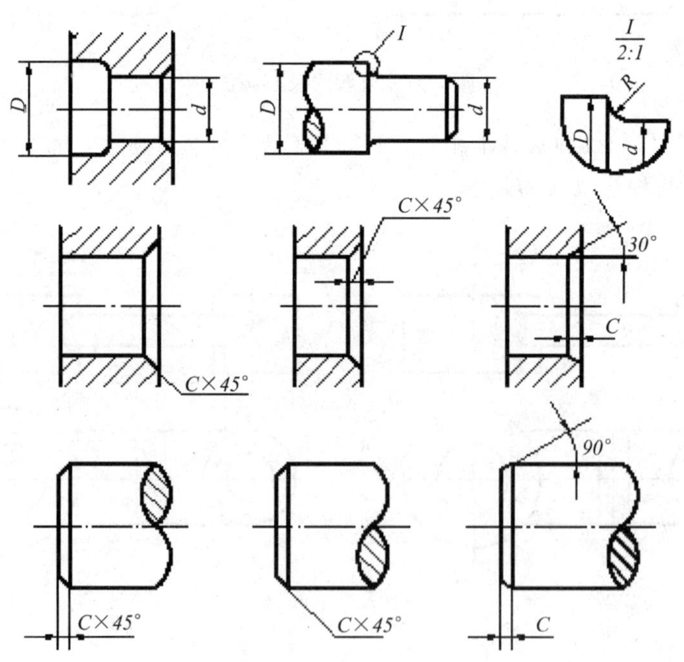

图 7-34 倒角与倒圆

零件上的小圆角、锐边的小倒角及 45°的小倒角，在不致引起误解时，零件图中允许省略不画，但必须注写尺寸或在技术要求中加以说明，如“锐边倒钝”或“全部倒角 C2”等。

(2)退刀槽和越程槽 在切削加工过程中，为了使刀具顺利退出，有利于保证加工质量，

同时保证装配时相关零件结合面接触良好，需在加工表面的台肩处先加工出退刀槽或越程槽（即工艺槽）。常见的有螺纹退刀槽、插齿空刀槽、砂轮越程槽、刨削越程槽等，其画法和尺寸注法如图7-35所示。退刀槽的尺寸标注形式按"槽宽×直径"或"槽宽×槽深"标注，越程槽可用局部放大图画出。图中尺寸a、b、h的数值从标准中查取。

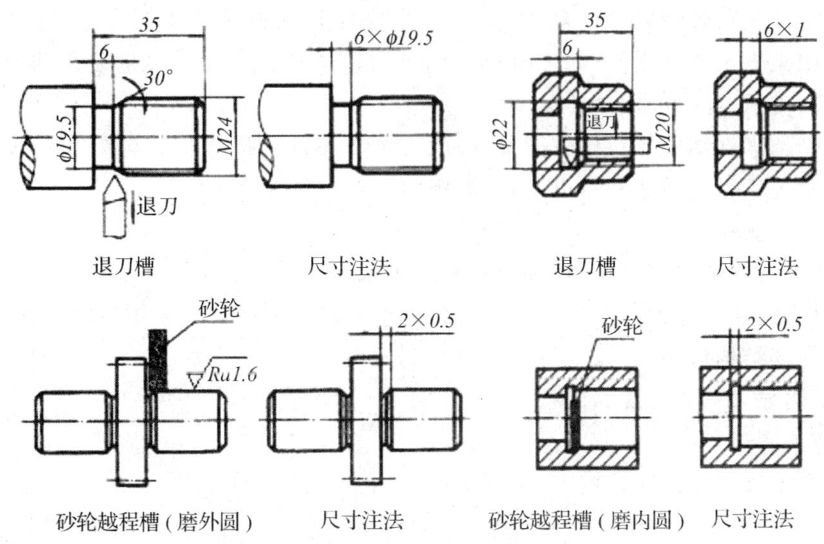

图7-35 退刀槽与越程槽

（3）凸台和凹坑 为了装配时零件之间局部接触良好，同时减少零件上机械加工的面积，在铸件加工部位或需和其他零件接触处常设置凸台或凹坑（或凹槽、凹腔），如图7-36所示。

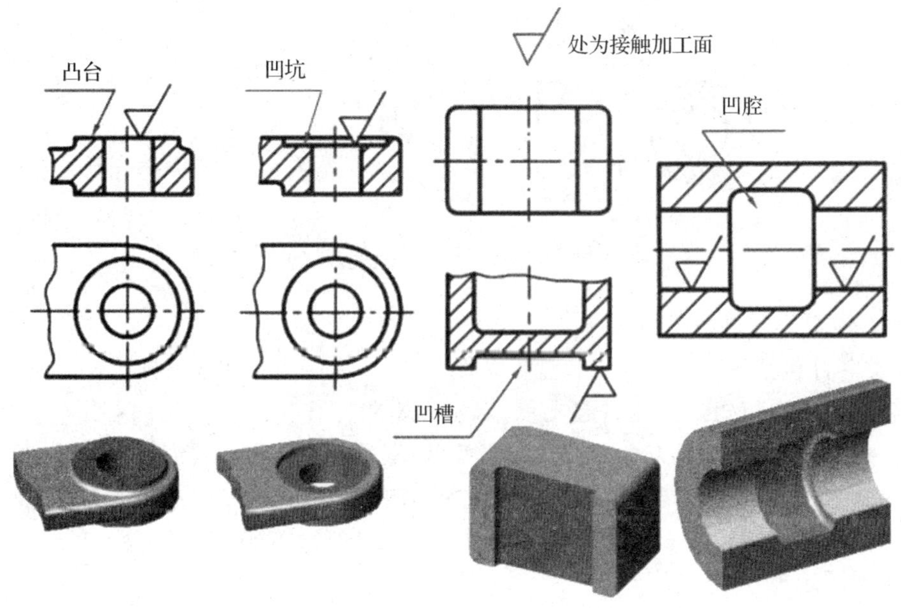

图7-36 凸台和凹槽

为了保证机器或部件能顺利装配，并达到设计规定的性能要求，而且拆装方面，同样对零件间的装配结构提出了装配工艺要求。关于装配结构工艺要求在装配图一章中介绍。

学习项目 零件图的绘制与阅读

任务 1：轴套类零件的视图选择

轴套类零件包括各种用途的轴和套，其基本形状是同轴回转体，并且主要在车床上加工。轴通常用来支承传动零件（如带轮、齿轮等）和传递动力。套一般是装在轴上或机体孔中，用于定位、支承、导向或保护传动零件。

由于轴套类零件结构形状比较简单，一般有大小不同的同轴回转体（圆柱、圆锥）组成，具有轴向尺寸大于径向尺寸的特点，因此其视图选择也具有共性。

（1）主视图选择

轴套类零件一般按加工位置将轴线水平放置来绘制主视图，这样也基本上符合轴的工作位置，同时也反映了零件的形状特征。形状简单且较长的零件可采用折断画法，实心轴上个别部位的内部结构可用局部剖视表达，空心套可用适当的剖视表达。轴上的键槽、孔可朝前或朝上，以明显表示其位置和形状。

（2）其他视图选择

因轴套类零件属回转体结构，可通过主视图的直径尺寸符号"?"明确形体特征，一般不必再选其他基本视图（结构复杂的轴例外）。基本视图尚未表达清楚的局部结构（如键槽、退刀槽、孔等），可采用移出断面、局部剖视或局部放大图等补充表达，如图 7-37 所示。

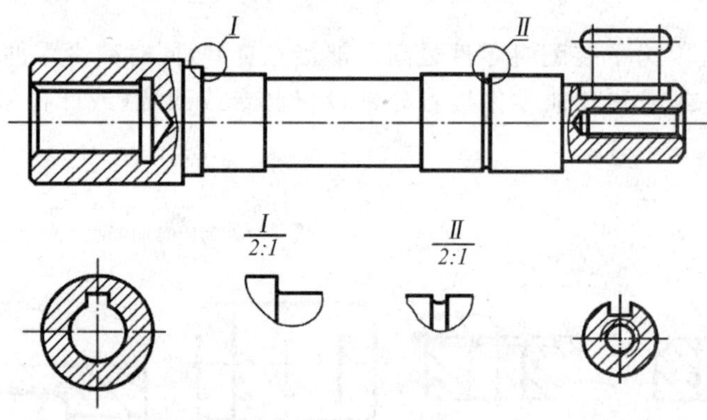

图 7-37　轴类零件的视图选择举例

任务 2：轮盘类零件的视图选择

轮盘类零件包括各种用途的轮和盘盖零件，其毛坯大多为铸造或锻件。轮一般用键、销与轴连接，用以传递扭矩。盘盖可起支承、定位和密封等作用。轮常见的有手轮、带轮、链轮、齿轮、飞轮等，盘盖有圆、方各种形状的法兰盘、端盖等。轮盘类零件主体部分多为回转体，径向尺寸大轴向尺寸。其上常有均布的孔、肋、槽或耳板、齿等结构，透盖上常有密封槽。轮一般有轮毂、轮辐和轮缘三部分组成，较小的轮也有制成实体式。

（1）主视图选择

轮盘类零件的主要回转面和端面都在车床上加工，故与轴套类零件相同，也按加工位置将其轴线水平放置绘制主视图。主视图的投影方向应反映结构形状特征，通常选择投影非圆的视图作为主视图，且采用各种剖视方法侧重反映内部结构。

(2)其他视图选择

通常轮盘类零件需两个基本视图，当投影为圆的视图图形对称时，可只画一半或略大于一半，有时可用局部视图表达。基本视图尚未表达清楚的结构，可用断面图或局部视图表达，必要时可采用局部放大图表达，如图 7-38 所示。

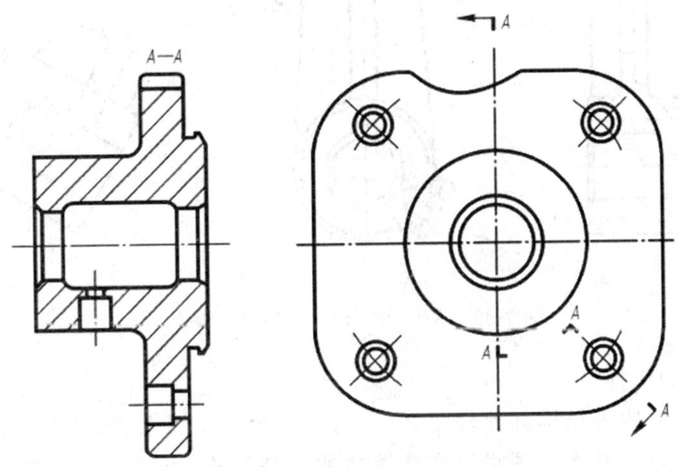

图 7-38　轮盘类零件的视图选择举例

任务 3.叉架类零件的视图选择

叉架类零件包括各种用途的拨叉杆和支架。拨叉杆零件多为运动件，通常起传动、连接、调节或制动等作用。支架零件通常起支承、连接作用。叉架类零件的毛坯大多为铸件和锻件。

叉架类零件结构比较复杂，形状不规则，且拨叉零件常有弯曲或倾斜结构，加工过程中各工序位置不同，给视图选择带来一定的困难。

(1)主视图选择

根据叉架类零件的结构特点，一般按工作位置画主视图，当工作位置是倾斜的或不固定时，可将其摆正画主视图。主视图中常采用局部剖视表达主体形状或内部局部结构。

(2)其他视图选择

由于零件结构相对复杂，通常需两个或两个以上的基本视图，且各视图大多采用局部剖视兼顾内外形状的表达。如零件上有倾斜结构，常采用斜视图、断面图等予以表达，如图 7-39 所示。

任务 4:箱体类零件的视图选择

箱体类零件是机器的主体，起着支承、定位和安装其他零件等作用。其结构形状比较复杂，尤其是内腔结构。箱体零件毛坯一般为铸件，加工部位较多，因此加工工序也复杂。

(1)主视图选择

箱体类零件一般按工作位置画主视图，且主视图采用各种剖视及其不同的剖切方法表达主要结构，投影方向应反映形状特征。

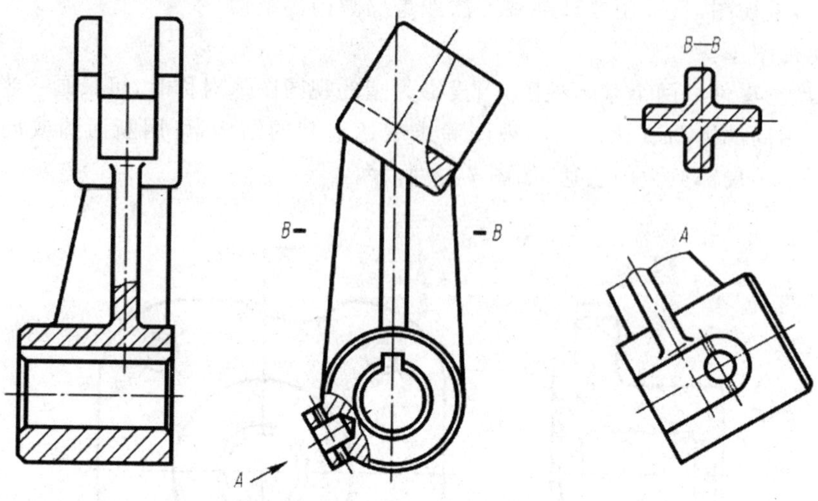

图 7-39 叉架类零件的视图选择举例

(2)其他视图的选择

由于箱体类零件内外结构都比较复杂，通常需多个基本视图表达，各个视图也常需采用适当的剖切方法。对于基本视图难以表达清楚的局部结构，可选用局部视图或断面图等予以表达，如图 7-40 所示。

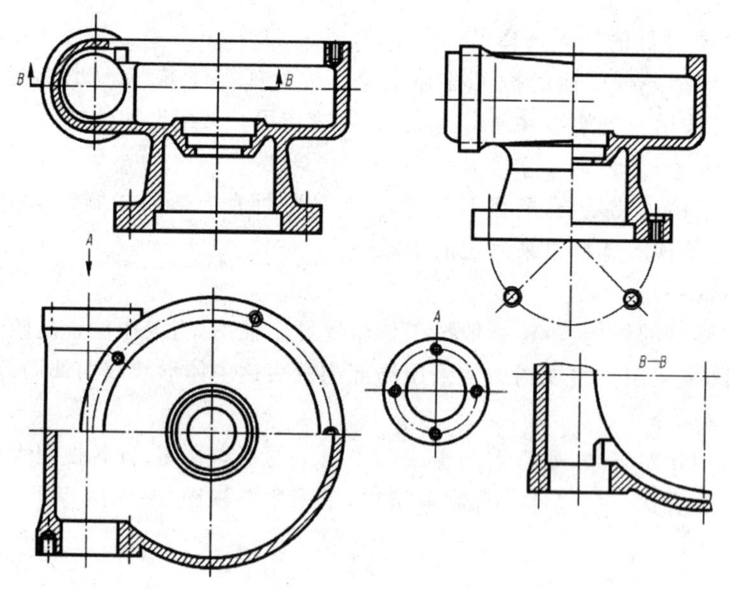

图 7-40 箱体类零件的视图选择举例

任务 5:零件视图选择举例

图 7-41 所示为齿轮泵的主要零件泵体，由图 7-40 可知泵体的作用。

泵体为箱体类零件，按工作位置画主视图，如图 7-42 所示的泵体表达方案共用了两个基本视图(主视图和左视图)，两个其他视图(向视图“B”、局部视图“C”)。其中主视图采用

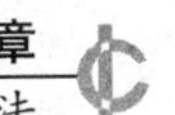

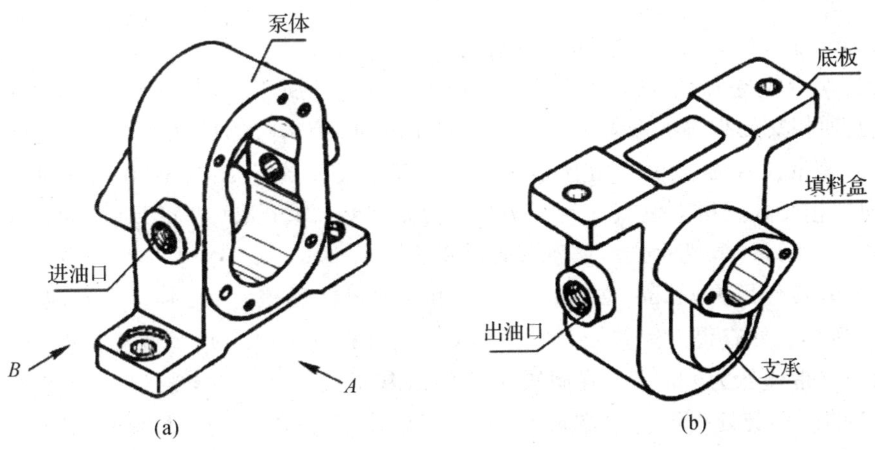

图 7-41　泵体零件轴测图

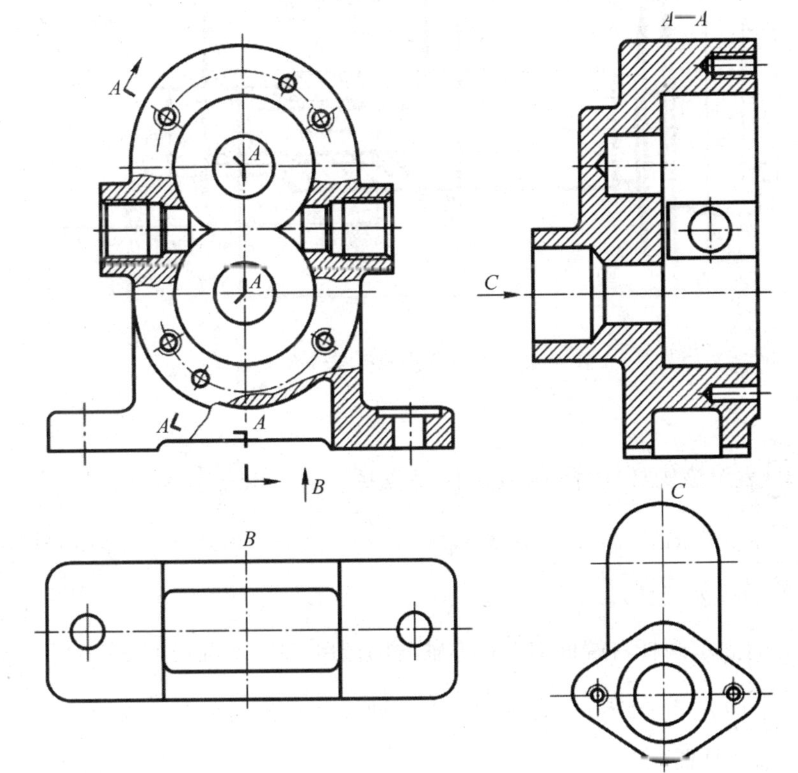

图 7-42　泵体表达方案

了三处局部剖视，因剖切位置明显，未加标注；左视图采用了复合剖切方法画成的剖视图 A-A；B 视图为仰视投射方向的向视图；C 视图为后视方向的局部视图。此方案视图数量较少，没有出现重复表达的内容，也没有虚线出现，因此比较合理。

任务 6：公差与配合查表举例

若已知基本尺寸和配合代号，例如 $\phi50H8/s7$、$\phi32N7/h6$，需要知道孔、轴的极限偏差时，可按下述方法查表。

①ϕ50H8/s7，基本尺寸ϕ50，属于基孔制配合。

孔的公差带代号为ϕ50H8，在附表 1.3 中由基本尺寸属于"＞40～50 尺寸段"的行与公差带 H8 的列相交处查得上偏差 ES＝39μm、下偏差 EI＝0，ϕ50H8 可写成ϕ50。

轴的公差带代号为ϕ50s7。在附表 1.2 中由基本尺寸属于"＞40～50 尺寸段"的行与公差带 s7 的列相交处查得上偏差 es＝68μm、下偏差 ei＝43μm，ϕ50s7 可写成ϕ50。

②ϕ32N7/h6，基本尺寸ϕ32，属于基轴制配合。

轴的公差带代号为ϕ32h6，在附表 1.2 中由基本尺寸属于"＞30～40 尺寸段"的行与公差带 h6 的列相交处查得上偏差 es＝0、下偏差 ei＝-16μm，ϕ32h6 可写成ϕ32。

孔的公差带代号为ϕ32N7。在附表 1.3 中由基本尺寸属于"＞30～40 尺寸段"的行与公差带 N7 的列相交处查得上偏差 es＝-8μm、下偏差 ei＝-33μm，ϕ32N7 可写成ϕ32。

任务 7：形位公差的标注综合举例，如图 7-43 所示。

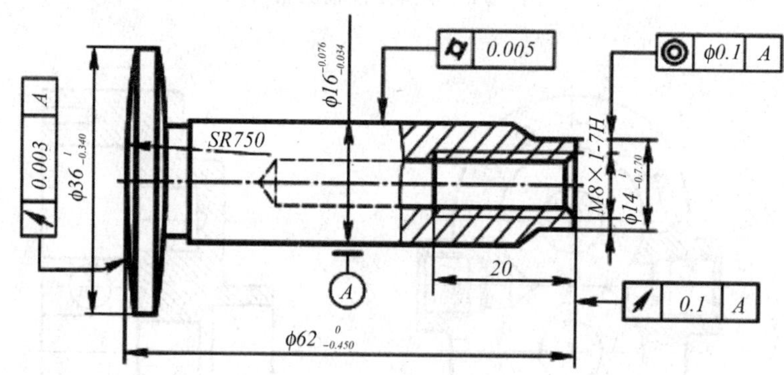

图 7-43　形位公差的标注综合举例

图中：

[⌭ | 0.005] 表示该阀杆杆身ϕ16 的圆柱度公差为 0.005mm。

[◎ | ϕ0.1 | A] 表示 M8×1-7H 螺孔的轴线对于ϕ16 轴线的同轴公差为ϕ0.1mm（ϕ0.1 中的"ϕ"表示公差形状为圆柱）。

[↗ | 0.1 | A] 表示阀杆右端面对于ϕ16 轴线的圆跳动公差为 0.1mm。

[↗ | 0.003 | A] 表示 SR750 的球面对于ϕ16 轴线的圆跳动公差为 0.003mm。

任务 8：读轴零件图

1．结构分析

图示为铣刀头传动轴，轴的左端通过普通平键与 V 带轮连接，右端通过双键与铣刀盘连接。轴上有两个安装端盖的轴段和两个安装滚动轴承的轴段。

2．表达分析

采用一个基本视图（主视图）和若干辅助视图表达。轴的两端用局部剖视表示键槽和螺孔、销孔。截面相同的较长轴段采用折断表示法。用两个断面图分别表示轴的单键和双键的宽度和深度。用局部视图的简化画法表达键槽的形状。用局部放大图表示砂轮越程槽的

结构。

3. 尺寸分析

(1)以水平轴线为径向(高度和宽度方向)主要尺寸基准,由此直接注出轴与安装在轴上的零件(V 带轮、滚动轴承)的轴孔有配合要求的轴段尺寸,如ϕ28k7、ϕ35k6、ϕ25h6 等。

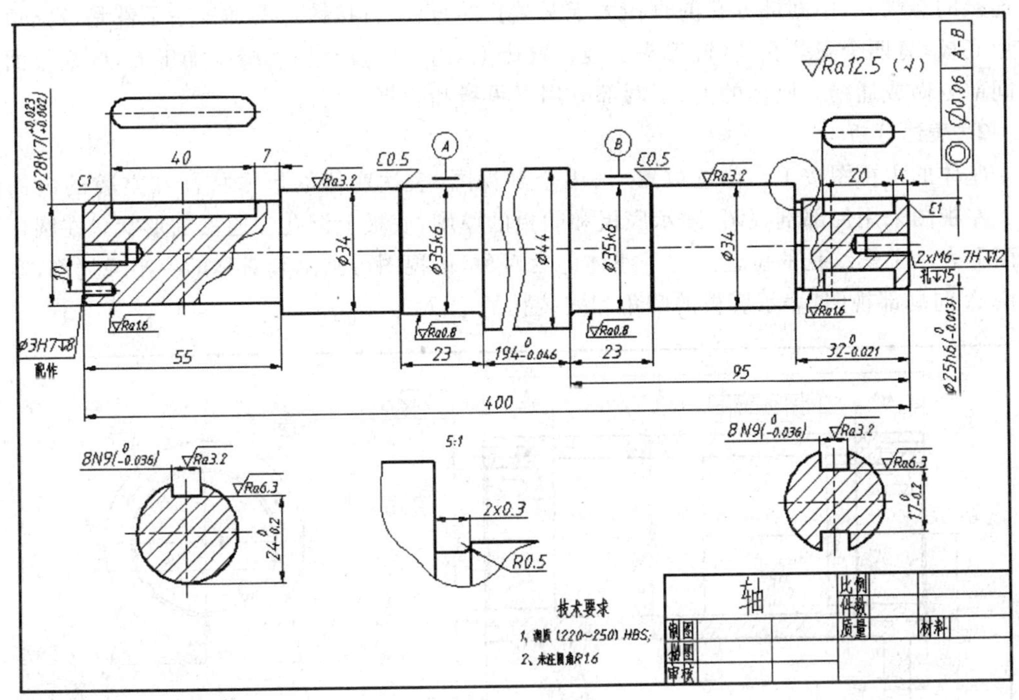

图 7-44 轴零件图

(2)以中间最大直径轴段的端面(可选择其中任一端面 N)为轴向(长度方向)主要尺寸基准。由此注出 23、95 和 194 再以轴的左、右端面以及 M 端面为长度方向尺寸的辅助基准。由右端面注出 32、4、20;由左端面注出 55;由 M 注出 7、40;尺寸 400 是主要基准与辅助基准之间的联系尺寸。

(3)轴上与标准件连接的结构,如键槽、销孔、螺纹孔的尺寸,按标准查表获得。

(4)轴向尺寸不能注成封闭尺寸链,选择不重要的轴段ϕ34 为尺寸开口环,不注长度方向尺寸,使长度方向的加工误差都集中在这段。

4. 看懂技术要求

(1)凡注有公差带尺寸的轴段,均与其他零件有配合要求。如注有ϕ28k7、ϕ35k6、ϕ25h6 的轴段,表面粗糙度要求较严,Ra 上限值分别为 1.6μm 或 0.8μm。

(2)安装铣刀头的轴段ϕ25h6 尺寸线的延长线上所指的形位公差代号,其含义为ϕ25 圆柱孔的轴线与轴线 A 和 B 的同轴度误差不大于 0.06。

(3)轴(45 钢)应经调质处理(220～250HBS),以提高材料的韧性和强度。所谓调质是淬火后在 450℃～650℃进行高温回火。

任务 9:读座体零件图

1. 结构分析

座体在铣刀头部件中起支承轴、V 带轮和铣刀盘的功用。座体的结构形状可分为两部分:上部为圆筒状,两端的轴孔支承轴承,其轴孔直径与轴承外径一致,两侧外端面制有与端盖连接的螺纹孔,中间部分孔的直径大于两端孔的直径(直接铸造不加工);下部是带圆角的方形底板,有四个安装孔,将铣刀头安装在铣床上,为了安装平稳和减少加工面,底板下面的中间部分做成通槽。座体的上、下两部分用支承板和肋板连接。

2. 表达分析

座体的主视图按工作位置放置,采用全剖视图,表达座体的形体特征和空腔的内部结构。左视图采用局部剖视图,表示底板和肋板的厚度,底板上沉孔和通槽的形状。在圆柱孔端面上表示了螺纹孔的位置。由于座体前后对称,俯视图可画出其对称的一半或局部,本例采用 A 向局部视图,表示底板的圆角和安装孔的位置。

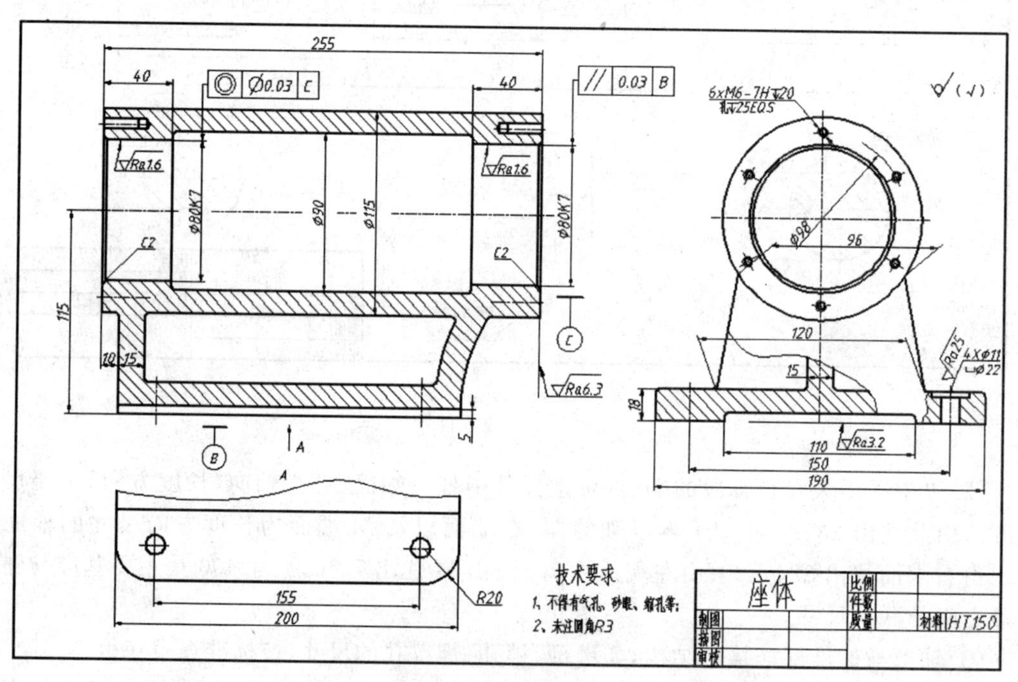

图 7-45 座体零件图

3. 尺寸分析

(1)选择座体底面为高度方向主要尺寸基准,圆柱的任一端面为长度方向主要尺寸基准,前后对称面为宽度方向主要尺寸基准。

(2)直接注出按设计要求的结构尺寸和有配合要求的尺寸。如主视图中的 115 是确定圆柱轴线的定位尺寸,ϕ80K7 是与轴承配合的尺寸,40 是两端轴孔长度方向的定位尺寸。左视图和 A 向局部视图中的 150 和 155 是四个安装孔的定位尺寸。

(3)考虑工艺要求,注出工艺结构尺寸,如倒角、圆角等。左视图上螺孔和沉孔尺寸的标注形式参阅表 7-2。

(4)其余尺寸及有关技术要求请读者自行分析。

思考与总结

零件图是设计部门提交给生产部门的重要技术文件，是制造和检验零件的依据。绘制零件图时，视图表达方法应根据零件的结构形状和特点，适当、灵活地选用。一般用视图表达外形，用剖视图表达内形，用断面图表达个别部分的断面形状，用其他表示法和简化画法表达一些特殊的部分，应处理好零件的内、外结构形状的表达、集中与分散的表达，以及虚线的表达问题。

零件图的尺寸标注，除了组合体的尺寸注法中已提出的要求外，更重要的是要切合生产实际。必须正确地选择尺寸基准。基准要满足设计和工艺要求，基准一般选择接触面、对称面、轴心线等。零件上对设计所要求的重要尺寸必须直接注出，其他尺寸可按加工顺序测量方便或形体分析进行标注。零件间配合部分的尺寸数值必须相同。此外还要注意不要注成封闭尺寸链。

图样上的图形和尺寸还不能完全反映出对零件的质量要求。因此，零件图上还应有技术要求，包括：尺寸公差、形状和位置公差、表面粗糙度等。

思考题：

1. 选择零件主视图的原则是什么？
2. 零件图样中有哪些常用的简化画法和规定画法？

第八章　装配图的绘制与阅读方法

教学内容导航

表示机器及其组成部分之间的连接、装配关系的图样，称为装配图。它是机器设计中设计意图的反映，是机器设计、制造的重要技术依据。装配图需要反映设计者的意图，表达机器或部件的工作原理、零件间的装配关系和主要零件的结构形状，以及在装配、检测、安装时所需的尺寸数据和技术要求等。

本章主要介绍装配图的内容、视图选择、画法及尺寸标注等，看装配图的方法与步骤和部件测绘。通过学习和训练，要求掌握装配体的表达方法，以及装配图的绘制方法和技能。同时熟练阅读中等复杂程度的装配图，并掌握一般装配体的测绘方法和技能。

作图原理及方法

8.1　装配图的内容

装配图不仅要表示机器(或部件)的结构，同时也要表达机器(或部件)的工作原理和装配关系，如图8-1所示。装配图应包括：

(1)一组视图：用一组视图(视图采用各种表达方法)，正确、完整、清晰地表达机器部件的工作原理、零件间地装配关系和主要零件的结构形状。

(2)必要尺寸：装配图只需要标注出反映机器或部件的性能、装配、检验和安装所必需的尺寸。

(3)技术要求：用文字或符号说明对机器或部件的性能、装配、检验、调整要求，验收条件和使用等方面的要求。

(4)标题栏、零件序号及明细栏：标题栏中，写明装配体的名称、规格、比例、图号以及设计、制造者的姓名等。而在装配图中对每个零件编号，并在标题栏上方按编号顺序绘制成零件明细栏。

8.2　装配图的规定画法和特殊表达方法

1. 装配图的规定画法

图样画法的主要内容在第五章已作了介绍，这些方法同样适用于装配图。为了在读装配图时能迅速区分不同零件，并正确理解零件之间的装配关系，在画装配图时，应遵守下述

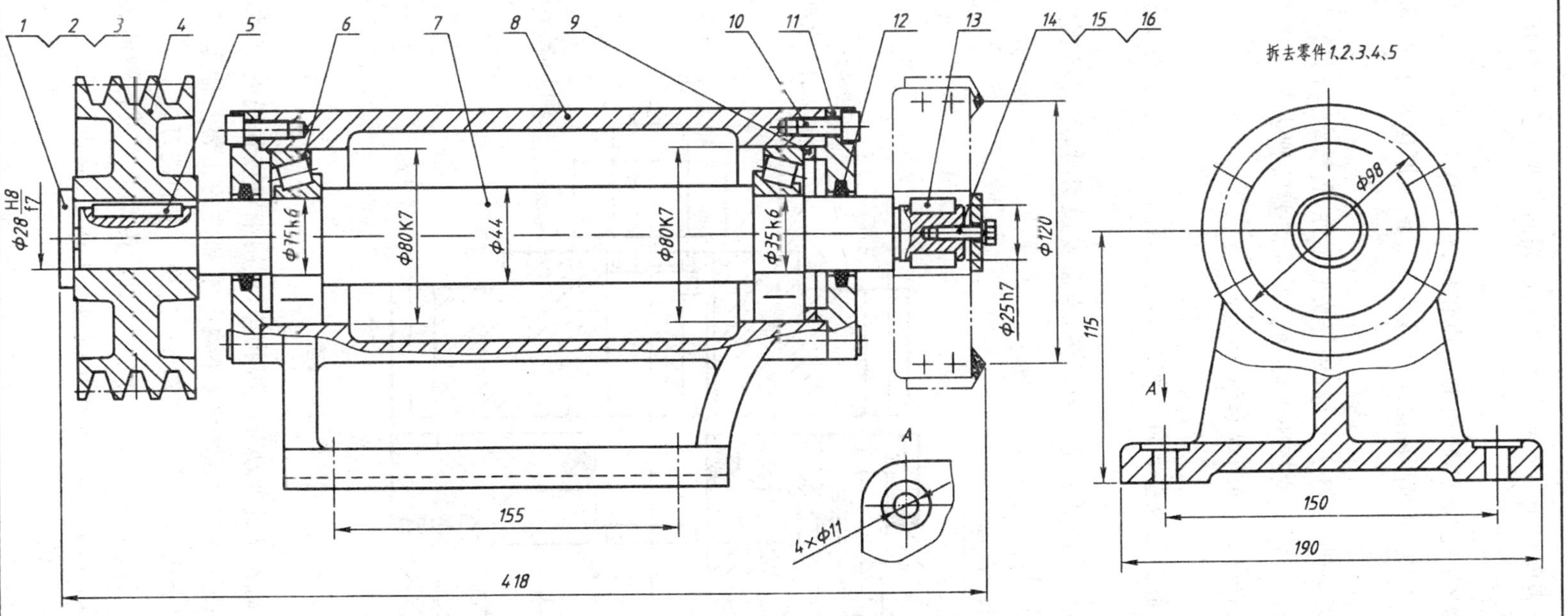

拆去零件1、2、3、4、5

技术要求

1. 主轴轴线对底面的平行度为0.04/1000。
2. 刀盘定位轴径的径向圆跳动公差值为0.02。
3. 刀盘定位端面对Φ25轴线的圆跳动公差值为0.02。
4. 铣刀轴端的轴向窜动不大于0.01。

序号	名称	数量	材料	单件	总计	备注
16	垫圈	1	65Mn			GB/T93—1987
15	挡圈B32	1	35钢			GB/T892—1986
14	螺栓M6×20	1	Q235A			GB/T5782—2000
13	键 6×6×20	2	45钢			GB/T1096—2003
12	毡圈	2	半粗羊毛			
11	端盖	2	HT200			
10	螺钉M8×20	12	Q235A			GB/T70—2000
9	调整环	1	35钢			
8	座体		HT150			
7	轴		45钢			
6	轴承30307	2				GB/T297—1994
5	键8×7×40	1				GB/T1096—2003
4	带轮A型	1	HT150			
3	销3×12	1	35钢			GB/T119.2—2000
2	螺钉M6×20	1				GB/T68—2000
1	挡圈35	1	35钢			GB/T891—1986
序号	名称	数量	材料	单件 质量	总计 质量	备注

标记	处数	分区	更改文件号	签名	年月日		
设计			标准化			阶段标记	质量	比例
审核							
工艺			批准			共 张	第 张

铣刀头

规定，如图 8-2 所示。

（1）两零件的接触表面和配合表面只画一条粗实线，不接触表面和非配合表面画两条粗实线，若间隙过小，可采用夸大画法。

（2）两个或两个以上的金属零件的剖面线倾斜方向应相反，或方向相同但间隔必须不等。同一零件在各个视图中的剖面线方向和间隔必须一致。剖面区域厚度小于 2mm 的图形允许涂黑代替剖面符号。

（3）在装配图中，对于紧固件以及轴、连杆、球、键、销等实心零件，若按纵向剖切，且剖切平面通过其对称平面或轴线时，则这些零件均按不剖绘制。如果需要特别表明这些零件上的局部结构，如凹槽、键槽、销孔等，可用局部剖视表示。

2. 装配图的特殊画法

（1）拆卸画法：在装配图中，可假想沿某些零件的结合面剖切，即将剖切平面与观察者之间的

零件拆掉后再进行投射，只画出所要表达部分的视图，当需要说明时，可在该视图上方加注"拆去××"。如图 8-1 的左视图。

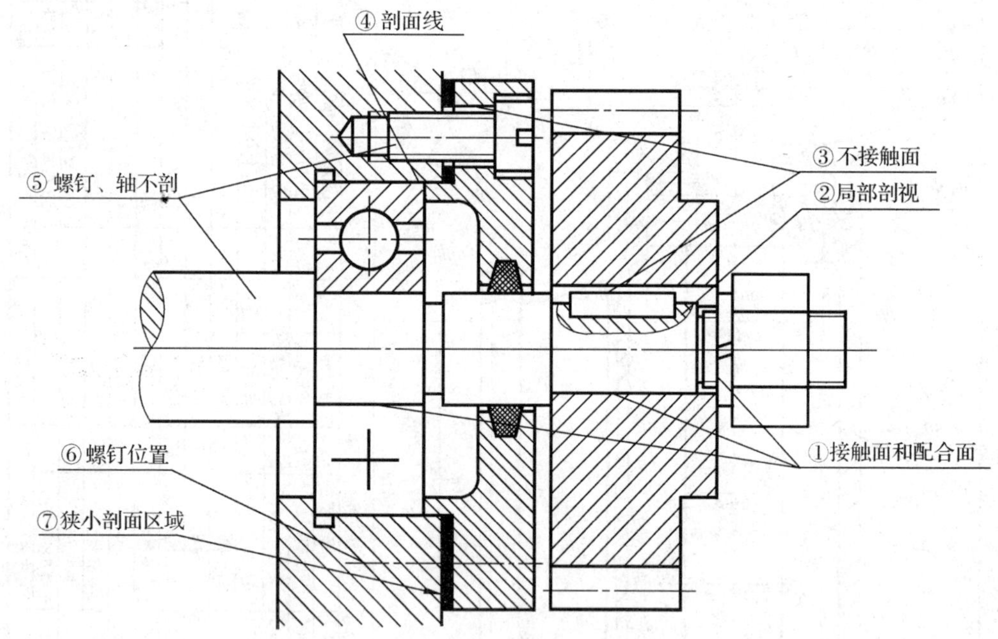

图 8-2 装配图的规定画法

（2）假象画法：在装配图中，运动零件的变动和极限状态，可用细双点画线表示，如图 8-3 所示。当需要表示与本部件有装配或安装关系但又不属于本部件的相邻其他零部件，可用细双点画线画出该相邻零部件的部分外形轮廓，如图 8-1 主视图中的铣刀。

（3）展开画法：当轮系的各轴线不在同一平面内时，为了表示传动关系及各轴的装配关系，可按空间轴系传动顺序沿其各轴线剖切后依次展开在同一平面上，画出剖视图，并在剖视图上方加注"×—×展开"，如图 8-4 所示。

（4）单独表达某零件：在装配图中，为表示某零件的形状，可单独画出某零件的视图，并

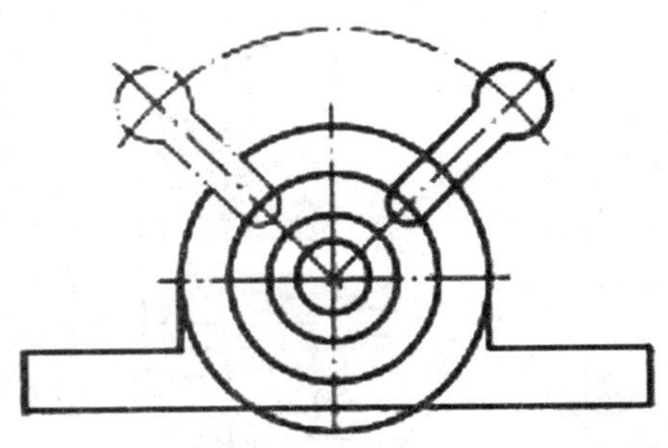

图 8-3 运动件的表示

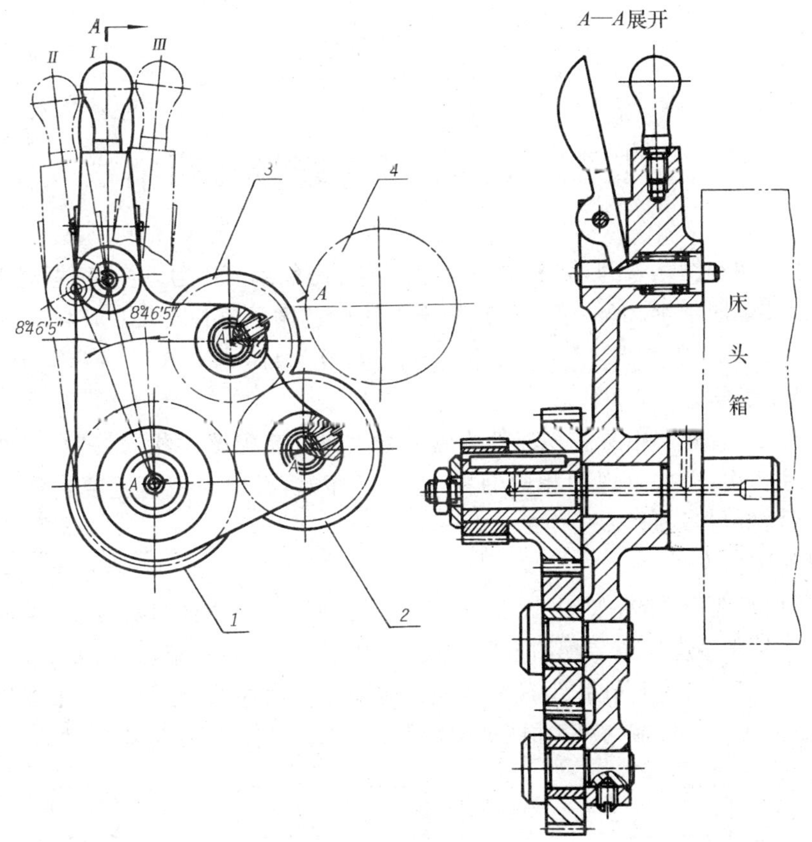

图 8-4 三星齿轮传动机构装配图

加标注，如图 8-5 所示。

(5)夸大画法：在装配图中，直径、斜度、锥度或厚度小于 2mm 的结构，如垫片、细小弹簧、金属丝等，可以不按实际尺寸画，允许在原来的尺寸上稍加夸大画出。

(6)简化画法：在装配图中，零件的某些工艺结构，如圆角、倒角、退刀槽等在装配图中允许不画。螺纹联接件等相同的零件组，允许仅详细画一处，螺栓头部和螺母允许按简化画法画出，如图 8-2 所示。

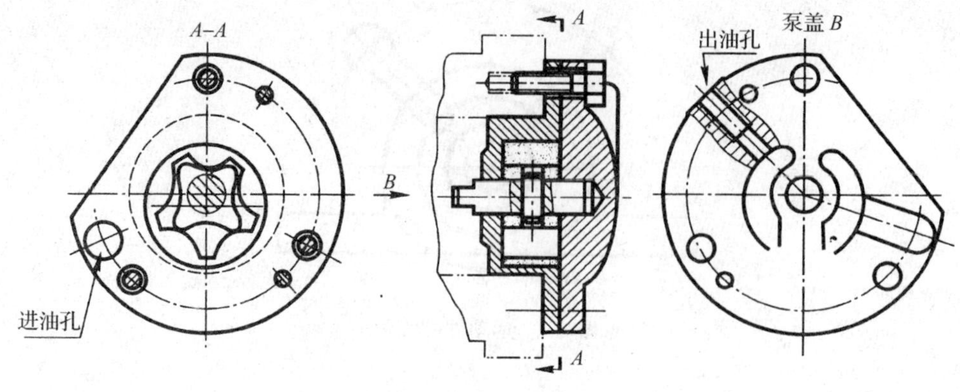

图 8-5　转子泵装配图

8.3　装配图的零、部件编号与明细栏

为了便于读图和图样管理，装配图中所有的零件必须编写序号，并在标题栏上方编制相应的明细栏。装配图中零、部件序号及其编排方法应遵循国家标准 GB/T4458.2—2003 和 GB/T4457.2—2003。

1. 零、部件序号

(1)基本要求：装配图中所有零部件均应编号。同一装配图中相同的零、部件用一个序号，一般只标注一次；多次出现的相同的零、部件的序号，必要时也可重复标注。装配图中零、部件的序号，应与明细栏(表)中的序号一致。

(2)序号的编排方法：

序号的通用编注形式，有如图 8-6 所示三种。在水平的基准(细实线)上或圆(细实线)内注写序号，序号字号应比该装配图上所注尺寸数字的字号大一号，如图 8-6(a)所示；或大两号，如图 8-6(b)所示；亦可在指引线的非零件端附近注写序号，序号字号比该装配图中所注尺寸数字的字号大一号或两号，如图 8-6(c)所示。同一装配图中编排序号的形式应一致。

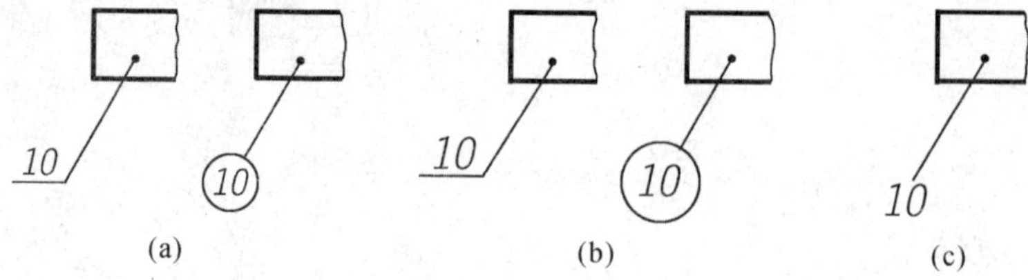

图 8-6　装配图中编注序号的方法

指引线应自所指部分的可见轮廓内引出，并在末端画一圆点，如图 8-6 所示。若所指部分(很薄的零件或涂黑剖面)内不便画圆点时，可在指引线的末端画出箭头，并指向该部分的轮廓，如图 8-7 所示。指引线不能相交。当指引线通过有剖面线的区域时，它不应与剖面线平行。指引线可以画成折线，但只可曲折一次。一组紧固件以及装配关系清楚的零件组，可

以采用公共指引线，如图 8-8 所示。

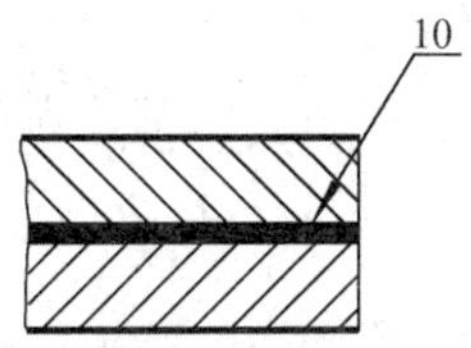

图 8-7　指引线末端采用箭头的应用场合

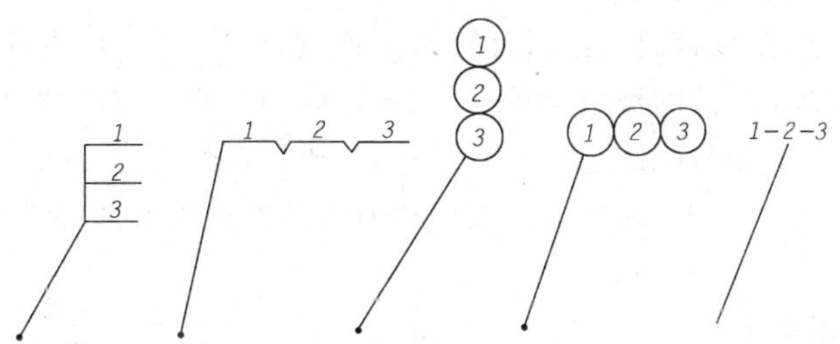

图 8-8　公共指引线的编注形式

装配图中序号应按水平或竖直方向顺时针或逆时针方向顺次排列整齐。

2. 明细栏

明细栏可按国家标准中推荐使用的格式绘制。如图 8-9 所示。明细栏通常画在标题栏上方，应自下而上顺序填写，如位置不够，可紧靠在标题栏的左边自下而上延续。

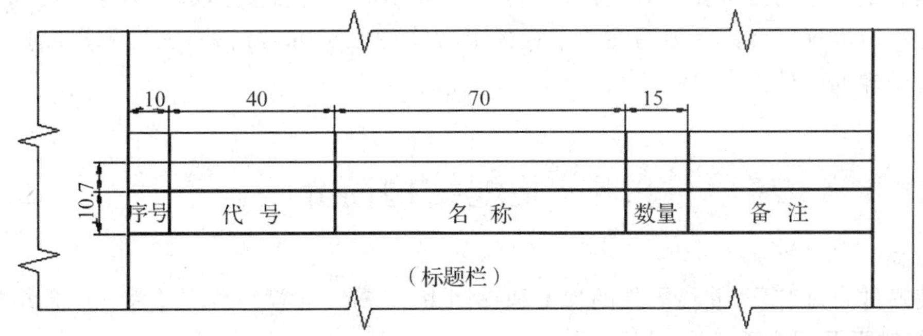

图 8-9　根据 GB/T17825.2-1999 推荐的明细栏格式和尺寸

8.4　装配图中的尺寸标注和技术要求

1. 装配图的尺寸标注

装配图是设计和装配机器(或部件)时用的图样，因此不必注出所属零件的全部尺寸，装配图一般应标注下面几类尺寸：

(1)规格(性能)尺寸，表示机器、部件规格或性能的尺寸。这类尺寸在设计时就已确定，是设计机器、了解和选用机器的依据。

(2)装配尺寸,包括作为装配依据的配合尺寸和重要的相对位置尺寸。配合尺寸是表示两零件间配合性质的尺寸,一般在尺寸数字后面都注明配合代号。相对位置尺寸是表示设计或装配机器时需要保证的零件间较重要相对位置的尺寸,也是装配、调整和校图时所需要的尺寸。

(3)安装尺寸,表示将机器或部件安装在基座上或与其他部件相连接时所需要的尺寸。

(4)总体尺寸,表示机器或部件外形轮廓的大小,即总长、总宽和总高尺寸。为包装、运输、安装所需空间大小提供依据。

(5)其他重要尺寸,是设计过程经过计算确定或选定的尺寸,但又不包括在上述几类尺寸之中的重要尺寸,如运动件的极限位置尺寸、零件间的主要定位尺寸、设计计算尺寸等。

上述五类尺寸,在每张装配图上不一定都有,另外同一尺寸可能具有几种含义,分属几类尺寸。因此在标注装配图的尺寸时,首先要对所表达的机器或部件进行具体分析,然后标注尺寸。

2. 装配图的技术要求

用文字或符号在装配图中说明对机器或部件的性能、装配、检验、使用等方面的要求和条件,这些统称为装配图中的技术要求。

性能要求指机器或部件的规格、参数、性能指标等;装配要求一般指装配方法和顺序,装配时加工的有关说明,装配时应保证的精确度、密封性等要求;使用要求是对机器或部件的操作、维护和保养等有关要求。此外,还有机器或部件的涂饰、包装、运输等方面的要求及对机器或部件的通用性、互换性的要求等。

编制装配图中的技术要求时,可参阅同类产品的图样,根据具体情况确定。技术要求中的文字注写应准确、简练,一般写在明细栏的上方或图纸下方空白处,也可另写成技术要求文件作为图样的附件。

8.5 装配结构简介

为使零件合理装配,并给零件的加工和拆卸带来方便,应设计合理的装配工艺结构。

1. 接触面及配合面

两零件以平面接触时,在同一个方向上只能有一个接触面和配合面,如图 8-10(a)、(b)所示。两零件以圆柱面接触时,接触面转折处必须加工有倒角、倒圆或退刀槽,以保证良好的接触,如图 8-10(c)、(d)所示。两锥面配合时,两配合件的端面必须留有间隙,如图 8-10(e)所示。为使螺栓或螺钉连接可靠,应有沉孔或凸台,如图 8-10(f)、(g)所示。较长的接触平面或圆柱面应制出凹槽,以减少加工面积,如图 8-10(h)、(i)所示。

2. 装拆方便的合理结构

当零件用螺纹紧固件连接时,应考虑倒装拆的可能性。如图 8-11 所示。

在条件允许时,销孔一般应制成通孔,以便拆装和加工,如图 8-12 所示。

滚动轴承当以轴肩或孔肩进行轴向定位时,为了在维修时拆卸轴承,要求轴肩或孔肩的高度,应分别小于轴承内圈或外圈的厚度,如图 8-13 所示。

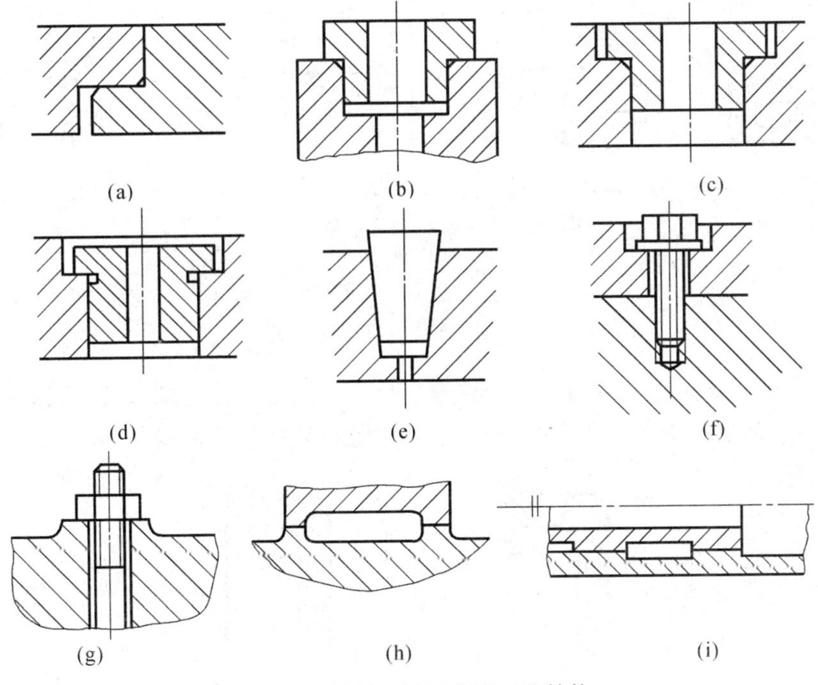

图 8-10　接触面及配合面工艺结构

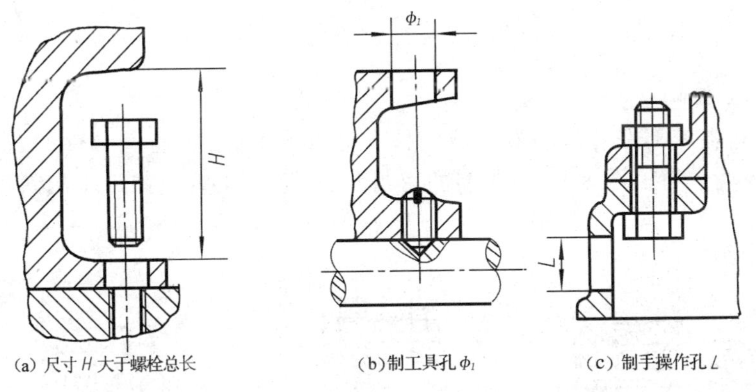

图 8-11　拆装空间

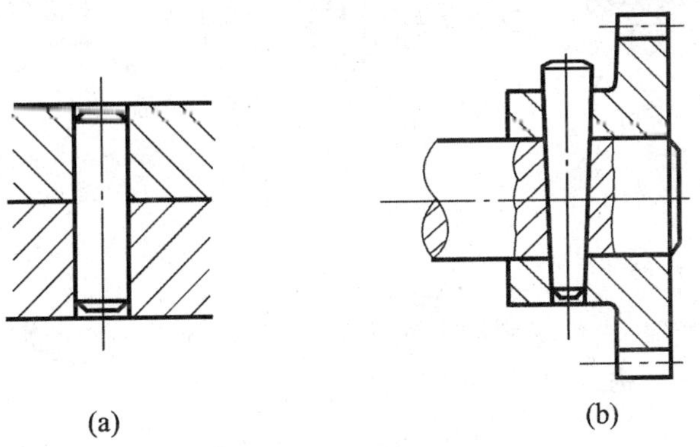

图 8-12　销连接工艺结构

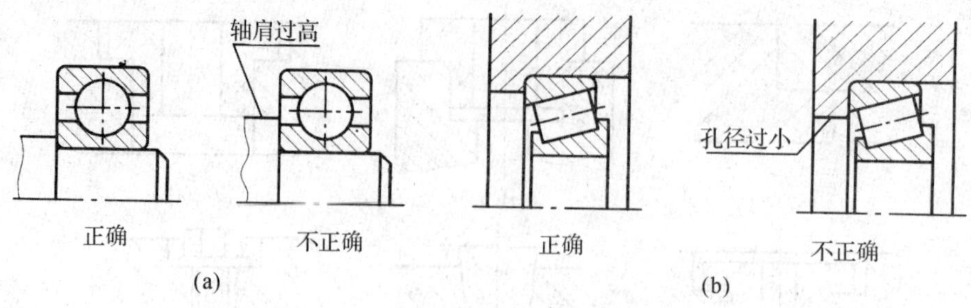

图 8-13　滚动轴承端面接触的结构

在零件上加衬套，应便于拆卸，设计成图 8-14(a)的形式，在更换套筒时很难拆卸。若改成图 8-14(b)那样在箱壁上钻几个螺纹孔，拆卸时就可用螺钉将套筒顶出。

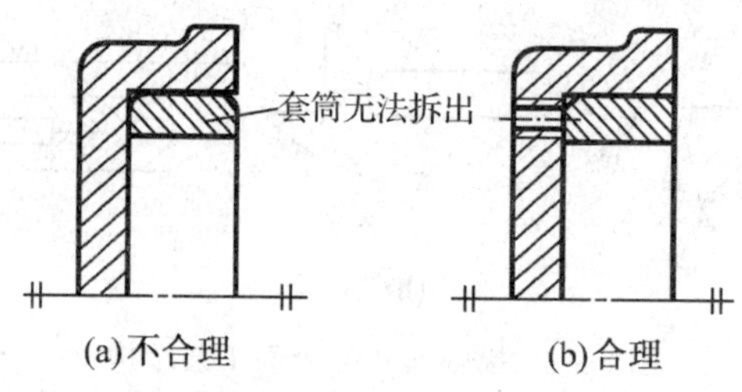

图 8-14　衬套应便于拆卸

3. 常用密封结构

为了防止机器或部件内部的液体或气体向外渗漏，同时也避免部件的灰尘，杂质等侵入，必须采用密封装置。图 8-15 为典型的密封装置，通过压盖或螺母将填料压紧而起防漏作用。

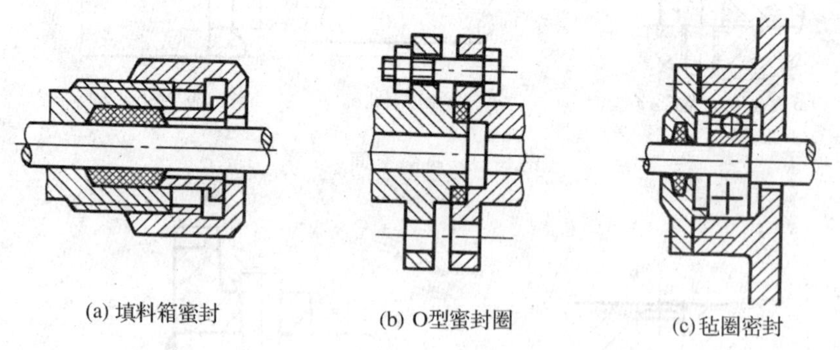

图 8-15　密封结构

4. 螺纹防松装置

机器或部件在工作时，由于受到冲击或振动，一些紧固件可能产生松动现象。因此，在某些装置中需采用防松结构。如图 8-16 所示

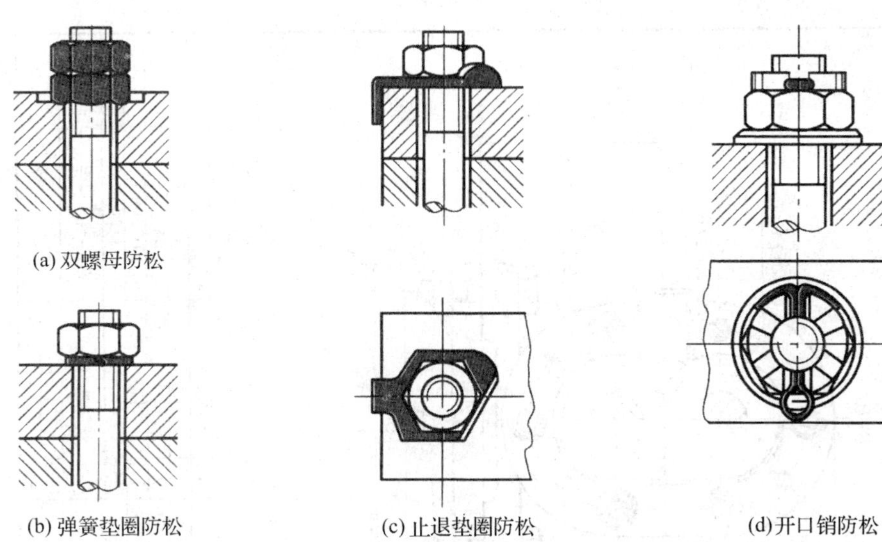
(a) 双螺母防松　(b) 弹簧垫圈防松　(c) 止退垫圈防松　(d) 开口销防松

图 8-16　防松装置

学习项目　装配图的绘制与阅读

任务 1:识读如图 8-17 所示齿轮油泵装配图。

(1)概括了解:由标题栏了解装配体的名称、大致用途、作图比例等;由外形尺寸了解装配体的大小,由明细表了解各组成零件的编号、数量,估计该装配体的复杂程度。如图 8-17 所示齿轮油泵,是用来给机器输送润滑油的一个部件。作图比例是 1:1,外形尺寸为 118、85、95,体积不大。该油泵共有 17 种零件,较简单。

(2)分析视图:齿轮油泵采用两个视图。主视图是用两相交剖切平面剖切而获得的全剖视,左视图采用了拆卸画法,沿左端盖 1 和泵体 6 的结合面剖切,清楚地反映出油泵的外部形状和一对齿轮的啮合情况;进油孔的结构用局部剖表达。

(3)分析传动路线及工作原理:从反映装配路线最清楚的视图人手,参考产品说明书,分析油泵的传动路线和工作原理。如图 8-18(a)所示,当一对齿轮在泵体内作高速啮合传动时,啮合区内右边空间的压力降低而产生局部真空,油池内的油在大气压的作用下进入油泵低压区内的进油口,随着齿轮的转动齿槽内的油被送到出油口将油压出,并输送至机器每一个需要润滑的部位。考虑到防漏在泉体与端盖的结合处加入了垫片 5,并在传动齿轮轴 3 的伸出端用填料 8、轴套 9、压紧螺母 10 加以密封。

动力通过皮带轮传递给主动齿轮轴,它依靠轴的端部被铯平的平面与皮带轮连接。齿轮与轴采用键连接。泵体与泵盖用螺钉连接,进油口和出油口均为管螺纹并与输油管连接。

(4)分析装配关系:从图 8-18(a)中可以看出,端盖与泵体采用 4 个圆柱销定位、12 个螺钉紧固的方法连接在一起。

传动齿轮轴 3 和传动齿轮 11 的配合 $\phi 14H7/k6$,属基孔制过渡配合。便于轴、孔间的装配,又利于用键将两件练成一体传递动力。$\phi 14H7/k6$ 为间隙配合,保证轴在两端盖孔中转动,又可减少或避免轴的径向跳动。尺寸 28.76 ± 0.016,反映啮合齿轮中心距的要求。$\phi 34.5H8/f7$,表示泵体的中腔与齿轮是间隙配合。

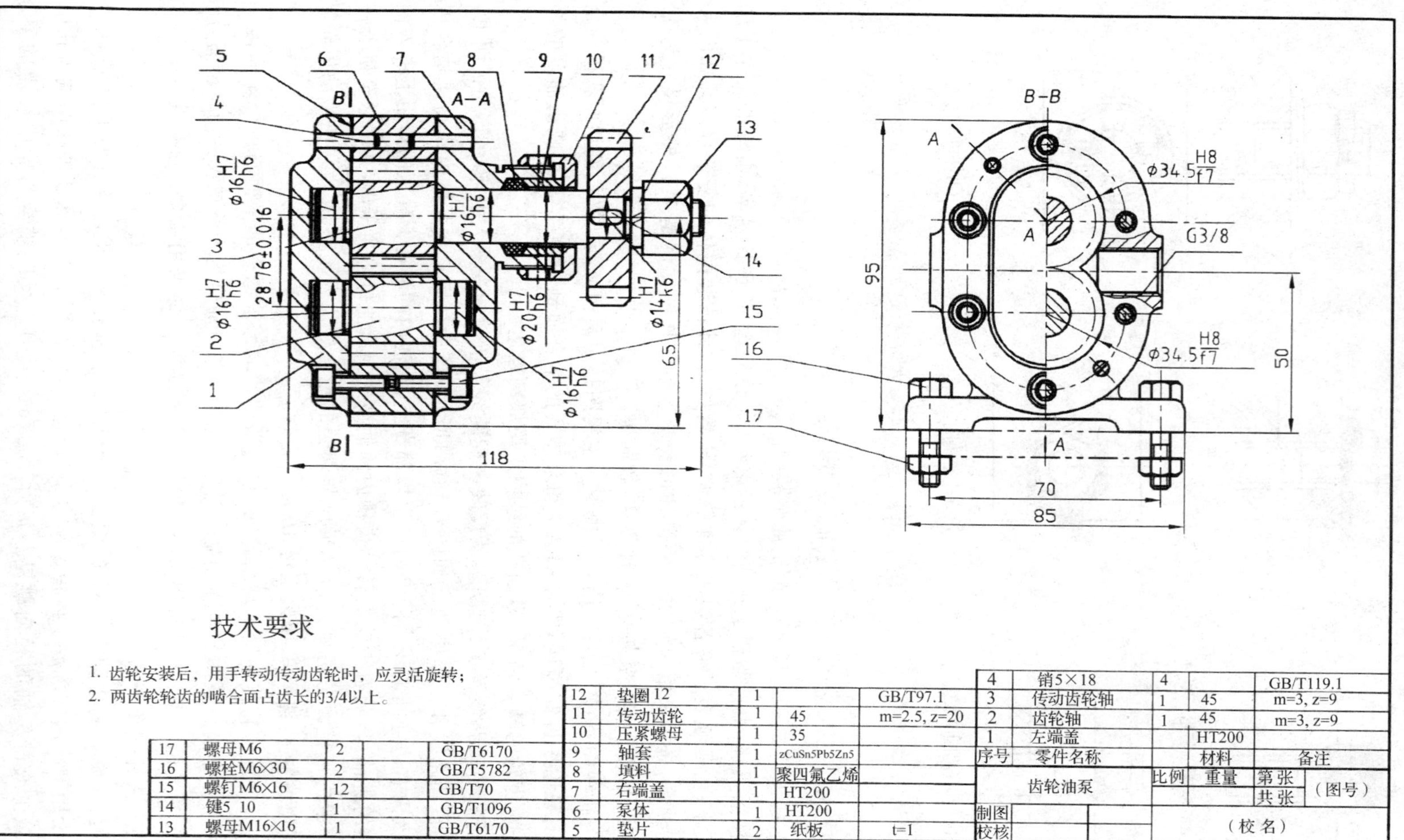

技术要求

1. 齿轮安装后，用手转动传动齿轮时，应灵活旋转；
2. 两齿轮轮齿的啮合面占齿长的3/4以上。

序号	零件名称	数量	材料	备注
17	螺母M6	2		GB/T6170
16	螺栓M6×30	2		GB/T5782
15	螺钉M6×16	12		GB/T70
14	键5 10	1		GB/T1096
13	螺母M16×16	1		GB/T6170
12	垫圈12	1		GB/T97.1
11	传动齿轮	1	45	m=2.5, z=20
10	压紧螺母	1	35	
9	轴套	1	zCuSn5Pb5Zn5	
8	填料	1	聚四氟乙烯	
7	右端盖	1	HT200	
6	泵体	1	HT200	
5	垫片	2	纸板	t=1
4	销5×18	4		GB/T119.1
3	传动齿轮轴	1	45	m=3, z=9
2	齿轮轴	1	45	m=3, z=9
1	左端盖		HT200	

齿轮油泵		比例	重量	第张 共张	（图号）
制图					
校核		（校名）			

图 8-17 齿轮油泵装配图

(5)归纳总结:对各零件的形状、结构了解以后,最后再对装配体的工作情况、装配和连接关系、装拆顺序、尺寸和技术要求等进行综合归纳,从而对整个装配体有一个完整的概念。齿轮油泵的立体形状如图 8-18(b)所示。

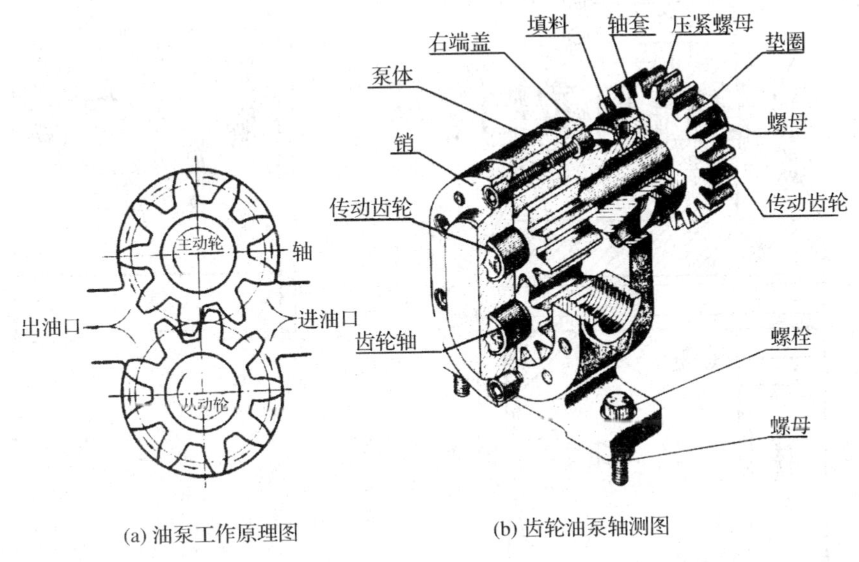

(a) 油泵工作原理图　　(b) 齿轮油泵轴测图

图 8-18　齿轮油泵

任务 2:识读如图 8-19 所示钻夹具装配图。

(1)概括了解:钻夹具是安装在钻床工作台上,用于夹持工件进行钻孔的机床夹具,从明细栏可以看出,钻夹具一共由 12 种零件组成,其中 6 种是标准件,6 种是非标准件。

(2)了解工作原理和装配关系:钻夹具的工作原理是主视图中细双点画线表示被加工零件,套在定位销 4 上,被加工零件用左端面和内孔定位,由开口垫圈 11 和螺母 9 夹紧工件,进行钻孔。钻孔结束后,先松开螺母 9,再拆下开口垫圈 11,就可以把工件拆下,再安装下一个工件。钻套和衬套起保护和引导作用。装配关系:定位销 4 与夹具体 1 用键 3 连接,采用 $\phi16$ 间隙配合,与工件之间是 $\phi25$ 间隙配合,快换钻套与衬套之间是 $\phi12$ 间隙配合,衬套与钻模板之间是 $\phi20$ 过渡配合。

(3)分析视图:了解视图的数量、名称、投射方向、剖切方法,各视图的表达意图和它们之间的关系。钻夹具装配图共有三个视图,主视图采用通过定位销 4 的轴线的正平面剖开,表达定位销轴系上各零件的连接装配关系,以及快换钻套 8 和衬套 7 之间以及衬套与钻模板之间的装配关系,左视图表示钻夹具外形以及用两个局部剖表示销连接和螺钉连接的情况。俯视图表示各零件的位置关系。用这三个视图就可以把钻夹具的工作原理及各零件的连接装配关系表达清楚。

(4)分析零件主要结构形状和用途:前面的分析是综合性的,为深入了解部件,还应进一步分析零件的主要结构形状和用途。常用的分析方法有:①利用剖面线的方向和间距来分析。因国标规定:同一零件的剖面线在各个视图上的方向和间距应一致。②利用规定画法来分析。如实心件在装配图中规定沿轴线剖开,不画剖面,据此能很快地将实心轴、手柄、螺纹连接件、键、销等区分出来。③利用零件序号,对照明细栏来分析。

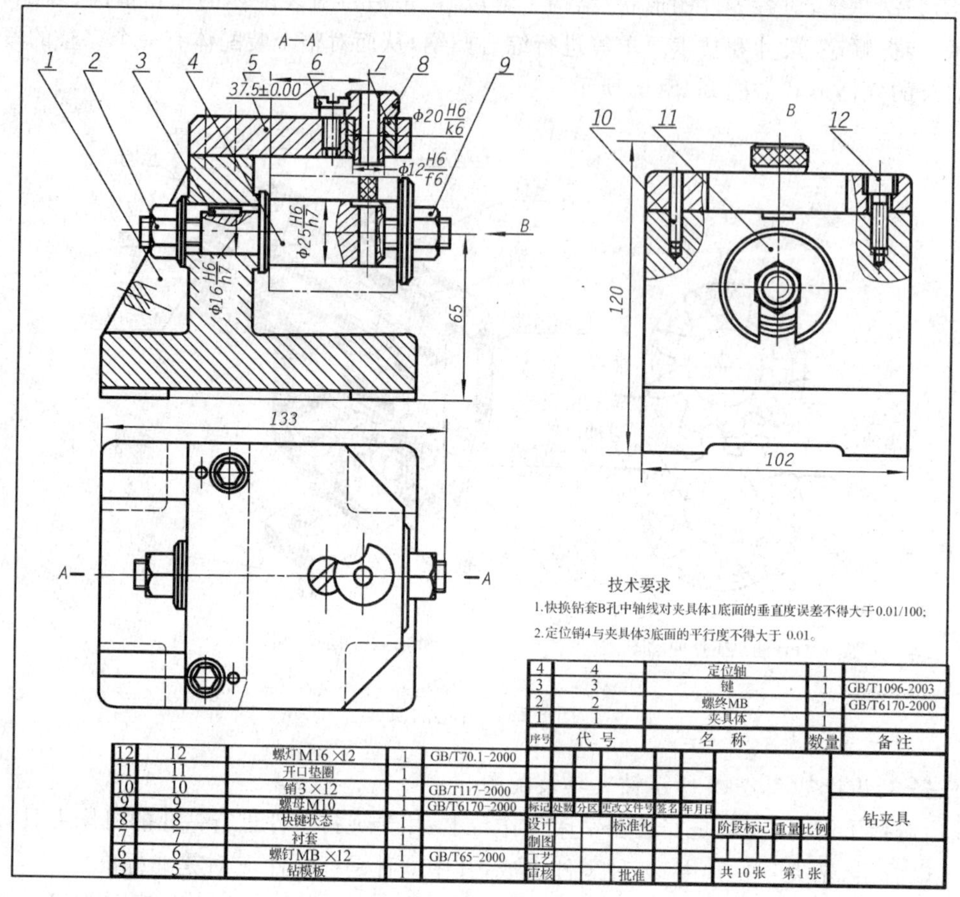

图 8-19　钻夹具

(5)归纳总结:在以上分析的基础上,对整个装配体及其工作原理、连接、装配关系有了全面的认识,从而对其使用时的操作过程有进一步了解。图 8-20 是该钻夹具的立体图。

任务 3:绘制如图 8-21 所示球阀装配图。

(1)分析部件

在画装配图之前,必须对所画的机器(或部件)进行分析,了解机器(或部件)的功用、工作原理、结构特点及零件间的装配连接关系等,对所画的装配体做到心中有数。可通过查阅有关技术资料、看总装配图以及现场参观方式进行。

(2)视图选择

对装配体有了充分的分析了解后,就可通用装配图的各种表达方法,选择一组恰当的视图,把机器(或部件)的工作原理、零件间的装配连接关系、结构特征以及主要零件的结构形状表达出来。

①装配体位置的选择:通常将装配体按工作位置放置,使装配体的主要轴线或主要安装面呈水平或垂直位置。如图 8-21 所示的球阀,应选择工作位置,球阀一般水平放置,即将其流体通道的轴线水平放置,并将阀芯转至全部开启状态。

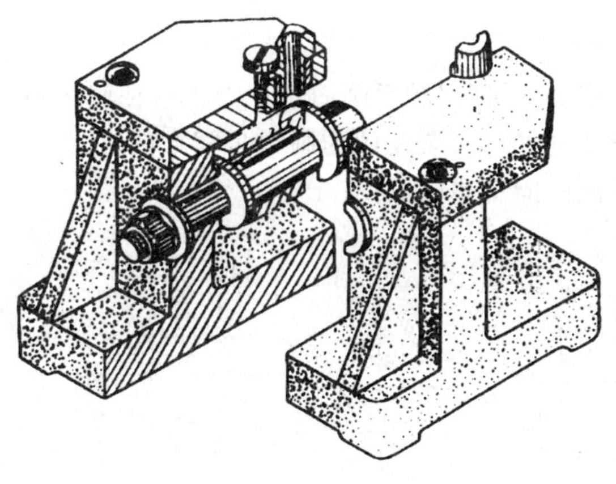

图 8-20　钻夹具的立体图

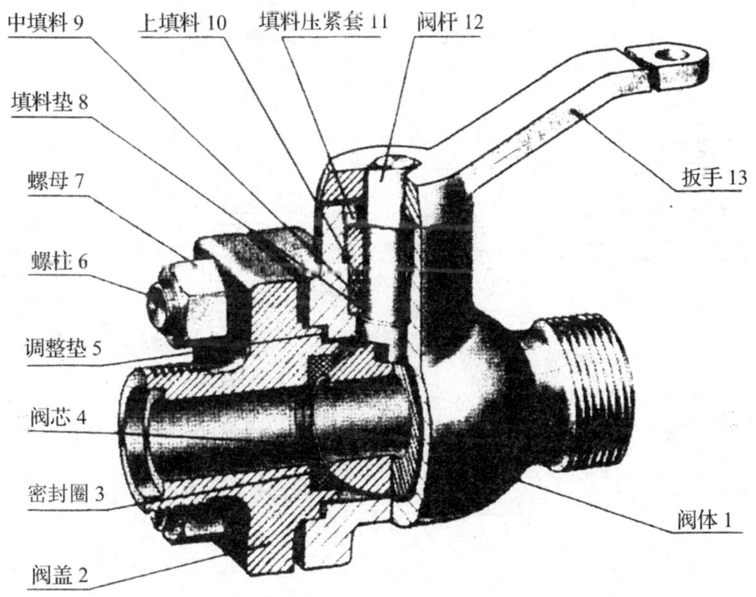

图 8-21　球阀

②主视图的选择：选择视图的投影方向，应突出反映该装配体的主要装配关系和结构特征及工作原理等特征。球阀的左视图的投影方向为：将阀盖放在左边，使左视图能清楚地反映其端面形状。沿球阀的前后对称面剖切，选取全部视图，可将其工作原理、装配关系、零件间的相互位置表示清楚。

③其他视图的选择：主视图确定后，往往还需要选择其他视图和表达方法，来进一步补充主视图未表达出来或未表达清楚的内容。要求所选的视图在作用上各有重点、互相配合、避免重复，其视图数量的多少，要视装配体的复杂程度而定。

如图 8-21 所示的球阀，除了选项用全剖的主视图外，还应选用了半剖的左视图和俯视图来表达其形状。左视图主要表达球阀的外形结构、主要零件的结构形状，以及双头螺柱的连接部位和数量等尚未表示清楚的部分。俯视图主要表达扳手的开关位置，同时表达球阀的外形和扳手的形状。

(3)画装配图的步骤

视图的表达方案确定之后,即可动手画图了。为了保证画图质量,提高画图效率,掌握合理的画图步骤是很重要的。球阀装配图的画图步骤如图 8-22 所示。从球阀装配图画图步骤可总结归纳出画装配图的步骤如下:

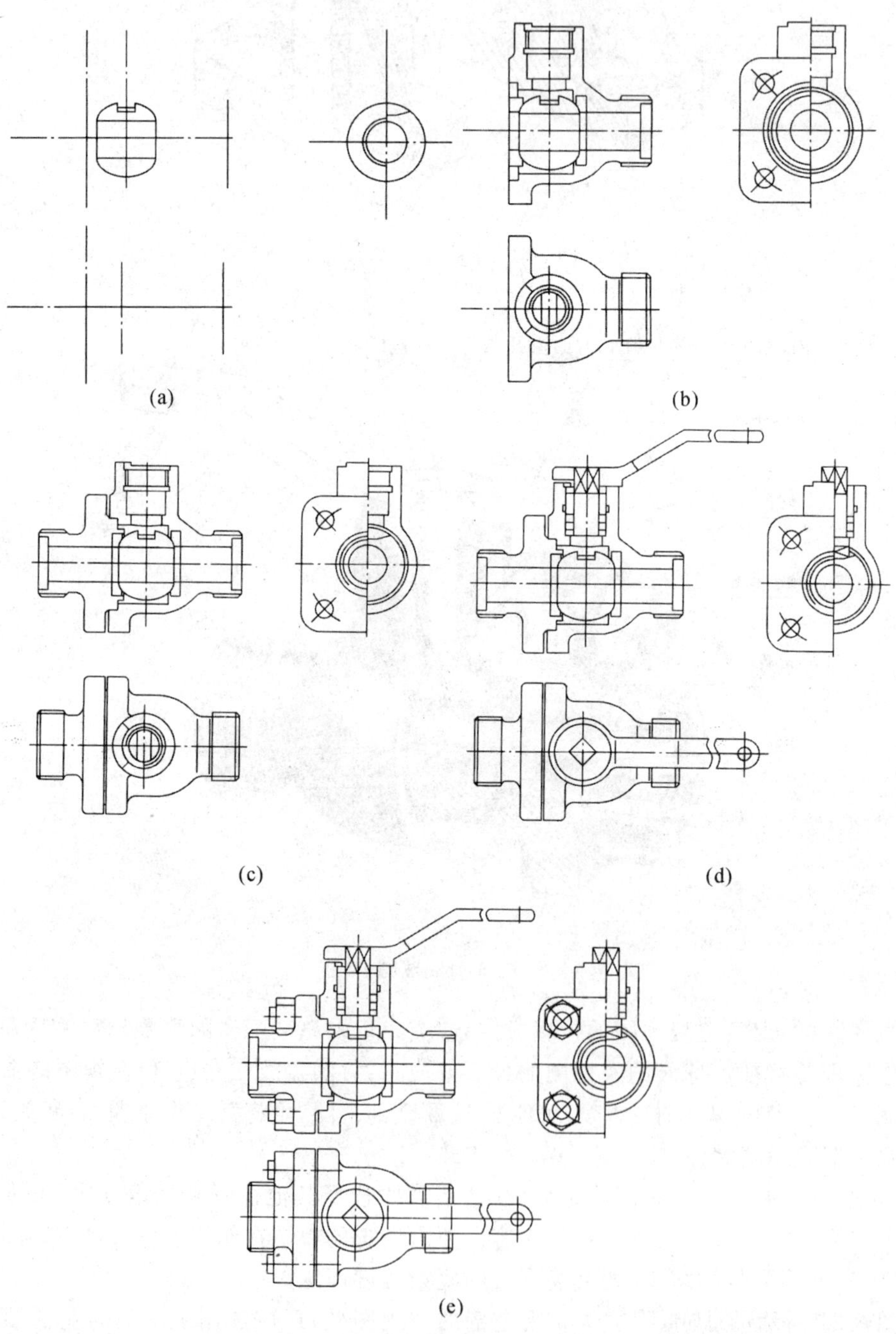

图 8-22　阀体装配图的画图步骤

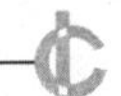

①定比例，选图幅，布图并画各个视图的中心线和基准线。

②逐层绘制底稿图，从主件入手，按装配关系，逐个画出各零件。绘图时围绕着装配干线由里向外逐个画出零件的图形，这样可避免被遮盖部分的轮廓线徒劳地画出。剖开的零件，应直接画成剖开后的形状，不要先画好外形再改成剖视图。作图时，应几个视图配合着画，以提高绘图速度，同时要解决好工艺结构问题。

③标注尺寸和技术要求，编零件序号，填写明细栏、标题栏。

④检查、描粗、并完成全图。

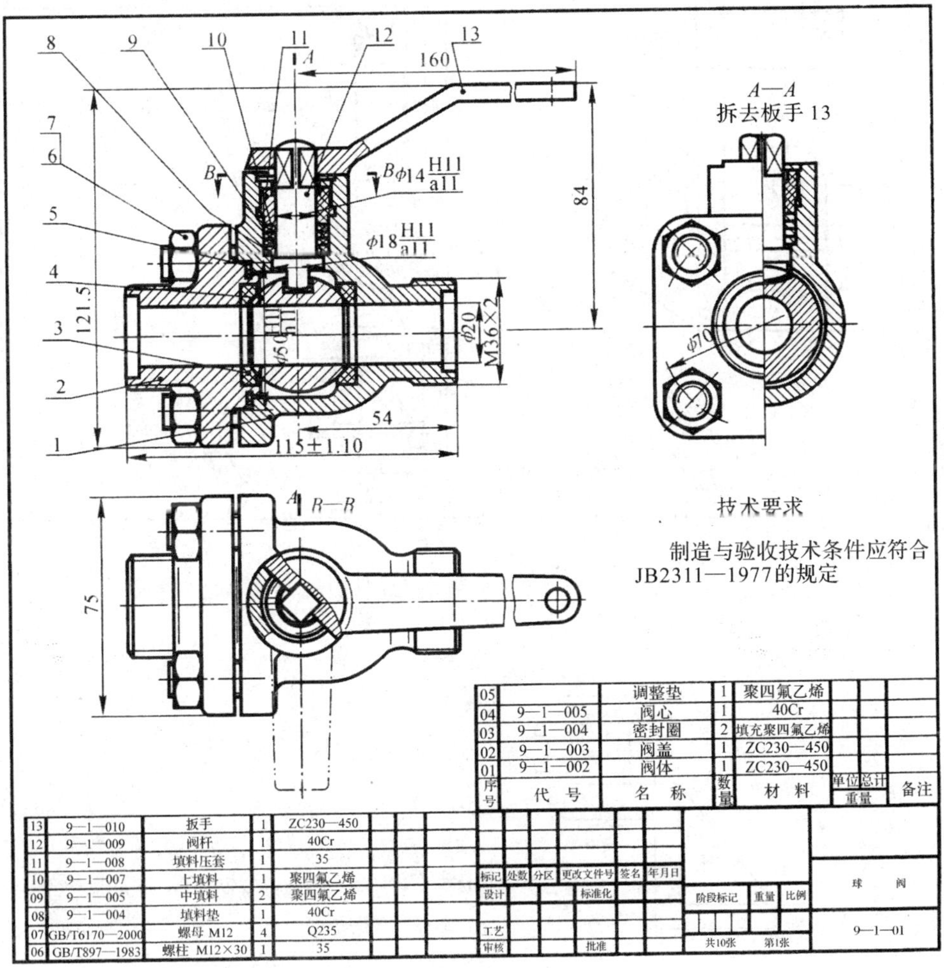
A—A
拆去板手 13
B—B
技术要求
制造与验收技术条件应符合
JB2311—1977的规定
160
84
121.5
75
54
115±1.10
$B\phi14\frac{H11}{a11}$
$\phi18\frac{H11}{a11}$
$\phi20$
M36×2
$\phi70$
05 调整垫 1 聚四氟乙烯
04 9—1—005 阀心 1 40Cr
03 9—1—004 密封圈 2 填充聚四氟乙烯
02 9—1—003 阀盖 1 ZC230—450
01 9—1—002 阀体 1 ZC230—450
序号 代号 名称 数量 材料 单位 总计 重量 备注
13 9—1—010 扳手 1 ZC230—450
12 9—1—009 阀杆 1 40Cr
11 9—1—008 填料压套 1 35
10 9—1—007 上填料 1 聚四氟乙烯
09 9—1—005 中填料 2 聚四氟乙烯
08 9—1—004 填料垫 1 40Cr
07 GB/T6170—2000 螺母 M12 4 Q235
06 GB/T897—1983 螺柱 M12×30 1 35
标记 处数 分区 更改文件号 签名 年月日
设计 标准化
工艺
审核 批准
阶段标记 重量 比例
共10张 第1张
球 阀
9—1—01

图 8-23　球阀装配图

任务 4:绘制根据低速滑轮装置的零件图（如图 8-24 所示），参照低速滑轮装置装配示意图（如图 8-25 所示）绘制低速滑轮装配图。

1. 分析部件

根据如图 8-25 所示的低速滑轮装置装配示意图可知，该装置由装有衬套的滑轮、心轴和托架组成。滑轮和衬套空套在心轴上，心轴用螺母、垫圈与托架连接。整个装置通过托架上的两个安装孔用螺栓与机座联接。

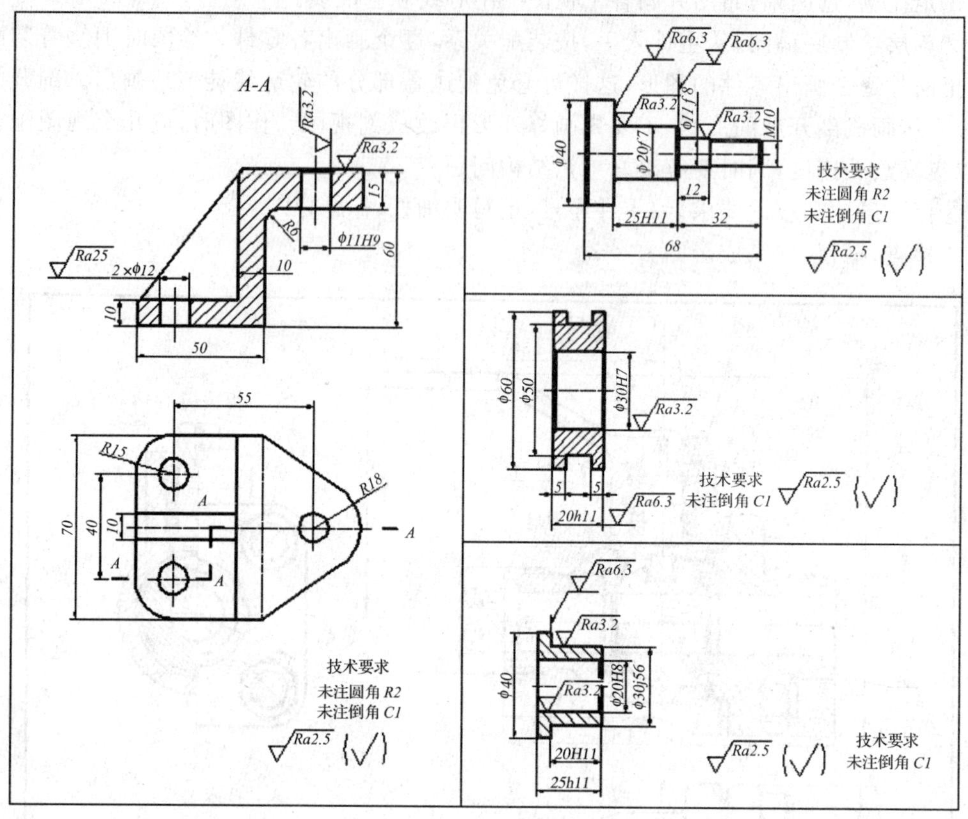

图 8-24　低速滑轮装置零件图

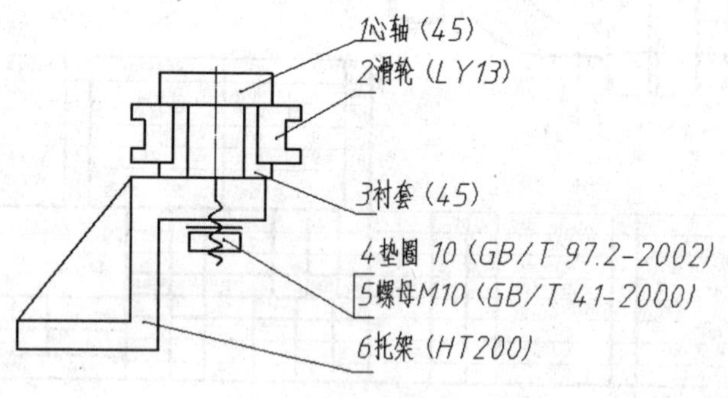

图 8-25　低速滑轮装置装配示意图

2. 视图选择

①装配体位置的选择：选择工作位置，托架底板水平放置。

②主视图的选择：根据图 8-25 所示装配示意图，为反映该装置的主要装配关系和工作原理，选择全剖的主视图。由于安装孔未在主要对称面上，故选择两个平行剖切面进行剖切。全剖的主视图能将该装置的工作原理、装配关系、零件间的相互位置均表示清楚。在如图 8-26 所示的低速滑轮装置的装配图中，主视图中的心轴、垫圈和螺母因为是实心件，按不剖绘制。

③其他视图的选择：主视图选择后，由于未能表达清楚两个安装孔的位置，还绘制了俯视图。俯视图除了表达两个安装孔的位置外，还在图中标注了主视图两个平行剖切平面的位置。

3. 画装配图

①定比例，选图幅：首选 1∶1 比例，根据零件图各零件的尺寸大小和明细栏的位置，选用 A3 图幅。

②按装配关系，逐个画出各零件。注意装配图的规定画法和简化画法。若利用计算机软件绘制则细部结构可以不简化，直接复制或参照于零件图样。

③标注尺寸，编零件序号，填写明细栏、标题栏。按照装配图五类尺寸，逐步标注。

④检查并完成全图。

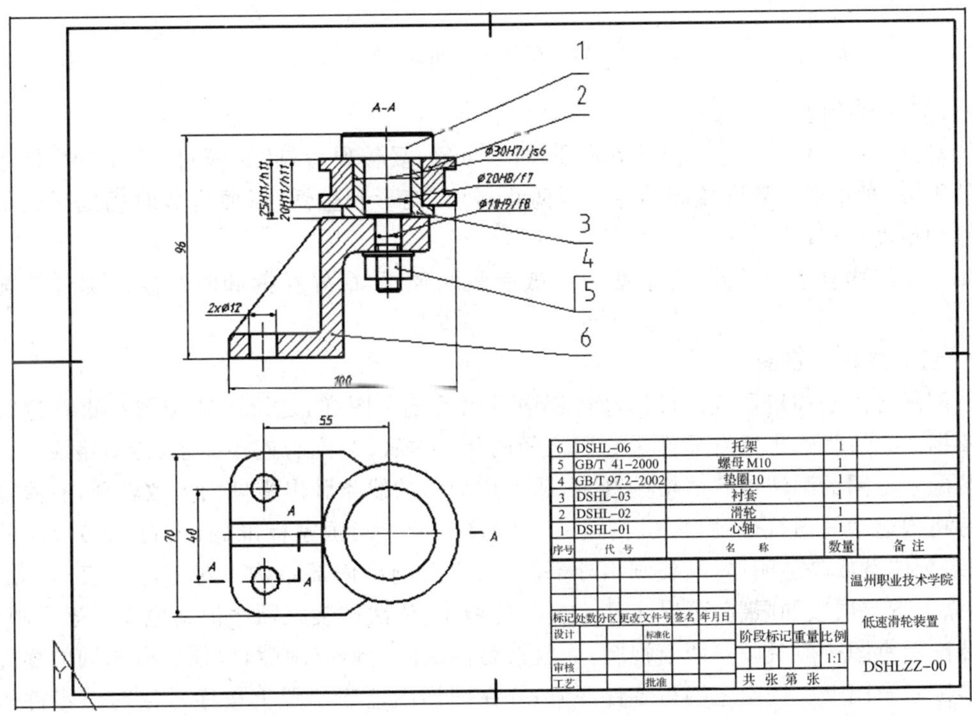

图 8-26 低速滑轮装置装配图

任务 5：测绘如图 8-27 所示机用平口钳。

1. 了解被测对象

通过观察和研究被测对象以及参阅有关产品说明书等资料，了解该机器或部件的功用、性能、工作运动情况、结构特点、零件间的装配关系以及装拆方法。

2. 拆卸零件及注意事项

拆卸零件必须按顺序进行。拆卸零件时还要注意：

①拆卸零件时要测量部件的几何精度和性能并作出记录，供部件复原时参考。

②拆卸时要选用合适的拆卸工具，对于不可拆的连接（如焊接、铆接、过盈配合连接）一般不应拆开；对于较紧的配合或不拆也可测绘的零件，尽量不拆，以免破坏零件间的配合精

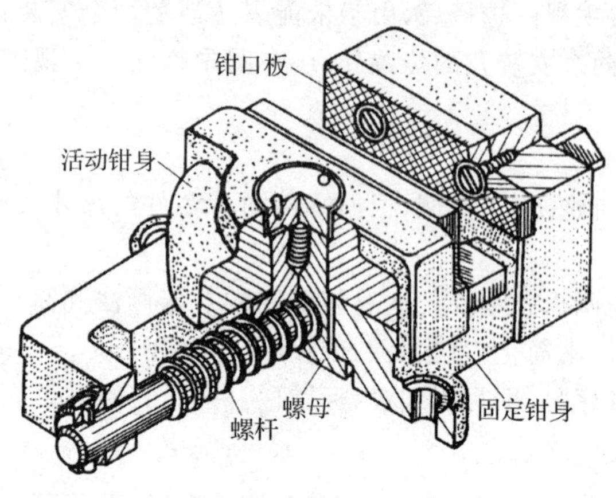

图 8-27 机用平口钳直观图

度，并可节省测绘时间。

③对拆下的零件，要及时按顺序编号，加上号签，妥善保管，防止螺钉、垫片、键、销等小零件的丢失；对重要的精度较高的零件要防止碰伤、变形和生锈，以便再装时仍能保证部件的性能和精度要求。

④对于结构复杂的部件，为了便于拆散后装配复原，最好在拆卸时绘制出部件装配示意图。

3. 绘制装配示意图

装配示意图是在机器或部件拆卸过程中所画的记录图样，是绘制装配图和重新进行装配的依据。它应表达出所有零件及它们之间的相对位置、装配与连接关系、传动路线等。

装配示意图的画法没有严格的规定，通常用简单的线条画出零件的大致轮廓，有些零件可参考机构运动简图符号画出(机构运动简图符号请查阅国家标准《技术制图》)。绘简图时，把装配体看成是透明体，既要画出外部轮廓，又要画出内部结构。对零件的表达一般不受前后、上下等层次的限制，可以先从主要零件着手，依次按装配顺序把其他零件逐个画出。

装配示意图一般只画一两个视图，而且接触面之间应留有间隙，以便区分不同的零件。

装配示意图上应按顺序编写零件序号，并在图样的适当位置上按序号注写出零件的名称及数量，也可以直接将零件名称注写在指引水平线上。序号、名称应与标签上一致。

如图 8-28 为机用平口钳装配示意图。示意图中螺杆、螺钉销等都是按照规定的符号画出的固定钳身、活动钳身等零件没有规定的符号，则只画出大致轮廓，而且各零件不受其他零件遮挡的限制，作为透明体来表达的。

4. 绘制零件草图

零件草图是画装配图和零件图的依据。它的内容要求和画图步骤都与零件图相同，不同的是草图要凭目测零件各部分尺寸比例徒手绘制而成。一般先画好图形，再进行尺寸分析画出尺寸界限及尺寸线、箭头，然后测量实际尺寸，将所得数值填写在画好的尺寸线上。画草图时应注意以下几点：

①画非标准件的草图时，所有工艺结构如：倒角、凸台、退刀槽等都应画出。但制造时产生的误差或缺陷不应画在图上。如：对称形状不太对称、圆形不圆以及砂眼裂纹等。

②零件上的标准结构要素(如螺纹、键槽)的尺寸在测量以后，应查阅有关手册，核对确

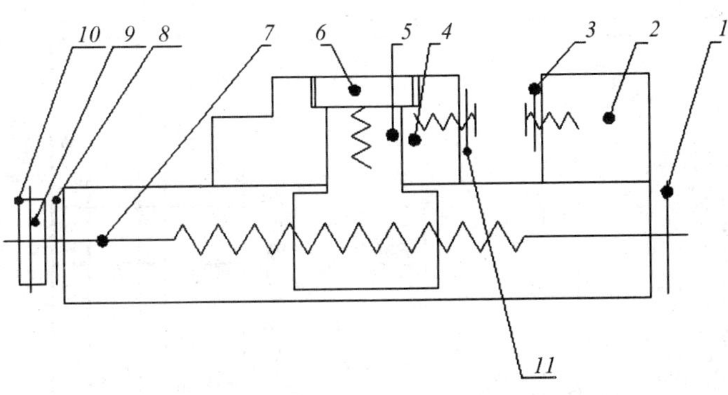

1-垫圈　2-固定钳身　3-护口板　4-活动钳身　5-螺母
6-螺钉　7-螺杆　8-垫圈　9-销　10-圆环　11-螺钉
图 8-28　机用平口钳示意图

定。零件上的非加工面和非主要尺寸应圆整为整数并尽量符合标准尺寸系列。两零件的配合尺寸和互有联系的尺寸应在测量后同时填入两个零件的草图中，以保证相关尺寸的协调一致，并节约时间和避免差错。

③零件的技术要求，如表面粗糙度、公差与配合、形位公差、热处理的方式和硬度要求、材料牌号等可根据零件的作用、工作要求确定，也可参阅同类产品的图样和资料类比确定。

④标准件可不画草图，但要测出主要参数的尺寸，然后查有关标准，确定标准件的类型、规格和标准代号。

如果测绘对象是教学模型应当注意：一般教具与实物相比结构完全仿真，体积较小，制作比较粗糙，为便于装拆，各配合连接处都较松，为了轻巧防锈，用料也与实物不符。因此，对草图上的有关技术要求的内容，应在教师的指导下，参考相关资料注出。

5. 绘制装配图

根据装配示意图和零件草图绘制装配图。装配图要表达出装配体的工作原理和装配关系以及主要零件的结构形状。

在绘制装配图的过程中，要检查零件草图上的尺寸是否协调合理，若发现零件草图上的形状和尺寸有错，应及时更正后才可以画图。

装配图画好后必须注明该机器或部件的规格、性能、装配、检验、安装时的尺寸，还必须用文字说明或采用符号形式指明机器或部件在装配调试、安装使用中必要的技术条件。最后应按规定要求填写零件序号和明细栏、标题栏的各项内容，如图 8-29 所示。

6. 绘制零件图

由零件草图和装配图绘制零件工作图。完整、正确、清晰、合理的标注尺寸，在教师指导下注写技术要求，按规定要求填写标题栏。

7. 对图样进行全面检查、整理，装订成册。

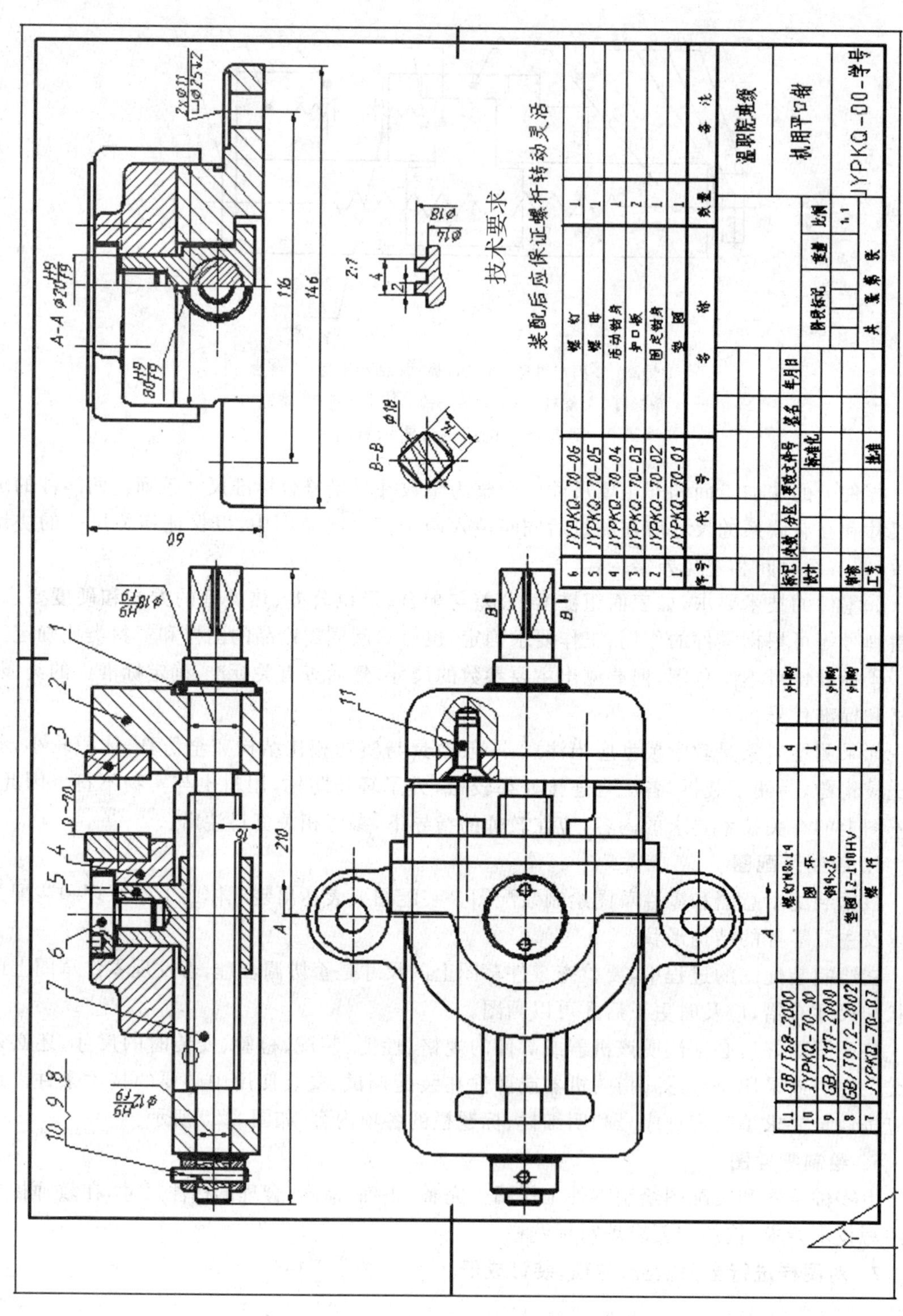

图 8-29　机用平口钳装配图

思考与总结

机械设备装配图可分为总装图和部件装配图，装配体的表达方法是在机件常用表达方法的内容中增加一些特殊的表达方法，机械设备装配图表达方案是根据装配体的结构、传动路线及工作原理等特点，采用国家标准规定的各种表达方法合理组合的。

本章主要介绍装配图的绘制方法和技能仅局限于基本尺寸的测量和表达方法的训练，至于实际工作中测绘所需要掌握的其他知识及技能，需要在后续课程和实践环节中继续学习和训练。

思考题：

1. 装配图中视图的表达目的和零件图中的视图表达目的有什么区别？
2. 装配图中增加了哪些特殊表达方法？拆卸画法用于什么场合？

第九章　轴测图的画法

（选学内容一）

教学内容导航

多面正投影图具有度量好，作图简便等优点，因此是工程上应用最广泛的图样。见图9-1a。但多面正投影图的一个投影不能同时反映物体的长、宽、高三个方向的尺度，因此缺乏立体感。必须运用投影规律，对照几个投影，才能想象出物体的结构形状。轴测投影图（简称轴测图）是用平行投影原理形成的单面投影图，一个图形就能同时反映物体长、宽、高三个方向的尺度，见图9-1b。轴测图形象生动，富有立体感，但有些形状投影有变形，且尺寸标注不方便。轴测图在工程上常用作辅助图样。

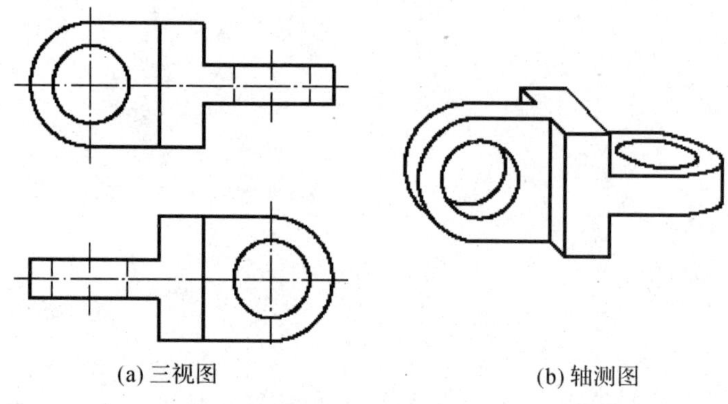

(a) 三视图　　(b) 轴测图

图9-1　三视图与轴测图

本章主要介绍轴测图的基本知识和正等测图的画法，通过学习要求掌握简单立体正等测图的绘图方法，了解斜二测轴测图的画法和特点。

预备知识及技能

9.1　轴测图的基本知识

9.1.1　轴测图的形成

图9-2表示立体的正投影图和轴测图的形成方法。当立体主要表面与投影面平行时，用正投影法在 H 面上得到的正投影图只能表示出 X、Y 两个坐标方向，即立体的高度方向未得到表达，立体感较差。而将物体连同其直角坐标系，沿不平行于任一坐标平面的方向S1，用平行投影法将其投射在单一投影面 P 上，所得投影就能同时反映立体的长、宽、高，因

此具有立体感,这样的投影图称为轴测图。

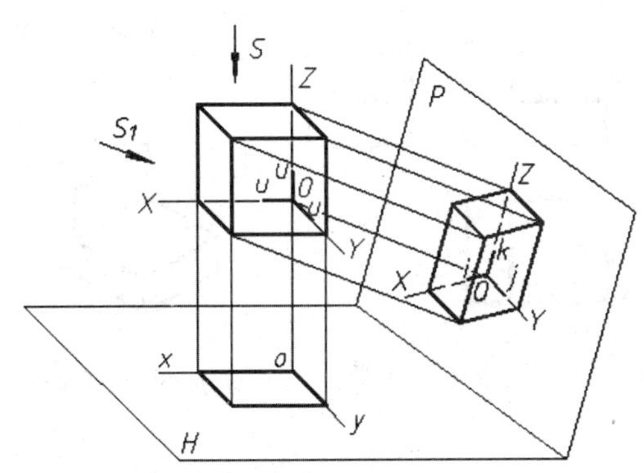

图 9-2　正投影图和轴测图的形成方法

图中的平面 P 称为轴测投影面。空间直角坐标轴 OX、OY、OZ 在轴测投影面上的投影 O_1X_1、O_1Y_1、O_1Z_1 称为轴测投影轴,简称轴测轴。轴测轴之间的夹角称为轴间角。轴测轴上的单位长度与相应直角坐标轴上的单位长度的比值为轴向伸缩系数。轴测轴 O_1X_1、O_1Y_1、O_1Z_1 轴的轴向伸缩系数分别用 p、q、r 表示,轴向伸缩系数≦1。轴间角和轴向伸缩系数是控制轴测投影效果的重要参数。

9.1.2　轴测图的基本特性

由于轴测图是由平行投影法得到的投影图,它具有以下平行投影的特性:

(1)空间平行的线段,其轴测投影仍平行,且长度比不变。

(2)点在直线上,则点的轴测投影仍在该直线的轴测投影上,且点分该直线的比值不变;

(3)物体上平行于轴测投影面的直线和平面,在轴测图上反映实长和实形;

根据轴测图的投影特性,空间平行于某一坐标轴的直线,其轴测投影必平行于相应的轴测轴,且其轴向伸缩系数与相应坐标轴的轴向伸缩系数相同。因此,画轴测投影时,必须用"轴向测量"的方法沿轴测轴或平行于轴测轴的方向才可以度量。轴测投影因此得名。

9.1.3　轴测图的分类

轴测图可以分为正轴测图和斜轴测图,用正投影法得到的轴测投影称为正轴测图,用斜投影法得到的轴测投影称为斜轴测图。

根据轴向伸缩系数的不同,又可分为等测图、二测图和三测图。

本章介绍正等轴测图和斜二轴测图的画法。

9.2　正等轴测图的画法

9.2.1　正等轴测图的特点

正等轴测图的投射方向垂直于轴测投影面,确定物体空间位置的三个直角坐标轴均倾斜于轴测投影面且倾角相同。因此,正等轴测图中,三个轴间角均为 120°,轴向伸缩系数均为 0.82,为使作图简便,采用简化后的轴向伸缩系数 $p=q=r=1$。用简化系数 1 画出的正等测比实际情况放大，但立体效果相同，如图 9-3。

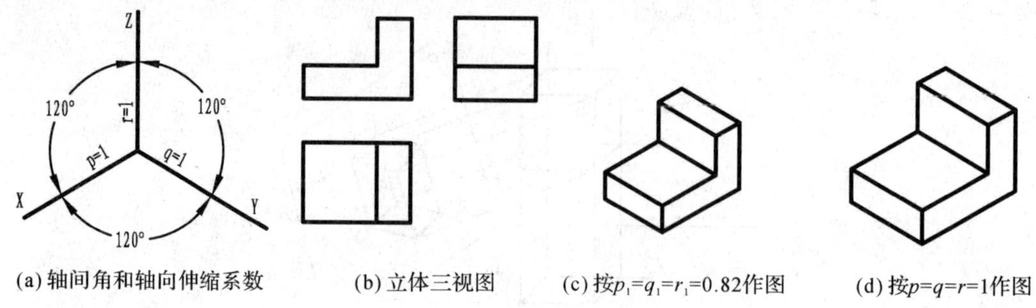

(a) 轴间角和轴向伸缩系数　(b) 立体三视图　(c) 按$p_1=q_1=r_1=0.82$作图　(d) 按$p=q=r=1$作图

图 9-3　正等轴测图的特点

9.2.2　正等轴测图的画法

画平面立体的轴测图时，最基本的方法是坐标法。根据物体形状的特点，选定恰当的坐标轴及坐标原点，再按立体上各顶点的坐标画出其轴测投影，连接各顶点的轴测投影即为物体的轴测图。

画曲面立体的正等轴测图时，要注意圆的正等轴测图的画法，通常采用辅助菱形的四心近似法画椭圆。如图 9-4，是平行于坐标平面 *XOY* 面的圆的正等轴测图的画法。图 9-5 是平行于 *YOZ* 面和平行于 *XOZ* 面的圆的正等轴测图。

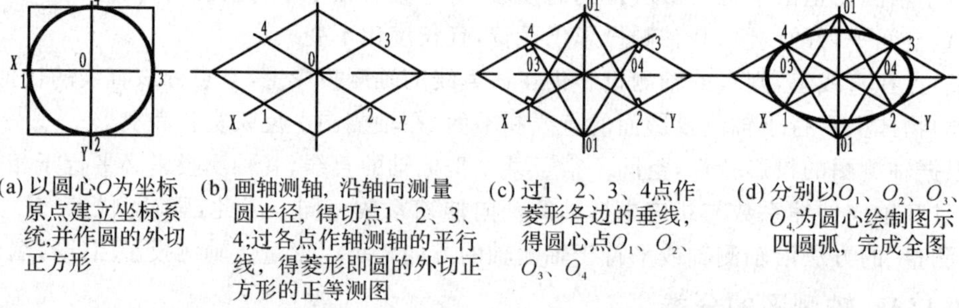

(a) 以圆心O为坐标原点建立坐标系统,并作圆的外切正方形　(b) 画轴测轴，沿轴向测量圆半径，得切点1、2、3、4;过各点作轴测轴的平行线，得菱形即圆的外切正方形的正等测图　(c) 过1、2、3、4点作菱形各边的垂线，得圆心点O_1、O_2、O_3、O_4　(d) 分别以O_1、O_2、O_3、O_4为圆心绘制图示四圆弧，完成全图

图 9-4　平行于坐标平面 XOY 面的圆的正等测画法

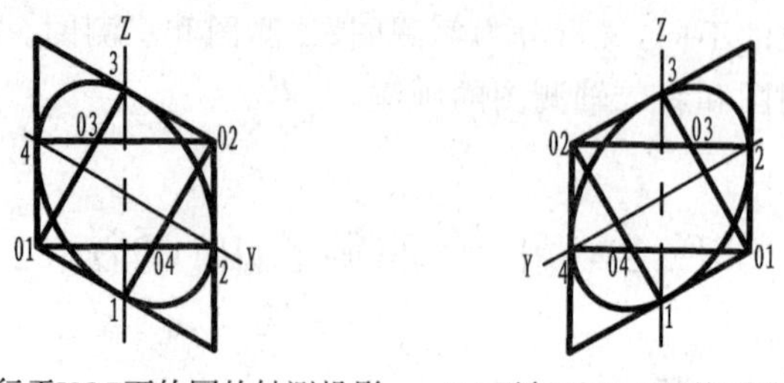

(a) 平行于YOZ面的圆的轴测投影　(b) 平行于XOZ面的圆的轴测投影

图 9-5　平行于 YOZ 面和 XOZ 面的圆的正等测图

画组合体的正等轴测图时，常用叠加法、切割法、综合法作图。对于叠加式组合体，可按

其基本形体逐一叠加画出其轴测图，称为叠加法；对于切割式组合体，可先按完整形体画出，再用挖切方法画出其不完整部分，称为切割法；对于既有叠加又有切合的组合体，可综合采用上述两种方法画轴测图，称为综合法。

圆角即 1/4 圆弧，是组合体上的常见结构，其画法可由四心近似法演变而来。图 9-6 是带圆角的长方体底板的正等轴测图画法。

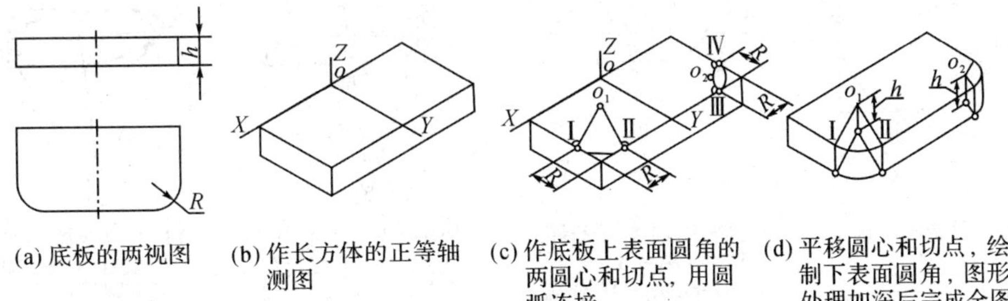

(a) 底板的两视图　(b) 作长方体的正等轴测图　(c) 作底板上表面圆角的两圆心和切点，用圆弧连接　(d) 平移圆心和切点，绘制下表面圆角，图形处理加深后完成全图

图 9-6　圆角的正等轴测画法

9.3　斜二轴测图的画法

9.3.1　斜二轴测图的特点

斜二等轴测投影的投射方向倾斜于轴测投影面，此时确定物体位置的三根直角坐标轴不必全部倾斜于轴测投影面也可得到物体的轴测投影。正面斜二轴测图是最常用的斜二轴测图，需要使确定物体位置的一个坐标平面 XOZ 平行于轴测投影面 P，而投射方向倾斜于轴测投影面 P，并使轴测轴 OY 在轴间角 $\angle XOY$ 的角平分线上。此时，轴间角 $\angle XOZ=90°$，$\angle XOY=\angle YOZ=135°$；轴向伸缩系数 $p=r=1$，$q=0.5$。如图 9-7。

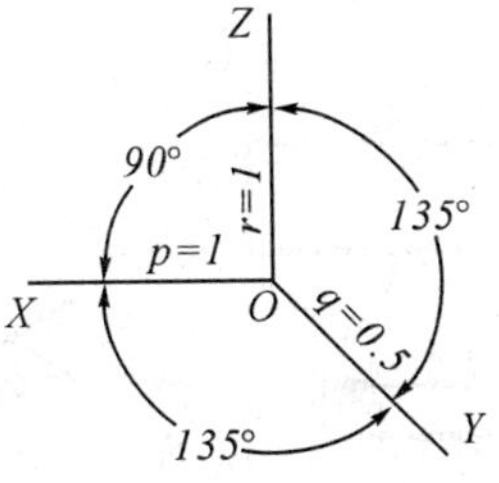

图 9-7　斜二轴测图的特点

由于平行于 XOZ 坐标面的平面图形在其正面斜二轴测图中反映实形，所以，当机件一个投影方向上有较多的圆和圆弧时，宜采用斜二轴测图。

9.3.2　斜二轴测图的画法

斜二轴测图的基本画法与正等轴测图类似，只是轴间角和轴向伸缩系数不同。

平行于各坐标面的圆的正面斜二轴测图如图 9-8 所示，其中平行于 XOZ 坐标面的圆的斜二轴测图仍为大小相等的圆；平行于 XOY 和 YOZ 坐标面的圆的

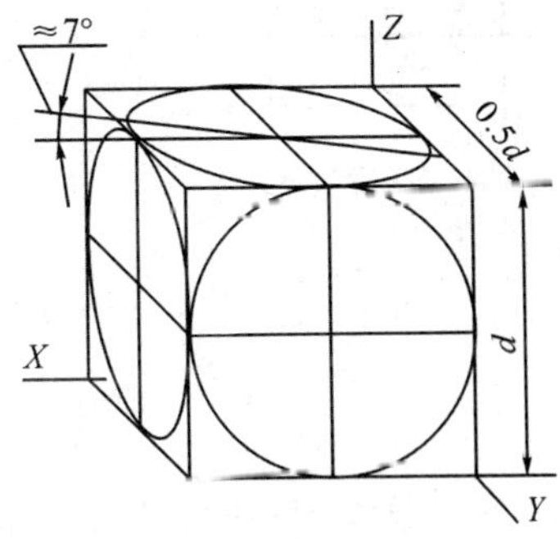

图 9-8　平行于各坐标面的圆的正面斜二轴测图

斜二轴测图都是椭圆，它们形状相同，作图方法一样，只是椭圆长、短轴方向不同。图 9-9 是平行于 *XOY* 坐标面的圆的正面斜二轴测图——椭圆的近似画法。

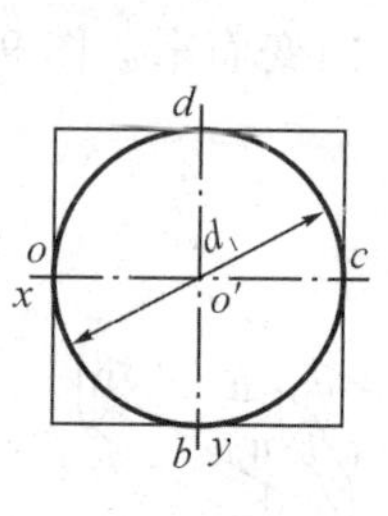

(a) 正投影图中选定坐标系统

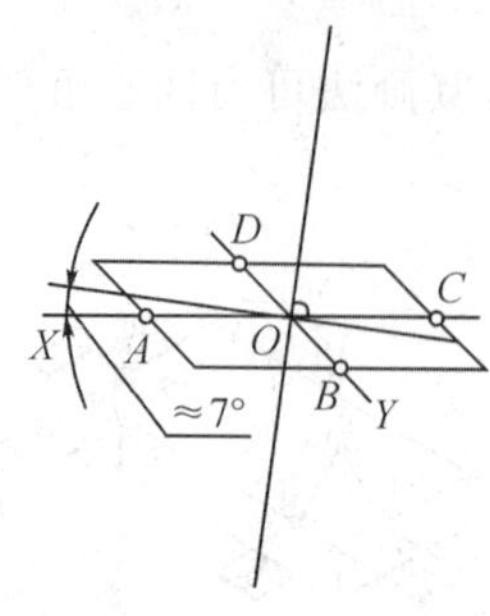

(b) 画轴测轴，作平行四边形($OA=OC=d_1/2$，$OB=OD=d_1/4$)；作椭圆长、短轴位置（长轴与OX成7°，短轴垂直于长轴）

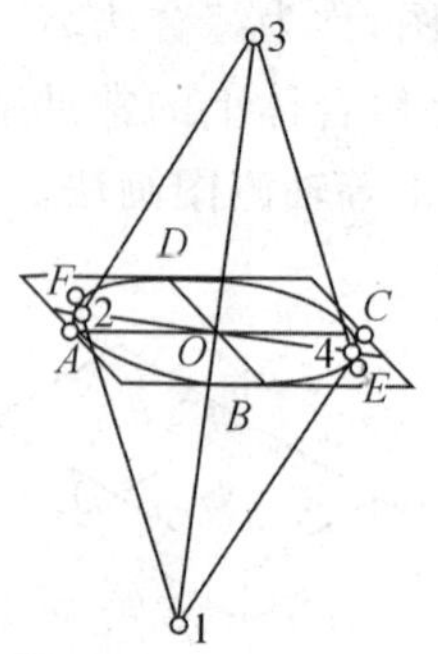

(c) 短轴上取$O_1=O_3=d_1$，连接3A、1C交长轴于2、4两点，连接12、34并延长交圆弧于F、E；分别以1、3为圆心作图示圆弧

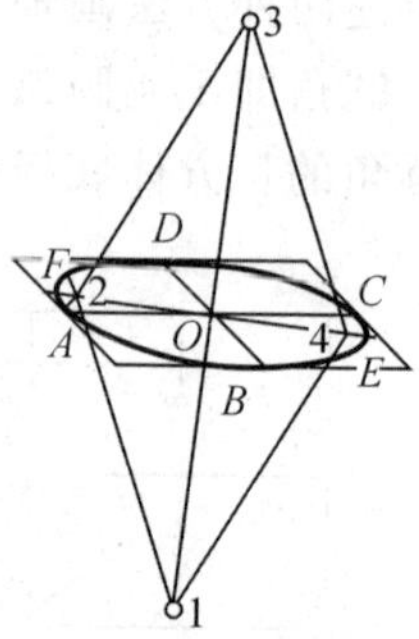

(d) 以2、4 为圆心作小圆弧AF、CE，即完成椭圆的作图

图 9-9　平行于 *XOY* 坐标面的圆的斜二轴测图近似画法

学习项目　机械零件轴测图的画法

任务 1：绘制正六棱柱的正等轴测图。

分析：正六棱柱是基本的平面立体，可按坐标法绘制其正等轴测图。如图 9-10 是正六棱柱的正等轴测图的画法。

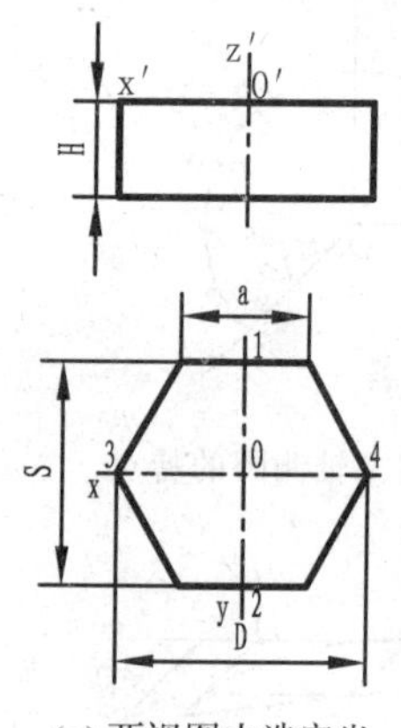

(a) 两视图中选定坐标系统

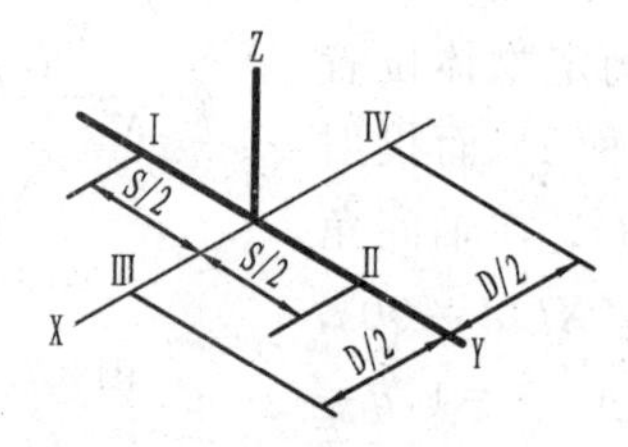

(b) 画轴测轴，根据尺寸S、D定出I、II、III、IV点

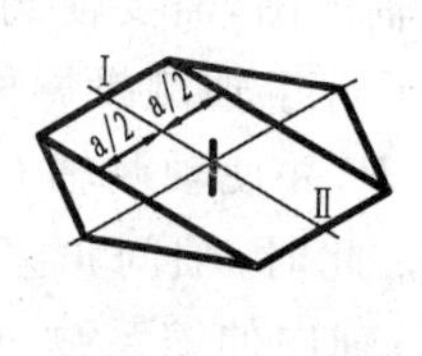

(c) 过I、II作直线平行于OX，并在I、II的两边各取a/2，连接各顶点

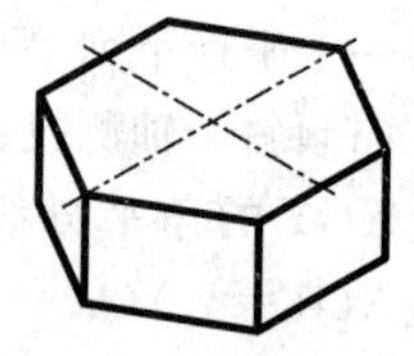

(d) 过各顶点向下画侧棱，取尺寸H；画底面各边；加深图线，完成全图

图 9-10　正六棱柱的正等轴测图的画法

任务 2：绘制圆柱的正等轴测图。

分析：圆柱是最基本的曲面立体，可按四心近似法绘制其上圆的轴测投影，并注意公切线的画法。如图 9-11 是圆柱的正等轴测图的画法。

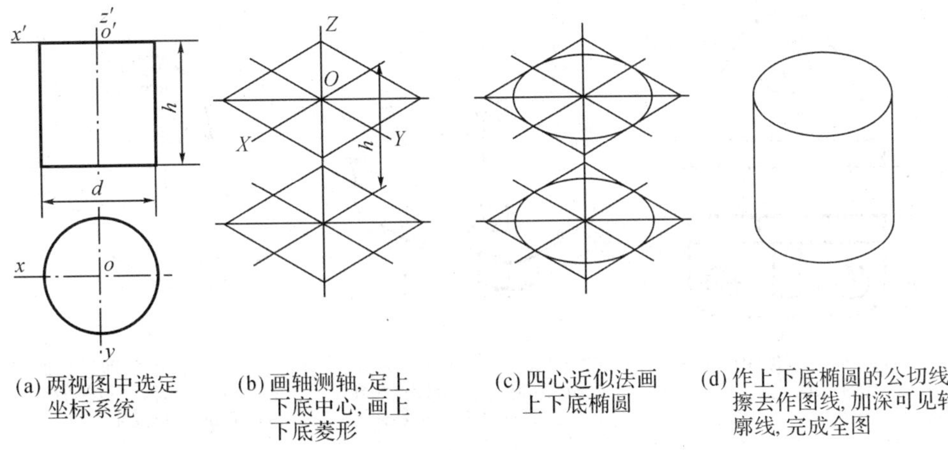

(a) 两视图中选定坐标系统
(b) 画轴测轴，定上下底中心，画上下底菱形
(c) 四心近似法画上下底椭圆
(d) 作上下底椭圆的公切线，擦去作图线，加深可见轮廓线，完成全图

图 9-11　圆柱的正等轴测图画法

任务 3：绘制图 9-12(a)支架的正等轴测图

分析：支架是全部由平面叠加和切割得到的组合体，可用综合法作图，先作出不含切割的基本平面叠加体，再用切割方法画出其去除部分结构。图 9-12 是支架的正等轴测图的画法，注意坐标法求 AB 等切割线时要根据三视图中点标记位置作轴向量取。

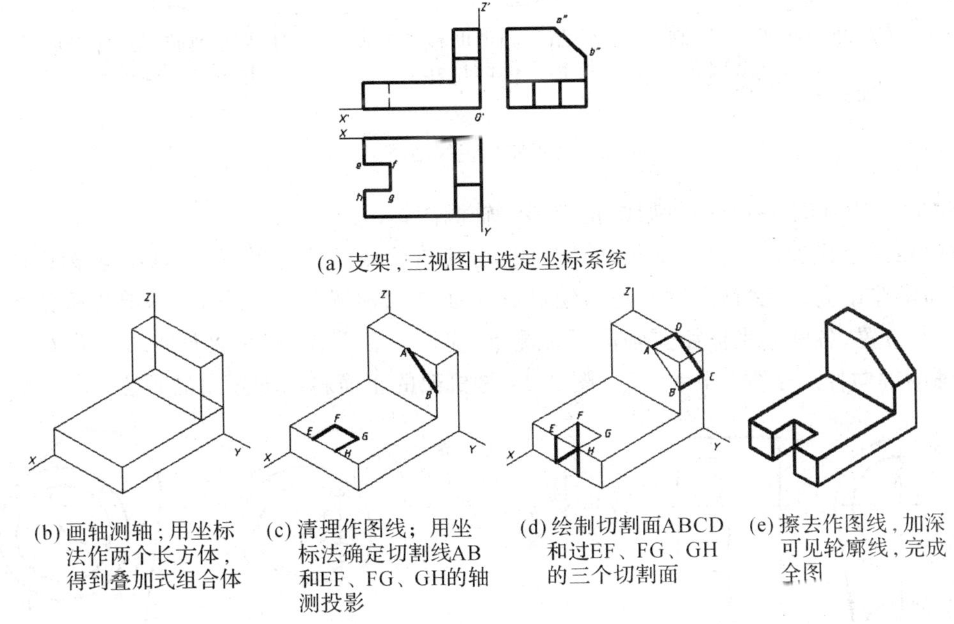
(a) 支架，三视图中选定坐标系统
(b) 画轴测轴；用坐标法作两个长方体，得到叠加式组合体
(c) 清理作图线；用坐标法确定切割线AB和EF、FG、GH的轴测投影
(d) 绘制切割面ABCD和过EF、FG、GH的三个切割面
(e) 擦去作图线，加深可见轮廓线，完成全图

图 9-12　支架的正等轴测图画法

任务 4：绘制 9-13(a)轴承座的正等轴测图。

分析：图示轴承座是由底板、立板和三角形肋板构成的叠加式组合体，其底板的圆角和圆孔、立板的圆弧曲面和圆柱通孔又是切割得到的。形体分析后适用综合法作图。先作出叠加型的形体，后作出切割型的形体，要注意曲面在正等轴测图中的画法和应用。如图 9-13是轴承座的正等轴测图的画法。

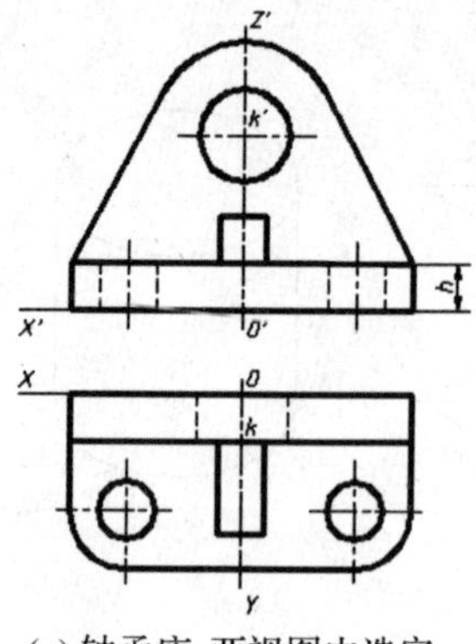

(a) 轴承座，两视图中选定坐标系统

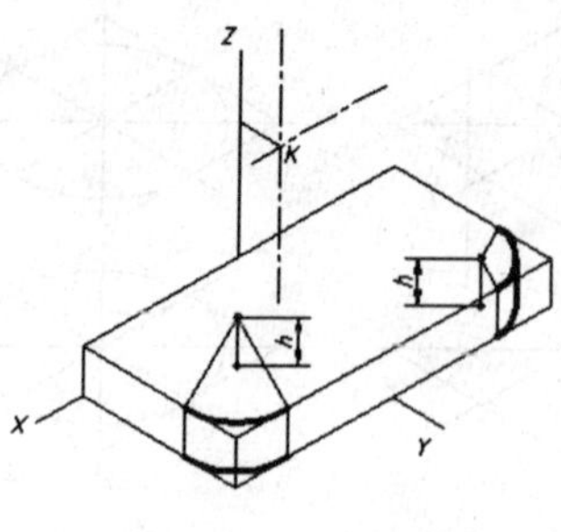

(b) 画轴测轴；坐标法作长方体底板，绘制圆角；坐标法求出立板前表面的孔中心K点的位置

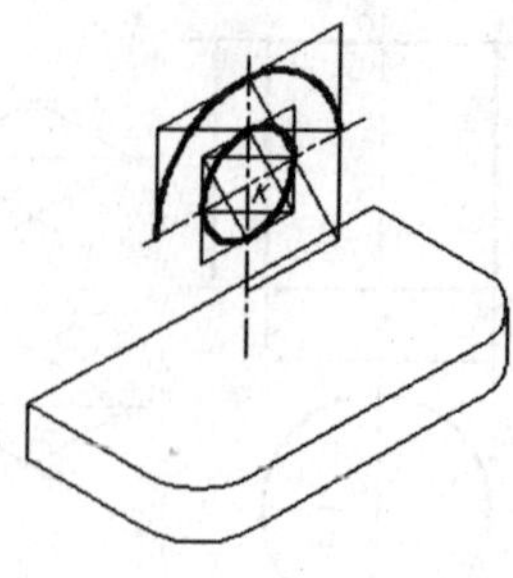

(c) 清理底板作图线；四心近似法绘制立板前表面圆孔及半圆弧的轴测投影

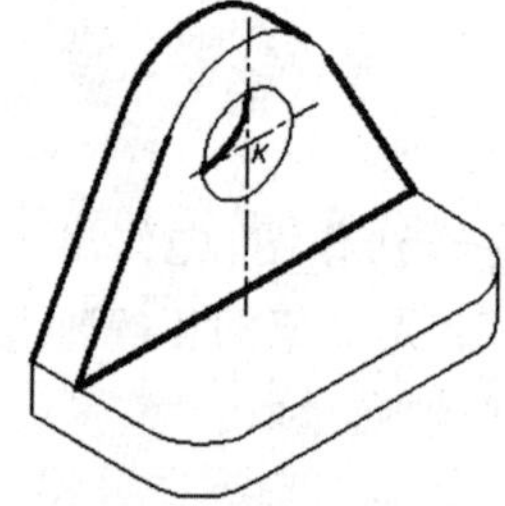

(d) 平移圆心和切点，绘制立板后表面可见轮廓，清理立板作图线

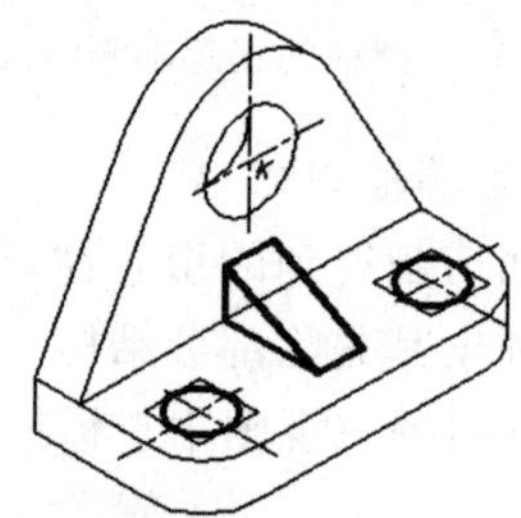

(e) 绘制三角形肋板；绘制底板上的圆柱孔

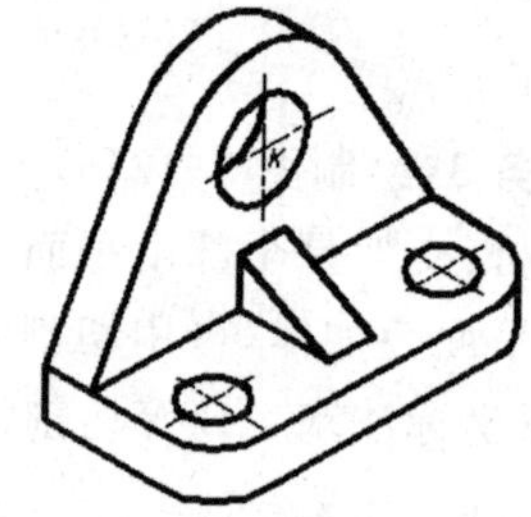

(f) 擦去作图线，加深可见轮廓线，完成全图

图 9-13　轴承座的正等轴测图的画法

任务 5：绘制图 9-14(a)机架的正面斜二轴测图。

分析：图示机架由圆筒及支板两部分组成，其前后端面均有平行于 XOZ 坐标面的圆及圆弧，而沿厚度方向无特殊结构，适合绘制其正面斜二轴测图。作图时，需要先确定各端面圆的圆心位置，各圆心坐标需要轴向正确测量，应该注意 X、Z 轴的轴向伸缩系数 $p=r=1$，而 Y 轴的轴向伸缩系数为 $q=0.5$。图 9-14 是机架的正面斜二轴测图的画法。

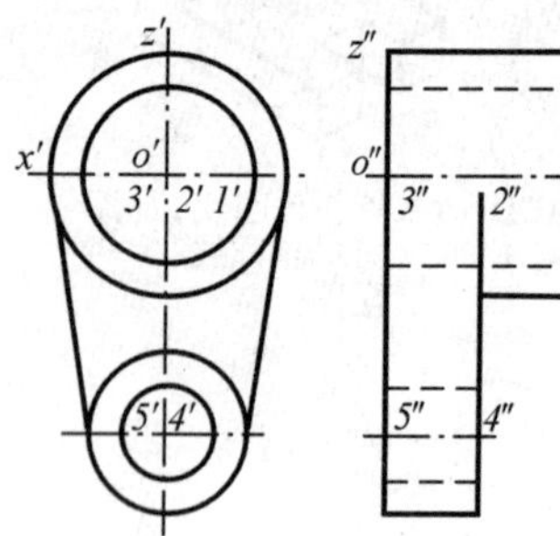

(a) 机架，两视图中选定坐标系统

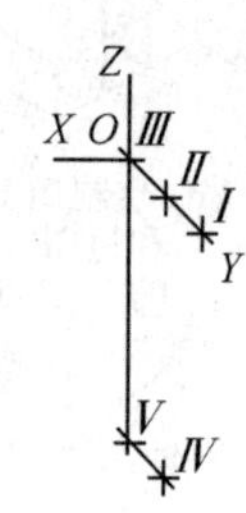

(b) 画轴测轴；坐标法确定各圆心Ⅰ、Ⅱ、Ⅲ、Ⅳ、Ⅴ的轴测投影位置

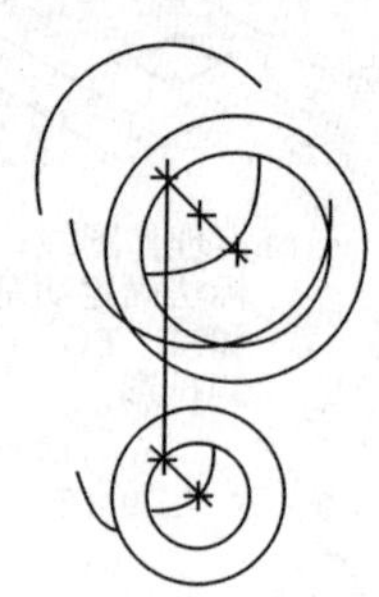

(c) 由前向后分别绘制各端面的圆或圆弧

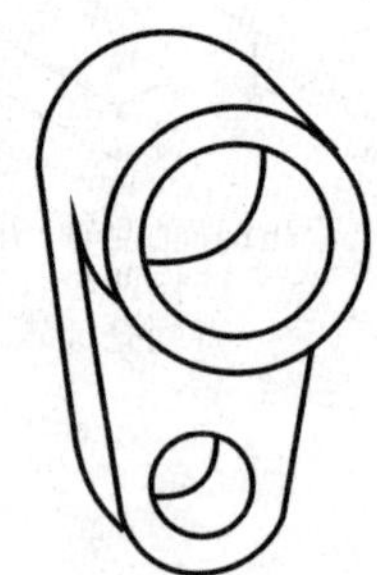

(d) 擦去作图线，加深可见轮廓线，完成全图

图 9-14　机架的正面斜二轴测图的画法

思考与总结

轴测图通常作为辅助图样使用,我们主要用轴测图帮助读图和构思立体。因此我们需要了解绘制轴测图的基本方法和图样特点,掌握简单立体正等轴测图的绘图方法,同时了解斜二轴测图区别于正等轴测图的优势和特点。绘制轴测图时,必须注意轴向测量的原则和方法。

思考题:

1. 轴测图采用什么投影方法?
2. 轴测图的基本特征有哪些?

第十章　第三角投影画法

（选学内容二）

教学内容导航

多面正投影法是国际上广泛应用的工程图样绘制方法。国际标准规定，在表达机件结构式，第一角投影和第三角投影同等有效。目前，中国、俄罗斯、英国、德国、法国等国家优先采用第一角投影，而美国、日本、澳大利亚、加拿大等国家则优先采用第三角投影。为便于国际间的技术交流和发展国际贸易，我们应该了解第三角投影。

本章通过第一角投影画法和第三角投影画法的比较，对第三角投影画法作简单介绍。通过学习要求了解第三角投影画法的原理、特点及基本表达方法。

预备知识及技能

10.1　第三角投影画法原理

相互垂直的三个投影面将空间分为四个角，如图 10-1，按顺序分为第一角（Ⅰ）、第二角（Ⅱ）、第三角（Ⅲ）和第四角（Ⅳ）。

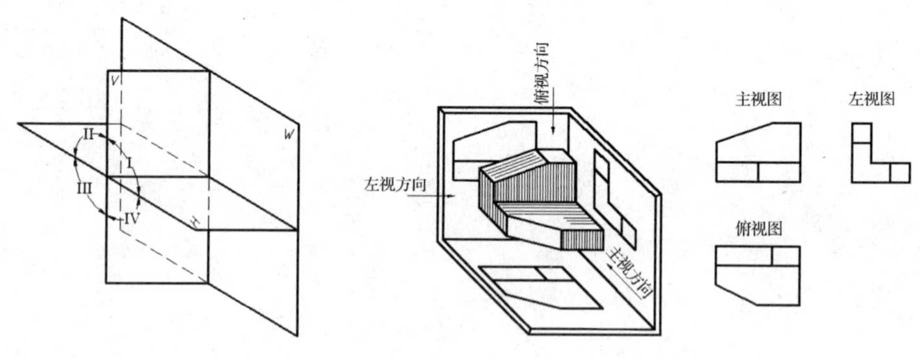

图 10-1　空间的四个分角　　　　图 10-2　第一角投影画法

第一角画投影法是将机件置于第一角内，使之处于观察者与投影面之间，保持“人—物—面”的相对位置关系，进而用正投影法来绘制机件的图样，如图 10-2。

第三角投影画法是将机件置于第三角内，并使投影面（假想为透明的）置于观察者与机件之间，保持“人—面—物”的相对位置关系，也是用正投影法来绘制机件的图样，如图 10-3。

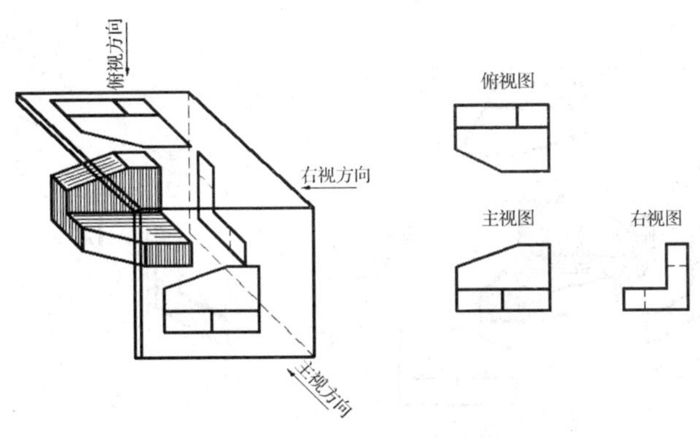

图 10-3　第三角投影画法

10.2　第三角投影画法的视图配置

第三角投影画法规定，展开六个基本视图时，主视图不动，俯视图、仰视图、左视图和右视图均向前旋转 90°，后视图随右视图旋转 180°，均与主视图摊平在同一平面上。如图 10-4。

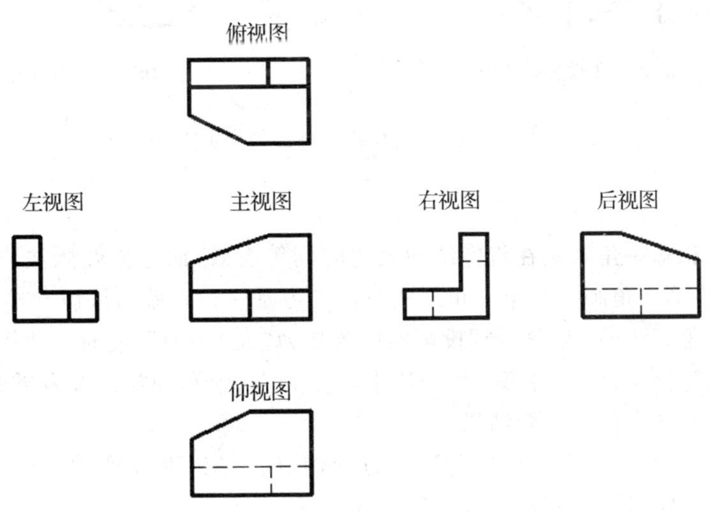

图 10-4　第三角投影画法的视图展开

第三角画法和第一角画法都是采用正投影法，各视图间仍保持“长对正、高平齐、宽相等”的对应关系，两者的主要区别是视图的配置不同。第三角画法的视图的配置如图 10-5。

当采用第三角投影画法是，应将 ISO 国际标准规定的投影识别符号画在标题栏附近。如图 10-6(a)为第一角画法识别符号，图 10-6(b)为第三角画法识别符号。

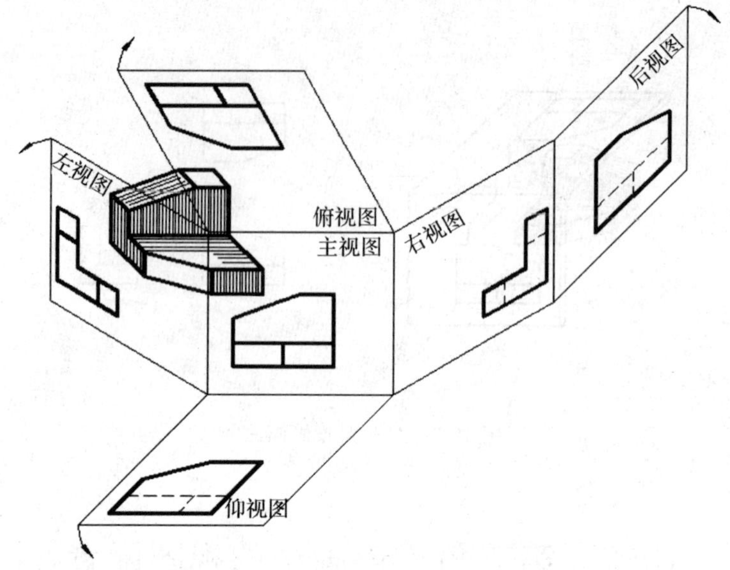

图 10-5　第三角投影画法的视图配置

图 10-6　第一、三角投影画法的识别符号

思考与总结

第三角画法和第一角画法在机件结构表达时同等有效，而它们在画法原理和视图配置上有明显区别，将第三角画法和第一角画法对比学习是一种有效的认识方式。

我们将第一角画法的“人-面-物”投影顺序改变为“人-物-面”，此时保留第一角画法中主视图和后视图的配置位置，并将第一角画法中的左和右、俯和仰视图配置的位置对调，即可获得第三角画法的基本视图配置结果。

当采用第三角画法时，需要在标题栏附近绘制其投影识别符号，如图 10-5(b)，而采用第一角画法绘图则应省略对应识别符号的绘制。

第十一章　展开图的画法

（选学内容三）

教学内容导航

化工机械、通风除尘等设备中，有较多零部件是用金属钣材制造成型，如图 11-1 所示。制造这些零件时，应首先画出它的展开图，再经下料、弯卷或拼接成形，最后经过焊接或铆接而成。

将立体表面的真实形状和大小依次连续地摊平在一个平面上，称为立体的表面展开，展开后所得的图形称为展开图。本章主要介绍平面立体、曲面立体表面的展开方法，供教学中选用。通过学习和训练，使学生掌握平面立体和曲面立体展开图的画法。

图 11-1　除尘设备

11.1　平面立体的展开

1. 用旋转法求一般位置直线的实长

根据正投影规律可知，当直线平行于某一投影面时，其投影反映实长因此，求一般位置直线的实长时，可将该直线绕垂直于某一投影面的线(轴)旋转到与另一投影面平行的位置，其投影即反映实长。

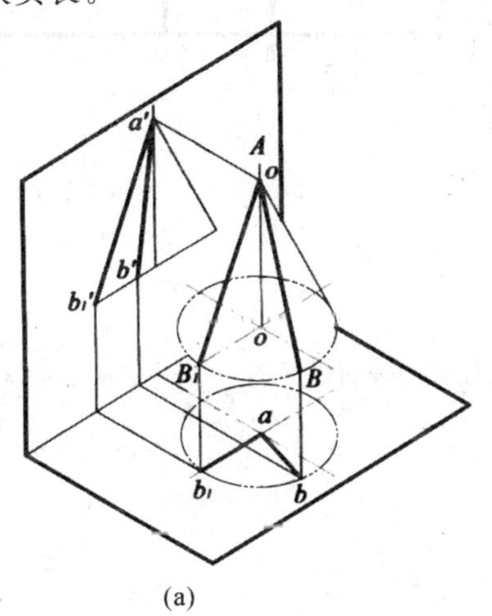

(a)

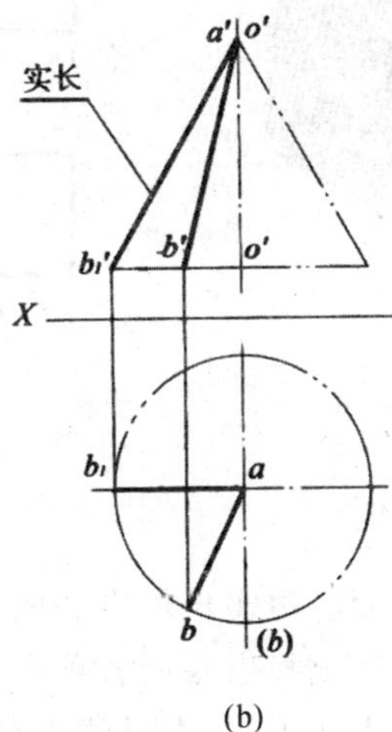

(b)

图 11-2　用旋转法求一般位置直线的实长

如图 11-2(a)所示，AB 直线是一般位置直线，如将 AB 直线绕过 A 点作的一条铅垂线 OO 旋转，如图所示形成一个圆锥面，当转至 AB1，位置时，AB1 直线处于正平线的位置，故其投影 a′b1′反映直线 AB 的实长。

2. 平面立体的展开

平面立体的展开过程，就是求出立体表面的所有侧面的实形，并将它们依次连续地画在同一个平面上。(具体方法见学习项目中的任务 1 和任务 2)

11.2 曲面立体的表面展开

由直母线形成的锥面、柱面和切线面等曲面，它们的相邻两素线或平行或相交，因而是可以展开的，具体展开方法为：

1. 柱面可以认为是无穷多棱线的棱柱，因此柱面的展开画法就可参考棱柱体表面的展开画法。

2. 圆锥面可以认为是棱线无限增多的棱锥，因而可以用展开棱锥表面的方法画它的展开图。

学习项目 立体表面展开图绘制

任务 1：绘制斜口四棱柱管的表面展开图

分析：

斜口四棱柱管的前后侧面均为梯形，左右侧面为矩形，各侧棱线的正面投影反映实长。底面为水平面，水平投影反映实形。各棱线之间互相平行，Ⅱ垂直于底面。

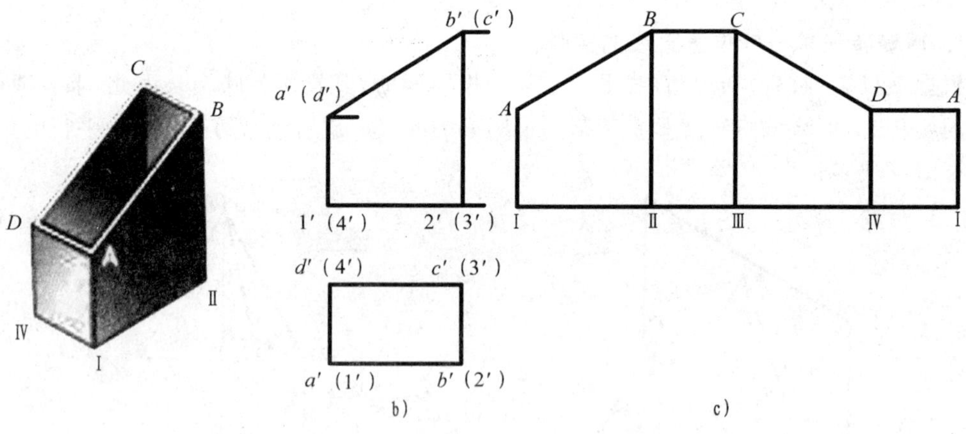

图 11-3 斜口四棱柱管的表面展开图

作图：

(1)先将底面各边实长依次展成一直线。

(2)在展开线上找出底面各顶点的位置。

(3)过各顶点作垂线，在垂线上截取相应棱线的实长。

(4)依次连接各棱线的端点即可，如图 11-2 所示。

任务 2:绘制平口四棱锥管的展开图

分析:

平口四棱锥管各条侧棱线均汇交于顶点 s,四条侧棱线等长,在投影图中不反映实长,应用旋转法求实长。上下底面为水平面,水平投影反映实形。

作图:

(1)先用旋转法求侧棱实长。

(2)以侧棱为半径画弧。

(3)在圆弧上依次截取四个等腰梯形,如图 11-4 所示。

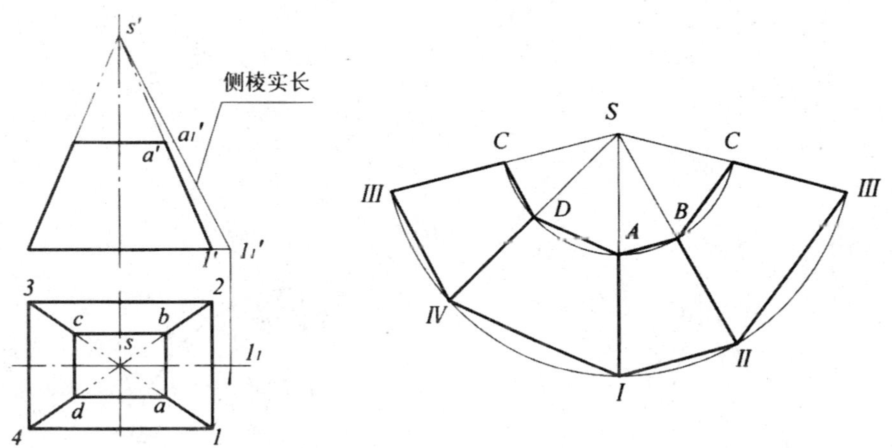

图 11-4 平口四棱锥管的表面展开

任务 3:绘制斜切正圆柱的表面展开图。

分析:

圆柱可以认为是棱线无限多的棱柱,用展开棱柱的方法展开圆柱。

作图:(图 11-4)

(1)将圆柱底圆分成 n 等分,并过各等分点画出圆柱的素线(本例中,$F12$)。

(2)将底圆展开成一直线 Oo—Oo,并将它分为 12 等分,使每一等分等于底圆上相邻两分点间的弧长。

(3)自各等分点画垂线,使它们分别等于相应素线的实长。

(4)用光滑曲线把各端点连接起来,即得所求的展开图。

任务 4:作正圆锥表面的展开图(图 11-5)。

分析:

正圆锥的轴线垂直于底面且平行于正面,圆锥表面上所有的素线长度都相等,其中最左和最右素线平行于正面,其正面投影反映素线的实长。

作图:

(1)将底圆分成 n 等分(本例为 12 等分),在圆锥表面上确定了相应的若干条素线。

(2)以素线实长($S'7'$)为半径画圆弧,以弦长近似代替弧长,在圆弧上量取全部等分点即可,如图 11-6(b)所示。

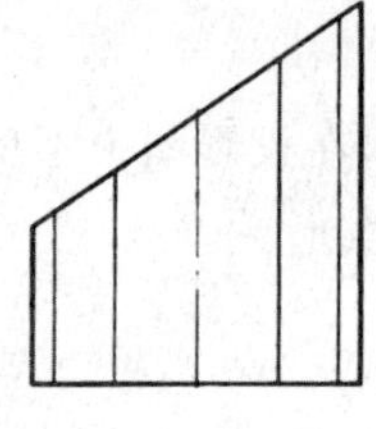

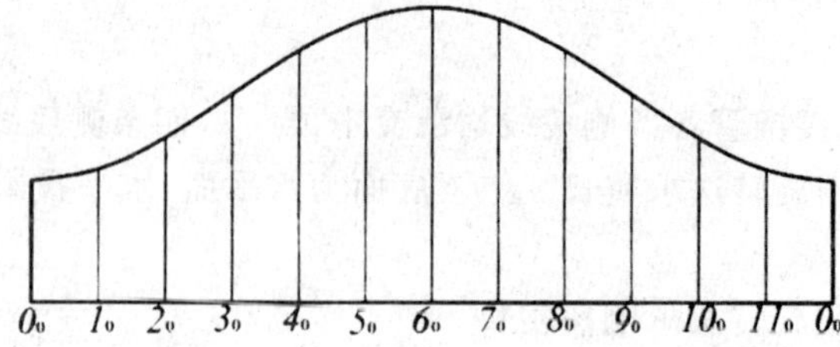

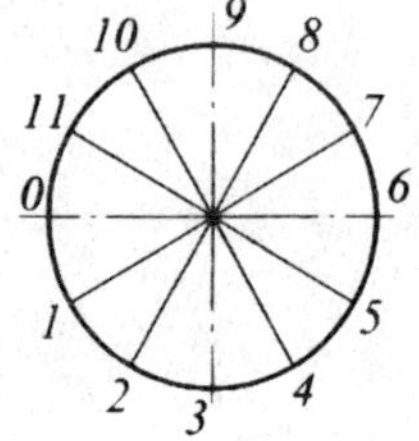

图 11-5　斜切正圆柱的表面展开图

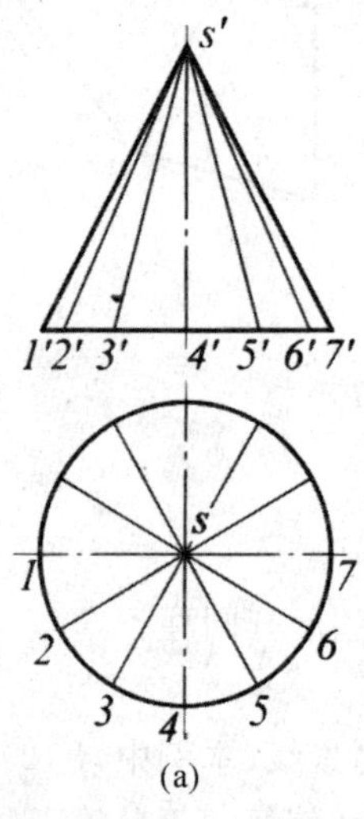

(a)

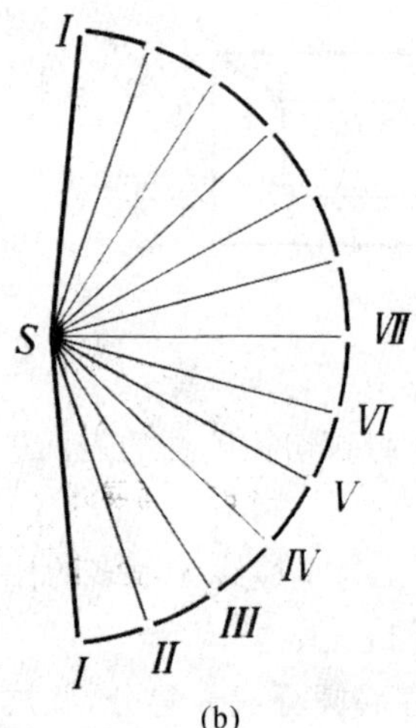

(b)

图 11-6　正圆锥表面的展开图

思考与总结

通常需要根据零件图上的尺寸，把容器或钣金制件在板材上画成 1∶1 的实样图，然后根据实样图画出放样图，放样图的正确与否将影响产品的质量和材料的消耗。因此，我们必须正确掌握钣金制件的展开图画法。在实际生产中，往往有许多展开图册可供参考，同学们在掌握基本原理的基础上，应灵活应用图册上的图例。

随着计算机辅助制造技术（CAM）的逐步推广和应用，尤其是激光切割技术的普及，在使用数控激光切割机下料时，无需放样过程，只要给出制件展开后曲线边沿的方程或一系列点的坐标，通过机床编程系统进行编程即可实现加工。

第十二章　焊接图的画法

(选学内容四)

教学内容导航

焊接是在工业中广泛使用的一种连接方式,它是通过加热或加压,或两者并用,也可能用填充材料,使工件达到结合的方法。通常有熔焊、压焊和钎焊三种。

焊接图是焊接件进行加工时所用的图样。应能清晰地表示出各焊接件的相互位置,焊接形式、焊接要求以及焊接尺寸等。为此,国家标准规定了焊缝的画法、符号、尺寸标注方法和焊接方法的表示代号。本章主要介绍常见的焊缝符号及标注方法、焊接零件图及装配图的阅读和画法。

作图原理及方法

12.1　焊缝的表达方法

12.1.1　焊缝的表示法

常见的焊接接头型式有:对接、搭接和 T 形接等。焊缝又有对接焊缝、点焊缝和角焊缝等,如图 12-1 所示。

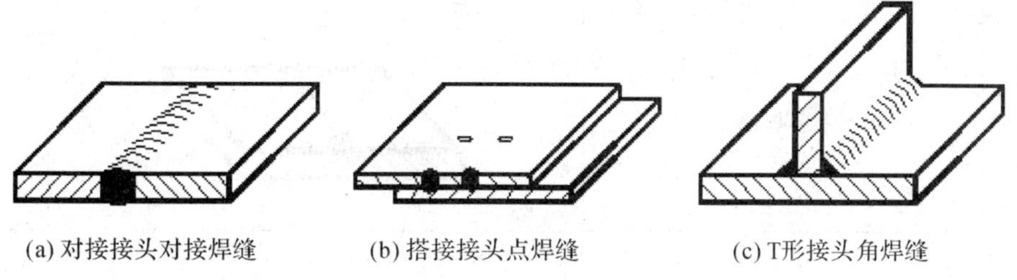

(a) 对接接头对接焊缝　　(b) 搭接接头点焊缝　　(c) T形接头角焊缝

图 12-1　常见的焊缝和焊接接头型式

在图样中简易地绘制焊缝时,可用视图、剖视图和断面图表示,也可用轴测图示意地表示,通常还应同时标注焊缝符号。

(1)在视图中焊缝的画法

在视图中,焊缝可用一组细实线圆弧或直线段(允许徒手画)表示,如图 15-2(a)、(b)、(c)所示,也可采用粗实线(线宽为 2b～3b)表示,如图 15-2(d)、(e)、(f)所示。

(2)在剖视图或断面图中焊缝的画法

在剖视图或断面图中,焊缝的金属熔焊区通常应涂黑表示,若同时需要表示坡口等的形状时，可用粗实线绘制熔焊区的轮廓，用细实线画出焊接前的坡口形状，如图 15-2(g)、(h)所示。

用轴测图示意地表示焊缝的画法如图 15-2(i)所示。

(3)在轴测图中焊缝的画法

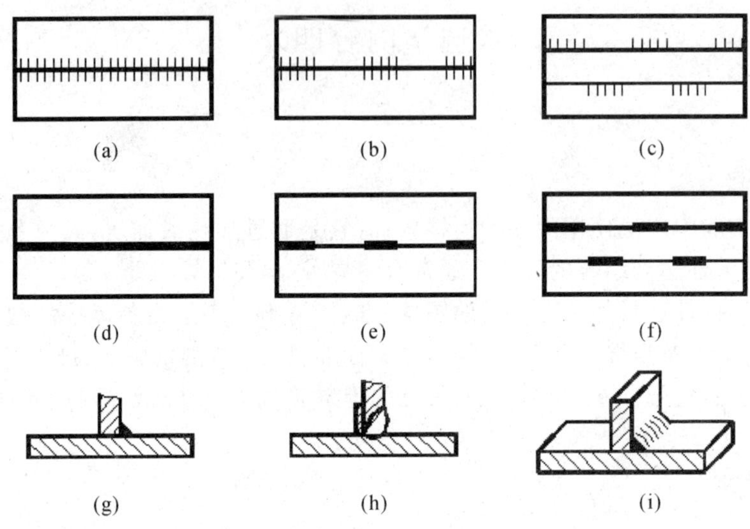

图 15-2　焊缝的画法

12.1.2　焊缝的符号表示法

为了简化图样上焊缝的表示方法，一般应采用焊缝符号表示。焊缝符号一般由基本符号和指引线组成。必要时还可以加上辅助符号、补充符号和焊缝尺寸符号等。

表 12-1　基本符号

序号	焊缝名称	示意图	符号
1	I 形焊缝		||
2	V 形焊缝		V
3	单边 V 形焊缝		|/

续表

4	角焊缝	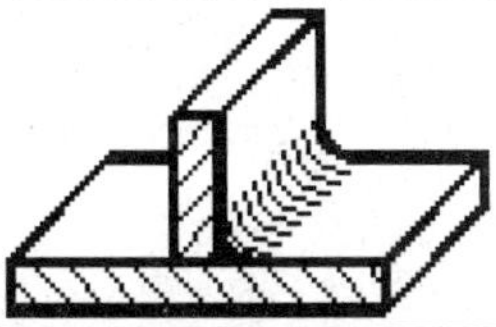	◺
5	点焊缝	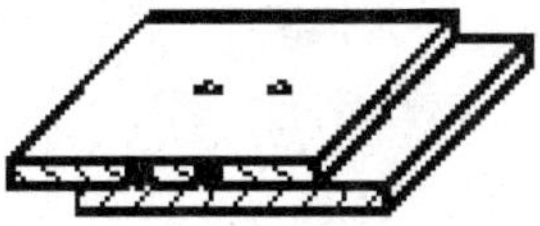	○
6	U形焊缝		Y

(1)基本符号

基本符号是表示焊缝横剖面形状的符号，它采用近似于焊缝横剖面形状的符号表示，如表15-2所示。基本符号采用实线绘制(线宽约为0.7b)。

(2)辅助符号

辅助符号是表示焊缝表面形状特征的符号，线宽要求同基本符号，见表12-2。不需确切地说明焊缝的表面形状时，可以不用辅助符号。

表12-2 辅助符号

序号	名称	示意图	符号	说明
1	平面符号		—	焊缝表面平齐 (一般通过加工)
2	凹面符号	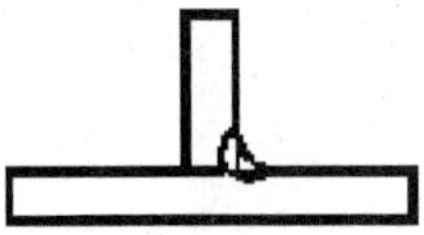	◡	焊缝表面凹陷
3	凸面符号		⌒	焊缝表面凸起

(3)补充符号

补充符号是为了补充说明焊缝的某些特征而采用的符号，见表12-3。

表 12-3　补充符号

序号	焊缝名称	示意图	符号
1	带垫板符号	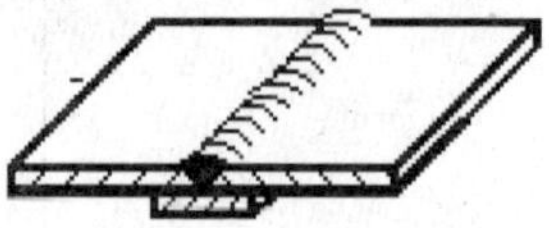	□
2	三面焊缝符号	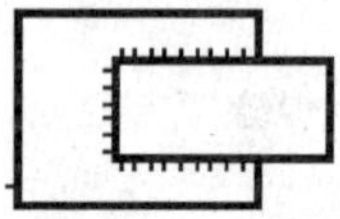	⊏
3	周围焊缝符号	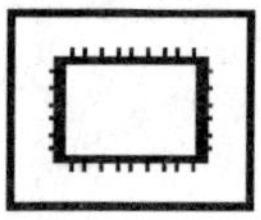	○
4	现场符号		▶
5	尾部符号		<

(4)尺寸符号

基本符号必要时可附带有尺寸符号及数据，这些尺寸符号见表 12-4(a)、(b)。

表 12-4　尺寸符号

符号	名称	示意图	符号	名称	示意图
δ	工件厚度	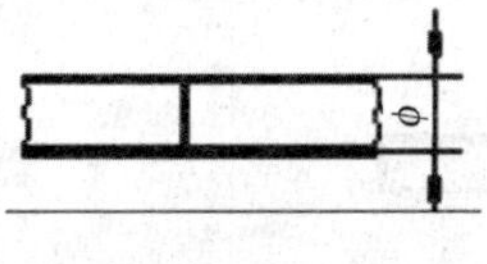	c	焊缝宽度	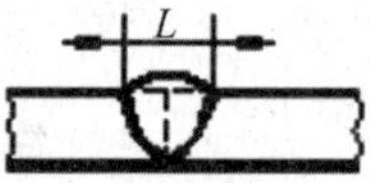
α	坡口角度	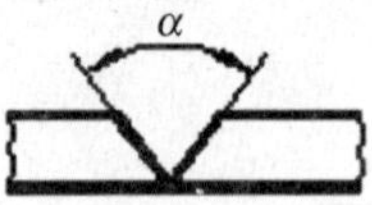	R	根部半径	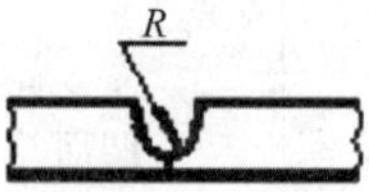
b	根部间隙	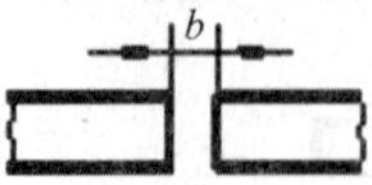	l	焊缝长度	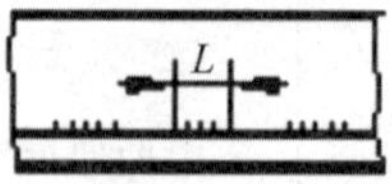
p	钝边	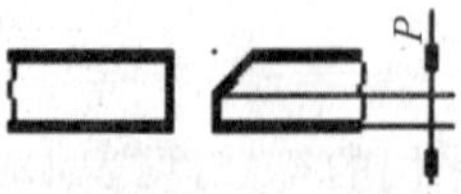	n	焊缝段数	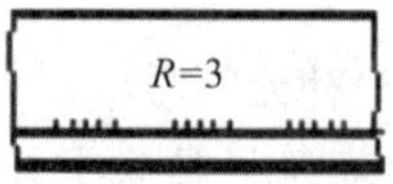

12.2 焊缝的标注方法

1. 箭头线的位置

箭头线相对焊缝的位置一般没有特殊要求,可以指在焊缝的正面或反面。但在标注单边 V 形焊缝、带钝边的单边 V 形焊缝、带钝边 J 形焊缝时,箭头线应指向带有坡口一侧的工件,如图 12-3 所示。

2. 基准线的位置

基准线一般应与图样的底边平行,但在特殊条件下也可与底边垂直。

基准线的虚线可以画在基准线的实线的上侧或下侧。

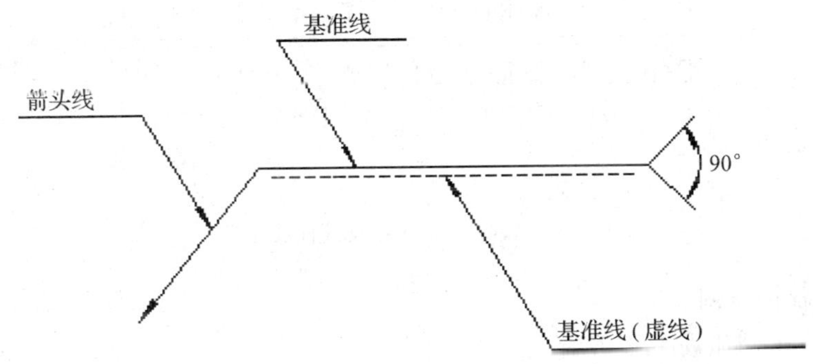

图 12-3 箭头线的位置

3. 基本符号相对基准线的位置

当箭头线直接指向焊缝正面时(即焊缝与箭头线在接头的同侧),基本符号应注在基准线的实线侧;反之,基本符号应注在基准线的虚线侧,如图 12-4 所示。

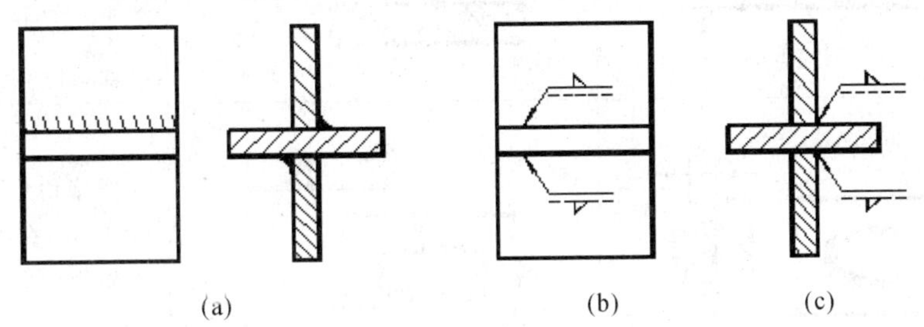

图 12-4 基本符号相对基准线的位置

标注对称焊缝和以及不至于引起误解的双面焊缝时,可不加虚线,如图 12-5 所示。

4. 焊缝尺寸符号及其标注位置

焊缝尺寸符号及数据的标注位置如图 12-6 所示。

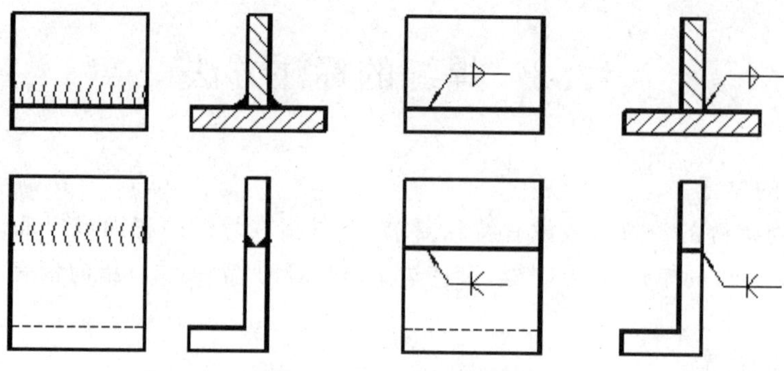

图 12-5　对称焊缝的标注

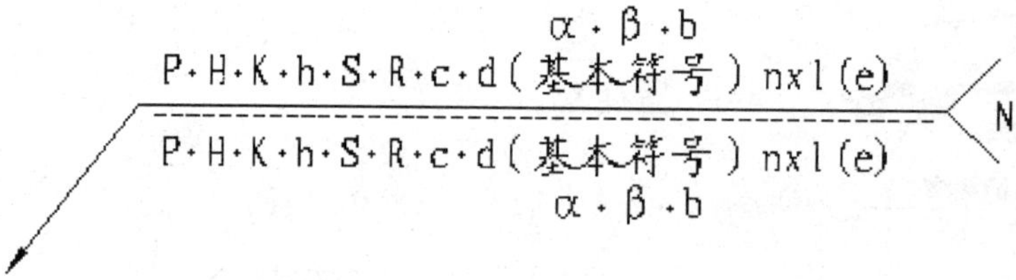

α · β · b
P·H·K·h·S·R·c·d（基本符号）n×l（e）
P·H·K·h·S·R·c·d（基本符号）n×l（e）
α · β · b
N

图 12-6　焊缝尺寸符号及其标注位置

5．焊缝的标注示例

焊缝的标注示例如表 12-5 所示。

表 12-5　焊缝的标注示例

序号	焊缝型式	标注示例	说　　明
1	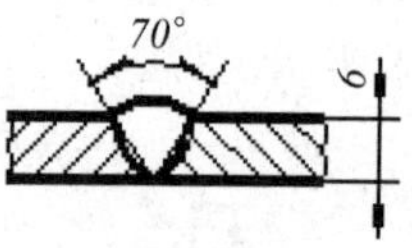	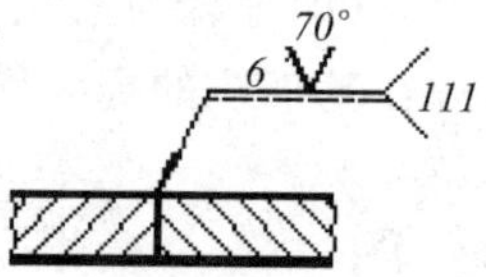	对接 V 形焊缝，坡口角度为 70°，焊缝有效厚度为 6mm，手工电弧焊
2	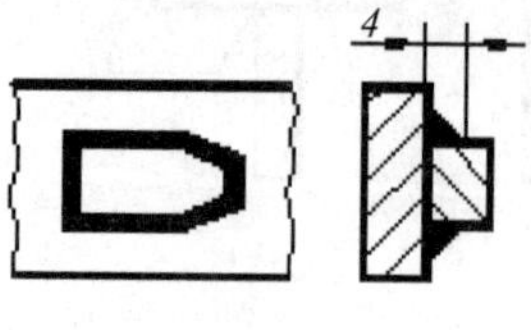	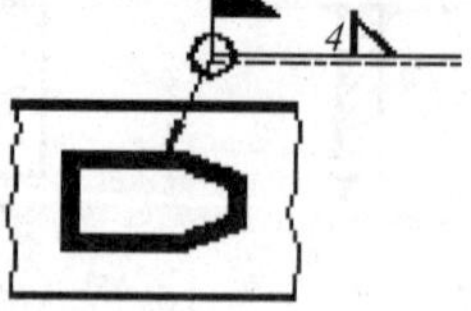	搭接角焊缝，焊角高度为 4mm，在现场澡工件周围施焊
3	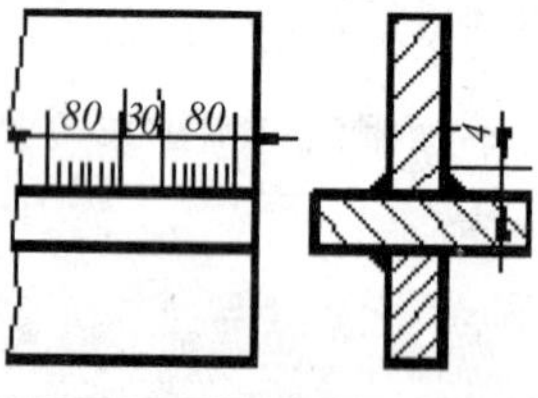	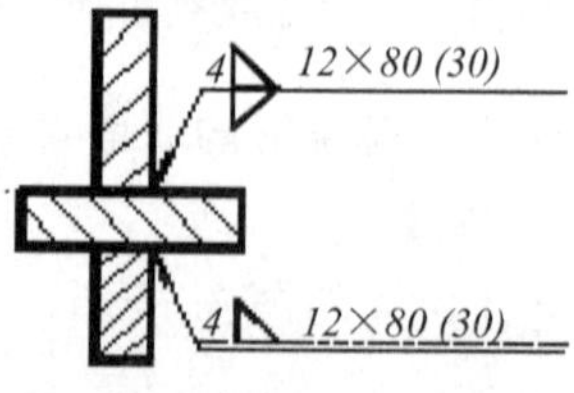	断续三角焊缝，焊角高度为 4mm，焊缝长度为 80mm，焊缝间距 30mm，三处焊缝各有 12 段

12.3 焊接图示例

1. 弯管焊接图示例

图示弯管由 3 部分焊接而成,即 2 个法兰和 1 个 1/4 弯管。焊缝型式为角焊缝,焊缝环绕管头一圈。

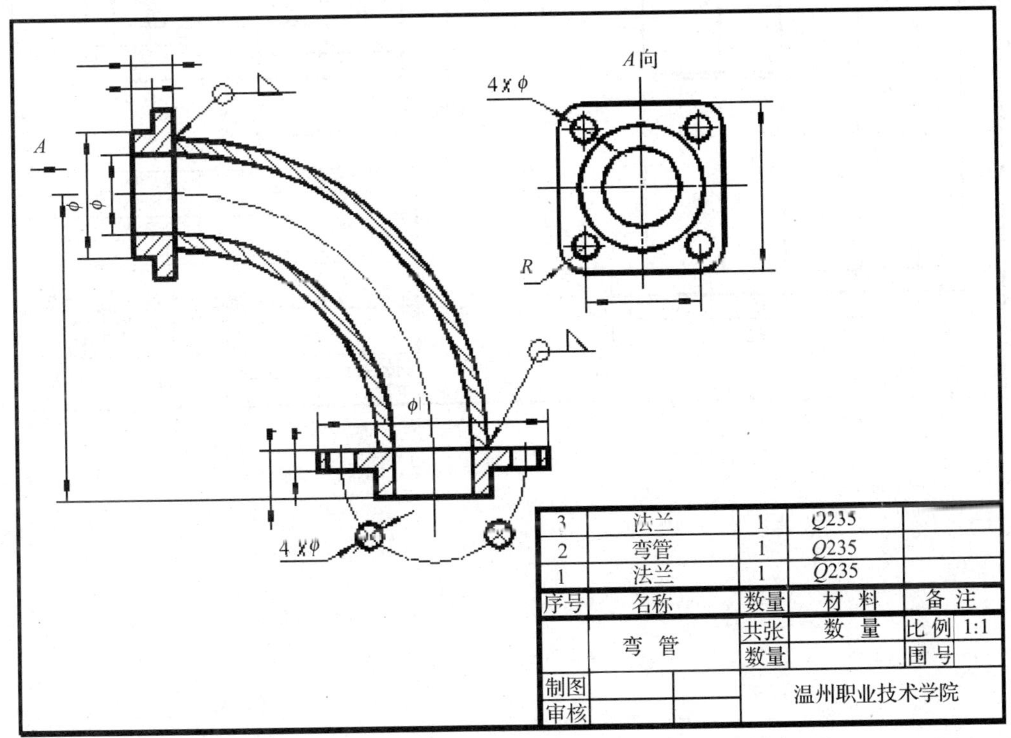

图 12-7 弯管焊接图

2. 支架焊接图示例

图示支架由 5 部分焊接而成,从主视图上看,有三条焊缝,一处是件 1 和件 2 之间,沿件 1 周围用角焊缝焊接;另两处是件 4 和件 3,角焊缝现场焊接。从 A 视图上看,有两处焊缝,用角焊缝三面焊接。

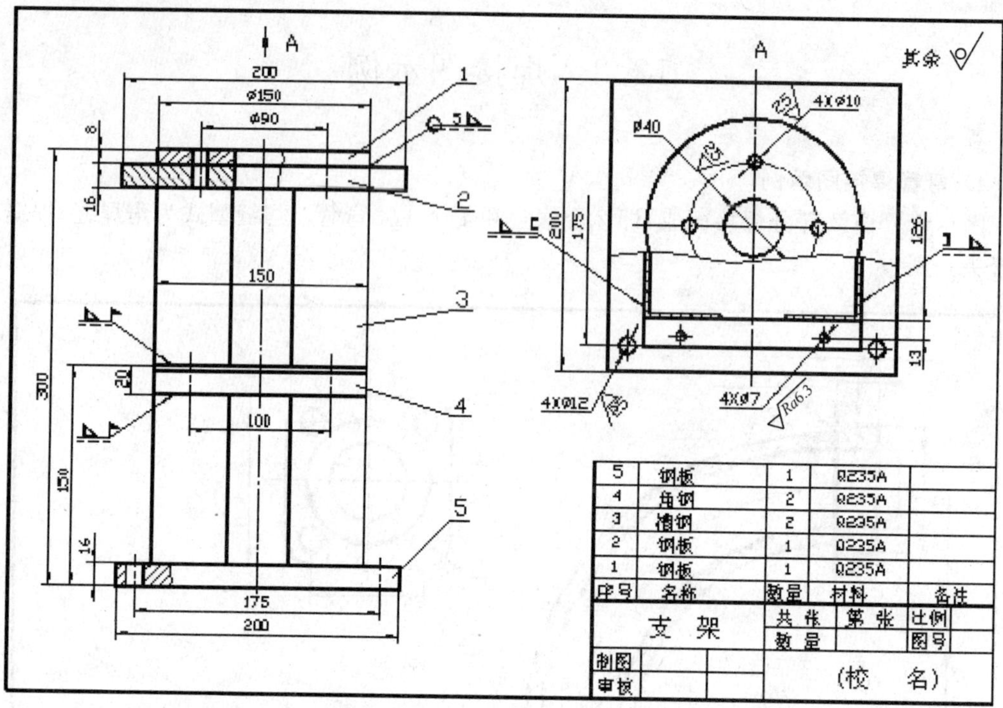
A
200
ϕ150
ϕ90
1
5
2
8
16
150
3
300
20
4
100
150
16
5
175
200
A
其余
4Xϕ10
25
ϕ40
25
200
175
186
13
4Xϕ12
ϕ25
4Xϕ7
Ra6.3
5 钢板 1 Q235A
4 角钢 2 Q235A
3 槽钢 2 Q235A
2 钢板 1 Q235A
1 钢板 1 Q235A
序号 名称 数量 材料 备注
支 架
共 张 第 张 比例
数 量 图号
制图
审核
(校 名)

图 12-8 支架焊接图

附　　录

1. 极限与配合

附表 1.1　标准公差数值（GB/T 1800.3-1998）

基本尺寸 mm		大于	—	3	6	10	18	30	50	80	120	180	250	315	400
		至	3	6	10	18	30	50	80	120	180	250	315	400	500
公差等级	IT01	μm	0.3	0.4		0.5	0.6		0.8	1	1.2	2	2.5	3	4
	IT0		0.5	0.6		0.8	1		1.2	1.5	2	3	4	5	6
	IT1		0.8	1		1.2	1.5		2	2.5	3.5	4.5	6	7	8
	IT2		1.2	1.5		2	2.5		3	4	5	7	8	9	10
	IT3		2	2.5		3	4		5	6	8	10	12	13	15
	IT4		3	4		5	6	7	8	10	12	14	15	18	20
	IT5		4	5	6	8	9	11	13	15	18	20	23	25	27
	IT6		6	8	9	11	13	16	19	22	25	29	32	36	40
	IT7		10	12	15	18	21	25	30	35	40	46	52	57	63
	IT8		14	18	22	27	33	39	46	54	63	72	81	89	97
	IT9		25	30	36	43	52	62	74	87	100	115	130	140	155
	IT10		40	48	58	70	84	100	120	140	160	185	210	230	250
	IT11		60	75	90	110	130	160	190	220	250	290	320	360	400
	IT12	mm	0.10	0.12	0.15	0.18	0.21	0.25	0.30	0.46	0.74	1.20	1.90	3.0	4.6
	IT13		0.14	0.18	0.22	0.27	0.33	0.39	0.46	0.54	0.63	0.72	0.81	0.89	0.97
	IT14		0.25	0.30	0.36	0.43	0.52	0.62	0.74	0.87	1.00	1.15	1.30	1.40	1.55
	IT15		0.40	0.48	0.58	0.70	0.84	1.00	1.20	1.40	1.60	1.85	2.10	1.30	2.50
	IT16		0.60	0.75	0.90	1.10	1.30	1.60	1.90	2.20	2.50	2.90	3.20	3.60	4.00
	IT17		1.0	1.2	1.5	1.8	2.1	2.5	3.0	3.5	4.0	4.6	5.2	5.7	6.3
	IT18		1.4	1.8	2.2	2.7	3.3	3.9	4.6	5.4	6.3	7.2	8.1	8.9	9.7

附表 1.2　常用及优先用途轴的极限偏差(GB/T 1800.4-1999)(尺寸至 500mm)

单位：μm ($\frac{1}{1000}$ mm)

基本尺寸/mm		常用及优先公差带														
		A*	B*		C		D				E		F			
大于	至	11	11	12	11	12	8	9	10	11	8	9	6	7	8	9
—	3	+330 +270	+200 +140	+240 +140	+120 +60	+160 +60	+34 +20	+45 +20	+60 +20	+80 +20	+28 +14	+39 +14	+12 +6	+16 +6	+20 +6	+31 +6
3	6	+345 +270	+215 +140	+260 +140	+145 +70	+190 +70	+48 +30	+60 +30	+78 +30	+105 +30	+38 +20	+50 +20	+18 +10	+22 +10	28+ +10	+40 +10
6	10	+370 +280	+240 +150	+300 +150	+170 +80	+230 +80	+62 +40	+76 +40	+98 +40	+130 +40	+47 +25	+61 +25	+22 +13	+28 +13	+35 +13	+49 +13
10	14	+400	+260	+330	+205	+275	+77	+93	+120	+160	+59	+75	+27	+34	+43	+59
14	18	+290	+150	+150	+95	+95	+50	+50	+50	+50	+32	+32	+16	+16	+16	+16
18	24	+430	+290	+370	+240	+320	+98	+117	+149	+195	+73	+92	+33	+41	+53	+72
24	30	+300	+160	+160	+110	+110	+65	+65	+65	+65	+40	+40	+20	+20	+20	+20
30	40	+470 +310	+330 +170	+420 +170	+280 +120	+370 +120	+119 +807	+142 +80	+180 +80	+240 +80	+89 +50	+112 +50	+41 +25	+50 +25	+64 +25	+87 +25
40	50	+480 +320	+340 +180	+430 +180	+290 +130	+380 +130										
50	65	+530 +340	+380 +190	+490 +190	+330 +140	+440 +140	+146 +100	+174 +100	+220 +100	+290 +60	+106 +60	+134 +60	+49 +30	+60 +30	+76 30+	+104 +30
65	80	+550 +360	+390 +200	+500 +200	+340 +150	+450 +150										
80	100	+600 +380	+440 +220	+570 +220	+390 +170	+520 +170	+174 +120	+207 +120	+260 +120	+340 +120	+126 +72	+159 +72	+58 +36	+71 +36	+90 +36	+123 +36
100	120	+630 +410	+460 +240	+590 +240	+400 +180	+530 +180										
120	140	+710 +460	+510 +260	+660 +260	+450 +200	+600 +200	+208 +145	+245 +145	+305 +145	+395 +145	+148 +85	+185 +85	+68 +43	+83 +43	+106 +43	+143 +43
140	160	+770 +560	+530 +280	+680 +280	+460 +210	+610 +210										
160	180	+830 +580	+560 +310	+710 +310	+480 +230	+630 +230										
180	200	+950 +660	+630 +340	+800 +340	+530 +240	+700 +240	+242 +170	+285 +170	+355 +170	+460 +170	+172 +100	+215 +100	+79 +50	+96 +50	+122 +50	165+ +50
200	225	+1030 +740	+670 +380	+840 +380	+550 +260	+720 +260										
225	250	+1110 +820	+710 +420	+880 +420	+570 +280	+740 +280										
250	280	+1240 +920	+800 +480	+1000 +480	+620 +300	+820 +300	+271 +190	+320 +190	+400 +190	+510 +190	+191 +110	+240 +110	+88 +56	+108 +56	+137 +56	+186 +56
280	315	+1370 +1050	+860 +540	+1060 +540	+650 +330	+850 +330										
315	355	+1560 +1200	+960 +600	+1170 +600	+720 +360	+930 +360	+229 +210	+350 +210	+440 +210	+570 +210	+214 +125	+265 +125	+98 +62	+119 +62	+151 +62	+202 +62
355	400	+1710 +1350	+1040 +680	+1250 +680	+760 +400	+970 +400										
400	450	+1900 +1500	+1160 +760	+1390 +760	+840 +440	+1070 +440	+327 +230	+385 +230	+480 +230	+630 +230	+232 +135	+290 +135	+108 +68	+131 +68	+165 +68	+223 +68
450	500	+2050 +1650	+1240 +840	+1470 +840	+880 +480	+1110 +488										

附表 1.2　常用及优先用途孔的极限偏差(GB/T 1800.4-1999)(尺寸至500mm)(续)

单位：μm($\frac{1}{1000}$ mm)

基本尺寸/mm		常用及优先公差带														
		G		H							JS			K		
大于	至	6	7	6	7	8	9	10	11	12	6	7	8	6	7	8
—	3	+8 +2	+12 +2	+6 0	+10 0	+14 0	+25 0	+40 0	+60 0	+100 0	±3	±5	±7	0 -6	0 -10	0 -14
3	6	+12 +4	+16 +4	+8 0	+12 0	+18 0	+30 0	+48 0	+75 0	+120 0	±4	±6	±9	+2 -6	+3 -9	+5 -13
6	10	+14 +5	+20 +5	+9 0	+15 0	+22 0	+36 0	+58 0	+90 0	+150 0	± 4.5	±7	±11	+2 -7	+5 -10	+6 -16
10 14	14 18	+17 0	+24 0	+11 0	+18 0	+27 0	+43 0	+70 0	+110 0	+180 0	± 5.5	±9	±13	+2 -9	+6 -12	+8 -19
18 24	24 30	+20 +7	+28 0	+13 0	+21 0	+33 0	+52 0	+84 0	+130 0	+210 0	± 6.5	±10	±16	+2 -11	+6 -15	+10 23
30 40	40 50	+25 +9	+34 +9	+16 0	+25 0	+39 0	+62 0	+100 0	+160 0	+250 0	±8	±12	±19	+2 -13	+7 -18	+12 -27
50 65	65 80	+29 +10	+40 +10	+19 0	+30 0	+46 0	+74 0	+120 0	+190 0	+300 0	± 9.5	±15	±23	+4 -15	+9 -21	+14 -32
80 100	100 120	+34 +12	+47 +12	+22 0	+35 0	+54 0	+87 0	+140 0	+220 0	+350 0	±11	±17	±27	+4 -18	+10 -25	+16 -38
120 140 160	140 160 180	+39 +14	+54 +14	+25 0	+40 0	+63 0	+100 0	+160 0	+250 0	+400 0	± 12.5	±20	±31	+4 -21	+12 -28	+20 -43
180 200 225	200 225 250	+44 +15	+61 +15	+29 0	+46 0	+72 0	+115 0	+185 0	+290 0	+460 0	± 14.5	±23	±36	+5 -24	+13 -33	+22 -50
250 280	280 315	+49 17+	+69 +17	+32 0	+52 0	+81 0	+130 0	+210 0	+320 0	+520 0	±16	±26	±40	+5 -27	+16 -36	+25 -56
315 355	355 400	+54 +18	+75 +18	+36 0	+57 0	+89 0	+140 0	+230 0	+360 0	+570 0	±18	±28	±44	+7 -29	+17 -40	+28 -61
400 450	450 500	+60 +20	+83 +20	+40 0	+63 0	+97 0	+155 0	+250 0	+400 0	+630 0	±20	±31	±48	+8 -32	+18 -45	+29 +68

附表 1.2　常用及优先用途孔的极限偏差(GB/T 1800.4-1999)（尺寸至 500mm）（**续**）

单位：μm ($\frac{1}{1000}$ mm)

基本尺寸/mm		常用及优先公差带														
		M			N			P		R		S		T		U
大于	至	6	7	8	6	7	8	6	7	6	7	6	7	6	7	7
—	3	-2 -8	-2 -12	-2 -16	-4 -10	-4 -14	-4 -18	-6 -12	-6 -16	-10 -16	-10 -20	-14 -20	-14 -24	—	—	-18 -28
3	6	-1 -9	0 -12	+2 -16	-5 -13	-4 -16	-2 -20	-9 -17	-8 -20	-12 -20	-11 -23	-16 -24	-15 -27	—	—	-19 -31
6	10	-3 -12	0 -15	+1 -21	-7 -16	-4 -19	-3 -25	-12 -21	-9 -24	-16 -25	-13 -28	-20 -29	-27 -32	—	—	-22 -37
10	14	-4 -15	0 -18	+2 -25	-9 -20	-5 -23	-3 -30	-15 -26	-11 -29	-20 -31	-16 -34	-25 -34	-21 -39	—	—	-26 -44
14	18															
18	24	-4 -17	0 -21	+4 -29	-11 -24	-7 -28	-3 -36	-18 -31	-14 -35	-24 -37	-20 -41	-31 -44	-27 -48	—	—	-33 -54
24	30													-37 -52	-33 -54	-40 -61
30	40	-4 -20	0 -25	+5 -34	-12 -28	-8 -33	-3 -42	-21 -37	-17 -42	-29 -45	-25 -50	-38 -54	-34 -59	-43 -59	-39 -64	-51 -76
40	50													-49 -65	-45 -70	-61 -86
50	65	-5 -24	0 -30	+5 -41	-14 -33	-9 -39	-4 -50	-26 -45	-21 -51	-35 -54	-30 -60	-47 -66	-42 -72	-60 -79	-55 -85	-76 -106
65	80									-37 -56	-32 -62	-53 -72	-48 -78	-69 -88	-64 -94	-91 -121
80	100	-6 -28	0 -35	+6 -48	-16 -38	-10 -45	-4 -58	-30 -52	-24 -59	-44 -66	-38 -73	-64 -86	-58 -93	-84 -106	-78 -113	-111 -146
100	120									-47 -69	-41 -76	-72 -94	-66 -101	-97 -119	-91 -126	-131 -164
120	140	-8 -33	0 -40	+8 -55	-20 -45	-12 -52	-4 -67	-36 -61	-28 -68	-56 -81	-48-- 88	-85 -110	-77 -117	-115 -140	-107 -147	-155 -195
140	160									-58 -83	-50 -90	-93 -118	-85 -125	-127 -152	-119 -159	-175 -215
160	180									-61 -86	-53 -93	-101 -126	-93 -133	-139 -164	-131 -171	-195 -235
180	200	-8 -37	0 -46	+9 -63	-22 -51	-14 -60	-5 -77	-41 -70	-33 -79	-68 -97	-60 -106	-113 -142	-105 -151	-157 -186	-149 -195	-219 -265
200	225									-71 -100	-63 -109	-121 -150	-113 -159	-171 -200	-163 -209	-241 -287
225	250									-75 -104	-67 -113	-131 -160	-123 -169	-187 -216	-179 -225	-267 -313
250	280	-9 -41	0 -52	+9 -72	-25 -57	-14 -66	-5 -86	-47 -79	-36 -88	-85 -114	-74 -126	-149 -181	-138 -190	-209 -241	-198 -250	-295 -347
280	315									-89 -121	-78 -130	-161 -193	-150 -202	-231 -263	-220 -272	-330 -382
315	355	-10 -46	0 -57	+11 -78	-26 -62	-16 -73	-5 -94	-51 -87	-41 -98	-97 -133	-87 -144	-179 -215	-169 -226	-257 -293	-247 -304	-369 -426
355	400									-103 -139	-93 -150	-197 -233	-187 -244	-283 -319	-273 -330	-414 -471
400	450	-10 -50	0 -63	+11 -86	-27 -67	-17 -80	-6 103	-55 -95	-45 -108	-113 -153	-103 -166	-219 -259	-209 -272	-317 -357	-307 -370	-467 -530
450	500									-119 -159	-109 -172	-239 -279	-229 -292	-347 -387	-337 -400	-517 -580

附表 1.3 常用及优先用途轴的极限偏差(GB/T 1800.4-1999)(尺寸至500mm)

单位：μm ($\frac{1}{1000}$ mm)

基本尺寸/mm		常用及优先公差带												
		a*	b*		c			d				e		
大于	至	11	11	12	9	10	11	8	9	10	11	7	8	9
—	3	-270 -330	-140 -200	-140 -240	-60 -85	-60 -100	-60 -120	-20 -34	-20 -45	-20 -60	-20 -80	-14 -24	-14 -28	-14 -39
3	6	-270 -345	-140 -215	-140 -260	-70 -100	-70 -118	-70 -145	-30 -48	-30 -60	-30 -78	-30 -105	-20 -32	-20 -38	-20 -50
6	10	-280 -370	-150 -240	-150 -300	-80 -116	-80 -138	-80 -170	-40 -62	-40 -76	-40 -98	-40 -130	-25 -40	-25 -47	-25 -61
10 14	14 18	-290 -400	-150 -260	-150 -330	-95 -138	-95 -165	-95 -205	-50 -77	-50 -93	-50 -120	50- -160	-32 50	32- -59	-32 -75
18 24	24 30	-300 -430	-160 -290	-160 -370	-110 -162	-110 -194	-110 -240	-65 -98	-65 -117	-65 -149	-65 -195	-40 -61	-40 -73	-40 -92
30	40	-310 -470	-170 -330	-170 -420	-120 -182	-120 -220	-120 -280	-80 -119	-80 -142	-80 -180	-80 -240	-50 -75	-50 -89	-50 -112
40	50	-320 -480	-180 -340	-180 -430	-130 -192	-130 -230	-130 -290							
50	65	-340 -530	-190 -380	-190 -490	-140 -214	-140 -260	-140 -330	-100 -146	-100 -174	-100 -220	-100 -290	-60 -90	-60 -106	-60 -134
65	80	-360 -550	-200 -390	-200 -500	-150 -224	-150 -270	-150 340							
80	100	-380 -600	-220 -440	-220 -570	-170 -257	-170 -310	-170 -390	-120 -174	-120 -207	-120 -260	-120 -340	-72 -107	-72 -126	-72 -159
100	120	-410 -630	-240 -460	-240 -590	-180 -267	-180 -320	-180 -400							
120	140	-460 -710	-260 -510	-260 -660	-200 -300	-200 -360	-200 -450	-145 -208	-145 -245	-145 -305	-145 -395	-85 -125	-85 -148	-85 -185
140	160	-520 -770	-280 -530	280 -680	-210 -310	-210 -370	-210 -460							
160	180	-580 -830	-310 -560	-310 -710	-230 -330	-230 -390	-230 -480							
180	200	-660 -950	-340 -630	-340 -800	-240 -355	-240 -425	-240 -530	-170 -240	-170 -285	-170 -355	-170 -460	-100 -146	-100 -172	-100 -215
200	225	-740 -1030	-380 -670	-380 -840	-260 -375	-260 -445	-260 -550							
225	250	-820 -1110	-420 -710	-420 -880	-280 -395	-280 -465	-280 -570							
250	280	-920 -1240	-480 -800	-480 -1000	-300 -430	-300 -510	-300 620	-190 +271	-190 -320	-190 -400	-190 -510	-110 -162	-110 -191	-110 -240
280	315	-1050 -1370	-540 -860	-540 -1060	-330 -460	-330 -540	-330 -650							
315	355	-1200 -1560	-600 -960	-600 -1170	-360 -500	-360 -590	-360 -720	-210 -299	-220 -350	-210 -440	-210 -570	-125 -182	-125 -214	-125 -265
355	400	-1530 -1710	-680 -1040	-680 -1250	-400 -540	-400 -630	-400 -760							
400	450	-1500 -1900	-760 -1160	-760 -1390	-440 -595	-440 -690	-440 -840	-230 -327	-230 -385	-230 -480	-230 -630	-135 -198	-135 -232	-135 -290
450	500	-1650 -2050	-840 -1240	-840 -1470	-480 -635	-480 -730	-480 -880							

附表 1.3　常用及优先用途轴的极限偏差(GB/T 1800.4-1999)（尺寸至 500mm）（续）

单位：μm（$\frac{1}{1000}$ mm）

基本尺寸/mm		常用及优先公差带															
		f					g			h							
大于	至	5	6	7	8	9	5	6	7	5	6	7	8	9	10	11	12
—	3	-6 -10	-6 -12	-6 -16	-6 -20	-6 -31	-2 -6	-2 -8	-2 -12	0 -4	0 -6	0 -10	0 -14	0 -25	0 -40	0 -60	0 -100
3	6	-10 -15	-10 -18	-10 -22	-10 -28	-10 -40	-4 -9	-4 -12	-4 -16	0 -5	0 -8	0 -12	0 -18	0 -30	0 -48	0 -75	0 -120
6	10	-13 -19	-13 -22	-13 -28	-13 -35	-13 -49	-5 -11	-5 -14	-5 -20	0 -6	0 -9	0 -15	0 -22	0 -36	0 -58	0 -90	0 -150
10 14	14 18	-16 -24	-16 -27	-16 -34	-16 43	-16 -59	-6 -14	-6 -17	-6 -24	0 -8	0 -11	0 -18	0 -27	0 43	0 -70	0 -110	0 -180
18 24	24 30	-20 -29	-20 -33	-20 -41	-20 -53	-20 -72-	-7 -16	-7 -20	-7 -28	0 -9	0 -13	0 -21	0 -33	0 -52	0 -84	0 -130	0 -210
30 40	40 50	-25 -36	-25 -41	-25 -50	-25 -64	-25 -87	-9 -20	-9 -25	-9 -34	0 -11	0 -16	0 -25	0 -39	0 -62	0 100	0 -160	0 -250
50 65	65 80	-30 -43	-30 -49	-30 -60	-30 -76	-30 -104	-10 -23	-10 -29	-10 -40	0 -13	0 -19	0 -30	0 -46	0 -74	0 -120	0 -190	0 -300
80 100	100 120	-36 -51	-36 -58	-36 -71	-36 -90	-36 -123	-12 -27	-12 -34	-12 -47	0 -15	0 -22	0 -35	0 -54	0 -87	0 -140	0 -225	0 -350
120 140 160	140 160 180	-43 -61	-43 -68	-43 -83	-43 -106	-43 -143	-14 -32	-14 -39	-14 -54	0 -18	0 -25	0 -40	0 -63	0 -100	0 -160	0 -250	0 -400
180 200 225	200 225 250	-50 -70	-50 -79	-50 -96	-50 -122	-50 -165	-15 -35	-15 -44	-15 -61	0 -20	0 -29	0 -46	0 -72	0 -115	0 -185	0 -290	0 -460
250 280	280 315	-56 -79	-56 -88	-56 -108	-56 -137	-56 -186	-17 -40	-17 -49	-17 -69	0 -23	0 -32	0 -52	0 -81	0 -130	0 -210	0 -320	0 -520
315 355	355 400	-62 -87	-62 -98	-62 -119	-62 -151	-62 -202	-18 -43	-18 -54	-13 -75	0 -25	0 -36	0 57	0 -89	0 -140	0 -230	0 -360	0 -570
400 450	450 500	-68 -95	-68 -108	-68 -131	-68 -165	-68 -223	-20 -47	-20 -60	-20 -83	0 -27	0 -40	0 63	0 -97	0 -155	0 -250	0 -400	0 -630

附表 1.3 常用及优先用途轴的极限偏差(GB/T 1800.4-1999)(尺寸至 500mm) (续)

单位：μm ($\frac{1}{1000}$ mm)

基本尺寸/mm		常用及优先公差带														
		js			k			m			n			p		
大于	至	5	6	7	5	6	7	5	6	7	5	6	7	5	6	7
—	3	±2	±3	±5	+4 0	+6 0	+10 0	+6 +2	+8 +2	+12 -2	+8 +4	+10 +4	+14 +4	+10 +6	+12 +6	+16 +6
3	6	±2.5	±4	±6	+6 +1	+9 +1	+13 +1	+9 +4	+12 +4	+16 +4	+13 +8	+16 +8	+20 +8	+17 +12	+20 +12	+24 +12
6	10	±3	±4.5	±7	+7 +1	+10 +1	+16 +1	+12 +6	+15 +6	+21 +6	+16 +10	+19 +10	+25 +10	+21 +15	+24 +15	+30 +15
10 14	14 18	±4	±5.5	±9	+9 +1	+12 +1	+19 +1	+15 +7	+18 +7	+25 +7	+20 +12	+23 +12	+30 +12	+26 +18	+29 +18	+36 +18
18 24	24 30	±4.5	±6.5	±10	+11 +2	+15 +2	+23 +2	+17 +8	+21 +8	+29 +8	+24 +15	+28 +15	+36 +15	+31 +22	+35 +22	+43 +22
30 40	40 50	±5.5	±8	±12	+13 +2	+18 +2	+27 +2	+20 +9	+25 +9	+34 +9	+28 +17	+33 +17	+42 +17	+37 +26	+42 +26	+51 +26
50 65	65 80	±6.6	±9.5	±15	+15 +2	+21 +2	+32 +2	+24 +11	+30 +11	+41 +11	+33 +20	+39 +20	+50 +20	+45 +32	+51 +32	+62 +32
80 100	100 120	±7.5	±11	±17	+18 +3	+25 +3	+38 +3	+28 +13	+35 +13	+48 +13	+38 +23	+45 +23	+58 +23	+52 +37	+59 +37	+72 +37
120 140 160	140 160 180	±9	±12.5	±20	+21 +3	+28 +3	+43 +3	+33 +15	+40 +15	+55 +15	+45 +27	+52 +27	+67 +27	+61 +43	+68 +43	+83 +43
180 200 225	200 225 250	±10	±14.5	±23	+24 +4	+33 +4	+50 +4	+37 +17	+46 +17	+63 +17	+51 +31	+60 +31	+77 +31	+70 +50	+79 +50	+96 +50
250 280	280 315	±11.5	±16	±26	+27 +4	+36 +4	+56 +4	+43 +20	+52 +20	+72 +20	+57 +24	+66 +34	+86 +34	+79 +56	+88 +56	+108 +56
315 355	355 400	±12.5	±18	±28	+29 +4	+40 +4	+61 +4	+46 +21	+57 +21	+78 +21	+62 +37	+73 +37	+94 +37	+87 +62	+98 +62	+119 +62
400 450	450 500	±13.5	±20	±31	+32 +5	+45 +5	+68 +5	+50 +23	+63 +23	+86 +23	+67 +40	+80 +40	+103 +40	+95 +68	+108 +68	+131 +68

附表 1.3　常用及优先用途轴的极限偏差(GB/T 1800.4-1999）(尺寸至 500mm)　(续)

单位：μm ($\frac{1}{1000}$ mm)

基本尺寸/mm		常用及优先公差带														
		r			s			t			u		v	x	y	z
大于	至	5	6	7	5	6	7	5	6	7	6	7	6	6	6	6
—	3	+14 +10	+16 +10	+20 +10	+18 +14	+20 +14	+24 +14	—	—	—	+24 +18	+28 +18	—	+26 +20	—	+32 +26
3	6	+20 +15	+23 +15	+27 +15	+24 +19	+27 +19	+31 +19	—	—	—	+31 +23	+35 +23	—	+36 +28	—	+43 +35
6	10	+25 +19	+28 +19	+34 +19	+29 +23	+32 +23	+38 +23	—	—	—	+37 +28	+43 +28	—	+43 +34	—	+51 +42
10	14	+31 +23	+31 +23	+41 +23	+36 +28	+39 +28	+46 +28	—	—	—	+44 +33	+51 +33	—	+51 +40	—	+61 +50
14	18							—	—	—			+50 +39	+56 +45	—	+71 +60
18	24	+37 +28	+37 +28	+49 +28	+44 +35	+48 +35	+56 +35	—	—	—	+54 +41	+62 +41	+60 +47	+67 +54	+76 +63	+86 +73
24	30							+50 +41	+54 +41	+62 +41	+61 +48	+69 +48	+68 +55	+77 +64	+88 +75	+101 +88
30	40	+45 +34	+50 +34	+59 +34	+54 +43	+59 +43	+68 +43	+59 +48	+64 +48	+73 +48	+76 +60	+85 +60	+84 +68	+96 +80	+110 +94	+128 +112
40	50							+65 +54	+70 +54	+79 +54	+86 +70	+95 +70	+97 +81	+113 +97	+130 +114	+152 +136
50	65	+54 +41	+60 +41	+71 +41	+66 +53	+72 +53	+83 +53	+79 +66	+85 +66	+96 +66	+106 +87	+117 +87	+121 +102	+141 +122	+163 +144	+191 +172
65	80	+56 +43	+62 +43	+73 +43	+72 +59	+78 +59	+89 +59	+99 +75	+94 +75	+105 +75	+121 +102	+132 +102	+139 +120	+165 +146	+193 +174	+229 +210
80	100	+66 +51	+73 +51	+86 +51	+86 +71	+93 +71	+106 +71	+106 +91	+113 +91	+126 +91	+146 +124	+159 +124	+168 +146	+200 +178	+236 +214	+280 +258
100	120	+69 +54	+76 +54	+89 +54	+94 +79	+101 +79	+114 +79	+110 +140	+126 +104	+139 +104	+166 +144	+179 +144	+194 +172	+232 +210	+276 +254	+332 +310
120	140	+81 +63	+88 +63	+103 +63	+110 +92	+117 +92	+132 +92	+140 +122	+147 +122	+162 +122	+195 +170	+210 +170	+227 +202	+273 +248	+325 +300	+390 +365
140	160	+83 +65	+90 +65	+105 +65	+118 +100	+125 +100	+140 +100	+152 +134	+159 +134	+174 +134	+215 +190	+230 +190	+253 +228	+305 +280	+365 +340	+440 +415
160	180	+86 +68	+93 +68	+108 +68	+126 +108	+133 +108	+148 +108	+164 +146	+171 +146	+186 +146	+235 +210	+250 +210	+277 +252	+335 +310	+405 +380	+490 +465
180	200	+97 +77	+106 +77	+123 +77	+142 +122	+151 +122	+168 +122	+186 +166	+195 +166	+212 +166	+265 +236	+282 +236	+313 +284	+379 +350	+454 +425	+549 +520
200	225	+100 +80	+109 +80	+126 +80	+150 +130	+159 +130	+176 +130	+200 +180	+209 +180	+226 +180	+287 +258	+304 +258	+339 +310	+414 +385	+499 +470	+604 +575
225	250	+104 +84	+113 +84	+130 +84	+160 +140	+169 +140	+186 +140	+216 +196	+225 +196	+242 +196	+313 +284	+330 +284	+369 +340	+454 +425	+549 +520	+669 +640
250	280	+117 +94	+126 +94	+146 +94	+181 +108	+290 +158	+210 +158	+241 +218	+250 +218	+270 +218	+347 +315	+367 +315	+417 +385	+507 +475	+612 +580	+742 +710
280	315	+121 +98	+130 +98	+150 +98	+193 +170	+202 +170	+222 +179	+263 +240	+272 +240	+292 +240	+382 +350	+402 +350	+457 +425	+557 +525	+682 +650	+822 +790
315	355	+133 +108	+144 +108	+165 +108	+215 +190	+226 +190	+247 +190	+293 +268	+304 +268	+325 +268	+426 +390	+447 +390	+511 +475	+626 +500	+766 +730	+936 +900
355	400	+139 +114	+150 +114	+171 +114	+233 +208	+244 +208	+265 +208	+319 +294	+330 +294	+351 +294	+471 +435	+495 +435	+566 +530	+696 +660	+856 +820	+1036 +1000
400	450	+153 +126	+166 +126	+189 +126	+259 +232	+272 +232	+295 +232	+357 +330	+370 +330	+393 +330	+530 +490	+553 +490	+635 +595	+780 +740	+960 +920	+1140 +1100
450	500	+159 +132	+172 +132	+195 +132	+279 +252	+292 +252	+315 +252	+387 +360	+400 +360	+423 +360	+580 +540	+603 +540	+700 +660	+860 +820	+1040 +1000	+1290 +1250

2. 螺纹

附表 2.1 普通螺纹 直径与螺距系列(GB/T 193-2003)和基本尺寸(GB/T 196-2003)

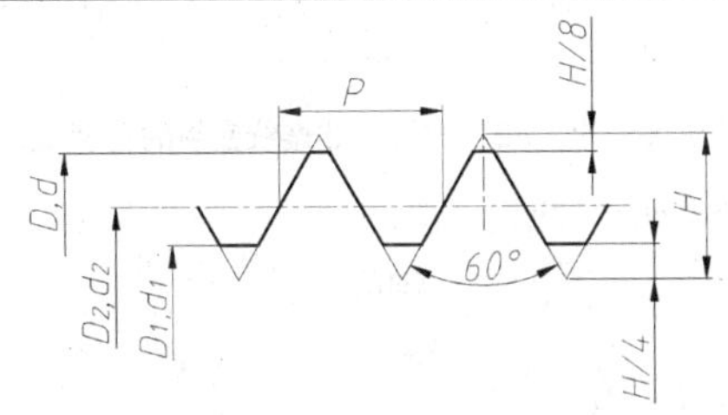

标记示例:

公称直径为 M24，螺距为 3mm，右旋的粗牙普通螺纹，其标记为： M24

公称直径为 M24，螺距为 1.5mm，左旋的细牙普通螺纹，其标记为： M24×1.5-LH

公称直径 D、d			螺距 P		粗牙小径
第一系列	第二系列	第三系列	粗牙	细牙	D1、d1
3	—		0.5	0.35	2.459
—	3.5		(0.6)		2.850
4	—		0.7	0.5	3.242
—	4.5		(0.75)		3.688
5	—		0.8		4.134
—	6		1	0.75、(0.5)	4.917
—	—	7			5. 917
8	—		1.25	1、0.75、(0.5)	6.647
10	—		1.5	1.25、1、 0.75、(0.5)	8.376
12			1.75	1.5、1.25、1、(0.75)、(0.5)	10.106
—	14		2	1.5、(1.25)、1、(0.75)、(0.5)	11.835
		15	—	1.5、(1)	* 13.376
16	—		2	1.5、1、(0.75)、(0.5)	13.835
—	18		2.5	2、1.5、1、(0.75)、(0.5)	15.294
20	—				17.294
—	22				19.294
24	—		3	2、1.5、1、(0.75)	20.754
		25	—	2、1.5、(1)	* 22.835
—	27		3	2、1.5、1、(0.75)	23.752
30	—		3.5	(3)、2、1.5、1、(0.75)	26.211
—	33			(3)、2、1.5、(1)、 (0.75)	29.211
		35	1.5		* 33.376
36	—		4	3、2、1.5、(1)	31.670
—	39				34.670

注：1. 优先选用第一系列。

2. 括号内尺寸尽可能不用。

3. 带 * 号的为细牙参考，是对应于第一种细牙螺距的小径尺寸。

附表 2.2　55° 非密封管螺纹(GB/T 7307-2001)

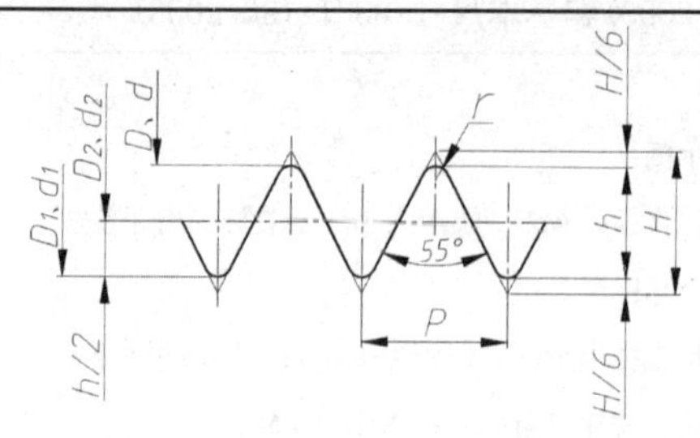

标记示例：

尺寸代号为 1 / 2，右旋，非螺纹密封的管螺纹，其标记为：

G1/2

尺寸代号	基本尺寸			每 25.4mm 内牙数 n	螺距 P/mm	牙高 h	圆弧半径 r
	大径 D,d	中径 D_2,d_2	小径 D_1,d_1				
1/8	9.728	9.147	8.566	28	0. 907	0.581	0.125
1/4	13.157	12.301	11.445	19	1.337	0.856	0.184
3/8	16.662	15.806	14.950				
1/2	20.955	19.793	18.631	14	1.814	1.162	0.249
5/8	22.911	21.749	20.587				
3/4	26.441	25.279	24.117				
1	33.249	31.770	30.291	11	2.309	1.479	0.317
$1\frac{1}{8}$	37.897	36.418	34.939				
$1\frac{1}{4}$	41.910	40.431	38.952				
$1\frac{1}{2}$	47.803	46.324	44.845				
$1\frac{3}{4}$	53.746	52.267	50.788				
2	59.614	58.135	56.656				
$2\frac{1}{4}$	65.710	64.231	62.752				
$2\frac{1}{2}$	75.184	73.705	72.226				
$2\frac{3}{4}$	81.534	80.005	78.576				
3	87.884	86.405	84.926				

3. 常用螺纹紧固件

附表 3.1 六角头螺栓(GB/T 5782-2000)、六角头螺栓 全螺纹(GB/T 5783-2000)

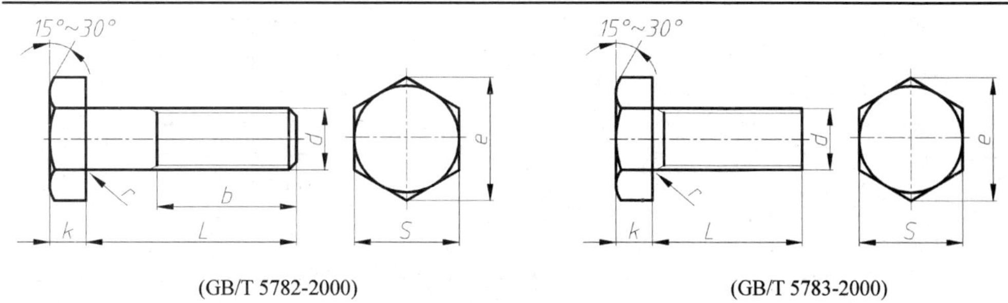

(GB/T 5782-2000) (GB/T 5783-2000)

标记示例：

螺纹规格 d=M12，公称直径 L=80mm，性能等级为 8.8 级，表面氧化，产品等级为 A 级的六角头螺栓，其标记为： 螺栓 GB/T 5782-2000 M12×80

螺纹规格 d		M3	M4	M5	M6	M8	M10	M12	M16	M20	M24	M30	M36
S 公称		5.5	7	8	10	13	16	18	24	30	36	46	55
K 公称		2	2.8	3.5	4	5.3	6.4	7.5	10	12.5	15	18.7	22.5
r		0.1	0.2	0.2	0,25	0.4	0.4	0.6	0.6	0.6	0.8	1	1
e	A 级	6.01	7.66	8.79	11.05	14.38	17.77	20.03	26.75	33.53	39.98	--	--
	B 级	5.88	7.50	8.63	10.89	14.20	17.59	19.85	26.17	32.95	39.55	50.85	51.11
b 参考 (GB/T 5782)	L≤125	12	14	16	18	22	26	30	38	46	54	66	--
	125<L≤200	18	20	22	24	28	32	36	44	52	60	72	84
	L>200	31	33	35	37	41	45	49	57	65	73	85	97
L 范围	GB/T 5782	20~30	25~40	25~50	30~60	40~80	45~100	50~120	65~160	80~200	90~240	110~300	14 360
	GB/T5783	6~30	8~40	10~50	12~60	16~80	20~100	25~120	30~150	40~150	50~150	60~200	70~200
L 系列		6，8，10，12，16，20，25，30，35，40，45，50，55，60，65，70，80，90，100，110，120，130，140，150，160，180，200，220，240，260，280，300，320，340，360，380，400，420，440，460，480，500											

附表 3.2　双头螺柱 bm=1d （GB/T 897-1988）、双头螺柱 bm=1.25d （GB/T 898-1988）
双头螺柱 bm=1.5d （GB/T 899-1988）、双头螺柱 bm=2d （GB/T 900-1988）

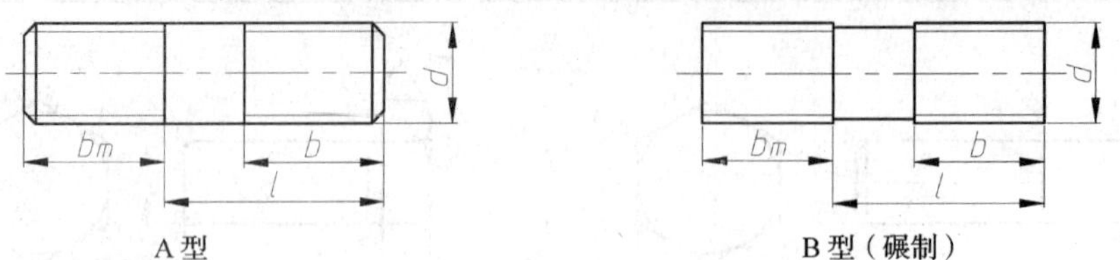

A 型　　　　B 型（碾制）

标记示例：

两端均为粗牙普通螺纹，d=10，l=50，性能等级为 4.8 级,不经表面处理，B 型，b_m=2d 的双头螺柱，其标记为：　　GB/T 900-1988　M10×50

旋入机体一端为粗牙普通螺纹，旋螺母一端为螺距 P=1 的细牙普通螺纹，d=10，l=50，性能等级为 4.8 级，不经表面处理，A 型，b_m=1d 的双头螺柱，其标记为：GB/T 897-2000　AM-M10×1×50

螺纹规格 d	bm 公称				螺柱长度 l / 螺旋母端长度 b
	GB/T897	GB/T 898	GB/T 899	GB/T 900	
M3	–	–	4.5	6	$\frac{16\sim20}{6}$，$\frac{(22)\sim40}{12}$
M4	–	–	6	8	$\frac{16\sim(22)}{8}$，$\frac{25\sim40}{14}$
M5	5	6	8	10	$\frac{16\sim(22)}{10}$，$\frac{25\sim50}{16}$
M6	6	8	10	12	$\frac{20\sim(22)}{10}$，$\frac{25\sim30}{14}$，$\frac{(32)\sim(75)}{18}$
M8	8	10	12	16	$\frac{20\sim(22)}{12}$，$\frac{25\sim30}{16}$，$\frac{(32)\sim90}{22}$
M10	10	12	15	20	$\frac{23\sim(28)}{14}$，$\frac{30\sim(38)}{16}$，$\frac{40\sim120}{26}$，$\frac{130}{32}$
M12	12	15	18	24	$\frac{25\sim30}{16}$，$\frac{(32)\sim40}{20}$，$\frac{45\sim120}{30}$，$\frac{130\sim180}{36}$
M16	16	20	24	32	$\frac{30\sim(38)}{20}$，$\frac{40\sim(55)}{30}$，$\frac{60\sim120}{38}$，$\frac{130\sim200}{44}$
M20	20	25	30	40	$\frac{35\sim40}{25}$，$\frac{(45)\sim(65)}{35}$，$\frac{70\sim120}{46}$，$\frac{130\sim200}{52}$
M24	24	30	36	48	$\frac{45\sim50}{30}$，$\frac{(55)\sim(75)}{45}$，$\frac{80\sim120}{54}$，$\frac{130\sim200}{60}$
l 系列	12、(14)、16、(18)、20、(22)、25、(28)、30、(32)、35、(38)、40、45、50、60、(65)、70、75、80、(85)、90、(95)、100～260（10 进位）、280、300				

注：l 尽可能不采用括号内的规格。

附表 3.3 开槽圆柱头螺钉（GB/T 65-2000）、开槽盘头螺钉（GB/T 67-2000）开槽沉头螺钉（GB/T 68-2000）

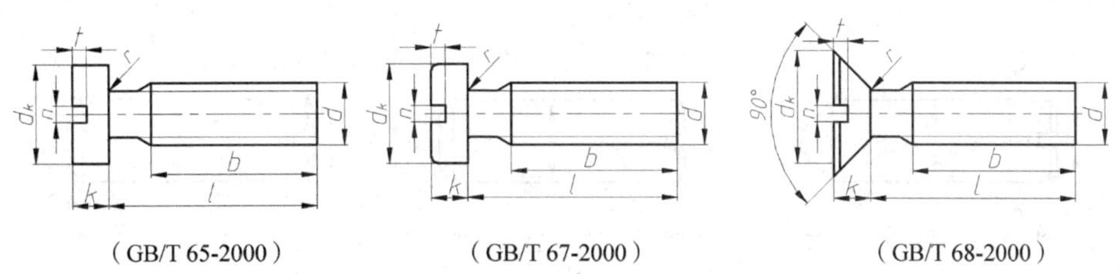

（GB/T 65-2000）　　（GB/T 67-2000）　　（GB/T 68-2000）

标记示例：

螺纹规格 d=M5，公称长度 l =20，性能等级为 4.8 级,不经表面处理的 A 级开槽圆柱头螺钉，其标记为：

螺钉　GB/T　65-2000　M5×20

螺纹规格 d		M1.6	M2	M2.5	M3	M4	M5	M6	M8	M10
GB/T65—2000	dk	3	3.8	4.5	5.5	7	8.5	10	13	16
	k	1.1	1.4	1.8	2	2.6	3.3	3.9	5	6
	tmin	0.45	0.6	0.7	0.85	1.1	1.3	1.6	2	2.4
	l	2～16	3～20	3～25	4～35	5～40	6～50	8～60	10～80	12～80
	全螺纹时最大长度	全　螺　纹				40				
GB/T67—2000	dk	3.2	4	5	5.6	8	9.5	12	16	23
	k	1	1.3	1.5	1.8	2.4	3	3.6	4.8	6
	tmin	0.35	0.5	0.6	0.7	1	1.2	1.4	1.9	2.4
	l	2～16	2.5～20	3～25	4～30	5～40	6～50	8～60	10～80	12～80
	全螺纹时最大长度	30				40				
GB/T68—2000	dk	3	3.8	4.7	5.5	8.4	9.3	11.3	15.8	18.5
	k	1	1.2	1.5	1.65	2.7		3.3	4.65	5
	tmin	0.32	0.4	0.5	0.6	1	1.1	1.2	1.8	2
	l	2.5～16	3～20	4～25	5～30	6～40	8～50	8～60	10～80	12～80
	全螺纹时最大长度	30				45				
n		0.4	0.5	0.6	0.8	1.2		1.6	2	2.5
bmin		25				38				
L 系列		2、2. 5、3、4、5、6、8、10、12、(14)、16、20、25、30、35、40、45、50、(55)、60、(65)、70、(75)、80								

注：l 尽可能不采用括号内的规格。

附表 3.4　开槽锥端紧定螺钉(GB/T 71-1985)、开槽平端紧定螺钉(GB/T 73-1985)　开槽长圆柱端紧定螺钉(GB/T 75-1985)

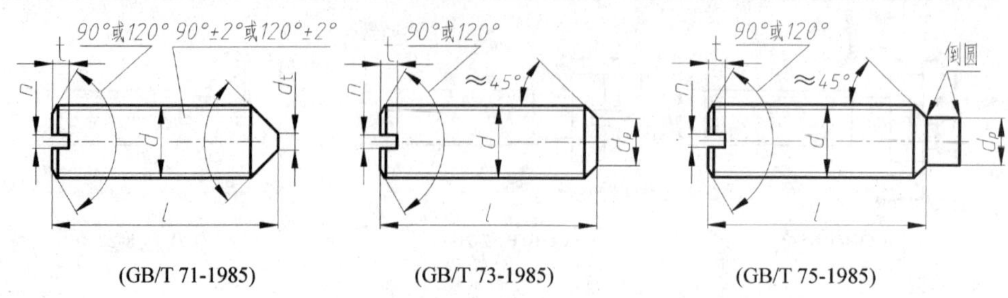

(GB/T 71-1985)　　(GB/T 73-1985)　　(GB/T 75-1985)

标记示例：

螺纹规格 d=M5，公称长度 l =20，性能等级为 14H 级，表面氧化的开槽锥端紧定螺钉，其标记为：

螺钉　GB/T　71-1985　M5×20

螺纹规格 d		M2	M2.5	M3	M4	M5	M6	M8	M10	M12
dtmax		0.2	0.25	0.3	0.4	0.5	1.5	2	2.5	3
dpmax		1	1.5	2	2.5	3.5	4	5.5	7	8.5
n 公称		0.25	0.4	0.4	0.6	0.8	1	1.2	1.6	2
tmin		0.64	0.72	0.8	1.12	1.28	1.6	2	2.4	2.8
zmax		1.25	1.5	1.75	2.25	2.75	3.25	4.3	5.3	6.3
l 范围	GB/T 71	3～10	3～12	4～16	6～20	8～25	8～30	10～40	12～50	14～60
	GB/T 73	2～10	2.5～12	3～16	4～20	5～25	6～30	8～40	10～50	12～60
	GB/T 75	3～10	4～12	5～16	6～20	8～25	8～30	10～40	12～50	14～60
l≤右表值的短螺钉，按表图中 120° 角制，90° 则用于其余长度.	GB/T 71		3							
	GB/T 73	2.5	3	3	4	5	6			
	GB/T 75	3	4	5	6	8	10	14	16	20
l 系列	2、2.5、3、4、5、6、8、10、12、(14)、16、20、25、30、35、40、45、50、(55)、60									

注：l 尽可能不采用括号内的规格。

附表 3.5 六角螺母 C 级(GB/T 41-2000)、I 型六角螺母(GB/T 6170-2000) 六角薄螺母(GB/T 6172.1-2000)

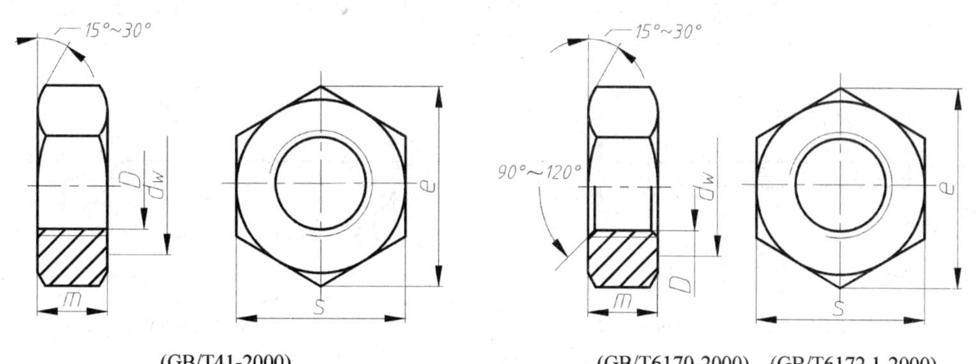

(GB/T41-2000)　　(GB/T6170-2000)、(GB/T6172.1-2000)

标记示例:

螺纹规格 D=M12，性能等级为 5 级，不经表面处理，产品等级为 C 级的六角螺母，其标记为:

螺母　GB/T　41-2000　M12

螺纹规格 D=M12，性能等级为 8 级，不经表面处理，产品等级为 A 级的 I 型六角螺母，其标记为:

螺母　GB/T　6170-2000　M12

螺纹规格 D=M12，性能等级为 04 级，不经表面处理，产品等级为 A 级的六角薄螺母，其标记为:

螺母　GB/T　6172.1-2000　M12

螺纹规格 d		M3	M4	M5	M6	M8	M10	M12	(M14)	M16	(M18)	M20	(M22)	MM24	(M27)	M30	M36	M42	M48
e 近似		6	7.7	8.8	11	14.4	17.8	20	23.4	26.8	29.6	35	27.3	29.6	45.2	50.9	60.8	72	92.6
S 公称=max		5.5	7	8	10	13	16	18	21	24	27	30	34	36	41	46	55	65	75
mmax	GB/T 41			5.6	6.4	7.9	9.5	12.2	13.9	15.9	16.9	19	20.2	22.3	24.7	26.4	31.9	34.9	38.9
	GB/T 6170	2.4	3.2	4.7	5.	6.8	8.4	10.8	12.8	14.8	15.8	18	19.4	21.5	23.8	25.6	31	34	38
	GB/T 6172	1.8	2.2	2.7	3.2	4	5	6	7	8	9	10	11	12	13.5	15	18	21	24

注：1. 表中 e 为圆整近似值。

2. 尽可能不采用括号内的规格。

3. A 级用于 D≤16 的螺母；B 级用于 D>16 的螺母。

附表 3.6 小垫圈 A 级(GB/T 848-2002)、平垫圈 C 级(GB/T 95-2002)、大垫圈 A 级(GB/T 96.1-2002)、大垫圈 C 级(GB/T 96.1-2002)、平垫圈 A 级(GB/T 97.1-2002)、平垫圈 倒角型 A 级(GB/T 97.2-2002)、

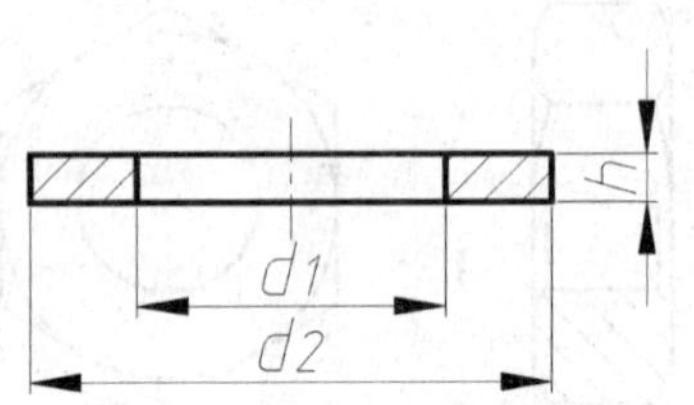

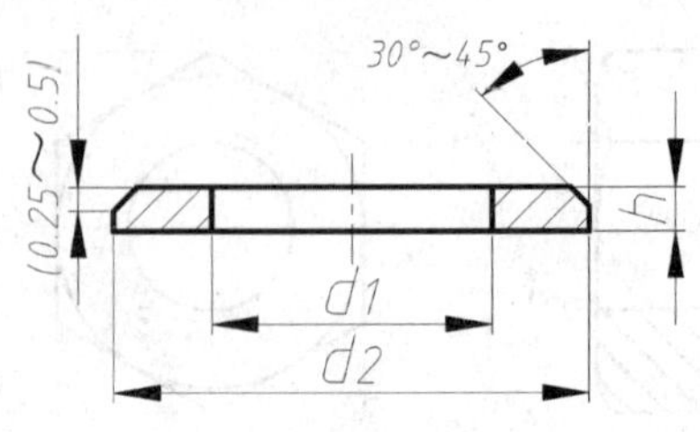

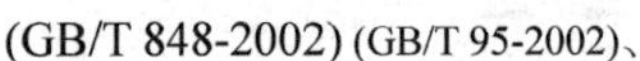
(GB/T 848-2002) (GB/T 95-2002)、

(GB/T 96.1-2002)、(GB/T 96.1-2002)、(GB/T 97.1-2002)　　　(GB/T 97.2-2002)

标记示例:

规格 8mm，性能等级为 100HV 级，不经表面处理，产品等级为 C 级的平垫圈，其标记为：

垫圈　GB/T　95-2002　8

规格 8mm，性能等级为 A140 级，不经表面处理，产品等级为 A 级的倒角型平垫圈，其标记为：

垫圈　GB/T　97.2-2002　8

公称尺寸（螺纹大径）d	小垫圈 A级 (GB/T 848-2002)			平垫圈 C级 (GB/T 95-2002)			大垫圈 A级 (GB/T 96.1-2002) 大垫圈 C级 (GB/T 96.1-2002)、			平垫圈 A级 (GB/T 97.1-2002) 平垫圈 倒角型A级 (GB/T 97.2-2002)		
	d1min	d2max	h	d1min	d2max	h	d1min	d2max	h	d1min	d2max	h
4	4.3	8	0.5	4.5	9	0.8	4.3	12	1	4.3	9	0.8
5	5.3	9	1	5.5	10	1	5.3	15	1.2	5.3	10	1
6	6.4	11	1.6	6.6	12	1.6	6.4	18	1.6	6.4	12	1.6
8	8.4	15		9	16		8.4	24	2	8.4	16	
10	10.5	18		11	20	2	10.5	30	2.5	10.5	20	2
12	13	20	2	13.5	24	2.5	13	37	3	2.5	13	2.5
14	15	24	2.5	15.5	28		15	44		15	28	
16	17	28		17.5	30	3	17	50		17	30	3
20	21	34	3	22	37		22	60	4	21	37	
24	25	39	4	26	44	4	26	72	5	25	44	4
30	31	50		33	56		33	92	6	31	56	
36	37	60	5	39	66	5	39	110	8	37	66	5
42				45	78	8	45	125	10	45	78	8
48				52	92		52	145		52	92	

注：1. A 级适用于精装系列，C 级适用于中等装配系列。

2. GB/848—2002 主要用于圆柱头螺钉，其它用于标准的六角螺柱、螺母和螺钉。

附表 3.7 标准型弹簧垫圈(GB/T 93-1987)、轻型弹簧垫圈(GB/T 859-1987)

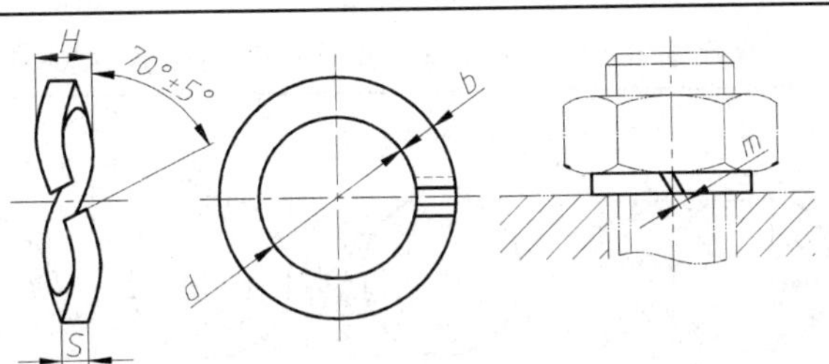

标记示例：

规格 16mm，材料为 65Mn，表面氧化的标准型弹簧垫圈，其标记为：

垫圈 GB/T 93-1987 16

规格（螺纹大径）	d	H		S=b	S	b	m≤	
		GB/T 93	GB/T 859	GB/T 93	GB/T 859		GB/T93	GB/T 859
2	2.1	1.2	1	0.6	0.5	0.8	0.4	0.3
2.5	2.6	1.6	1.2	0.8	0.6			
3	3.1	2	1.6	1.	0.8	1	0.5	0.4
4	4.1	2.4		1.2	0.8	1.2	0.6	
5	5.1	3.2	2	1.6	1		0.8	0.5
6	6.2	4	2.4	2	1.2	1.6	1	0.6
8	8.2	5	3.2	2.5	1.6	2	1.2	0.8
10	10.2	65	4	3	2	2.5	1.5	1
12	12.3	7	5	3.5	2.5	3.5	1.7	1.2
16	16.5	8	6.4	4	3.2	4.5	2	1.6
20	20.5	10	8	5	4	5.5	2.5	2
24	24.5	12	9.6	6	4.8	6.5	3	2.4
30	30.5	13	12	6.5	6	8	3.2	3
36	36.6	14		7			3.5	
42	42.6	16		8			4	
48	49	18		9			4.5	

4. 键和销

附表 4.1 平键和键槽的剖面尺寸(GB/T 1095-2003)、普通平键的型式尺寸(GB/T 1096-2003)

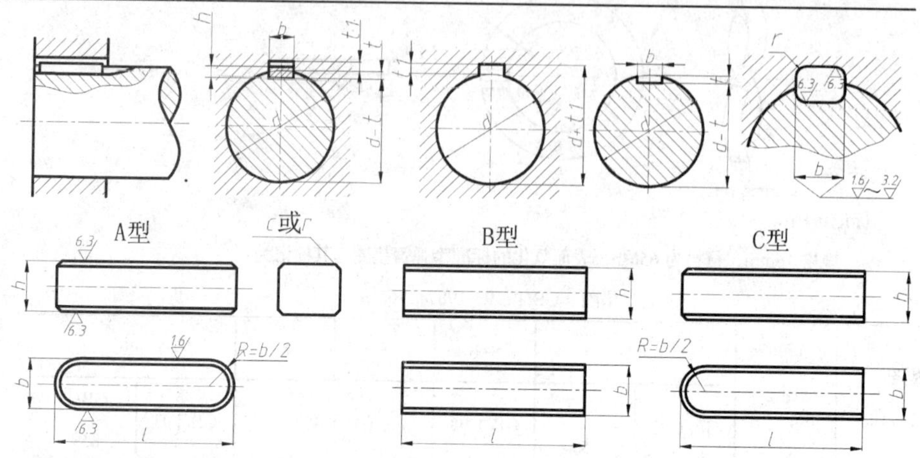

标记示例：

圆头普通平键(A 型)，b=18mm，h=11mm，l=100mm，其标记为　　键 GB1096-2003　18×100

方头普通平键(B 型)，b=18mm，h=11mm，l=100mm，其标记为　　键 GB1096-2003　B18×100

单头普通平键(C 型)，b=18mm，h=11mm，l=100mm，其标记为　　键 GB1096-2003　C18×100

轴	键		键槽											
			宽度 b						深度				半径 r	
				极限偏差					轴 t		毂 t1			
				松联结		正常联结		紧密联结						
公称直径 d	公称尺寸 b×h	长度 L	公称尺寸 b	轴 H9	毂 D10	轴 N9	毂 JS9	轴和毂 P9	公称尺寸	极限偏差	公称尺寸	极限偏差	最大	最小
自＞6～8	2×2	6～20	2	+0.035 0	+0.060 +0.020	-0.004 -0.029	±0.0125	-0.006 -0.031	1.2	+0.1 0	1	+0.1 0	0.08	0.16
＞8～10	3×3	6～30	3						1.8		1.4			
＞10～12	4×4	8～45	4	+0.030 0	+0.078 +0.030	0 -0.030	±0.015	+0.078 +0.030	2.5		1.8			
＞12～17	5×5	10～56	5						3.0		2.3		0.16	0.25
＞17～22	6×6	14～70	6						3.5		2.8			
＞22～30	8×7	18～90	8	+0.036 0	+0.098 +0.040	0 -0.036	±0.018	-0.015 -0.051	4.0	+0.2 0	3.3	+0.2 0		
＞30～38	10×8	22～110	10						5.0		3.3		0.25	0.40
＞38～44	12×8	28～140	12	+0.043 0	+0.120 +0.050	0 -0.043	±0.022	-0.018 -0.061	5.0		3.3			
＞44～50	14×9	36～160	14						5.5		3.8			
＞50～58	16×10	45～180	16						6.0		4.3			
＞58～65	18×11	50～200	18						7.0		4.4			
＞65～75	20×12	56～220	20	+0.052 0	+0.149 +0.065	0 -0.052	±0.026	-0.022 -0.074	7.5		4.9		0.40	0.60
＞75～85	22×14	63～250	22						9.0		5.4			
＞85～95	25×14	70～280	25						9.0		5.4			
＞95～110	28×16	80～320	28						10		6.4			
＞110～130	32×18	90～360	32	+0.062 0	+0.180 +0.080	0 -0.062	±0.031	-0.026 -0.08	11. 0		7.4			
＞130～150	36×20	100～400	36						12. 0	+0.3 0	8.4	+0.3 0	0.70	1.0
＞150～170	40×22	100～400	40						13. 0		9.4			
＞170～200	45×25	110～450	45						15. 0		10.4			
l 系列	6、8、10、12、14、16、18、20、22、25、28、32、36、40、45、50、56、63、70、80、90、100、110、125、140、160、180、200、220、250、280、320、360、400、450、500。													

注：1.(d-t)和(b+t_1)两组组合尺寸的极限偏差按相应的 t 和 t_1 的极限偏差选取，但（d-t）极限偏差应取负号(-)。

2.键 b 的极限偏差为 h9，h 的极限偏差为 h11，l 的极限偏差为 h14。

附表 4.2 圆柱销 不淬硬钢和奥氏体不锈钢(GB/T 119.1-2000)
圆柱销 淬硬钢和马氏体不锈钢(GB/T 119.2-2000)

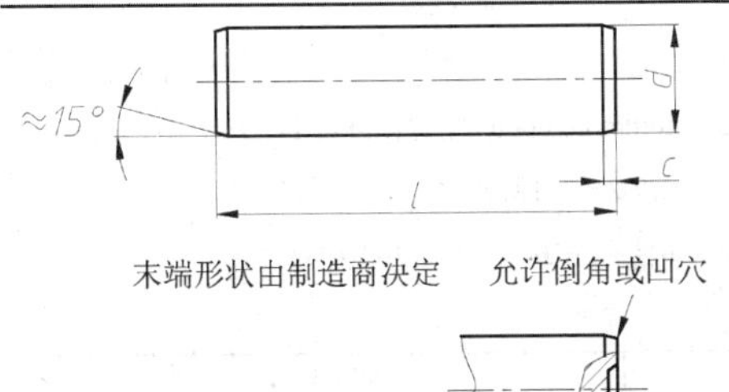

标记示例：

公称直径 d=6mm，公差 m6，公称长度 l=30mm，材料为钢，不经淬火，不经表面处理的圆柱销，其标记为：　销 GB/T 119.1-2000 6m6×30

公称直径 d=6mm，公差 m6，公称长度 l=30mm，材料为钢，普通淬火(A 型)，表面氧化处理的圆柱销，其标记为：　销 GB/T119.2-2000 6×30

d(公称)		2.5	3	4	5	6	8	10	12	16	20	25	30
c≈		0.4	0.5	0.63	0.8	1.2	1.6	2	2.5	3	3.5	4	5
l	GB/T119.1	6~24	8~30	8~40	10~50	12~60	14~80	18~95	22~140	26~180	35~200	50~200	60~200
	GB/T119.2	6~24	8~30	8~40	12~50	14~60	18~80	22~100	26~100	40~100	50~100		
l(系列)		3、4、5、6、8、10、12、14、16、18、20、22、24、26、28、30、32、35、40、45、50、55、60、65、70、80、85、90、95、100、120、140、160、180、200											

注：1. GB/T119.1—2000 规定圆柱销的公称直径 d=0.6~50mm，公称长度 l=2~200mm，公差有 m6 和 h8。

2. GB/T119.2—2000 规定圆柱销的公称直径 d=1~20mm,公称长度 l=3~100mm，公差仅有 m6。普通淬火为 A 型，表面淬火为 B 型。

3. 当圆柱销的公差为 h8 时，其表面粗糙度 Ra≤1.6μm。

附表 4.3 圆锥销(GB/T 117-2000)

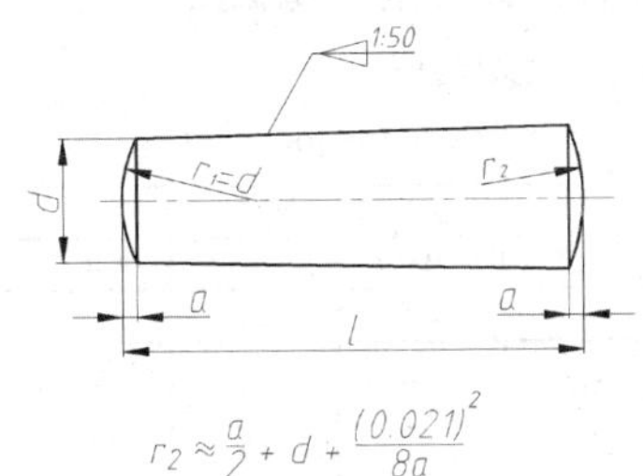

$$r_2 \approx \frac{a}{2} + d + \frac{(0.021)^2}{8a}$$

标记示例：

公称直径 d=10mm，公称长度 l=50mm，材料为 35 钢，热处理硬度 28~38HRC，表面氧化处理的 A 型圆锥销，其标记为：

销 GB/T 117-2000 10×30

d(公称)	2.5	3	4	5	6	8	10	12	16	20	25	30
a≈	0.3	0.4	0.5	0.63	0.8	1	1.2	1.6	2	2.5	3	4
l	10~35	12~45	14~55	18~60	22~90	22~120	22~160	32~180	40~200	45~200	50~200	55~200
l(系列)	10、12、14、16、18、20、22、24、26、28、30、32、35、40、45、50、55、60、65、70、75、80、85、90、95、100、120、140、160、180、200											

注：A 型为磨削，锥面表面粗糙度 Ra=0.8μm；B 型为切削或冷镦，锥面表面粗糙度 Ra=3.2μm。

5. 滚动轴承

附表 5.1 深沟球轴承(GB/T 276-1994)

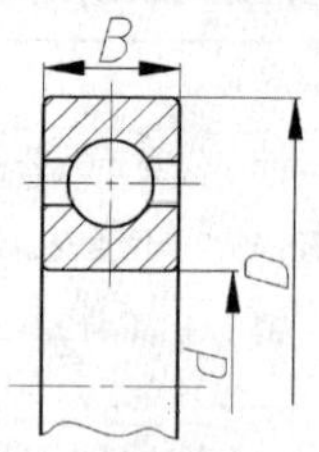

标记示例:

内径 d=20mm 的 60000 型深沟球轴承,

尺寸系列为(0)2,其标记为:

滚动轴承 6204 GB/T 297-1994

轴承型号	外型尺寸			轴承型号	外型尺寸		
	d	D	B		d	D	B
尺寸系列 (0)2				尺寸系列 (0)4			
6203	17	40	12	6403	17	62	17
6204	20	47	14	6404	20	72	19
6205	25	52	15	6405	25	80	21
6206	30	62	16	6406	30	90	23
6207	35	72	17	6407	35	100	25
6208	40	80	18	6408	40	110	27
6209	45	85	19	6409	45	120	29
6210	50	90	20	6410	50	130	31
6211	55	100	21	6411	55	140	33
6212	60	110	22	6412	60	150	35
6213	65	120	23	6413	65	160	37
6214	70	125	24	6414	70	180	42
6215	75	130	25	6415	75	190	45
6216	80	140	26	6416	80	200	48
6305	25	62	17				

附表 5.2 推力球轴承(GB/T 301-1995)

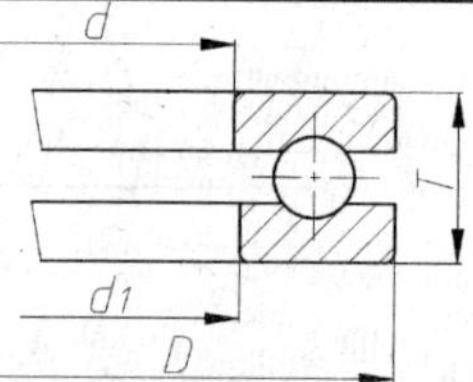

标记示例:

内径 d=17mm 的 51000 型推力球轴承,

尺寸系列为 12,其标记为:

滚动轴承 51203 GB/T 301-1995

轴承型号	外型尺寸				轴承型号	外型尺寸			
	d	D	T	d_1		d	D	T	d_1
尺寸系列 12					尺寸系列 13				
51202	15	32	12	17	51304	20	47	18	22
51203	17	35	12	19	51305	25	52	18	27
51204	20	40	14	22	51306	30	60	21	32
51205	25	47	15	27	51307	35	68	24	37
51206	30	52	16	32	51308	40	78	26	42
51207	35	62	18	37	51309	45	85	28	47
51208	40	68	19	42	51310	50	95	31	52
51209	45	73	20	47	51311	55	105	35	57
51210	50	78	22	52	51312	60	110	35	62
51211	55	90	25	57	51313	65	115	36	67
51212	60	95	26	62	51314	70	125	40	72
51213	65	100	27	67	51315	75	135	44	77
51214	70	105	27	72	51316	80	140	44	82
51215	75	110	27	77	51317	85	150	49	88

附表 5.3 圆锥滚子轴承(GB/T 297-1994)

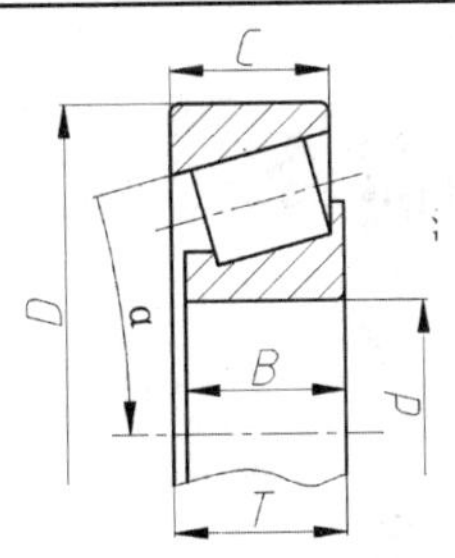

标记示例：

内径 d=60mm 的 30000 型圆锥滚子轴承，

尺寸系列为 02，其标记为：

滚动轴承 30212 GB/T 297-1994

轴承型号	外型尺寸					
	d	D	B	C	T	α
尺寸系列 02						
30203	17	40	12	11	13.25	12° 57′ 10″
30204	20	47	14	12	15.25	12° 57′ 10″
30205	25	52	15	13	16.25	14° 02′ 10″
30206	30	62	16	14	17.25	14° 02′ 10″
30207	35	72	17	15	18.25	14° 02′ 10″
30208	40	80	18	16	19.75	14° 02′ 10″
30209	45	85	19	16	20.75	15° 06′ 34″
30210	50	90	20	17	21.75	15° 38′ 32″
30211	55	100	21	18	22.75	15° 06′ 34″
30212	60	110	22	19	23.75	15° 06′ 34″
30213	65	120	23	20	24.75	15° 06′ 34″
30214	70	125	24	21	26.25	15° 38′ 32″
30215	75	130	25	22	27.25	16° 10′ 20″
30216	80	140	26	22	28.25	15° 38′ 32″
30305	25	62	17	13（15）	18.25	11° 18′ 36″
尺寸系列 23						
32305	25	62	24	20	25. 25	11° 18′ 36″
32306	30	72	27	23	28. 75	11° 51′ 35″
32307	35	80	31	25	32. 75	11° 51′ 35″
32308	40	90	33	27	25. 25	12° 57′ 10″
32309	45	100	36	30	38. 25	12° 57′ 10″
32310	50	110	40	33	42. 25	12° 57′ 10″
32311	55	120	43	35	45. 5	12° 57′ 10″
32312	60	130	46	37	48. 5	12° 57′ 10″
32313	65	140	48	39	51	12° 57′ 10″
32314	70	150	51	42	54	12° 57′ 10″
32315	75	160	55	45	58	12° 57′ 10″

配套教学资源与服务

一、教学资源简介

本教材通过 www.51cax.com 网站配套提供两种配套教学资源：

● 新型立体教学资源库：**立体词典**。“立体”是指资源多样性，包括视频、电子教材、PPT、练习库、试题库、教学计划、资源库管理软件等等。“词典”则是指资源管理方式，即将一个个知识点（好比词典中的单词）作为独立单元来存放教学资源，以方便教师灵活组合出各种个性化的教学资源。

● 网上试题库及组卷系统。教师可灵活地设定题型、题量、难度、知识点等条件，由系统自动生成符合要求的试卷及配套答案，并自动排版、打包、下载，大大提升了组卷的效率、灵活性和方便性。

二、如何获得立体词典？

立体词典安装包中有：1）立体资源库。2）资源库管理软件。3）海海全能播放器。

● 院校用户（任课教师）

请直接致电索取立体词典（教师版）、51cax 网站教师专用账号、密码。其中部分视频已加密，需要通过海海全能播放器播放，并使用教师专用账号、密码解密。

● 普通用户（含学生）

可通过以下步骤获得立体词典（学习版）：1）在 www.51cax.com 网站注册并登录；2）点击右上方“输入序列号”键，并输入教材封底提供的序列号；3）在首页搜索栏中输入本教材名称并点击“搜索”键，在搜索结果中下载本教材配套的立体词典压缩包，解压缩并双击 Setup.exe 安装。

四、教师如何使用网上试题库及组卷系统？

网上试题库及组卷系统仅供采用本教材授课的教师使用，步骤如下：

1）利用教师专用账号、密码（可来电索取）登录 51CAX 网站 http://www.51cax.com；2）单击网站首页右上方的“进入组卷系统”键，即可进入“组卷系统”进行组卷。

五、我们的服务

提供优质教学资源库、教学软件及教材的开发服务，热忱欢迎院校教师、出版社前来洽谈合作。

电话：0571－28811226，28852522

邮箱：market01@sunnytech.cn ，book@51cax.com